DONG WU YI BING
ZHEN DUAN YU FANG ZHI

动物疫病
诊断与防治

DONG WU YI BING
ZHEN DUAN YU FANG ZHI

主编 杨海生

黄河出版传媒集团
宁夏人民出版社

图书在版编目(CIP)数据

动物疫病诊断与防治 /杨海生主编. — 银川：宁夏
人民出版社，2010.6

ISBN 978-7-227-04505-2

Ⅰ.①动… Ⅱ.①杨… Ⅲ.①动物疾病—诊疗 Ⅳ.
①S858

中国版本图书馆 CIP 数据核字 （2010）第 115431 号

动物疫病诊断与防治

杨海生　主编

责任编辑　贺飞雁
封面设计　张　梅
责任印制　霍珊珊

黄河出版传媒集团
宁夏人民出版社　出版发行

地　　址　银川市北京东路 139 号出版大厦(750001)
网　　址　www.nxcbn.com
网上书店　www.hh-book.com
电子信箱　nxhhsz@yahoo.cn
邮购电话　0951-5044614
经　　销　全国新华书店
印刷装订　宁夏捷诚彩色印务有限公司

开本　720mm×980 mm　1/16　　印张　24　　字数　400 千
印刷委托书号(宁)0005099　　　　印数　1000 册
版次　2010 年 6 月第 1 版　　　　印次　2010 年 6 月第 1 次印刷
书号　ISBN 978-7-227-04505-2/S·294

定价　38.00 元

编 委 会

主　　编：杨海生

副 主 编：王桂忠　　高耀路　　陈东华　　杨春莲

特约编审：张和平

编写人员：（以姓氏笔划排序）

马国虎　　王学红　　王桂忠　　玉贵平　　付惠玲

朱元银　　刘玉国　　祁　蓉　　苏俊喜　　李国军

李春和　　李少华　　杨春莲　　杨佳冰　　杨海生

陈东华　　赵宝成　　侯晓凤　　高耀路　　席　英

黄建芳

前　言

　　动物疫病不仅对养殖业的健康发展构成了严重威胁，而且也危及社会公共卫生安全。搞好动物疫病的防治是确保养殖业健康发展的关键环节。我国已于2007年5月作为主权国家正式加入世界动物卫生组织(OIE)，这标志着我国动物卫生事业同世界全面接轨。因此，了解和掌握世界动物卫生组织(OIE)法定报告动物疫病防治工作显得尤为重要。根据2007年世界动物卫生组织(OIE)必须报告动物疫病名录和我国新修订发布的一、二、三类动物疫病病种名录，编写完成了《动物疫病诊断与防治》一书，以便于广大兽医工作者全面了解和掌握世界动物卫生组织(OIE)必须报告动物疫病和我国一、二、三类动物疫病的防治知识，进而加强动物防疫工作，促进养殖业发展，保护人体健康，维护社会公共卫生安全。

　　全书共分为两编。第一编为世界动物卫生组织(OIE)法定报告动物疫病，第二编为其他重要动物疫病。

　　在编写和审稿过程中，特邀编审、农业推广研究员张和平同志对本书的编写工作给予大力支持和指导，并提出了许多宝贵的修改意见，特此致谢。

　　由于我们掌握的知识和信息有限，书中不妥之处，敬请专家、同行和广大读者批评指正。

编者

2009 年 12 月

目录 C O N T E N T S

目录 CONTENTS

第二编　其他重要动物疫病(83 种)

第一编

DIYIBIAN

世界动物卫生组织必须报告动物疫病（106种）

第一章　多种动物共患病(23 种)

第一节　炭疽

炭疽是由炭疽杆菌引起的人畜共患的一种急性、热性、败血性传染病。临床特点是从鼻孔、口腔、肛门及阴道等天然孔流出凝固不全的煤焦油样血液,尸僵不全。

一、病原及流行病学特点

本病的病原体为炭疽杆菌,它是一种长而直的大杆菌,长约 3~8 微米,宽约 1~1.5 微米,无运动性,为革兰氏染色阳性菌。在动物体内,单个或 3~5 个菌体相连的短链可形成荚膜,荚膜对外界不良环境抵抗力弱;在培养物中形成长链、菌体两端平截或竹节状,与外界空气接触能形成芽孢,芽孢位于菌体中央或稍向一端,呈圆形或卵圆形,芽孢对外界不良环境具有顽强的抵抗力。在普通平板培养基上呈灰白色、扁平、不透明、表面粗糙、边缘不整齐的菌落,在低倍镜下呈卷发状。

病畜是本病的重要传染源。吸血昆虫叮咬病畜后也可传播本病。由于病畜的分泌物、排泄物、血液及病畜尸体含有大量的炭疽杆菌,如处理不当,一旦接触空气和适宜的温度(12℃~42℃)则迅速形成芽孢,污染土壤和水源,成为本病的长久疫源地。

主要通过消化道、呼吸道和皮肤感染本病。人和多种动物对本病易感,草食动物比肉食动物易感,而猪对本病有抵抗力,故猪呈慢性经过或隐性经过。本病呈地方性流行,个别地区在一定条件下呈流行性或散发性,常发生于夏季及洪水之后。

二、临床症状及病理变化

最急性型发病病畜在 1~2 小时死亡,急性型发病病畜在 24 小时内死亡。一般表现为病畜突然倒地,呼吸高度困难,全身痉挛,天然孔出血,很快死亡,绵羊、牛、马多发生此种类型疾病。病程稍长一些的病畜除有急、热性病症之外,常在局部皮肤、口腔黏膜、舌部、颈部、前胸、肩胛、腹下等处发生炭疽痈,初期硬实有灼热感,继而肿块热痛消失,有时坏死形成溃疡,猪、狗多发生此种类型疾病。人经皮肤伤口感染,表现为局部的炭疽痈。

一般根据流行病学及临床症状初步确诊为炭疽时,禁止做常规解剖,防止污染和散布病原。

1. 败血型炭疽:绵羊、牛、马多见此种类型。病畜死后尸僵不全、尸体腐败迅速。腹部膨胀,天然孔出血,可视黏膜发绀并布满出血点,血凝不良,呈煤焦油样。全身性出血,皮下常见淡黄色胶冻样浸润。脾脏显著肿大、呈暗红色、被膜紧张、脾质极其柔软、切面脾髓软化如软泥状,镜下脾髓充满血液。全身淋巴结肿胀。实质脏器变性、肿胀和出血。

2. 痈性炭疽:在皮下、口腔、胸腹膜及肠道、脾脏、肾脏等出现局限性痈肿,呈黑红色圆形肿块,切面呈砖红色,质密而硬并有坏死灶,有的形成溃疡。

三、诊断与疫情报告

根据流行病学资料和临床症状可作出诊断,对原因不明而突然死亡或临床上出现痈性肿胀、腹痛、高热,病情发展急剧,死后天然孔流血的病畜,应首先怀疑为炭疽。

1. 细菌学诊断:

(1)显微镜检查。取病畜或刚死动物的血液做败血性炭疽涂片染色镜检时,可见革兰氏阳性短粗的杆菌,常单个或成对排列,有时呈 3~5 个的细菌短链,菌体两断平截。用瑞氏或姬母萨染色,可见到深红紫色的荚膜。局部炭疽可查水肿部。例如,可采取猪的病变淋巴结或渗出液进行涂片镜检。

(2)培养鉴定。新鲜病料可直接在普通琼脂上培养;对陈旧或污染的病料应在制成悬液后,采用加热分离培养法,即将病料悬液在 70℃水浴中加热 30 分钟,杀死非芽孢菌,然后再接种于普通琼脂或肉汤中进行培养,并根据菌落的形态特征进行诊断。

噬菌体裂解实验,将分离的细菌涂于琼脂斜面或平板上,在涂菌中心部滴加噬菌体1白金环,加热37℃培养8~18小时,如果滴加噬菌体的部位出现噬菌斑,分离菌即为炭疽菌。

(3)动物试验。将病料或培养物用灭菌生理盐水制成10倍悬液,给小鼠腹部皮下接种0.2毫升或给豚鼠皮下接种0.5毫升、家兔皮下接种1毫升。如12小时后接种局部发生水肿,后经36~72小时死亡,并由血液或脏器中检出炭疽杆菌,即可确诊为本病。

2. 血清学试验:炭疽沉淀试验,用于腐败病料及皮张的检验。用我国生产的沉淀素血清与脾、肝、血液等组织制成的沉淀原,于1~5分钟内两液接触面出现清晰的白色沉淀环为阳性,生皮病料于15分钟内出现白色沉淀环为阳性。

本病为我国二类动物疫病。一旦发现病畜,应立即向当地兽医主管部门、动物卫生监督机构或动物疫病预防控制机构报告,并逐级上报至国务院畜牧兽医行政主管部门。县级以上兽医主管部门通报同级卫生主管部门。

四、疫苗与防治

预防动物炭疽使用最广泛的疫苗由Sterne于1937年研制成功。他将炭疽杆菌放在高浓度CO_2中培养,获得粗糙的、强毒力的变异炭疽杆菌株,将该变异株命名为34F2,不形成荚膜,丢失了编码荚膜形成的PX02质粒,现已广泛用于全世界的动物炭疽疫苗的生产。另外,在中欧和东欧,发现了相似的PX02质粒,55系是家畜疫苗中的活性成分。我国现常用的疫苗为炭疽Ⅱ号芽孢苗。本芽孢苗通称炭疽Ⅱ号苗,是用炭疽第Ⅱ号弱毒菌种繁殖形成芽孢后,加30%的甘油蒸馏水制成的,每毫升含活芽孢约1500万个。注射此疫苗后14天可产生免疫力,免疫期为1年。牛、马、骡、驴、驼等大牲畜,一律在颈侧部皮内注射0.2毫升,或皮下注射0.1毫升;在绵羊股内侧或尾部皮内注射0.2毫升,或皮下注射0.1毫升;山羊只能在尾部皮内注射0.2毫升;猪的注射剂量同绵羊的注射剂量。

非疫病地区,严禁从炭疽常发地区购买饲草、饲料,应注意牧场和水源的安全。疫区的动物每年注射1次炭疽疫苗,对本病预防有理想作用。当发现疫情之后,要及时报告疫情,封锁疫区。尸体严禁解剖,要烧毁或深埋。病畜的分泌物、排泄物及各种污染物一律烧毁。被污染的场所和用具可用含量为20%的漂白粉消毒,被污染的衣物可采用高压消毒或煮沸消毒。

治疗应在及时严密隔离、专人护理的条件下进行。抗炭疽血清为特效药物,早期治疗,马、牛各为100~200毫升,猪、羊各为50~120毫升。常在用药6小时左右发热症状减弱,12 小时后完全康复。青霉素和其他广谱抗菌素类药物对急性型和亚急性型的病例都有很好的治疗效果。如与抗炭疽血清共用,收效更为显著。

第二节　伪狂犬病

伪狂犬病亦称奥耶兹基氏病,是由伪狂犬病毒引起的家畜及野生动物的急性传染病。其主要特征为发热、奇痒及脑脊髓炎。

一、病原及流行病学特点

伪狂犬病病毒属于疱疹病毒,病毒能于鸡胚上及多种哺乳动物细胞上生长繁殖,产生核内包涵体,并于猪肾、兔肾及鸡胚细胞上形成蚀斑。

本病毒的特点是耐干燥、耐冷、耐酸、怕碱。

本病自然发生于牛、犬、猫、鼠及猪。除成年猪外,对其他动物均是高度致死疾病,成年猪症状极轻微(很少死亡)。病猪、带毒猪以及带毒鼠类为本病重要传染源。

二、临床症状及病理变化

本病的潜伏期一般为 3~6 天,少数达 10 天。

1. 牛:对本病高度敏感,发病后常于 48 小时内死亡。主要表现为皮肤的强烈痒觉,身体的任何部位都可发生,病畜于墙柱上摩擦病患部,体温达 40℃以上。当病程进展到侵害延髓时症状表现为咽麻痹,流涎,用力呼吸,心律不齐,磨牙,吼叫,痉挛而死。有的病畜发病后数小时即死亡,未有痒觉。

2. 猪:随年龄不同而有很大差异,且与牛不同,没有痒觉症状,成年猪一般为隐性感染;新生仔猪及 4 周龄以内的仔猪感染本病病情极严重, 可发生大批死亡。仔猪突然发病,体温 41℃以上,症状为发抖,痉挛,呕吐,腹泻,36 小时内死亡。

牛皮肤撕裂,皮下水肿严重,肺充血水肿,心外膜出血,心包积水。猪一般为缺乏特征性眼观病变,中枢神经系统症状明显时,脑膜明显充血,脑脊髓液量过多。

三、诊断与疫情报告

根据流行病学、临床症状和病理变化可作出初步诊断,确诊需进一步做实验室诊断。

1. 动物试验:将病料制成含量为 10% 的乳剂,加入抗生素处理,经离心沉淀后,取上清液 1~2 毫升接种于家兔、小鼠后,一般于 36~48 小时注射部位出现奇痒,试验动物表现出不安、啃咬、四肢麻痹,几小时至几天后死亡。还可用接种鸡胚绒毛尿囊膜和细胞培养方法分离鉴定病毒。

2. 血清学试验:分离出的病毒再用已知血清做病毒中和试验以确诊本病。取自然病例的病料,如脑或扁桃体的压片或冰冻切片,用直接免疫荧光试验,常可于神经节细胞的胞浆及核内见到荧光。还有琼脂扩散试验、补体结合试验及酶联免疫吸附试验等。

本病为我国二类动物疫病。一旦发现病畜,应立即向当地兽医主管部门、动物卫生监督机构或动物疫病预防控制机构报告,并逐级上报至国务院畜牧兽医行政主管部门。

四、疫苗与防治

伪狂犬病可通过接种致弱的活病毒疫苗或灭活的病毒抗原疫苗来控制。近年来推出了一种重组 DNA 衍生的基因缺失或自然缺失活苗,增加了常规疫苗的品种。与常规的全病毒疫苗相比,通过检测抗体,可区分免疫动物和自然感染动物。

伪狂犬病弱毒冻干疫苗系用伪狂犬病弱毒株,接种鸡胚细胞培养、繁殖的毒液加保护剂,经冷冻真空干燥制成。本品于 -20℃保存,有效期为 1 年半;于 0℃~9℃冷暗干燥处保存,有效期为 9 个月。预防猪、牛、绵羊等动物的伪狂犬病,接种后第 6 天产生免疫力,免疫期为 1 年。每批冻干苗的含毒量为 3.5 毫升,先加入中性磷酸盐缓冲液 3.5 毫升,恢复原量后再按 1:20 稀释后接种,具体用量如下:

1. 猪:妊娠母猪、成年猪每头注射 2 毫升;仔猪每头第一次注射 0.5 毫升,断奶后再注射 1 毫升;3 月龄以上的猪每头注射 2 毫升。

2. 牛:2~4 月龄每头第一次注射 1 毫升,断奶后再注射 2 毫升;12 月龄以上和成年牛每头注射 3 毫升。

3. 绵羊:4 月龄以上每头注射 1 毫升。

本疫苗须冷藏保存,避免高温和阳光照射;疫苗稀释后限于当日用完。

对本病无特效的治疗方法。消灭牧场中的鼠类,对预防本病有重要意义。要严格将牛、猪分开饲养,搞好兽医综合性防治措施。

如发生本病,应立即报告,采取隔离、封锁、扑杀、消毒等综合性防疫措施。用 2% 的热烧碱溶液消毒畜舍、周围环境和饲养用具等。

第三节　蓝舌病

蓝舌病是经昆虫传播的一种主要侵害绵羊，并可感染其他反刍动物的非接触性、病毒性传染病。其特征是发热、消瘦、口腔糜烂、跛行等。

一、病原及流行病学特点

蓝舌病病毒属于呼场孤病毒科、环状病毒属的一种虫媒病毒。到目前为止已发现 24 个血清型。

病畜为本病的主要传染源。隐性感染的牛和羊也为本病的传染源，并可带毒过冬成为病毒越冬的储藏库。本病主要是通过蠓类的叮咬而传播，也可通过胎盘垂直传染，患病公畜可通过精液传染给母畜。

绵羊不分品种、性别和年龄都有易感性，尤其是欧洲的美利努羊更敏感，且多见 1 岁左右的绵羊。牛和山羊多为隐性感染，野生反刍动物中以鹿最为敏感。

本病多发于夏秋两季和水草丰盛的地带。其死亡率差异很大，一般在20%~30%，有时高达 100%。

二、临床症状及病理变化

本病的潜伏期一般为 3~8 天，病程一般为 1~2 周。病初体温升高达 40.5℃~41.5℃，病畜表现为厌食，精神沉郁，流涎，嘴唇和下颌水肿，可蔓延到面部及耳部，口腔黏膜充血，发绀。数日后，唇、齿龈、颊、舌黏膜糜烂，致使吞咽困难，由于继发感染引起坏死，因而口腔恶臭。病初鼻流浆液性分泌物，几天后变为黏液脓性分泌物，严重的鼻液中带血。鼻液常干涸，并于鼻孔周围结成干痂，阻碍空气流通，引起呼吸困难和鼾声，有的病例鼻黏膜和鼻镜糜烂并有出血。蹄冠上部皮肤有紫色充血带，蹄冠和蹄叶可能发生炎症，呈现不同程度跛行，甚至膝行或卧地不动。病畜逐渐消瘦、衰弱，有的腹泻，便中带血，部分羊只四肢和躯干的被毛从毛根部折断而大片脱落。

牛的蓝舌病症状与绵羊的蓝舌病症状相似，较轻微，一般是良性经过。因其舌面上的糜烂和口蹄疫容易混淆，所以也称为伪口蹄疫。

病畜发病时，可见口腔黏膜充血、出血、黏膜下水肿和溃疡性口腔炎、口角炎、咽喉水肿、出血，以及瘤胃常有暗红色区，尤以瘤胃黏膜突起更为明显。心肌、心内外膜以及呼吸道、消化道和生殖道黏膜都有不同程度的小出血点。颌下、颈部及胸部皮下常有胶样浸润。严重病例可见皮肤毛囊周围出血。剪去四肢被毛，常在蹄冠的皮肤上见到发红区，靠近蹄的部分更为严重。

三、诊断与疫情报告

依据典型临床症状和病理变化可作出初步诊断，确诊需进一步做实验室诊断。

1. 琼脂凝胶免疫扩散试验：被检血清孔与抗原孔之间出现致密的沉淀线，并与标准的阳性血清的沉淀线末端互相连接，呈阳性。

2. 免疫荧光试验：直接法和间接法。蓝舌病病毒在荧光镜下可见细胞胞浆着染，出现星状绿色颗粒。

3. 酶联免疫吸附试验：用 50% 抑制为判定值。

样品采集：用于病毒分离鉴定宜采全血（每毫升加 2IU 肝素抗凝）、动物病毒血症期的肝、脾、肾、淋巴结、精液（置冷藏容器保存，24 小时内送到实验检查处理）及捕获库蠓。

本病为我国一类动物疫病。发生疫情时，应立即向当地兽医主管部门、动物卫生监督机构或动物疫病预防控制机构报告，并逐级上报至国务院畜牧兽医行政主管部门。

四、疫苗与防治

用于预防的疫苗有弱毒活疫苗和灭活疫苗等。蓝舌病病毒的多型性和在不同血清型之间无交互免疫性的特点，使免疫接种产生一定困难。首先，应在免疫接种前应确定当地流行的病毒血清型，选用相应血清型的疫苗，才能收到满意的免疫效果；其次，在一个地区不只有一个血清型时，还应选用二价或多价疫苗，否则，只能用几种不同血清型的单价疫苗相继进行多次免疫接种。

鸡胚弱毒疫苗和冻干鸡胚弱毒疫苗目前应用较广，疫苗毒力稳定，易保存，注射后 10 天左右产生中和抗体，免疫期为 1 年左右，效果较好；近年来 BHK21 传代细胞苗在一些国家使用较广泛，接种后约 21 天产生中和抗体，效果也较好；亚单位苗也表现了良好的免疫效果，有广泛的前途。

目前尚无有效治疗方法。对病羊应加强营养，精心护理，对症治疗。病畜口腔可用清水、食醋或含量为 0.1% 的高锰酸钾液冲洗；也可用含量为 1%~3% 的硫酸铜、含量为 1%~2% 的明矾或碘甘油涂糜烂面，或用冰硼散外用治疗。蹄部患病时可先用含量为 3% 的来苏水洗涤，再用木焦油凡士林（1:1）、碘甘油或土霉素软膏

涂拭,以绷带包扎。

发生本病的地区,应扑杀病畜清除疫源,消灭昆虫媒介,必要时进行预防免疫。

无本病发生的地区禁止从疫区引进易感动物。加强海关检疫和运输检疫,严禁从有该病的国家或地区引进牛羊或冻精。在邻近疫区地带,避免在媒介昆虫活跃的时间内放牧,加强防虫、杀虫措施,防止媒介昆虫对易感动物的侵袭,并避免畜群在低湿地区放牧和留宿。

一旦有本病传入时,应按《中华人民共和国动物防疫法》规定,采取紧急、强制性地控制和扑灭措施,扑杀所有感染动物。疫区及受威胁区的动物应进行紧急预防接种。

第四节　流产布鲁菌病(牛)

流产布鲁菌病是通常由牛种布鲁氏菌引起,少数由羊种布鲁氏菌引起,偶尔由猪种布鲁氏菌引起的人畜共患的一种接触性传染病。牛布鲁氏菌的感染呈全球趋势,仅北欧、中欧的部分国家以及加拿大、日本、澳大利亚、新西兰无此病。

一、病原及流行病学特点

本病的病原为布鲁菌。本病菌是一种微小、近似球状的杆菌,大小为 1.5 微米×0.5 微米,形态不规则,不能形成芽孢,无荚膜,革兰氏染色阴性,为需氧兼性厌氧菌。本病菌对高温抵抗力不强,加热 60℃时、经 30 分钟即可被杀死。但本病菌对干燥抵抗力较强,在干燥土壤中,可生存 2 个月以上。在毛、皮中可生存 3~4 个月。日光照射以及一般消毒剂对本病菌的灭菌效果不强。本病菌有很强的侵袭力,不仅能从损伤的黏膜、皮肤侵入机体,也可从正常的皮肤黏膜侵入体内。

牛对本病的易感性,随着性器官的成熟而增高。病牛是主要的传染源。病菌随病母牛的阴道分泌物和病公牛的精液排出,特别是流产的胎儿、胎盘和羊水内含有大量的病菌会通过消化道传染,主要是易感牛采食了污染的饲料、饮水。另外,可通过直接接触传染,如健康牛接触了污染的用具或与病牛交配后使皮肤或黏膜因直接接触而被感染。本病呈地方性流行。新发病的牛群,流产可发生于不同的胎次;常发病的牛群,流产多发生于初次妊娠牛。

二、临床症状及病理变化

母牛除流产外,其他症状常不明显。流产多发生在妊娠后第五至第八个月,产出死胎或弱胎。流产后可能出现胎衣不下或子宫内膜炎。流产后阴道内继续排褐色恶臭液体。公牛发生睾丸炎，并失去配种能力。有的病牛发生关节炎、滑液囊炎、淋巴结炎或脓肿。

剖检可见胎盘呈淡黄色胶样浸润，表面附有糠麸样絮状物和浓汁。胎儿胃内有黏液性絮状物，胸腔积液，淋巴结和脾脏肿大，有坏死灶。

三、诊断与疫情报告

根据流行特点、临床症状和剖检病变，不易确诊，必须通过实验室诊断才能确诊。

所有流产牛都应首先怀疑是布鲁氏菌病并进行检查。当临床症状不具特征时，诊断应调查畜群史。布鲁氏菌的分离鉴定可作为布鲁氏菌感染的确诊依据，细菌学检查行不通时，必须依靠血清学方法进行诊断。缓冲布鲁氏菌抗原试验、补体结合试验和酶联免疫吸附试验为国际贸易指定试验。没有一种方法可以代替布鲁氏菌分离鉴定方法。生长特性、血清学和细菌学方法有时需要联合应用。

本病为我国二类动物疫病。发生疫情时，应立即向当地兽医主管部门、动物卫生监督机构或动物疫病预防控制机构报告，并逐级上报至国务院畜牧兽医行政主管部门。县级以上兽医主管部门通报同级卫生主管部门。

四、疫苗与防治

预防牛布鲁氏菌病使用最广泛的疫苗是由牛种布鲁氏菌 19 株制备的活菌苗，与其他疫苗相比牛布鲁氏菌 19 号疫苗是参考疫苗。自 1996 年始，牛种布鲁氏菌 RB51 株疫苗就成了许多国家预防牛布鲁氏菌病的正式疫苗。注射本疫苗后 1 个月可产生免疫力，应对牛、绵羊布鲁氏菌病血清学反应或变态反应阴性者进行免疫。

1. 牛：于 6~8 月龄注射 1 次；必要时，于 18~20 月龄再注射 1 次。每头颈部皮下注射 5 毫升。牛的免疫期为 6 年。

2. 绵羊：成年羊需在配种前 1~2 个月进行注射，每只颈部皮下注射 2.5 毫升。哺乳期的羔羊和怀孕母羊不能注射。绵羊的免疫期为 9~12 个月。

配种期、怀孕期、泌乳期的畜群及病弱动物禁止注射本疫苗。

应坚持自繁自养，加强饲养卫生管理，搞好杀虫、灭鼠，定期检疫（每年至少1~2 次）；严禁到疫区买牛。必须买牛时，一定要隔离观察 30 日以上，并用凝集反应等方法进行 2 次检疫,确认是健康牛后方可合群。免疫预防方面,接种过菌苗的牛,不再进行检疫。发生布鲁菌病后,如牛群头数不多,以全群淘汰为好;如牛群很大,可通过检疫淘汰病牛,或者将病母牛严格隔离饲养,暂时利用它们培育健康犊牛,其余的牛坚持每年定期做预防注射。流产胎儿、胎衣、羊水和阴道分泌物应深埋,被污染的牛舍、用具等用 3%~5% 的来苏水消毒。同时,要切实做好个人的防护,如戴好手套、口罩,工作服经常消毒等。

对一般病牛应淘汰,无治疗价值。但价值较昂贵的种牛可在隔离条件下进行治疗。对流产伴有子宫内膜炎的母牛,可用 0.1% 的高锰酸钾溶液冲洗阴道和子宫,每日早、晚各一次。另外,应用抗生素(如四环素、土霉素、链霉素等)治疗也有一定的效果。

第五节 波状热布鲁菌病(羊)

波状热布鲁菌病是羊的一种慢性传染病,主要侵害其生殖系统。羊感染后,以母羊发生流产和公羊发生睾丸炎为特征。

一、病原及流行病学特点

病原为布氏杆菌属布鲁菌,革兰氏阴性小杆菌,不形成芽孢。羊种布鲁菌有 3 个类型,对各种物理和化学因子比较敏感。巴氏消毒法可以杀灭该菌,加热70℃、经 10 分钟即可;本菌对消毒剂较敏感,2% 的来苏水 3 分钟之内即可杀死;高压消毒瞬间即亡。本菌对寒冷的抵抗力较强,低温下可存活 1 个月左右。本菌在自然界的生存力受气温、温度、酸碱度影响较大,pH7.0 及低温下存活时间较长。

母羊较公羊易感性高,性成熟极为易感,消化道是主要感染途径,也可经配种感染。羊群一旦感染此病,首先表现孕羊流产,开始仅为少数,以后逐渐增多,严重时可达半数以上,多数病羊流产一次。

本病一年四季均可发生,但有明显的季节性。羊种布鲁菌病春季开始,夏季达高峰,秋季下降。

二、临床症状及病理变化

多数病例为隐性感染。孕羊主要症状是发生流产,但不是必有的症状。流产发生在怀孕后的 3~4 个月。有时病羊因患关节炎和滑液囊炎而致跛行;公羊发生睾丸炎;少部分病羊发生角膜炎和支气管炎。

主要病变特征是胎膜水肿、严重充血或出血点。子宫黏膜出现卡他性或化脓性炎症及脓肿病变。常见有输卵管炎、卵巢炎或乳房炎。公畜精囊中常有出血和坏死病灶，睾丸和附睾肿大，出现脓性和坏死病灶。

三、诊断与疫情报告

根据临床症状和剖检病变可作出初步诊断，确诊需进一步做实验室诊断。

在国际贸易中，指定诊断方法为所缓冲布鲁氏菌抗原试验、补体结合试验和酶联免疫吸附试验。替代诊断方法为荧光偏振测定法。

本病为我国二类动物疫病。发生疫情时，应立即向当地兽医主管部门、动物卫生监督机构或动物疫病预防控制机构报告，并逐级上报至国务院畜牧兽医行政主管部门。县级以上兽医主管部门通报同级卫生主管部门。

四、疫苗与防治

凝集反应为阴性时，羊用布氏杆菌猪型2号弱毒苗或羊型5号弱毒苗可进行免疫接种。

布氏杆菌猪型2号弱毒苗保存于0℃~8℃冷暗干燥处，有效期为1年，可预防山羊、绵羊、猪、牛等布鲁菌病。接种后14天产生免疫力，免疫期羊为3年，牛为2年，猪为1年。本疫苗最适于口服接种，口服疫苗不受怀孕的限制，可在配种前1~2个月进行，也可在怀孕期使用。畜群每年服疫苗1次，持续数年不会造成血清学反应长期不消失的现象。口服，羊不论年龄大小，每只为100亿活菌；牛每头为500亿活菌；猪每次200亿活菌，口服2次，间隔1个月。

布氏杆菌羊型5号弱毒苗保存于0℃~8℃冷暗干燥处，有效期为1年，可预防山羊、绵羊、牛和鹿的布鲁菌病；皮下注射，牛和鹿每头为250亿活菌，1月龄内仔鹿每头为30亿~40亿活菌。羊每只为10亿活菌。室内气雾法，羊每只为50亿活菌；牛和鹿每头为400亿活菌。口服，羊每只饮服或灌服为2.5亿活菌。

怀孕畜、种公畜及检疫呈阳性反应的畜群不能使用本疫苗预防。

发病后羊群防治措施是用试管凝集反应或平板凝集反应进行羊群检疫，发现呈阳性和可疑反应的羊均应及时隔离，以淘汰屠宰为宜，无治疗价值，严禁与假定健康羊接触。必须对被污染的用具和场所进行彻底消毒；流产胎儿、胎衣、羊水和产道分泌物应深埋。

通常用10%的石灰乳、10%的漂白粉或3%~5%的来苏水消毒。

第六节　猪布鲁菌病

猪布鲁菌病主要是由猪布鲁氏菌引起的一种急性或慢性传染病。母猪患病后，发生流产、子宫炎、跛行和不孕症；公猪患病后，发生睾丸炎和副睾炎。

一、病原及流行病学特点

本病的病原为猪种布鲁菌。病猪及带菌猪是主要传染来源，可通过交配、消化道等途径传染。公猪精液中有病原体，人工授精可引起传染。5月龄以下的猪易感性较低，随着年龄的增长局感性增高。第一胎母猪发病率高，阉割后的公、母猪感染率较低。

二、临诊症状及病理变化

母猪的主要症状是流产，多发生在怀孕的第二至第三个月，有的在妊娠的第二至第三周即流产。早期流产的胎儿和胎衣多被母猪吃掉，常不被发现。流产前的症状也不明显。流产的胎儿多为死胎，胎衣不下的情况较少，少数母猪可发生胎衣不下而引起子宫炎，影响其配种。重复流产的性况较少见。新感染猪场，流产数多。

公猪主要症状是睾丸发炎和副睾发炎，有的症状较急，局部热痛，并伴有全身症状。有的病猪睾丸发生萎缩、硬化，甚至丧失配种能力。无论病公猪还是病母猪，都可以发生关节炎，多发生在后肢。偶见于脊柱关节，局部肿大、疼痛、关节囊内液体增多，出现关节僵硬、跛行。

胎儿皮下、肌间出血性浆液性浸润；胸腹腔有红色液体及纤维素，胃、肠黏膜有出血点。有死胎及木乃伊胎。胎衣充血、出血和水肿，有的可见坏死灶。母猪子宫黏膜上有多个坏死小结节。公猪睾丸及副睾肿大，切开后可见小坏死灶。

三、诊断与疫情报告

可做细菌检查，病料（胎水、胎衣、胎儿）做成抹片，用柯兹洛夫斯基染色法染色、镜检，可见成丛的红色球状小杆菌，即可确诊。有条件时，可做细菌分离培养。还须与猪繁殖和呼吸综合征、细小病毒病、乙型脑炎、钩端螺旋体病、猪伪狂犬病、猪弓形体等鉴别诊断。

本病为我国二类动物疫病。发生疫情时，应立即向当地兽医主管部门、动物卫生监督机构或动物疫病预防控制机构报告，并逐级上报至国务院畜牧兽医行政主管部门。县级以上兽医主管部门通报同级卫生主管部门。

四、疫苗与防治

在发病猪场,对检疫证明为无病的猪,用猪布鲁氏杆菌 2 号弱毒冻干菌苗进行预防免疫,最好在配种前 1~2 个月进行,免疫期为 1 年。可给猪口服 2 次,每次 200 亿活菌,间隔 1 个月;也可对猪进行 2 次皮下注射,每次每头注射 2 毫升(200 亿活菌),间隔 1 个月。怀孕母猪不可采用注射免疫。

种猪场坚持自繁自养的原则,凡经查明为病猪或阳性猪时,应立即隔离,一律淘汰。应加强兽医卫生管理,特别要注意产房、用具及环境的彻底消毒。妥善处理流产胎儿、胎衣、胎水及阴道分泌物。

通常用含量为 10%的石灰乳、含量为 10%的漂白粉或含量为 3%~5%的来苏水消毒。

第七节 克里米亚 - 刚果出血热

克里米亚-刚果出血热又称中亚出血热,是一种由克里米亚-刚果出血热病毒引起,并经蜱媒传播的人兽共患自然疫源性急性病毒传染病。

一、病原及流行病学特点

克里米亚-刚果出血热病毒属于布尼亚(布尼奥罗)病毒科、内罗病毒属。病毒颗粒呈圆形或椭圆形,直径约 85~120 纳米,外被包膜。光学镜下,在鼠脑的感染组织中可见到姬母萨染色呈嗜碱性、如红细胞大小的胞质包涵体,而在电镜下的超薄切片中可辨认包涵体所集聚的核糖体样致密颗粒, 这些可能是抗原或病毒亚单位结构。本病毒对温度的变化以及酸和乙醚非常敏感,加热到 56℃、经 30 分钟可完全灭活本病毒,置于普通冰箱中,于 4℃时、经 24 小时可使感染滴度显著下降。若将本病毒放在冰盒内 50%的中性甘油盐水中,则可保存半年以上,而利用冷冻真空干燥法能保存该病毒长达数年之久。

带毒动物和病人是本病的传染源。野兔、野鼠、鸟类和家畜(尤其牛、羊、骆驼)等都可以带毒而成为传染源。本病主要经蜱传播。蜱不仅自身携带病毒,病毒在其体内还能经卵传代。因此,蜱既是本病的传播媒介,又是病毒的储存宿主。人、啮齿动物、鸟类和绵羊、山羊、牛、马、骆驼等家畜对本病毒均易感。人可以自然感染发病。动物多为隐性感染,在本病毒的自然循环中起重要作用。

本病多发生于半森林、半草原或半沙漠的畜牧区。一年四季均可发生，尤以6~8月多发，这3个月中的病例约占全年病例的30%~60%。

二、临诊症状及病理变化

1. 人类：本病的潜伏期3~7天。起病急，发热（39℃~40℃），寒战，严重肌肉痛，头痛，腹泻，呕吐，上腹痛与腰痛。经过一个短时间的无热期后，于第三至第五天出现双峰热，发热期可持续12天，发热第三至第五天有皮疹出现。常见注射部位、牙龈、胃、消化道、肺、子宫和尿道出血。出现严重失水和休克征侯，表明预后不良，常于病后7~9天死亡，病死率为30%~50%。据统计，近年来病死率为5%~30%。

2. 动物：动物多为隐性感染，不表现明显的症状。本病的潜伏期为2~10天或更长。起病急，有寒战，高热，头痛，腰痛，全身痛，口渴，呕吐，面与胸部皮肤潮红，球结膜水肿，软腭和颊黏膜瘀点，上胸、两腋下、背部瘀点、瘀斑。发热期约7天，热退前后出现低血压，休克，消化道出血，血尿及子宫出血等。病程约10~14天。

三、诊断与疫情报告

诊断主要依靠临床症状及流行病学史。早期血中可分离出病毒。血清学检测有补体结合试验、中和试验、反向被动血凝试验、免疫荧光试验等，双份血清抗体效价在4倍以上递增者有诊断意义。

本病未入列我国一、二、三类动物疫病病种名录。一旦发生疫情，应立即向当地兽医主管部门、动物卫生监督机构或动物疫病预防控制机构报告，并逐级上报至国务院畜牧兽医行政主管部门。县级以上兽医主管部门通报同级卫生主管部门。

四、疫苗与防治

目前，在东欧和苏联已使用鼠脑灭活疫苗对人进行预防注射，但由于潜在需求有限，研制安全有效的疫苗的成本较高，因而使用并不广泛。

治疗主要依靠对症治疗，早期应用肾上腺皮质激素治疗有一定作用，近年来用高效价免疫球蛋白治疗取得较好效果。重症患者应注意防治休克、大出血、肺水肿及心力衰竭等。

出血性病人的传染性很强，应严格隔离治疗，生活用品和食物器械专用，病人的血液和分泌物应严格消毒，医护人员应做好个人防护。在本病疫区内应做好防蜱灭蜱，进入疫区的人员要做好个人防护，防蜱叮咬，即灭蜱、防蜱以及隔离病人。

第八节　棘球蚴病

棘球蚴病也称包虫病，是由细粒棘球绦虫和棘球绦虫的棘球蚴寄生在牛、羊等多种哺乳动物的脏器内而引起的一种危害极大的人兽共患寄生虫病。本病主要见于草地放牧的牛、羊等。

一、病原及流行病学特点

在犬小肠内的棘球绦虫很细小，长2~6毫米，由一个头节和3~4个节片构成，最后一个体节较大，内含大量虫卵。含有孕节或虫卵的粪便排出体外，污染饲料、饮水或草场，若牛、羊、猪或人食入这种体节或虫卵会即被感染。虫卵在动物或人这些中间宿主的胃肠内脱去外膜，游离出来的六钩蚴可钻入肠壁，随血流散布到全身，并在肝脏、肺、肾脏、心脏等器官内停留下来慢慢发育，形成棘球蚴囊泡。犬属动物如吞食了这些有棘球蚴寄生的器官，每一个头节便在其小肠内发育成为一条成虫。

棘球蚴囊泡有单房囊、无头囊和多房囊棘球蚴3种。单房囊多见于绵羊和猪，囊泡呈球形或不规则形，大小不等与周围组织有明显界限，触摸有波动感，囊壁紧张，有一定弹性，囊内充满无色透明液体。在牛，有时可见到一种无头节的棘球蚴，称为无头囊棘球蚴。多房囊棘球蚴多发生于牛体内几乎全位于肝脏，有时也见于猪。这种棘球蚴特征是囊泡小，成群密集，呈葡萄串状，囊内仅含黄色蜂蜜样胶状物而无头节。在牛体内偶尔可见到人型棘球蚴，从囊泡壁上向囊内或囊外可以生出带有头节的小囊泡（子囊泡），在子囊泡壁内又生出小囊泡（孙囊泡），因而一个棘球蚴能生出许多子囊泡和孙囊泡。

二、临床症状及病理变化

临床症状随寄生部位和感染数量的不同而差异明显，轻度感染或初期症状均不明显。牛肝部大量寄生棘球蚴时，主要表现为病牛营养失调，反刍无力，身体消瘦；当棘球蚴体积过大时可见腹部右侧膨大，有时可见病牛出现黄疸，眼结膜黄染。当牛肺部大量寄生时，则表现为长期的呼吸困难和微弱的咳嗽；听诊时在不同部位有局限性的半浊音灶，在病灶处肺泡呼吸音减弱或消失；若棘球蚴破裂，则病牛全身症状迅速恶化，体力极为虚弱，通常会窒息死亡。

炎症反应是棘球蚴病的主要病理变化。早期为白细胞浸润，晚期为增生性肉芽肿变化,受害器官由于虫体包囊压迫组织而引起器官变化。

三、诊断与疫情报告

仅临床症状一般不能确诊此病。在疫区内怀疑为本病时,可利用 X 光或超声波检查;也可用变态反应诊断,即用新鲜棘球蚴囊液,无菌过滤绝不含原头蚴,在牛颈部皮内注射 0.2 毫升,注射后 5~10 分钟观察,若皮肤出现红斑,并有肿胀或水肿者即为阳性,此法准确率为 70%。

本病为我国二类动物疫病。一旦发现病畜,应立即向当地兽医主管部门、动物卫生监督机构或动物疫病预防控制机构报告,并逐级上报至国务院畜牧兽医行政主管部门。县级以上兽医主管部门通报同级卫生主管部门。

四、疫苗与防治

从六钩蚴体内提取单多肽抗原,用 DNA 重组技术在大肠杆菌中表达制成的疫苗,可有效预防绵羊细粒棘球蚴绦虫的感染,有效率为 96%~98%。免疫期可达到 12 个月,并且能通过初乳传给羊羔。

严禁乱扔废弃的动物尸体及脏器,有病脏器不能喂犬。要定期对犬进行驱虫,并将其排出的粪便集中销毁,以消灭病原。另外要加强肉品卫生检验、检疫,采取综合有效地预防措施。

另外,疫区犬类经常定期驱虫以消灭病原也是非常重要的,如驱犬绦虫药阿的平,口服 1 次,用药剂量为 0.1 克/千克~0.2 克/千克。给犬驱虫时一定要把犬拴住,以便收集犬排出的虫体与粪便并彻底销毁,以防病原散布。

第九节　口蹄疫

口蹄疫是由口蹄疫病毒引起的偶蹄动物共患的急性、热性、接触性传染病。其主要症状是口腔黏膜以及鼻、蹄、乳头等部位的皮肤形成特征性水疱和烂斑。

一、病原及流行病学特点

口蹄疫病毒属小核糖核酸病毒科、口疮病毒属,根据血清学反应的抗原关系,病毒可分为 O、A、C、亚洲 I、南非 I、南非 II、南非 III 7 个不同的血清型和 60 多个亚型。

口蹄疫病毒对酸、碱特别敏感。在 pH 值为 3 时,瞬间丧失感染性;pH 值为 5.5 时,1 秒钟内 90% 的病毒被灭活;含量为 1%~2% 的氢氧化钠或含量为 4% 的碳酸氢钠溶液 1 分钟内可将本病毒杀死；在−70℃~−50℃时本病毒可存活数年，加热到 85℃、经 1 分钟即可杀死本病毒。牛奶经巴氏消毒(加热到 72℃、经 15 分钟)能使本病毒感染力丧失。在自然条件下，病毒在牛毛上可存活 24 日，在麸皮中能存活 104 日。紫外线可杀死病毒，乙醚、丙酮、氯仿和蛋白酶对病毒无作用。甘油是本病毒的良好保存剂。

自然感染的动物有黄牛、奶牛、猪、山羊、绵羊、水牛、鹿和骆驼等偶蹄动物；人工感染可使豚鼠、乳兔和乳鼠发病。

已被感染的动物能长期带毒和排毒。病毒主要存在于食道、咽部及软腭部。羊带毒 6~9 个月，非洲野牛个体带毒可达 5 年。带毒动物通过其唾液、乳汁、粪、尿，以及病畜的毛、皮、肉及内脏将病毒散播。被污染的圈舍、场地、草地、水源等为重要的疫源地。

病毒可通过接触、饮水和空气传播。鸟类、鼠类、猫、犬和昆虫均可传播此病。各种污染物品如工作服、鞋、饲喂工具、运输车、饲草、饲料、泔水等都可以传播病毒。

冬、春季节发病率较高。随着商品经济的发展，畜及畜产品流通领域的扩大，人类活动频繁，致使口蹄疫的发生次数和疫点数量增加，造成口蹄疫的流行无明显的季节性。

二、临床症状及病理变化

各种家畜发病的主要症状如下：

1. 牛：本病的潜伏期 2~3 天，少数 6~7 天或更长，体温可达 40℃~41℃，同时在舌面、上下唇黏膜出现特征性水疱，流出大量泡沫状口涎。蹄叉、蹄冠、鼻镜、鼻孔周围和乳头上也有水疱。水疱破裂后形成烂斑，一般一周左右愈合，个别蹄甲脱落者，要半个月到一个月才能痊愈。

2. 羊：症状较轻，主要是烂蹄冠，有轻微跛行，其次是口腔牙齿边缘有水疱和烂斑。

3. 猪：鼻镜、舌边、乳头(母猪)有明显水疱，蹄痛跛行，体重大的猪，尤其肥猪、母猪蹄痛不能站立，跪倒地面爬行，严重的蹄壳脱落。

4. 幼畜：犊牛、羔羊、仔猪患口蹄疫一般为急性经过，呈恶性口蹄疫型，死亡率很高，常在症状未出现前由于心脏受损而突然死亡。

病理变化有重要诊断意义的是心肌病变，解剖尸体常见有心包膜和心肌出血(虎斑心)，心包膜上有弥散性及点状出血。病牛的心肌切面有灰白色和淡黄色斑点和条纹,好像老虎身上的斑纹,故称"虎斑心"。以上病理变化,只能对本病做初步诊断,不能确诊和确定病毒的类型。

三、诊断与疫情报告

1. 临床诊断:根据本病传播速度快,典型症状是口腔、乳房和蹄部出现水疱和溃烂,可初步诊断。

2. 鉴别诊断:本病与水疱性口炎的症状相似,不易区分,故应鉴别。其方法是采集典型发病的水疱皮,研细,用 pH 值为 7.6 的磷酸盐缓冲液(PBS)制成 1:10 的悬液,经离心沉淀后取上清液给牛、猪、羊、马、乳鼠接种,若只有马不发病,其他动物都发病,即可确诊为口蹄疫。

3. 实验室诊断:取牛舌部、乳房或蹄部的新鲜水疱皮 5~10 克,装入灭菌瓶内,加 50% 的甘油生理盐水,低温保存,送有关单位鉴定。

当有疑似口蹄疫发生时,除及时进行诊断外,应立即向当地兽医主管部门、动物卫生监督机构或动物疫病预防控制机构报告,包括发病动物种类、发病数、死亡数、发病地点、范围以及临床症状和实验室检疫结果,并逐级上报至国务院畜牧兽医行政主管部门。

四、疫苗与防治

许多国家只有在该病呈地方性流行时,才进行常规口蹄疫疫苗接种。与此不同的是,许多无口蹄疫的国家从不使用口蹄疫疫苗,只在疫情暴发时通过扑杀所有被感染、接触过病畜的动物控制疫情。许多无口蹄疫国家仍保留选择疫苗接种,并有高浓缩灭活病毒制品的战略储备。在接到通知的短期内,这种抗原储备具有按要求配制"紧接"疫苗的潜力。

口蹄疫疫苗是经化学灭活的细胞培养毒,并与适当的佐剂混合而成。猪用疫苗,最好是油佐剂灭活疫苗。

由于病毒存在多种血清型,因而多数口蹄疫疫苗是多价的,通常要用 2 个或更多的不同毒株制备疫苗。一般,在自由放养水牛种群中流行口蹄疫的地区,为保证对流行病毒的抗原广谱性,每一种血清型疫苗必须包含一种以上的毒株。接种疫苗后 10 天可产生免疫力,免疫保护率一般为 80%~90%,免疫期为 6 个月。注射方法、用量及注射以后的注意事项必须严格地按照疫苗说明书执行。免疫所用疫苗的毒型必须与流行的口蹄疫病毒类型一致,否则无效。注射后有时会出现副作用,因此必须事先做好护理和治疗的准备工作。

我国目前生产的口蹄疫疫苗有口蹄疫 A 型、O 型鼠化弱毒疫苗和细胞培养灭活菌 2 种。

1. 口蹄疫 A 型、O 型鼠化弱毒疫苗：此种疫苗有 A 型、O 型单价苗和 A、O 型双价苗。由于该弱毒株尚有一定的残余毒力，只限用于成年牛、羊，对犊牛、羔羊和猪能引起发病或致死。成年牛、骆驼每头皮下或肌肉注射双价苗 2 毫升；羊注射 1 毫升；鹿、猪、1 岁以下犊、4 月龄以下羊不得注射疫苗。注射疫苗地区的猪必须与刚免疫接种的动物隔离，以免感染。注射疫苗后 14 天产生免疫力，免疫期为 4~6 个月。

2. 细胞培养灭活苗：系将猪口蹄疫 O 型毒株在原代单层细胞或传代细胞上培养，经 BFI（二乙烯亚胺）灭活，制成灭活油佐剂疫苗。对猪的免疫保护率为 80%~90%，最小免疫剂量为 0.5 毫升。接种疫苗后 10 天产生免疫力，免疫期为 6 个月。

多年来，在口蹄疫防治实践中积累了一套比较成熟的经验，其中最主要的是：搞好群众性的防疫活动，组织有关地区、部门的联防协作，遵照"早、快、严、小"的原则，采取综合性防疫措施。

发生疫情时的措施：应由当地县级以上人民政府发布封锁令，实施封锁、隔离、扑杀、消毒等综合性防疫措施。疫区解除封锁的时间应以最后一头病畜痊愈、死亡或急宰后 14 天，是经过全面消毒为准。在受威胁区周围建立免疫带以防疫情扩散。

可用含量为 1%~2%的氢氧化钠、含量为 30%的草木灰水和含量为 1%~2%的甲醛溶液等消毒剂消毒。

第十节 心水病

心水病，又名考德里氏体病，是一种反刍动物立克次氏体病，由反刍动物埃利希氏体（以前称为反刍动物考德里氏体）引起反刍动物的一种以蜱为媒介的急性、热性、败血性传染病。以高热、浆膜腔积水（如心包积水）、消化道炎症和神经症状为主要特征。

一、病原及流行病学特点

病原属于立克次氏体科的反刍动物埃利希氏体，存在于感染动物的血管内皮细胞的细胞质内,尤其是大脑皮层灰质的血管或脉络膜丛中。姬母萨染色为深蓝色,多形,但多呈球形,球形者直径为 200~500 纳米,杆状者为(200~300)纳米×(400~500)纳米,成双者为 200 纳米×800 纳米。

病原抵抗力不强,必须保存于冰冻或液氮中,室温下很少能存活 36 小时以上,存在于脑组织中的病原体在冰箱中能保存 12 天以上,在-70℃下能保存 2 年以上。

心水病仅由钝眼属蜱传播,主要传播媒介是希伯来钝眼蜱。

在非洲,在外来品种的牛、绵羊、山羊和水牛中引起的症状本病较严重,而在当地品种的绵羊、山羊中引起本病的症状较轻微,在几个当地品种的羚羊中发病症状不明显。

二、临床症状及病理变化

病原体通过感染蜱侵入动物的血管内皮细胞和淋巴结网状细胞中进行分裂复制而导致一系列组织病变。

由于宿主的易感性和病原株毒力的差异,心水病在临诊上可分为 4 种不同类型。

1. 最急性型:牛、绵羊、山羊等种畜引进到地方性心水病疫区时,出现发热抽搐,突然惊厥而死。

2. 急性型:体温高达 42℃以上,呼吸急促,脉搏短快,精神委顿,拒食,伴发神经症状,磨牙,不断咀嚼,舌头外伸,行走不稳,常做前蹄高抬的步态,转圈乱步,站立时两腿分开。严重的病例表现为神经症状增加,倒地抽搐,头向后仰,症状加剧,在死前通常可看到奔跑运动和角弓反张。发病后期,通常可见感觉过敏,眼球震颤,口流泡沫。

3. 亚急性型:病畜发热,由于肺水肿引起咳嗽,轻微的共济失调。1~2 周内康复或死亡。

4. 温和型和亚临诊型:也称"心水病热",发生在羚羊和对本病有高度抵抗力的非洲当地某些品种的绵羊和牛中。唯一的症状是短暂的发热。

心内外膜出血,胸、腹腔大量积液,咽、喉和气管充满液体,心包积水,心包中可见有黄色到淡红色的渗出液。黏膜充血。真胃和肠道均有类似病变,其他实质器官有充血和肿大。心内膜下层有出血斑,其他部位的黏膜下层和浆膜下层也有出血。

心肌和肝脏发生实质性病变,脾肿大,淋巴结水肿,卡他性和出血性皱胃炎以及肠炎等病变也较为常见。脑仅表现为充血,极少发生其他病变。

三、诊断与疫情报告

根据该病的一些特征性症状及病变以及传播媒介蜱的存在可作出初步诊断,确诊需进行实验室诊断。

1. 涂片检查:将病畜大脑皮层的灰质或脉络丛做涂片,以姬母萨法染色,可见反刍兽考德里氏体位于血管内皮细胞的细胞质内,染成深蓝色,内皮细胞的细胞核为紫色。

2. 接种动物:在羊体上复制本病,可观察到病原体。

本病未列入我国一、二、三类动物疫病病种名录。一旦发现病畜,应立即向当地兽医主管部门、动物卫生监督机构或动物疫病预防控制机构报告。县级以上兽医主管部门通报同级卫生主管部门。

四、疫苗与防治

虽然弱毒和灭活苗免疫在试验性条件下得到可喜的结果,但目前尚没有适用的商品疫苗。心水病唯一的免疫方法仍然是使用感染血清或感染蜱匀浆进行的"感染治疗"法。

防治主要采取消灭钝眼蜱,控制传播媒介。在症状出现之前可用四环素类抗菌素控制本病发生。

第十一节 日本脑炎

日本脑炎又称乙型脑炎(乙脑)或流行性脑炎,是由日本脑炎病毒引起的一种急性自然疫源性人兽共患传染病。但除猪、人、马外,通常没有临床症状,人、马发病后出现脑炎症状,猪表现为流产、死胎和睾丸炎。本病主要发生于东南亚国家和地区。

一、病原及流行病学特点

日本脑炎病毒为 RNA 病毒,披膜病毒科、黄病毒属。病毒粒子呈球型,有囊膜,对脂溶剂敏感。本病毒对外界环境因素的抵抗力差,加热到 56℃、经 30 分钟,加热到100、℃经 2 分钟均可灭活,常用消毒药如碘酊、来苏水、甲醛等有迅速灭活作用。

日本脑炎是由自然病毒引起的主要引起马脑炎,也可感染人和猪,猪感染后

会发生流产。猪可传播本病毒，鸟也参与传播本病毒。其主要的传播媒介是库蚊，（伊蚊等其他蚊子也可传播本病毒）。日本脑炎有明显的季节性，常于夏末秋初流行。

二、临床症状及病理变化

1. 马：病马主要表现为高热，神经症状以精神沉郁型居多，常见头偏向一侧，做转圈运动或无目的地向前直走，有时马会出现后坐现象，严重时后肢麻痹，倒地不起。狂暴型较少见。未成年马，尤其是当年驹发病多，但流行多呈明显的散发性。

2. 猪：病猪有短暂高热，精神委顿，嗜睡，个别猪的后肢呈轻度麻痹。患病怀孕母猪可突然流产，胎儿多死胎或木乃伊胎（下一次分娩时则多数能产出正常仔猪）。患病公猪常在高热后发生睾丸肿胀，阴囊皮肤发亮、发热，经2~3天后肿胀渐渐消失，一般预后良好。

3. 牛、羊：牛、山羊多为隐性感染。

病变主要表现为脑、脊髓、睾丸和子宫有不同程度的充血、出血和水肿。流产胎儿常见皮下水肿，胸腔积液，腹水增多。

三、诊断与疫情报告

根据此病有明显的季节性和临床症状可作出初步诊断，但确诊需进行病毒分离和血清学诊断。

采集病初1周内病畜血液或脑脊髓液，或刚死的病尸脑组织接种于乳鼠或敏感细胞，可分离出病毒。也可应用免疫荧光法或酶标抗体染色法，在病尸脑组织神经细胞中直接检查出病毒抗原。

在血清诊断中，有病毒中和试验、血凝抑制试验和补体结合试验。由于这些抗体在病初滴度较低，且隐性感染或免疫接种后可出现这些抗体，因而均以双份血清抗体效价升高4倍以上作为诊断标准。只能用于疾病回顾性诊断或流行病学调查，无早期诊断价值。

本病为我国二类动物疫病。一旦发现病畜，应立即向当地兽医主管部门、动物卫生监督机构或动物疫病预防控制机构报告，并逐级上报至国务院畜牧兽医行政主管部门。县级以上兽医主管部门通报同级卫生主管部门。

四、疫苗与防治

兽用日本脑炎疫苗是用乙脑病毒减毒株"2-8株"及"5-3株"感染鼠脑或细胞培养物的病毒悬液经灭活制成的。本疫苗应于乙型脑炎流行前1~2个月注射，不分动物畜别（马、骡、驴）、性别，一律皮下或肌肉注射1毫升。当年幼畜注射1

次后,第二年必须加注 1 次。本疫苗注射 2 次(间隔 1 年),免疫期为 3 年。

本病无特效疗法,应积极采取对症疗法和支持疗法。病马由于脑或脊髓的炎症,中枢神经机能发生紊乱,同时引起循环、消化和泌尿系统的障碍。因此,应采取降低颅内压、调整大脑机能、解毒为主的综合治疗措施。

积极的防疫措施是控制传染源及传播媒介。做好灭蚊、防蚊工作,切断传播途径,减少疫病发生。在日本脑炎流行季节前 1~2 个月对马、猪等易感畜接种日本脑炎弱毒疫苗进行预防。

发生疫情时,采取严格控制、扑灭措施,防止疫情扩散。患病动物予以扑杀并进行无害化处理。死猪、流产胎儿、胎衣、羊水等均须进行无害化处理。污染场所及用具应彻底消毒。

第十二节 钩端螺旋体病

钩端螺旋体病是由致病性钩端螺旋体引起人畜共患的一种自然疫源性传染病。家畜多为隐性感染,有时可表现为短期发热、黄疸、血红蛋白尿、出血性素质、流产及皮肤黏膜坏死等症状。

一、病原及流行病学特点

病原属细螺旋体属,目前有 18 个血清群,不少血清型钩端螺旋体均能产生溶血素,但以波蒙那型最多。钩端螺旋体呈细长圆形、螺旋状,菌体的一端或两端弯曲呈钩状,在暗视野显微镜下容易观察,菌体长度一般为 4~20 微米,无鞭毛,可做旋转运动和摆动。钩端螺旋体为需氧菌,在含量为 8%~10%的兔血清液体培养基内生长良好,最常用的培养基为柯索夫培养基和希夫纳培养基,培养适温为 28℃~30℃,适宜 pH 值为 7.2~7.6。初代分离培养约 7~15 天,有时 30~60 天或更长,传代培养一般为 4~7 天。

钩端螺旋体病自然疫源地以鼠类为主要储存宿主,家畜中猪的带菌率最高,其次是犬,各种带菌动物经多种途径向外排菌,污染周围环境,如水源、土壤、饲料、用具等,致使动物和人被感染。本病主要通过皮肤、黏膜和消化道传染,也可通过交配、人工授精和在菌血症期间通过吸血昆虫如蜂、蚊、蝇等传播。

各种年龄的动物都可发生,但以幼畜发病较多,本病有明显的季节性,7~10 月雨季为流行高峰期,其他月份常为个别散发。宿主带菌时间:牛、羊为 6 个月,猪为 12 个月,鼠为 2.5 年。饲养管理水平与本病的发生、流行有密切关系,畜舍粪尿污水不能及时清理消毒,常是疫病爆发的原因。

二、临床症状及病理变化

临床表现与病原类型、机体状态、感染方式、并发症有密切关系,一般情况下,感染率高,发病率低,本病的潜伏期为 3~7 天。

1. 猪:症状表现为体温升高,皮肤干燥,可视黏膜黄染,尿呈浓茶样或血尿。患病后,妊娠母猪会流产且常于胎儿体弱,常产后不久死亡。

2. 牛:急性型表现为突然高热,黏膜发黄,尿色暗,有大量白蛋白、血红蛋白和胆色素,常见皮肤干裂、坏死和溃疡。亚急性型多见于乳牛,主要症状为发热、黄疸、产奶量下降或停止,乳色变黄常有血凝块,妊娠牛流产。

3. 羊:感染后症状与牛相似。

4. 马:急性型表现为稽留高热,食欲废绝,皮肤与黏膜黄染,有点状出血,皮肤干裂坏死。亚急性型表现发热、消瘦、黄疸等症状。

猪皮下组织、浆膜和黏膜有不同程度的黄染,胸腔和心包内有黄色液体,心内膜、肠系膜、肠、膀胱黏膜等出血,肝肿大、呈棕黄色,胆囊胀大;膀胱积有血红蛋白尿或胆色素尿,肾肿大。牛、羊、马皮肤有干裂坏死性病灶,口腔黏膜出现溃疡,黏膜及皮下组织黄染,肺、心、肾、脾等实质器官有出血斑点。肝肿大,肾稍肿,且有灰色病灶,脑膜血管充血,脑质水肿,膀胱积有深黄色或红色尿液,肠系膜淋巴结肿大。

三、诊断与疫情报告

1. 直接镜检:病初期用血液,中后期取尿样,死后 1 小时内检查采肝、脾、肾、脑等病料制片,病料采集后应立即处理,并进行暗视野直接镜检或用荧光抗体法检查。病理组织中的菌体应用姬母萨染色或镀银染色后检查。

2. 分离培养:采未经药物治疗刚发病的患畜血液接种培养基,或选用病后 6 天以上新鲜的中段尿的离心沉淀物或肝、肾及产后新鲜死胎的病料。常用柯索夫氏或希夫纳氏培养基,也可用鸡胚或牛肾细胞培养。通常 1~3 周开始生长,有时需要 1~3 个月。初次分离生长缓慢,需要较长培养时间。

3. 动物接种:以 14~18 日龄仔兔、幼龄豚鼠、20~25 日龄小狗和金黄仓鼠,必要时以同一种动物继续盲传三代。试验动物的症状与病变虽然特异,但仍须在检出菌体后才能做最后判定。

4. 血清学诊断：

(1)凝集溶解试验。钩端螺旋体可与相应的抗体产生凝集溶解反应,抗体浓度高时发生溶菌现象,抗体浓度低时发生凝集现象,此方法可与标准菌株抗原反应做定性和定量试验。

(2)补体结合试验。具有一定的特异性,不能用来鉴定血清型。

本病为我国二类动物疫病。一旦发现病畜,应立即向当地兽医主管部门、动物卫生监督机构或动物疫病预防控制机构报告, 并逐级上报至国务院畜牧兽医行政主管部门。县级以上兽医主管部门通报同级卫生主管部门。

四、疫苗与防治

兽用钩端螺旋体病疫苗是一株或多株致病性钩端螺旋体灭活,但仍保留免疫原性的悬液。虽然许多实验用细胞提取物疫苗已经通过了检验,但是除了少数部分外,大部分商品疫苗还都是全菌制品。钩端螺旋体只能在含有血清或血清蛋白的适宜的培养液中生长,但使用时疫苗成品中必须将血清或血清蛋白除去,疫苗可加适当的佐剂。

我国目前使用的灭活菌苗是经过筛选的当地主要流行菌株培养物,经石炭酸或福尔马林灭活,先制成各型单价菌苗,然后根据流行地区的需要,按规定比例合并成多价菌苗(最多不超过5型)。成年家畜均须注射本疫苗2次,牛、马第1次注射10毫升,第2次注射10毫升,两次间隔7天;猪、羊、犬第注射1次3毫升,第2次注射5毫升。免疫期约为1年。但猪的免疫期较短,以半年注射1次为宜。

国外畜用菌苗也是灭活菌苗,用铝胶作佐剂,剂量为1~2毫升,分2次注射。

灭活菌苗必须连续接种才能提高畜群的群体免疫性, 控制本病的迅速传播。免疫家畜不能完全制止肾带菌和排菌, 然而排菌数量较未经免疫的动物明显减少,且菌体的毒力也有所减弱。

钩端螺旋体病是重要的人畜共患病和自然疫源性传染病,因此消灭疫源地、切断传染源是控制本病的关键。要做好灭鼠工作,对病畜及带菌家畜实行严格控制,及时进行治疗和疫苗免疫。要做好环境卫生保护,保护水源不受污染,经常消毒和清理污水、垃圾,消毒畜舍,发酵粪便。发病率高的地区实行定期菌苗接种。

抗菌疗法是本病最基本的治疗措施,是早期治疗的核心。青霉素G为首选抗生素,其他如链霉素、氯霉素、四环素、关大霉素等对本病都有较好疗效。

对接触过病畜或污染物的可疑感染动物,可在饲料中混以土霉素或四环素。可在每千克饲料中加入土霉素 0.75~1.5 克,连喂 7 天;也可将四环素按 1 毫克/千克~1.5 毫克/千克加入饲料中连续饲喂,以防止犊牛和犬被感染。

第十三节　新大陆螺旋蝇蛆病(嗜人锥蝇)

新大陆螺旋蝇蛆病(嗜人锥蝇)是由新大陆螺旋蝇蛆(嗜人锥蝇)的幼虫寄生在哺乳动物的皮肤及下层组织引起的一种外伤性蝇蛆病。

一、病原及流行病学特点

病原为新大陆螺旋蝇蛆(嗜人锥蝇)的幼虫,属双翅目、丽蝇科、锥蝇亚科成员,是哺乳动物的专属性寄生虫。

自然原因或饲养管理不当造成的外伤易招致螺旋蝇幼虫侵害,引起蝇蛆病,动物天然孔黏膜也可发生螺旋蝇侵袭。

一般,伤口可引诱雌蝇在其边缘产卵,虫卵在 12~24 小时内可发育成幼虫。

二、临床症状及病理变化

幼虫以寄主的皮肤及下层组织为食,侵入组织挖孔打洞,造成特征性的螺旋蝇感染症状。感染伤口通常释放出一种特殊气味,对妊娠雌蝇有高度吸引力,吸引来的雌蝇会产下更多虫卵。严重感染动物如得不到及时治疗可导致死亡。

三、诊断与疫情报告

根据流行病学和临床症状可作出初步诊断。确诊需要鉴定从感染伤口最深层组织找出的幼虫。

本病未列入我国一、二、三类动物疫病病种名录,我国也尚无此病。一旦发现病畜,应立即向当地兽医主管部门、动物卫生监督机构或动物疫病预防控制机构报告,并逐级上报至国务院畜牧兽医行政主管部门。

四、疫苗与防治

没有疫苗。

在螺旋蝇高峰期尽量避免损伤性操作,饲养管理时尽可能减少家畜受伤。对易感家畜使用有机磷剂喷雾、喷洒或药浴,并严格控制感染区动物外流。

可采用昆虫不育技术促使不育雄蝇与野生雌蝇交配,使雌蝇产出不育卵,从而达到减少和最终根除蝇蛆目的。

治疗可在感染伤口直接涂施有机磷杀虫剂,效果很好。伤口施药不仅可以直接杀死幼虫,同时还可以防止再感染。

为了防止疫情扩散,在动物国际贸易中应严格遵守 OIE《陆生动物卫生法典》的规定。

第十四节 旧大陆螺旋蝇蛆病(倍赞氏金蝇)

旧大陆螺旋蝇蛆(倍赞氏金蝇)病是由旧大陆螺旋蝇蛆的幼虫寄生在哺乳动物的皮肤及下层组织引起的一种外伤性蝇蛆病。

一、病原及流行病学特点

病原为旧大陆螺旋蝇蛆(倍赞氏金蝇)的幼虫,属双翅目、丽蝇科、锥蝇亚科成员,是哺乳动物的专属性寄生虫。

流行病学和生活史同新大陆螺旋蝇蛆病。

二、临床症状及病理变化

同新大陆螺旋蝇蛆病。

三、诊断与疫情报告

根据流行病学和临床症状可作出初步诊断。确诊需要鉴定从感染伤口最深层组织找出的幼虫。鉴定旧大陆螺旋蝇蛆(倍赞氏金蝇)是根据小刺,前气门的叶数(4~6 叶)和次气管干的色素的特征为依据。

旧大陆螺旋蝇蛆(倍赞氏金蝇)未列入我国一、二、三类动物疫病病种名录。我国尚无此病,一旦发现病畜,应立即向当地兽医主管部门、动物卫生监督机构或动物疫病预防控制机构报告,并逐级上报至国务院畜牧兽医行政主管部门。

四、疫苗与防治

没有疫苗。

同新大陆螺旋蝇蛆病的防治方法。

第十五节 副结核病

副结核病又名副结核性肠炎, 是由副结核分枝杆菌引起的主要发生于牛的

一种慢性传染病。其特征是周期性顽固下痢,致使畜体渐进性消瘦、肠黏膜增厚并形成皱褶,呈慢性增生性肠炎及肠系膜淋巴结炎、淋巴管炎。

一、病原及流行病学特点

副结核分枝杆菌呈短杆状,长 0.5~1.5 微米,宽 0.3~0.5 微米,革兰氏染色呈阳性,齐-尼氏抗酸染色呈红色。在病料中或在培养基上成丛排列是其特点,并有抗酸、抗酒精、抗碱的特性。该菌为需氧菌,培养最适温度为 37.5℃,最适 pH 值为 6.8~7.2。初次分离培养比较困难,所需时间较长。本菌对外界环境的抵抗力较强,在被污染的牧场、厩肥中可存活数月至数年,对化学药物的抵抗力也较强。

本病的传染源是患畜,通过粪便排菌污染饲料、水源、环境等,健畜经消化道感染,并证实可通过胎盘传染给幼犊(患结核病母牛的子宫感染率高达 50%以上),还可因患畜精液、乳汁、尿液带菌而感染。6 月龄内,特别是 1~2 月龄犊牛易感,年龄越大易感性愈弱,本病的潜伏期 1~5 年,所以出现症状多在 2~5 岁的牛,绵羊、山羊次之。鹿、骆驼、马、骡、猪等也会感染本病。热带、干燥地区或土壤含石灰成分较多时,不易成为本病常在疫源地。各种应激因素可激发或加重病势。

二、临床症状及病理变化

病畜发病初期往往没有症状,以后逐渐明显。具体表现为由间歇性腹泻逐渐变为顽固性腹泻。粪便如稀粥样,呈喷射状排出,常带泡沫或黏液决、血块,有恶臭。病畜逐渐消瘦,被毛蓬乱褪色,皮肤失去弹性。早期症状虽有颈下水肿,但不常见。

病畜体温正常,食欲良好,渴欲增加,泌乳量减少。一般经 3~4 个月因衰竭而死亡。

本病主要病理变化在消化道和肠系膜淋巴结。消化道的特异性病变常出现于空肠后段、回肠末端及回盲瓣区域。肠黏膜显著肥厚,形成脑回状皱褶,皱褶表面往往见有充血、出血,有的黏膜表面呈天鹅绒样,很少见有坏死,更不见干酪样钙化灶。浆膜和肠系膜都有显著水肿,肠系膜淋巴结肿大、苍白,切面多汁。浆膜下淋巴管和肠系膜淋巴管常粗大呈绳索状。

组织学变化可见肠系膜内淋巴样细胞、浆细胞、网状细胞和类上皮细胞大量积聚。肠系膜淋巴结最初为轻度类上皮细胞浸润,髓质部网状细胞增生,最终形成淋巴结内的肉芽肿。在本病的早期,淋巴管被淋巴样细胞和浆细胞包围,在管腔内出现很多类上皮细胞,最终形成淋巴管内类上皮细胞肉芽肿,突出在淋巴管腔内。但不见有坏死样病变。

二、诊断与疫情报告

诊断临床可疑动物个体是否患有副结核病有多种方法,包括粪便涂片检查、粪便和组织培养、粪便或组织的 DNA 探针检查、血清学检查和尸体剖检及组织学检查。

1. 病原分离:将病料(下痢便、病死畜病变部肠黏膜或内容物)在研体中研碎,加入约 10 倍的含量为 0.5%的胰蛋白酶液,于室温下放置 30~60 分钟待消化后进行离心沉淀,用其沉渣涂片,做抗酸性染色,镜检可见有副结核杆菌的菌块。另外,可将胰蛋白酶消化过的病料进行离心沉淀,其沉渣再用 4%的氢氧化钠溶液处置后,接种到改良的小川固体培养基上,在 38℃下培养 3 个月左右,则可见有类似结核杆菌特征的菌落。

2. 变态反应:其变态反应的操作方法与结核菌素变态反应的操作方法相同。

3. 血清学试验:补体结合反应、酶联免疫吸附试验、荧光抗体试验、琼脂扩散试验及间接血凝试验。其中最常用的是补体结合反应。

本病为我国二类动物疫病。一旦发现病畜,应立即向当地兽医主管部门、动物卫生监督机构或动物疫病预防控制机构报告,并逐级上报至国务院畜牧兽医行政主管部门。

三、疫苗与防治

疫苗类型有活疫苗、弱毒苗、油和浮石制成的混合苗,有冻干、活的、致弱苗,重溶后加入佐剂(如油),还有经热灭活菌苗。疫苗可用副结核分枝杆菌 316F、2E、副结核,分枝杆菌 3、5 或 II(加拿大株)型的一种菌株,或者多达 3 种菌株来制备。

各国学者对副结核免疫很早就进行了研究,迄今尚未获得免疫原性好、安全有效、免疫期长的疫苗。早在 20 世纪 30 年代,法国曾用过油佐剂疫苗,但因效果不佳而停用。欧美各国对副结核进行疫苗注射,虽有预防作用,但接种后体内产生抗体,皮内变态反应为阳性,致使以后检疫时难以鉴别健畜与患畜。因此,疫菌接种存在一定局限性。

防治方法主要是加强饲养管理,采取综合性防疫措施。清净地区着重于检疫、隔离饲养和淘汰病畜。被污染的厩舍、用具、运动场等要用生石灰、来苏水、苛性钠、漂白粉、石炭酸等消毒液进行喷洒、浸泡或冲洗消毒处理。病牛粪便及

吃剩残料,要发酵处理。扑杀的病牛、消化器官不准食用,须深埋或焚烧处理。牛皮须用含量为 3%的烧咸处理。

第十六节 Q 热

Q 热是由伯纳特立克次体引起的一种人畜共患急性自然疫源性传染病。在家畜中主要侵害牛、绵羊、山羊,常呈无症状经过。

一、病原及流行病学特点

伯纳特立克次体(Q 热立克次体)是一种短小的两极小体,对干燥和高温的抵抗力强。在干燥的蜱粪、兽粪和牛奶中,可存活数月,加热 60℃、经 1 小时本菌死亡,−20℃可存活 2 天。在含量为 0.5%的福尔马林和含量为 1%的石炭酸中分别经 3 天和 1 天死亡。

家畜是主要传染源,如牛、羊、马、骡、犬等,次为野生啮齿动物,飞禽(鸽、鹅、火鸡等)及爬虫类动物。多种蜱可携带病原体,由吸血过程传递给动物,蜱的粪便也可散播病原体。Q 热在同种或不同种动物之间,经呼吸道和消化道途径感染,不需要昆虫媒介参与。患病动物娩出的胎儿及其分泌物、奶、粪便等污染外界环境而引起本病的传播。

二、临床症状及病理变化

牛、绵羊和山羊的 Q 热多取隐性经过,但有一个呈轻热性的菌血症期,并可引发支气管肺炎和流产。此外,家畜一些其他特有的疾病也可能与柏内特柯克氏体有关。动物的 Q 热可能完全缺乏临床症状。

在家畜,未见有描述感染 Q 热的病理变化。

三、诊断及疫情报告

本病的诊断主要依靠用病畜胎盘组织、蜱粪接种鸡胚卵黄囊或豚鼠来分离病原体与鉴定病原。

用病理材料直接涂片,以马夏维洛染色法或布鲁氏菌鉴别染色法染色,在镜检时可发现细胞内有大量红色球状或球杆状的伯纳特立克次体。

用病理组织悬浮液给豚鼠、兔、小鼠、田鼠或鸡胚卵黄囊进行接种,可以分离病原体。

可用补体结合反应、凝集反应和变态反应等血清学方法可确诊本病。

本病为我国三类动物疫病。一旦发现病畜,应立即向当地兽医主管部门、动物卫生监督机构或动物疫病预防控制机构报告,并逐级上报至国务院畜牧兽医行政主管部门。县级以上兽医主管部门通报同级卫生主管部门。

四、疫苗与防治

针对动物 Q 热已经研制出多种疫苗,但只有含 I 相抗原的疫苗才有保护作用。推荐在严重感染地区(特别是幼畜)每年应重复进行免疫。

牛、羊接种弱毒菌苗或灭苗后不仅可预防感染,并且还可使感染畜减少甚至防止从奶中排菌。

人用疫苗有两种:一种为卵黄囊膜灭活苗,可用于与家畜及与污染物接触频繁的人员,可接种 3 次,每次用量为 1 毫升,有较好的效果;另一种为活疫苗,我国已用兰 Q-6801 株经人工诱导变异,培养成减毒株,称兰 QM-6801,用该株初步试制 Q 热减毒活疫苗,进行口服及皮上划痕试验,免疫效果良好。

应严格执行口岸检疫,防止本病传入。

疫区应采取综合措施,减少感染,尤其在产犊、产羔季节要加强血清定期检测,发现阳性畜立即隔离饲养,禁止出售和移动。销毁阳性畜的胎盘和胎膜,消毒子宫阴道排泄物及被污染的环境。

对于 Q 热病人,应及早应用广谱抗生素,如四环素、金霉素、土霉素、氯霉素等进行治疗。对成年患者,一般可每天口服 2~3 克(每 6 小时口服 1 次)每次 0.5~0.75 克,共 5~6 天。

第十七节 狂犬病

狂犬病又名恐水病,俗称"疯狗病",是由狂犬病毒引起的人畜共患的急性传染病。其特征是患病动物神经兴奋和意识障碍,继之局部或全身麻痹而死。

一、病原及流行病学特点

本病毒属于破相型的弹状病毒科、狂犬病病毒属。本病毒主要存在于动物的中枢神经组织、唾液腺和唾液内,并在唾液膜和中枢神经细胞浆内形成狂犬病特异的包涵体,叫内基氏小体,呈圆形或卵圆形,染色后呈嗜酸性反应。本病毒可在 7 日龄的鸡胚绒毛尿囊膜、尿囊腔内、卵黄囊内繁殖,在鸡胚、鼠胚、兔胚、牛睾丸和肾细胞上培养。对外界环境抵抗力弱,酸、碱、紫外线和一般消毒药等都能迅速

杀死,但对甲酚、石炭酸抵抗力相当强。病毒不耐湿热,于50℃(15分钟)、60℃(数分钟)、100℃(2分钟)均能灭活。

本病是自然疫源性传染病,在许多野生动物(如野犬、狐、狼、鼠、野猫等中蔓延)。尤以犬科动物常成为人畜狂犬病的传染源和病毒的贮存宿主。另外,蝙蝠在本病的传播方面也起重要的作用。本病主要通过患病动物咬伤后而引起感染,还可通过呼吸道、消化道和胎盘感染。此外,健康动物的皮肤黏膜有损伤时,接触患病动物的唾液也有感染的可能。

本病呈世界性分布。自然界中人和各种畜禽均有易感性。一旦发病,死亡率高达100%。

二、临床症状及病理变化

本病的潜伏期一般3~8周,长者达数年。这与动物的易感性、伤口大小、中枢的距离、侵入病毒的毒力和数量有关。各种动物的临床表现皆相似,一般分为狂暴型和麻痹型2种。动物感染本病毒后致死率较高。

1.犬:根据临床表现,整个病程一般可分为前驱期、兴奋期和麻痹期3个阶段。

(1)前驱期。病犬精神沉郁,常躲在暗处,不愿和人接近或不听呼唤,往往呈现神态失常的症状。反应机能增高,轻度刺激即易兴奋,有时望空吠咬。病犬食欲反常,拒绝喂食,而喜舔食不能消化的异物。此期约持续1~2日,后进入兴奋期。

(2)兴奋期。病犬高度兴奋,时常攻击其同类和其他动物,并将其咬伤。但兴奋发作常与沉郁交替出现,病犬疲劳卧地不动,不久又起立,呈现一次新的兴奋发作。随病势发展,陷于意识障碍,反射紊乱,狂咬。病犬显著消瘦,叫声嘶哑,眼球凹陷,下颌麻痹,流涎,夹尾。此期约2~4日。

(3)麻痹期。麻痹急剧发展,下颌下垂,舌伸出口外,流涎显著,不久后躯和四肢麻痹,卧地不起,最后因呼吸中枢麻痹或衰竭而死。此期约1~2日。

2.猪:病猪兴奋不安,横冲直撞,叫声嘶哑,乱咬东西,也常攻击人畜,大量流涎,尾下垂,不能摇动,食欲废绝,但能喝水。间歇期常独睡一角,稍有响声即一跃而起,尖叫乱跑,乱咬障碍物。被咬伤处发生奇痒,而不时摩擦以致鲜血淋漓。最后发生麻痹症状,约3~5日死亡。

3.牛:病牛起卧不安,呈阵发性兴奋鸣叫,用角冲斗地面或障碍物,前肢掘地或不断沿绳走动,但不攻击人畜,病后期吞咽麻痹、伸颈、流涎、膨气,经2~4日以后,倒地不起,衰竭死亡。

尸体无特异性变化,常见口腔及咽喉黏膜充血或糜烂;胃内空虚或有各种异物(如石头、木块、毛发、破布等),胃肠黏膜充血或出血,内脏器官充血或实质变性;脑膜充血或有小出血点,大脑轻度水肿,脑及脊髓有数量不等的针尖状出血点。病理组织学检查有非化脓性脑炎变化。具有诊断意义的是:出现大脑海马角;小脑及延脑的神经细胞的胞浆内出现嗜酸性的内基氏小体。

三、诊断与疫情报告

如果患病动物出现典型的病程,即各个病期的临诊表现非常明显,结合病史可作出初步诊断。但是患有本病的病犬早在出现症状前 1~2 周即已从唾液中排出病毒,所以当动物或人被可疑病犬咬伤后应及早对可疑病犬作出确诊,以便对被咬的人畜进行必要的治疗,否则将延误治疗时间,影响疗效。为此应将可疑的病犬拘禁或扑杀,进行实验室诊断。

1. 内基氏体检查法:取病料(大脑海马角或小脑)作触片或病理切片镜检观察有无内基氏体,即可诊断。

2. 荧光抗体法:取可疑动物的脑组织或唾液腺制成冰冻切片,用荧光抗体染色在荧光显微镜下观察,胞浆内出现黄绿色荧光颗粒者即为阳性。

3. 动物接种法:将患病动物的脑、唾液腺等的乳剂离心,取上清液接种于小白鼠脑内,在 3 周内出现神经症状而死亡时,再通过检查内基氏小体和荧光抗体法而确诊;或将发病初期的血液或死亡动物的肝、脾乳剂接种犬肾原代或继代细胞,如出现单个的圆形折光细胞,并在细胞单位内出现空泡、小岛样病变细胞堆积成较大团块,形成核内包涵体,即可确诊。

4. 血清学试验:用补体结合反应、中和试验、琼扩试验来鉴定细胞培养物中的病毒,也可用这些方法测定患病动物体内的抗体。

本病为我国二类动物疫病。一旦发现病畜,应立即向当地兽医主管部门、动物卫生监督机构或动物疫病预防控制机构报告,并逐级上报至国务院畜牧兽医行政主管部门。县级以上兽医主管部门通报同级卫生主管部门。

四、疫苗与防治

目前国内外使用的狂犬病疫苗有弱毒苗和灭活苗等。动物的活毒疫苗经口服也有效。可加入诱饵用于免疫野生(或家养)动物,基因重组活疫苗(如痘病毒狂犬病糖蛋白重组疫苗)经证实也有效。

1. 狂犬病灭活疫苗:本疫苗系用接种狂犬病固定毒发病动物的脑和脊髓组

织,磨碎后加入甘油生理盐水,并加入石炭酸减毒后制成的。本品于2℃~6℃冷暗干燥处保存,有效期为6个月。预防各种动物的狂犬病,免疫期为半年。在动物后腿或臀部肌肉注射。体重4千克以下犬的注射量为3毫升;体重4千克以上犬的注射量为5毫升;猪和羊的注射量为10~15毫升;马和牛的注射量为25~50毫升;其他动物视体重酌量注射。动物被咬伤时,立即紧急预防注射1~2次,间隔3~5天。

2. 狂犬病弱毒细胞冻干疫苗:本疫苗系用(FLUVY)株狂犬鸡胚低代毒(LEP)在幼地鼠肾细胞系(BHK21)繁殖获得,加保护剂冷冻干燥制成。本品于-15℃保存,有效期为1年;于4℃保存,有效期为6个月。预防犬的狂犬病(其他动物不用)免疫期为1年。用法为每加入1毫升灭菌注射用水,稀释后充分振摇溶解,3个月以上的犬每只一律肌肉或皮下注射1毫升。

疑似狂犬病咬伤后应对伤口及时进行清洗消毒处理,也可在伤口底部及四周注入高免血清。伤口不需止血、缝合和包扎。如在被咬伤后2小时内予以适当地处理,并紧急接种狂犬病疫苗,则可明显降低发病率。搞好动物管理,控制传染源,捕杀野犬,控制家养犬,如必须养犬则须加强预防接种。一旦发现病犬立即捕杀。

第十八节　裂谷热

裂谷热又名绵羊和牛传染性地方流行性肝炎,是非洲流行的一种致命的传染病,通过蚊子叮咬传染人类和牲畜,主要症状是急性腹泻和发高烧,进而严重损害人和牲畜的肝和肾,部分病人还会因血管破裂而死亡。

一、病原及流行病学特点

裂谷热病毒是布尼病毒科中的白蛉热病毒属,为RNA病毒。裂谷热病毒血清学上与其他属内病毒有关,但可用血清中和试验将他们区别开来。目前尚未发现裂谷热病毒的变异株。病毒大小为30~94微米,在pH值为7~8时很稳定,pH值低于6.2时即使是在-50℃也会很快失去活性,在-60℃以下,本病毒在血清或全血中可存活很多年。

绵羊、山羊、牛、水牛、骆驼和人是主要的感染者。在这些动物中,绵羊发病最严重,其次是山羊,其他的敏感动物包括羚羊、驴、啮齿动物、狗和猫。

许多种类的蚊子传播该病毒,但库蚊在疫病流行上是最重要的。病毒可通过伊蚊的卵传播,伊蚊的卵可在干涸的池塘表面的泥土中保持休眠状态几年。这些地方持续的降雨和洪水可导致伊蚊卵的孵化,这些卵中的一部分可能含有病毒。而大量繁殖的伊蚊偏爱叮咬牛,被感染的蚊子再叮咬其他脊椎动物,反复循环感染。

被感染的动物的远距离移动以及由于风向促进媒介昆虫的移动会造成该病毒远距离的传播。由于飞机携带感染昆虫或人的移动所导致疫病在大陆之内传播的潜在危险值得注意。

二、临床症状及病理变化

所有年龄的绵羊均可感染,尤以羔羊最严重。发病率在羊群中达 100%。在 1 周龄以内的羔羊中,死亡率可高达 95%;在断奶羔羊中,死亡率为 40%~60%;在成年绵羊中死亡率为 15%~30%。

绵羊最急性的病例通常是死亡或在被驱赶时突然倒地。急性病例本病的潜伏期非常短,然后是发热,脉搏加快,步态不稳,呕吐,流黏液性鼻液,并于 24~72 小时内死亡。其他症状可见有出血性腹泻和可视黏膜瘀血斑或瘀血点。

亚急性病例主要发生在成年绵羊。在 3~4 天本病的潜伏期后,出现发热并伴随有厌食和虚弱。黄疸通常是主要的症状,还有一些羊出现呕吐和腹痛的症状。

感染的母羊流产是不可避免的,可能发生在疾病的急性期或康复期。山羊的裂谷热与绵羊相似,但没有绵羊严重。

人感染裂谷热会呈现类似严重的流感,可持续 7 天。最普遍的并发症是视网膜的损伤,个别的病例则可导致暂时性或永久性失明。其他不常见的并发症有脑炎或肝炎。

最具特性的损伤是肝脏,在不同的组织也有出血。当发生严重感染时,肝脏肿胀,外膜变硬,某些部位较脆,出血。如果损伤的肝脏不是被血液罩住则颜色为灰白或棕色到黄棕色,有许多直径为 1~2 毫米的灰白色病灶,分布在整个肝实质。肝脏可能出现瘀血点或瘀血斑。

胃肠道出现不同程度的炎症,从卡他性出血和坏死性炎症。大多数内脏器官中出现瘀血点或瘀血斑,也可能出现腹水、心包积水、胸腔积水和肺水肿。这些体液通常被血液浸染。尸体有时出现黄疸。

三、诊断与疫情报告

如果在反刍动物中暴发的疾病具有流产,死亡,特别是小动物死亡,并发肝

坏死,与发病动物接触的人有急性发热性疾病,应该怀疑为裂谷热。

用酶联免疫吸附试验和反向被动凝集试验快速检查血样中的病毒抗原。

1. 样品处理:全血、肝脏和脾脏可供分离病毒。放入有肝素的容器中,并且加入抗菌素。

2. 实验室诊断:由于感染动物的血样和组织中病毒滴度很高,一般分离病毒没有困难。有许多细胞对裂谷热病毒敏感。细胞病变一般在 24~48 小时出现,极少数可延长至 6 天。病毒抗原最早可在接种后 12 小时用免疫荧光法在细胞培养物上检查出来。

裂谷热病毒还可通过用全血或组织悬液通过脑内或腹腔内接种小鼠的方式进行分离。不论哺乳或断奶的小鼠都是敏感的,在表现出中枢神经失调后 3~8 天死亡。

分离到的病毒可用中和试验、血凝抑制试验和酶联免疫吸附试验进行鉴定。

世界动物卫生组织推荐的诊断方法有血液和组织病料分离病毒,用中和试验、血凝抑制试验、蚀斑中和试验、、酶联免疫吸附试验等血清学试验方法。

本病未列入我国农业部一、二、三类动物疫病病种名录。一旦发生疫情,应立即向当地兽医主管部门、动物卫生监督机构或动物疫病预防控制机构报告。县级以上兽医主管部门通报同级卫生主管部门。

四、疫苗与防治

为在流行地区和暴发期控制裂谷热,可采用弱毒疫苗用于免疫未孕牛和绵羊。灭活疫苗用于怀孕母畜和无裂谷热国家。灭活疫苗是将免疫原性好的裂谷热病毒在细胞中培养,将病毒以甲醛灭活,加入佐济增强其免疫性。要彻底地进行灭活苗的安全检验以确保没有残存的活病毒。活疫苗被认为可终身免疫。单独注射灭活疫苗免疫期为 6~12 个月。

目前普遍应用弱毒疫苗,这是经小鼠和鸡胚连续传代而培养的减毒株。但这种疫苗不宜用于孕羊。免疫母羊所生的羔羊,具有长达 3~6 个月的被动免疫性,若此时注射弱毒疫苗,不能产生良好的主动免疫性。公羊在接种弱毒苗后,可能发生短期的精子活力下降,所以通常是在羊配种前 1 个月进行疫苗接种,每年接种 1 次。牛接种弱毒苗后的 2 年还有一定程度的免疫性。

在入境动物中一旦检出该病,对试验后呈阳性反应的动物应做扑杀、销毁处理。同群动物在隔离场或其他指定地点隔离观察。

第十九节　牛瘟

牛瘟是由牛瘟病毒引起的偶蹄类特别是牛的一种急性接触性败血性传染病,俗称"烂肠瘟""胆胀瘟"。以突然发生,高热稽留,病程短促,致死率高,消化道黏膜有卡他性、出血性、纤维素性坏死性炎症为特征。

一、病原及流行病学特点

牛瘟病毒是副黏病毒属的 RNA 病毒。

牛瘟病毒为副黏病毒科、麻疹病毒属病毒,多形性,有囊膜,大小为 120~130 纳米,是对乙醚敏感的 RNA 病毒。该病毒抵抗力不强,60℃即很快失去传染性,病牛皮在日光下 48 小时即无害;但在冰冻组织中可存活 1 年以上。普通消毒药(如石炭酸、石灰乳等)均易将病毒杀死。本病毒在甘油中表现稳定。

本病毒在自然条件下主要感染牛。本病流行时无明显季节性,但多在冬春季节发生,且常以流行方式传播。主要以直接接触转播,其感染的途径主要是消化道,也可经胎盘垂直传染。本病发病急,传播快,往往在短期内引起大批牛发病和死亡。

二、临床症状及病理变化

本病的潜伏期 4~6 天,最多 15 天。病牛往往体温突然升高, 第二天可达 41℃~42℃,经 1~2 天,病牛精神沉郁,食欲废绝,反刍停止,眼结膜高度潮红,眼睑肿胀流泪,流鼻涕,鼻孔黏膜潮红,鼻镜龟裂并有棕黄色痂皮。口腔黏膜病变具特征性,病初涎液增多,黏膜潮红,不久在口角、齿龈、颊内和硬腭黏膜表面出现灰白色粟粒大突起,该突起初硬后软,好像在黏膜表面撒了一层麸皮,其后这些小突起相互融合、坏死脱落后形成边缘不整齐的红色烂斑,严重者形成溃疡。在体温下降时,病牛剧烈腹泻,粪便带血或混有坏死脱落的肠黏膜碎片,恶臭。病牛消瘦迅速,一般经 8~10 天死亡。

牛瘟主要的特征性病理损害在消化道。除症状中所述口腔黏膜有红斑、结节、溃疡外,剖检时咽与食道可见到同样的损害。瘤胃上也有出血和烂斑。腺胃黏膜呈砖红色、暗棕红色或暗紫色,尤其在幽门部。回盲瓣出血,小肠与大肠黏膜潮红,有时可见点状或条状出血。呼吸道黏膜、阴道黏膜都有与口腔黏膜类似的病变。

三、诊断与疫情报告

根据流行特点、临诊症状、病理变化可提出有价值的证据,其临床诊断要点为:发病迅猛,发热,口腔黏膜糜烂,重剧腹泻,消化道黏膜出现出血纤维素坏死性炎症。确诊尚需病毒的分离鉴定。

动物接种是检出病毒最有效的方法之一,即将抗凝血或组织悬液接种于易感牛和疫苗免疫牛,若病料中有牛瘟病毒,则易感牛在 2~10 天内有反应,而疫苗免疫牛无反应。

本病已列入我国一类动物疫病病种名录。本已被消灭。

四、疫苗与防治

许多国家首先应用牛瘟疫苗将牛瘟发病率降低到零,然后遵循世界动物卫生组织途径,以便使其无牛瘟状况得到国际组织的承认。为此,都用被动和主动的临床及血清学监测取代牛瘟年度免疫。局部强化免疫仅用于紧急状态。

1. 组织培养牛瘟疫苗(TCRV):毒力稳定,其有效免疫力可持续数年,是目前世界上应用广泛的疫苗。

2. 牛瘟兔化弱毒疫苗:除牦牛、朝鲜种牛及易感染地区的牛不易使用外,其他品种的牛一律皮下或肌肉注射 1 毫升,即含有组织毒 0.1 克。

3. 牛瘟兔化绵羊弱毒疫苗:适用于牦牛、犏牛、朝鲜种牛及他品种的黄牛,一律肌肉注射 1 毫升,即含有组织毒 0.1 克。

4. 牛瘟山羊化兔化弱毒疫苗:适用蒙古黄牛,肌肉注射 2 毫升,即含有组织毒 0.2 克。

我国已消灭了牛瘟,这是我国在疫病防治上取得的显著成绩之一,世界公认。一般对牛瘟不进行治疗。在疫病防治上必须加强防范,密切注意疫情动态,加强检疫检验,防止该病传入我国。

第二十节 旋毛虫病

旋毛虫病是由旋毛形线虫的幼虫寄生于猪的肌肉中所引起的一种线虫病。除猪感染外,犬、猫、鼠、兔、狐狸、狼等也可感染,还可感染人。为人兽共患的寄生虫病,对人体健康危害很大。

一、病原及流行病学

旋毛虫在成虫和幼虫阶段都寄生于同一个体内。但是虫体的发育和继代,需要更换宿主。成虫寄生于宿主的小肠里,也称为肠旋毛虫,雄虫长为 1.4~1.6 毫米,雌虫长为 3~4 毫米。虫体前细后粗,生殖器官为单管型。雄虫无交合刺,雌虫阴门位于食道部中央。雌虫在交配后 5~10 天即能产幼虫。幼虫钻入肠壁,经血液和淋巴系统进入全身横纹肌中生长,逐步蜷缩成螺旋状,称为肌旋毛虫。受肌旋毛虫机械性的和代谢产物的刺激,周围形成包囊(约于感染后 1 个月内形成)。包囊形成后 6~7 个月就开始钙化,但幼虫在钙化的包囊内仍能存活很久,可保持感染能力数年。

宿主因摄食了含有包囊幼虫的动物肌肉而感染,包囊在宿主胃内释放出幼虫,幼虫进入十二指肠和空肠,经两昼夜发育到性成熟。成虫交配在黏膜内进行,交配不久后,雄虫死亡,雌虫钻入肠腺中发育,也有在淋巴间隙中发育的。雌虫在肠黏膜中的寿命不超过 5~6 周。产出的幼虫,带到身体各部位,但是幼虫只有在横纹肌中才能发育,以活动频繁的膈肌、舌肌、肋间肌和咀嚼肌寄生较多。包囊幼虫可存活数年至 25 年。旋毛虫分布于世界各地,宿主包括猪、狗、鼠、猫等 49 种动物,人也是其宿主之一。许多昆虫如蝇蛆和步行虫,都能吞咽动物尸体中的旋毛虫包囊,并能使包囊的感染力保持 6~8 天,故成为易感动物的感染源。猪感染本病可能是吃到已被感染的死老鼠等动物尸体、生肉屑,或吃到含有幼虫包囊的蝇蛆、步行虫等。包囊内幼虫抵抗力强,盐渍或烟熏均不能杀死肌肉深部的幼虫,幼虫在腐败的肉里能活 100 天以上。人感染旋毛虫与吃生猪肉或食用腌制与烧烤不当的猪肉制品有关。此外,切过生肉(有旋毛虫包囊)的菜刀、砧板污染了其他食品,也可引起感染。

二、临床症状及病理变化

旋毛虫致病作用分为成虫对肠道和幼虫对肌肉两方面的病理作用。在形成成虫和产幼虫时,主要引起肠炎、腹泻,严重时便内带有血液,造成肠黏膜增厚、水肿和斑性出血。感染后 2~3 周,大量的幼虫侵入横纹肌使肌纤维严重破坏。受虫体影响的部位表现为肌纤维水肿、横纹消失、肌细胞坏死、崩解。动物表现为体温升高、肌肉酸痛,同时出现咀嚼、吞咽和呼吸困难。猪在临床上表现有呕吐、腹泻和肠炎症状,后期有疼痛、麻痹、运动障碍、声音嘶哑及消瘦水肿等症状。

旋毛虫寄生部位的肠黏膜充血、水肿、出血或浅表溃疡。心肌呈充血、水肿改

变,有淋巴细胞、嗜酸细胞浸润,并可见心肌纤维断裂和灶性坏死。骨骼肌以舌肌、咽肌、胸大肌、腹肌、肋间肌、腓肠肌受累最明显,表现为间质性肌炎、纤维变形及炎性细胞浸润等,长久则可发生肌纤维萎缩。此外,在肝、肾可见脂肪变形或浊肿胀改变。如侵及其他脏器则可造成相应的损害。

三、诊断与疫情报告

旋毛虫所产幼虫不随粪便排出。可用皮内反应或沉淀反应检查进行生前诊断。动物旋毛虫的诊断主要靠死后肌肉组织作压片检查或用胰蛋白酶消化法检查虫体。压片法是将动物的隔脚肌肉割取一小块肉样,去除肌膜和脂肪,用弯剪剪取 24 个麦粒大小的肉粒,用旋毛虫检查法玻璃压片镜检,或放在旋毛虫投影仪下检查,发现有旋毛虫包囊及虫体,即诊为阳性。

本病为我国二类动物疫病。发生疫情时,应立即向当地兽医主管部门、动物卫生监督机构或动物疫病预防控制机构报告,并逐级上报至国务院畜牧兽医行政主管部门。县级以上兽医主管部门通报同级卫生主管部门。

四、疫苗与防治

尚无可适用的疫苗。

国内外对旋毛虫病免疫的机制等均进行了较多的研究,旋毛虫成虫和幼虫均具有抗原性。动物感染旋毛虫后,可产生显著的对抗再感染的免疫力,是细胞免疫和体液免疫共同作用的结果。血清免疫球蛋白内存在抗旋毛虫成虫和幼虫的抗体,其中抗成虫抗体于感染后 15 天出现,对肠道感染有部分免疫力;抗幼虫抗体则出现较晚,于感染后 30 天出现,对肠道期感染无保护性,但可在幼虫天然孔形成沉淀,从而减弱虫体的活动,它可使 60% 的幼虫降低感染性。攻虫感染后,肌肉内的幼虫数可降低 96%。

旋毛虫最有效的抗原存在于感染性幼虫成虫的排泄物和分泌物中。感染动物的血液和尿液亦有旋毛虫的代谢抗原存在。以这种抗原接种于动物,对以后再感染具有免疫力,接种经 X 线辐射处理的幼虫,可使动物免疫。幼虫制成的抗原,经肠外途径给予也可使动物免疫。

加强肉品卫生检验,杜绝含旋毛虫的病肉上市,防止人感染旋毛虫病。屠宰检疫发现本病时,应将肉尸及其内脏一律销毁或无害化处理,严格消毒屠宰场地和一切工具、用具等。大力扑灭饲养场、屠宰场内的鼠类。提倡熟食,改变食生肉的习惯,避免食用未熟肉。

猪旋毛虫病可用丙硫苯咪唑进行治疗,按 100 千克体重给药 200 毫克计算总剂量,以橄榄油或流动石蜡按 6:1 配制,分 2 次进行深部肌肉注射,间隔 2 天,效果良好。

人体旋毛虫病的治疗,目前多采用噻苯咪唑,效果良好。剂量按 25 毫克/千克~40 毫克/千克体重,分 2~3 次口服,5~7 天为 1 个疗程,可驱杀成虫及肌肉内的幼虫。

第二十一节　土拉杆菌病(野兔热)

土拉杆菌病又称野兔热,是一种主要感染野生啮齿动物并可传染给家畜和人类的自然疫源性疾病。以体温升高,淋巴结肿大,脾脏和其他脏器点状坏死变化为特征。

一、病原及流行病学特点

病原为土拉热弗朗西氏菌,是一种多形态的细菌,在患病动物的血液内呈球状,在培养基上则呈球状、杆状、豆状、精子状和丝状等。革兰氏阴性细菌,无鞭毛和荚膜,不形成芽孢。该菌为需氧菌,营养要求较高,只在加入胱氨酸、半胱氨酸、血液或卵黄的培养基中生长,一般培养 3~5 天。本菌抵抗力相当强,但在含量为 1%~3% 的来苏水、含量为 3%~5% 的石炭酸溶液中经 3~5 分钟可使其灭活。

易感动物广泛,野生棉尾兔、水鼠、海狸鼠及其他野生动物、家畜都易感染发病。本病的传播媒介为吸血昆虫,被污染的饮水、饲料也是重要的传染源。

本病一年四季均可流行,一般多发于春、夏季。

二、临床症状及病理变化

本病的潜伏期 2~3 天。主要症状为体温升高、衰弱、麻痹和淋巴结肿大。

1. 兔:常不表明症状而死亡,病程较长者,呈高度消瘦和衰竭,常发生鼻炎。

2. 绵羊和山羊:体温升高,精神委顿,垂头或卧地,后肢软弱或瘫痪。羔羊发病较重,黏膜苍白,腹泻,麻痹,兴奋或昏睡,不久死亡。

3. 牛:症状不明显,妊娠母牛常发生流产,犊牛发病呈全身虚弱,腹泻,体温升高。

4. 马:症状不明显,妊娠母马可发生流产。驴的体温升高,持续 10 余天,食欲减少,逐渐消瘦。

5. 猪：幼猪较为多见。体温升高至 41℃ 以上，精神萎靡，行动迟缓，食欲不振，有时咳嗽。病程为 7~10 天，死亡率低。

6. 人：本病的潜伏期为 1~10 天。突然发病，表现高热、头及全身肌肉疼痛、出汗、虚弱等。由于感染途径不同，有腺肿型、肺炎型、胃肠型、伤寒型等，一般呈良性经过。

急性病例，发生败血症而死亡，尸僵不全，血凝不良，淋巴结肿大、出血、坏死，肝、脾、肾等内脏器官充血肿大，有时形成白色坏死灶。

三、诊断及疫情报告

根据该病在流行病学、临诊症状和病理剖检等方面的特点，可进行初步的诊断。确诊本病要依靠实验室检验。

1. 细菌学检验：采取动物的淋巴结、肝脏、肾脏和胎盘等病灶组织，接种于含有先锋霉素、抗敌素的半胱氨酸葡萄糖–血液琼脂平板上，在 37℃ 时培养 24 小时，挑取可疑菌落鉴定。

2. 变态反应：用土拉杆菌素做肌肉和腋下注射，24 小时后检查。局部发红、肿胀、疼痛者为阳性。

3. 血清学试验：常采用凝集反应、血凝抑制试验、间接血凝试验、荧光抗体技术、酶联免疫吸附试验等方法。

土拉杆菌病为我国二类动物疫病。发生疫情时，应立即向当地兽医主管部门、动物卫生监督机构或动物疫病预防控制机构报告，并逐级上报至国务院畜牧兽医行政主管部门。县级以上兽医主管部门通报同级卫生主管部门。

四、疫苗与防治

尚无兽用疫苗。人预防注射可用冻干弱毒菌苗，皮肤划痕接种一次，可保持免疫力 5 年以上。应用此疫苗后，已使疫源地发病率明显降低。美国试验了口服疫苗，已确认此疫苗安全有效。

在本病流行地区，应驱除野生啮齿动物和吸血昆虫，经常进行杀虫、灭鼠。厩舍进行彻底消毒，一般消毒药物都能很快将病原杀灭。发现病畜，按《中华人民共和国动物防疫法》规定，采取严格控制，扑灭措施，防止扩散。扑杀病畜和同群畜，并进行无害化处理。被污染的场地、用具、厩舍等应彻底消毒，粪便堆积发酵处理。

患病动物与人类均可用链霉素治疗，也可用土霉素、四环素、金霉素、氯霉素、庆大霉素等治疗。此外，还可根据病情采取支持疗法和对症疗法。

第二十二节　水疱性口炎

水疱性口炎是由病毒引起人畜共患的一种急性、热性、水疱性传染病，主要发生于牛、马和猪，以口腔黏膜发生水疱，流泡沫样口涎，偶见侵害蹄部或乳房等部位的皮肤为特征，一般呈良性经过。牛、猪发生本病时，在临床上与口蹄疫几乎没有区别。

一、病原及流行病学特点

水疱性口炎病毒属弹状病毒科、水疱病毒属，主要有新泽西型和印第安型2种。

本病能侵害多种动物，以牛、马和猪比较易感，有些野生动物（如野羊、野猪等）也能发生显性或隐性感染。较老龄的牛和猪，敏感性较幼龄动物高，奶牛发病率较高。与病畜密切接触的人也能被感染，发生流感样症状。病畜是主要的传染源，被感染的野生动物也可能成为传染源。病畜在水疱出现前，其唾液已能排毒。病原主要通过损伤的皮肤和口腔黏膜或消化道侵入。据报道，直接接触含病毒的气溶胶也可引起感染，所以拥挤有利于本病的传播。本病具有地区性、季节性和周期性，多见于夏季及秋季。本病的传染性不强，每次发生时，仅少数牛只发病。有人曾在螨、蚋和蚊体内细胞中分离出水疱性口炎病毒，并发现白蛉不仅能感染病毒，还能通过卵从一代传给另一代。

二、临床症状及病理变化

自然病例本病的潜伏期约3~7天。病初体温升高至40℃~41℃，精神沉郁，食欲减退，反刍减少，大量饮水，口黏膜及鼻镜干燥，耳根发热，当舌、唇黏膜上突然出现水疱时即降至常温，水疱由豆粒到核桃大小不符，内含黄色透明液体，经1~2天水疱破溃，露出红色烂斑或大片溃烂面，有时出现舌上皮大面积脱落。病牛流大量白色泡沫口涎，不愿采食或采食困难，只想喝水，几天后可恢复正常采食，而口腔病变要10多天才能完全愈合。偶见个别病牛乳房、乳头或蹄部皮肤发生水疱，并可造成上皮剥脱。病程1~2周，却极少引起死亡。本病存在"逆年龄感受性"，成年牛的感染性高于1岁以内的犊牛，后者极少发生临床感染。

三、诊断与疫情报告

本病流行时具有明显的季节性及典型的水疱样病变。根据流涎的特征结合本病极少侵害蹄和乳房，且传染性弱，发病率低，可以作出诊断。但是，本病在临床症状上与其他水疱性疾病极为相似，必须注意鉴别。为了进一步确诊，可进行动物的人工感染试验，也可用中和试验、补体结合试验以及电子显微镜检查病毒的特殊形态进行鉴别。

本病未列入我国一、二、三类动物疫病病种名录。一旦当发生疫情，应向当地兽医主管部门、动物卫生监督机构或动物疫病预防控制机构报告。县级以上兽医主管部门通报同级卫生主管部门。

四、疫苗与防治

美国、巴拿马、危地马拉、秘鲁和委内瑞拉已做过弱毒苗田间试验，但其效果不大。目前，还没有商品化的活苗（弱毒苗）或灭活苗。必要时可在疫区内使用从当地病畜组织和血液制备的结晶紫甘油疫苗或鸡胚结晶紫甘油疫苗进行紧急接种。

本病呈良性经过，一般不需治疗，主要是隔离病牛，加强护理，防止并发感染和散播病原。被病牛污染过的用具和环境必须彻底消毒，疫区进行必要的封锁。必要时，可采取当地病畜的舌黏膜、组织器官和血毒制成结晶紫甘油或鸡胚结晶紫甘油疫苗接种受威胁的牛只。恢复动物的血清具有高效价的中和抗体和补体结合抗体，对同型病毒以后再感染具有很强的免疫力。

第二十三节　西尼罗热

西尼罗热是由西尼罗病毒感染引起的人畜共患急性传染病。本病毒最初在1937年乌干达西尼罗地区的发热妇女的血液中分离出来的。近几十年来，西尼罗热在世界范围内的流行区域不断扩大，1999年以前广泛分布在东半球，1999年以后，疫情开始在北美肆虐，并出现了较多的西尼罗病毒引起的脑膜炎和脑炎病例。

一、病原及流行病学特点

西尼罗病毒是虫媒病毒之一，为RNA病毒，属于黄病毒科、黄病毒属。它不仅与日本乙型脑炎病毒和近年来流行的登革热属同一科，还与日本乙型脑炎病毒、圣·路易斯脑炎病毒相似，并和这两种病毒抗原关系密切。

病鸟是主要的传染源和重要的宿主。亲鸟类蚊子（包括库蚊、伊蚊和曼蚊）是自然条件下传播病毒的载体。鸟感染后通常不出现临床症状，但有一个持续时间长、高浓度的病毒血症期,蚊子叮咬这种鸟后会大批感染。感染的蚊子叮咬其他动物或人时,就会传播病毒。自然条件下,病毒在鸟—蚊子—鸟的传播循环中存在。因此,鸟,尤其是野鸟在传播中起着重要的作用。成年鸡经常被感染,但这些鸡产生的病毒血症是低水平的,它们不是重要的扩散宿主。马对本病毒比较敏感,感染后能够引起脑脊髓炎。

库蚊是主要的传播媒介,感染的库蚊通过叮咬鸟、人和其他动物而传播病毒。病毒不仅在鸟—蚊子—鸟之间传播循环,还可在鸟—鸟之间直接传播。蚊子感染后,病毒在蚊体内大量繁殖,病毒可随蚊的唾液腺通过血脑屏障到达脑部,干扰中枢神经系统的功能,引起脑炎。病毒在库蚊中可垂直传播,并可在其体内越冬。蚊子叮咬人或动物时,病毒随唾液进入人或动物体内造成感染。在亚洲和非洲发现蜱可感染病毒,但它们传播、带毒的作用尚不确定。病毒不经消化道传播,也不能通过空气传播。

易感动物极为广泛,多达 230 种。目前在北美至少已从 157 种鸟、37 种蚊子体内分离出病毒。除鸟和蚊子外,马、牛、山羊、绵羊、犬、猫、鸡、鸽、鹅、家兔等大部分家畜都易感,此外猕猴、羊驼、美洲驼、狼、蝙蝠、松鼠、驯鹿、浣熊、臭鼬等动物也易感。美国 2002 年还从爬行动物——鳄鱼身上分离出了病毒。

本病流行于热带、亚热带甚至温带的有库蚊存在的广阔地带。本病的流行有一定的季节性,常发生于夏末秋初气候湿热的季节。雨后库蚊数量上升可导致发病高峰的出现。但热带、亚热带地区一年四季均可发病。

二、临床症状及病理变化

1. 马:马的本病的潜伏期为 1~2 周,病马高热,出现沉郁和兴奋等神经症状,四肢失去平衡,感觉机能消失,共济失调,死亡率为 30%~40%。

2. 人:人本病的潜伏期较短,为 1~6 天,有的可能达 2 周。人感染后大部分是亚临床感染,只有 1/5 的人出现临床症状。感染初期并无明显的发病迹象,情况加重者出现浑身无力,肌肉疼痛,甚至头疼、发烧、浑身痛、咽喉痛,偶尔有皮疹淋巴腺肿胀,严重的出现高热、颈强直、昏迷、神志不清、发抖、痉挛、肌肉无力、瘫痪,并可引发脑炎,导致死亡。被感染最多的是七八十岁以上的老人和免疫功能较差的人,但病人年龄已呈明显下降趋势。人感染后可获得终身免疫。

三、诊断与疫情报告

夏秋季节生活在流行地区或近期内来自流行地区有临床表现者应怀疑患有

本病。须进行实验室诊断确诊,常用酶联免疫吸附试验,逆转录聚合酶链式反应和老鼠单克隆抗体直接免疫吸附分析法等,并结合临床表现进行诊断。

本病未列入我国一、二、三类动物疫病病种名录。一旦发生疫情,应立即向当地兽医主管部门、动物卫生监督机构或动物疫病预防控制机构报告。县级以上兽医主管部门通报同级卫生主管部门。

四、疫苗与防治

目前尚无有效的预防疫苗。美国在实验中,将西尼罗病毒基因添加到黄热病疫苗中,在对动物进行的研究中证明具有保护作用。美国批准了一种用于马的灭活疫苗,但这种疫苗的保护效果还需进一步评价。荷兰研发的疫苗已在动物身上试验成功,但还未进行临床试验。

对本病毒的预防和控制都集中在对蚊子的控制上。预防西尼罗病毒试验感染最有效的方法是控制媒介蚊虫。鸟类是西尼罗热的传染源和储存宿主,在西尼罗热爆发流行的过程中起着重要的作用。因此,对鸟类死亡的监测可作为预防本病暴发流行的指标之一。

西尼罗热的治疗目前还没有特效药物和方法,主要采取支持疗法和对症治疗。

预防控制本病毒的主要策略和措施是积极开展疫情监测,采集标本进行血清学和分子生物学的病原学诊断,分离西尼罗病毒,同时开展蚊媒、鸟类、家禽类和其他哺乳动物的监测。通过政府组织,多部门共同参加,全面、综合的媒介蚊虫控制,是预防控制西尼罗热的最为有效的措施。整个预防控制应该以卫生部门为主,协调组织检疫、农、林(畜牧兽医)等部门开展媒介蚊虫防制、大众健康教育、爱国卫生运动、清洁环境、国境卫生检疫等有针对性的工作。

第二章　牛病(15 种)

第一节　牛无浆体病

牛无浆体病是由立克次氏体引起的一种蜱媒传染病,病畜主要表现发热、贫血和黄疸等。本病广泛分布于世界热带和亚热带地区。

一、病原及流行病学特点

无浆体属于立克次体目、无浆体科、无浆体属。对牛有致病力的无浆体有边缘无浆体边缘亚种、边缘无浆体中央亚种和绵羊无浆体 3 种。无浆体在红细胞里多寄生于边缘,少数位于中央。这种微生物为致密而均匀的球状团块,几乎没有细胞质。用姬母萨氏或瑞特法染色呈蓝色,直径 0.3~1.0 微米,一般一个红细胞含有一个无浆体,也有含 2~3 个或更多的。电镜下观察,无浆体是由一层界膜与红细胞质分隔开的内涵物,由 1~8 个亚单位或初体组成。初体的直径为 0.3~0.4 微米,形圆,有界膜,体积增大后即分裂繁殖,是真正的感染性寄生体,一般位于红细胞中或存在于血浆内。

无浆体在普通培养基内不能生长繁殖,必须在细胞内寄生,依靠寄生细胞提供三磷酸腺苷、辅酶 1 和辅酶 A 才能生长繁殖。常用的培养方法是动物接种或鸡胚卵黄囊内接种。

无浆体对广谱抗生素均敏感。

本病的宿主动物是反刍动物,以牛、羊为主,鹿、骆驼也能感染发病。幼畜一般有较强抵抗力。病畜和康复后带菌者是本病的传染源,蜱是主要传播媒介,吸血昆虫及消毒不彻底的手术器械、注射器、针头等也可造成机械性传播。本病多发生于夏秋季节和蜱活动的地区。一般在 6 月份出现,8~11 月为高峰,11 月后发病减少。

二、临床症状及病理变化

本病的潜伏期为 17~45 天。犊牛症状较轻，仅见厌食、低烧、轻度抑郁，但血液涂片可以查出少量红细胞中有无浆体。成年牛病情严重，急性病例常见体温突然升至 40℃~41.5℃、贫血、黄疸，可视黏膜与皮肤苍白或黄染，呼吸与心跳加快，腹泻或便秘，并伴有顽固性前胃弛缓，尿频但无血红蛋白尿，妊娠牛发生流产，奶牛泌乳减少或停止，血液检查可发现无浆体。慢性病例呈渐进性消瘦、贫血、黄疸、衰弱，红细胞数和血红素显著减少。

剖检可见尸体消瘦，体表有蜱附着，可视黏膜及乳房、会阴部明显黄染，皮下组织有黄色胶冻样水肿；颌下、颈浅、乳房淋巴结肿大，切面多汁，有出血；内脏器官脱水、黄染；心包积液，心肌变软，颜色变淡，心内外膜有点状出血；肺瘀血、出血、水肿；肝脏肿大，呈黄褐色；胆囊明显胀大，充满胆汁；肾脏肿大，呈黄褐色；脾脏肿大 3~4 倍，脾髓变软，质如果酱；皱胃和肠道分别呈出血性和卡他性炎症变化。

三、诊断与疫情报告

依据流行病学、临诊表现及剖检变化可作出初步诊断。确诊须进行实验室检验。取病变器官及血液做抹片，用 10% 姬母萨染色，镜检（应注意在严重贫血时可能看不到无浆体，可连续多次检查），如在一些红细胞中发现单个或多个的无浆体，且红细胞的侵袭率超过 0.5%，即可确诊。带菌动物可用补体结合试验、毛细管凝集试验和酶联免疫吸附试验检查。在野外，还可用卡片凝集试验，几分钟内便可得出诊断结果。

本病未列入我国一、二、三类动物疫病病种名录。一旦发生疫情，应向当地兽医主管部门、动物卫生监督机构或动物疫病预防控制机构报告，并逐级上报至国务院畜牧兽医行政主观部门。

四、疫苗与防治

在无浆体病流行国家已采用多种免疫方法保护牛，却没有一种是理想的。使用最广泛的方法是用对边缘无浆体有部分交叉保护作用、且致病力较低的中央无浆体免疫牛，但北美未应用该方法。另一种方法是通过非牛宿主如鹿或绵羊传代获得边缘无浆体弱毒素株。建议使用冻干苗，有利于保证每批疫苗的质量。

预防本病的关键在于灭蜱，应经常对畜群进行药浴，防止吸血昆虫叮咬，同时加强检疫。对病畜隔离治疗，加强护理，供给足够的饮水和饲料，每天用灭蝇剂喷洒体表。

治疗常用四环素族抗生素。青霉素和链霉素治疗无效。

第二节 牛巴贝西虫病

巴贝西虫病是牛的一种蜱传播性疾病,由牛巴贝斯虫、双芽巴贝斯虫、分枝巴贝斯虫和其他巴贝斯虫等寄生原虫引起。

一、病原及流行病学特点

牛巴贝斯虫属梨形目、巴贝斯科、巴贝斯属。牛的巴贝斯虫,通常寄生在细胞内,呈圆形、卵圆形、梨形、杆形、阿米巴形等不同形态,虫体大小因种类而异,姬母萨染色后,虫体的原生质是浅蓝色,边缘着色较浓,染色质呈暗红色团块。

本病呈地区性和季节性流行,蜱为中间媒介,牛巴贝斯虫和双芽巴贝斯虫的主要传播媒介为牛蜱,广泛地分布于热带和亚热带国家。分枝巴贝斯虫的主要传播媒介是篦子硬蜱,其他重要的传播媒介包括各种血蜱和扇头蜱。多发生在7~9月份,以2岁内的牛发病最多,但症状轻,很少死亡,成年牛发病率低,但病情严重,死亡率高,特别是高产牛和妊娠牛。引进牛未经检疫,或健康牛与带病牛经配种后引起本病流行。

二、临床症状及病理变化

本病的潜伏期为8~15天。成年牛多为急性经过,病初体温可高达40℃~42℃,呈稽留热。食欲减退,反刍停止,呼吸加快,肌肉震颤,精神沉郁,产奶量急剧下降。一般在发病后3~4天出现血红蛋白尿,尿色由浅至深红色,尿中蛋白质含量增高为本病的特征性症状。病牛贫血逐渐加重,且出现黄疸水肿,便秘与腹泻交替出现,粪便含有黏液及血液。孕畜多流产。

剖解牛尸可见脾脏、肝脏、肾脏肿大,淋巴结切面多汁,有点状出血,心肌变性,内外膜点状出血,气管和支气管充满灰红色泡沫,肺气肿和水肿。

三、诊断与疫情报告

根据病畜出现高热稽留,贫血,黄疸,血红蛋白尿,呼吸急促、气喘等临床症状,于发热的第二天,静脉取血涂片,姬母萨染色镜检,如发现典型虫体即可诊断。

本病未列入我国一、二、三类动物疫病病种名录。一旦发现病畜应立即向当地兽医主管部门、动物卫生监督机构或动物疫病预防控制机构报告,并逐级上报至国务院畜牧兽医行政主管部门。

四、疫苗与防治

牛感染一次巴贝斯虫后,可产生持久的免疫力。一些国家利用这一特点来免疫牛,以防巴贝西虫病。可用感染牛的血液制作含牛巴贝斯虫、双芽巴贝斯虫、分枝巴贝斯虫的致弱疫苗。这种疫苗分冷冻和冻藏两种。通常推荐冷冻疫苗,可以对每批疫苗进行全面质量控制。

本病防治应注重灭蜱和防止蜱叮咬,杀蜱药的选择要考虑能在动物体表存留持续时间长,且无刺激性,在乳和肉中无残毒。灭蜱可采用喷洒或药浴。

常用治疗药物有以下几种:

1. 锥黄素:按 3 毫克/千克~4 毫克/千克体重配成 0.5%~1%溶液,静脉注射,症状未见减轻时,间隔 24 小时再注射一次。

2. 贝尼尔:按 3.5 毫克/千克~3.8 毫克/千克体重配成 5%~7%溶液,肌肉注射。黄牛偶见腹痛等副作用,但很快消失;水牛对该药较敏感,一般用药一次较为安全,连续使用,易出现毒性反应,甚至死亡。

3. 阿卡普林:按 0.6 毫克/千克~1 毫克/千克体重配成 5%溶液,皮下注射,成年牛一次注射 6~8 毫克。有时注射后数分钟出现起卧不安、肌颤、流涎、出汗及呼吸困难等副作用,一般 1~6 小时后副作用症状自行消失,妊娠牛可流产。皮下注射阿托品(10 毫克/千克体重)可迅速缓解。

4. 咪唑脲:按 2 毫克/千克~3 毫克/千克体重配成 10%溶液,皮下或肌肉注射效果很好。

对危重病例采用耳静脉注射,效果极佳,一般用药三次,病畜体温降低,食欲恢复,维持用药 5~7 天,即可消除体内虫体,使病畜完全康复。

除以上药物治疗外,还可定期进行药物预防。对于放牧牛或新引进牛,以及本地有流行的,在发病高峰期,每隔 15 天用强化血虫净预防注射 1 次,按 2 毫克/千克体重配成 7%溶液,肌肉注射。

第三节　牛生殖器弯曲杆菌病

牛生殖器弯曲杆菌病是由胎儿弯曲杆菌引起牛、羊不育与流产为特征的传染病。

一、病原及流行病学特点

胎儿弯曲杆菌为弯曲菌属成员。革兰氏染色阴性，无芽孢，无荚膜，一端或两端有鞭毛，能运动。在感染组织中呈弧形、撇形或S形，偶尔呈长螺旋状。幼龄培养物中菌体大小为(0.2~0.5)微米×(1.5~2.0)微米，老龄时菌体在8微米以上。

本菌在外界环境中的存活期短，对干燥、直射日光和一般消毒药敏感，经紫外线照射5分钟可被灭活。对酸和热敏感，置于pH值为2~3溶液中5分钟或加热到58℃、经5分钟可被杀死。本菌对红霉素、四环素等敏感。

传染源为患病母牛和带菌的公牛以及康复后的母牛。病菌主要存在于公牛的精液、包皮黏膜及母牛的生殖道、胎盘或流产胎儿组织中。公牛感染后可带菌数月，有的可达6年甚至终身。

自然交配是本病的主要传播途径，也可通过人工授精或消化道传播。

各种年龄的公、母牛均易感，尤以成年母牛最易感。本病多呈地方性流行。羊、犬及人等也可感染。

二、临床症状及病理变化

母牛表现流产（多发生在妊娠后的第五至第六个月）、不孕、不育、死胎。公牛一般无明显症状。

胎儿弯曲杆菌主要感染生殖道黏膜，引起子宫内膜炎、子宫颈炎和输卵管炎。流产的胎儿皮下组织胶样浸润，胸水、腹水增量。流产后胎盘严重瘀血、出血、水肿。

公牛生殖器官无异常病变。

三、诊断与疫苗报告

根据临床症状和病理变化可作出初步诊断，确诊需进一步做实验室诊断。

1. 病原检查：取流产胎膜直接涂片染色镜检、细菌分离培养（病料接种于血液琼脂，37℃微氧环境下培养）、免疫荧光试验。

2. 血清学检查：阴道黏液凝集试验（为普查最佳方法，但不适合个体感染动物确诊）、酶联免疫吸附试验（灵敏度高，但只适于畜群普查而不适合于个体确诊）。

病料采集：公牛应采集精液或包皮垢，母牛则应吸取、灌洗或用棉拭子吸取阴道黏液。当发生流产时，应采集胎儿、胎盘、胎儿胃内容物、肝、肺。

本病为我国三类动物疫病。一旦发生疫情，应立即向当地兽医主管部门、动

物卫生监督机构或动物疫病预防控制机构报告，并逐级上报至国务院畜牧兽医行政主管部门。

四、疫苗与防治

本病可用胎儿弯曲杆菌病亚种，或与具有共同抗原性的胎儿弯曲杆菌胎儿亚种制备本病疫苗。疫苗经福尔马林灭活后，加油乳剂使用。

在感染牛群中，所有种畜，包括公牛、母牛和青年母牛都有要进行胎儿弯曲杆菌疫苗的预防接种。非感染牛群，每年只对公牛免疫1次。

病牛流产的原因主要是由交配传染所致。因此，淘汰病种公牛，选用健康种公牛进行配种或人工授精，是控制本病的重要措施。牛群暴发本病时，应暂停配种3个月，同时用抗菌素局部或全身治疗病牛。常用药有链霉素、青霉素、四环素族抗菌素、磺胺类药及抗菌素或雄黄素软膏。

流产的胎儿、液体和胎衣必须彻底销毁，对污染场地进行消毒。本菌对一般消毒药敏感。

第四节　牛海绵状脑病

牛海绵状脑病俗称"疯牛病"，是牛的一种神经性、渐进性、致死性疾病。其临床和组织病理学特征是精神失常，共济失调，触听视三觉过敏和死后大脑呈海绵状空泡变性。

一、病原及流行病学特点

牛海绵状脑病的病原是一种无核酸的蛋白性侵染颗粒（简称朊病毒或朊粒），是由宿主神经细胞表面正常的一种糖蛋白（PrPc）在翻译后发生某些修饰而形成的异常蛋白（PrPBSE），与原糖蛋白相比，该异常蛋白对蛋白酶具有较强抵抗力。

朊病毒可低温或冷冻保存。在134℃~138℃下高压蒸汽18分钟，可使大部分病原灭活，在360℃干热条件下，可存活1小时，焚烧是最可靠的杀灭办法。在pH值为2.1~10.5范围内稳定。在干燥和有机物保护之下，或经福尔马林固定的组织中的病原，不能被次氯酸钠和氢氧化钠消毒剂灭活。动物组织中的病原经过油脂提炼后仍有部分存活。病原在土壤中可存活3年。紫外线、放射线不能灭活。乙醇、福尔马林、双氧水、酚等均不能灭活。氯仿和甲醇能使其感染性稍微降低。

英国在 1985~1995 年本病发生大流行,约发病 161663 例。法国、葡萄牙、瑞士也相继发生了此病。

牛海绵状脑病于 1986 年最早发现于英国,随后由于英国感染牛或肉骨粉的出口,遂将该病传给其他国家。至 2001 年 1 月,已有英国、爱尔兰、葡萄牙、瑞士、法国、比利时、丹麦、德国、卢森堡、荷兰、西班牙、意大利、加拿大、日本等国家发生过。阿曼、福克兰群岛等国家仅在进口牛中发生过。

易感本病的动物为牛科动物,包括家牛、非洲林羚、大羚羊以及白羚、金牛羚、弯月角羚和美欧野牛等。易感性与品种、性别、遗传等因素无关。发病以 4~6 岁牛多见,2 岁以下的病牛罕见,6 岁以上牛发病率明显减少。奶牛因饲养时间比肉牛长,且肉骨粉用量大而发病率高。另外,家猫、虎、豹、狮等猫科动物也易感。

给健康牲畜饲喂含染疫反刍动物肉骨粉的饲料可引发本病。本病发生流行的原因有:本国绵羊发生痒病流行或从国外进口了被传染性海绵状脑病污染的动物产品;用反刍动物肉骨粉喂牛。

二、临床症状及病理变化

本病的潜伏期为 4~5 年。

病牛临床表现为精神异常、运动障碍和感觉障碍。

1. 精神异常:主要表现为不安、恐惧、狂暴等,当有人靠近或追逼时往往出现攻击性行为。

2. 运动障碍:主要表现为共济失调、颤抖或倒下。病牛步态呈"鹅步"状,四肢伸展过度,有时倒地难以站立。

3. 感觉障碍:最常见的是对触摸、声音和光过度敏感,这是病牛很重要的临床诊断特征。用手触摸或用钝器触压牛的颈部、肋部,病牛会异常紧张颤抖;用扫帚轻碰后蹄,也会出现紧张的踢腿反应;病牛听到敲击金属器械的声音,会出现震惊和颤抖反应;病牛在黑暗的环境中,对突然打开的灯光出现惊吓和颤抖反应。

本病无大体解剖病变,大多数病例以脑组织呈海绵状空泡变性为特征。

三、诊断与疫情报告

海绵状脑病患牛在临诊症状出现之前,无法用常规的实验室诊断方法判定动物是否感染。因此,牛海绵状脑病的诊断取决于临床症状和中枢神经系统的病理学检查。临诊病例的确诊还可通过电子显微镜技术、生物化学或免疫组织化学检测痒病样纤维。

本病为我国一类动物疫病。一旦发现可疑病牛，立即隔离并报告当地兽医主管部门、动物卫生监督机构或动物疫病预防控制机构报告，并逐级上报至国务院畜牧兽医行政主管部门。县级以上兽医主管部门通报同级卫生主管部门。

四、疫苗与防治

当前尚无疫苗。

鉴于牛海绵状脑病对多种动物可能造成威胁，应在有牛海绵状脑病的国家和地区禁止用反刍动物来源的蛋白质饲料喂给所有哺乳动物及禽类，禁止从发生过和可疑地区引入牛及其产品。

确诊后扑杀所有病牛和可疑病牛，甚至整个牛群，并根据流行病学调查结果进一步采取措施。

第五节　牛结核病

牛结核病是由结核分枝杆菌引起的一种慢性传染病，其特征是在组织器官内形成结核结节性肉芽肿和干酪样坏死灶。

一、病原及流行病学特点

结核分枝杆菌，对动物和人致病的主要有牛型、人型和禽型结核杆菌3种。人型结核杆菌细长而稍弯曲，单独或平行相聚排列；牛型菌略短而稍粗，且着色不均匀；禽型菌短小而略具多形性。结核分枝杆菌是直或微弯的细长杆菌，不产生芽孢，无荚膜和鞭毛，抗酸染色阳性，呈红色，为严格需氧菌。本菌对干燥、腐败及一般消毒药具有较强的抵抗力，在60℃~70℃时经10~15分钟死亡。本菌对磺胺类药、青霉素及其他广谱抗菌素不敏感，而对链霉素、异烟肼(雷米封)、对氨基水杨酸和环丝氨酸较敏感。

本病可侵害多种动物，是人畜共患传染病。牛结核病主要是由牛型结核杆菌也可由人型结核杆菌引起。牛型菌也可感染猪和人，也能使其他家畜致病。

结核病患畜是本病的传染源，特别是通过各种途径向外排菌的开放性结核患畜进行传染。本病主要通过呼吸道和消化道感染，交配也可感染。

二、临床症状及病理变化

本病的潜伏期长短不一，短者十几天，长者数月甚至数年。牛常发生肺结核，症状表现为日渐消瘦、贫血，体表淋巴结肿大，咳嗽。病势恶化可发生全身性结核,即粟粒性结核。肠道结核多见于犊牛,症状表现为顽固性下痢、乳腺炎。

主要在淋巴结、肺及其他脏器出现白色或黄色的针头至鸡蛋大的结节。切开后有坏死样干酪物,慢性干酪区钙化,胸膜结核在胸膜上形成许多白色坚硬的珠粒样结节(珍珠病),肝、睾丸、脾、肾等处也能发生结核结节。乳房结核,切开乳房可见大小不等的病灶,内含干酪样的物质。

三、诊断与疫情报告

当牛群发生无明显原因的渐进性消瘦,长期不愈的咳嗽,并伴有肺部异常;慢性乳腺炎;顽固性下痢;体表淋巴结慢性肿胀及顽固性溃疡等,可作为疑似本病的依据。

结合流行病学、病理解剖及微生物学等方面进行综合诊断。

1. 结核菌素变态反应试验对本病的诊断有重要意义,在检疫中被广泛应用。

2. 血清学方法有血球凝集试验,补体结合试验和酶联免疫吸附试验。

3. 可采取病料进行涂片检查、分离培养和动物接种实验。

本病为我国二类动物疫病。发生疫情时,应立即向当地兽医主管部门、动物卫生监督机构或动物疫病预防控制机构报告,并逐级上报至国务院畜牧兽医行政主管部门。县级以上兽医主管部门通报同级卫生主管部门。

四、疫苗与防治

关于疫苗免疫,世界一些兽医学者试用卡介苗(BCG)和鼠型结核菌种来预防牛结核病,虽有一定的免疫力,但不理想。

卡介苗是将有毒力的牛型结核菌接种于含牛胆汁的甘油马铃薯培养基上,经长期培养传代后使其毒力降低,对一般动物无致病力,却仍保留有足够强度的抗原性的菌苗,且对预防人的结核病具有良好的效果,可使人的结核病的发病率降低 80% 左右。本疫苗不但对原发性感染发生的急性粟粒性结核和结核性脑膜炎有预防作用,而且对继发性结核也有预防效果。卡介苗的接种对象必须是结核菌素试验阴性的儿童。

主要采取检疫、隔离、消毒、培育健康犊牛群等综合性防疫措施。牛结核病的防治每年应普遍进行一两次检疫,以便及时发现和处理可能出现的病牛。引进动物时应隔离观察 1~2 个月,并结合严格的检疫,证明无病者方可混群。

对污染畜群反复进行检疫,淘汰开放性病畜及生产性能不好、利用价值不大的结核菌素反应阳性病畜。同时加强消毒工作,每年进行 2~4 次预防性消毒。每

当畜群出现阳性病畜后,都要进行一次大消毒。常用的消毒药有含量为10%的漂白粉、含量为5%的来苏水、含量为50%的克辽林、含量为20%的石灰乳。

为防止人畜互相感染,工作人员应注意防护,并定期体检。

国内外曾试用链霉素、异烟肼、对氨基水杨酸钠等药物对结核牛进行治疗,虽对病势有所改善,但不能根治,况且疗程长,医疗费用较大,治疗过程中还有可能感染人,因而认为对结核牛无治疗价值。

人感染牛结核病的治疗,首选药物有异烟肼、链霉素、利福平及对氨基水杨酸钠。一般采用2~3种药物配合治疗以提高疗效,减少结核菌抗药性的产生。此外,也可应用卡那霉素和乙胺丁醇等。

第六节 牛病毒性腹泻

牛病毒性腹泻,是由牛腹泻病毒引起牛、羊和猪的一种接触性传染病。牛、羊以消化道黏膜糜烂、坏死,胃肠炎和腹泻为特征;猪则表现为母猪的不孕、产仔数下降和流产,以及仔猪的生长迟缓和先天性震颤等。

一、病原及流行病学特点

牛病毒性腹泻病毒属黄病毒科、瘟病毒属,与猪瘟病毒和边地病病毒同属,在基因结构和抗原性上有很高的同源性。

本病毒对外界因素抵抗力不强,当pH值在3.0以下或加热到56℃时很快被灭活,且对一般消毒药敏感。需要注意的是存在于血液和组织中的病毒在低温状态下稳定,在冻干状态下可存活多年。

传染源为患病及带毒动物。病畜可发生持续性的病毒血症,其血、脾、骨髓、肠淋巴结等组织和呼吸道、眼分泌物、乳汁、精液及粪便等排泄物均含有病毒。

本病主要经消化道、呼吸道感染,也可通过胎盘发生垂直感染,交配、人工授精也能感染。

自然情况下主要感染牛,尤以6~18月龄幼牛最易感。山羊、绵羊、猪、鹿及小袋鼠也可被感染。

本病呈地方性流行,一年四季均可发生,冬、春季节多发。

二、临床症状及病理变化

本病的潜伏期自然感染为7~10天(短的为2天,长的可达14天),人工感染为 2~3 天。

1. 急性型：多见于牛的幼犊。表现为高热(持续 2~3 天)，有的呈双相热型。腹泻，呈水样，粪带恶臭，含有黏液或血液。大量流涎、流泪、口腔黏膜(唇内、齿龈和硬腭)和鼻黏膜糜烂或溃疡，严重时整个口腔覆有灰白色的坏死上皮。可引起怀孕母牛流产，或产下犊牛有先天性缺陷(如小脑发育不全、失明等)。

2. 慢性型：较少见，病程 2~6 个月，有的达 1 年。病畜消瘦，呈持续或间歇性腹泻，里急后重，粪便带血或黏膜。鼻镜糜烂，但口腔内很少有糜烂。蹄叶发炎及趾间皮肤糜烂坏死，致使病畜跛行。

猪自然感染时很少出现临床症状，但怀孕母猪感染后可引起繁殖障碍，表现为不孕，产仔数减少，新生仔猪个体变小，体重减轻，流产或木乃伊胎等。

牛病毒性腹泻症状主要表现在消化道和淋巴组织，口腔(口黏膜、齿龈、舌和硬腭)、咽部、鼻镜出现不规则烂斑、溃疡，以食道黏膜呈虫蚀样烂斑最具特征。流产胎儿的口腔、食道、真胃及气管内有出血斑及溃疡。运动失调的犊牛，严重的可见到小脑发育不全及两侧脑室积水。

三、诊断与疫情报告

根据临床症状和病理变化可作出初步诊断，应与牛瘟、恶性卡他热、牛传染性鼻气管炎、口蹄疫、水疱性口炎、蓝舌病、牛丘疹性口炎、坏死性口炎等区别。确诊需进一步做实验室诊断。

1. 病原检查：病毒分离应于病牛急性发热期采血、尿、鼻液或眼分泌物，剖检时可采脾、骨髓、肠系膜淋巴结，用牛胎肾、睾丸、气管等组织原代或继代株细胞培养，都能生长繁殖，结合免疫荧光抗体试验或中和试验进行鉴定。

2. 血清学检查：中和试验、补体结合试验、免疫荧光抗体技术、琼脂免疫扩散试验、PCR 试验。

本病为我国三类动物疫病。发生疫情时，应立即向当地兽医主管部门、动物卫生监督机构或动物疫病预防控制机构报告，并逐级上报至国务院畜牧兽医行政主管部门。

四、疫苗与防治

尚无标准疫苗，但有一些商品化制剂。本病有经胎盘感染的危险，所以对怀孕母牛或哺乳犊牛不宜使用弱毒疫苗，否则有可能导致持续性感染动物发生黏膜病的危险。灭活疫苗通常需要加强免疫力。

本病无特效治疗方法。加强护理和对症治疗可减轻症状,增强机体抵抗力,促使病牛康复。为预防本病传入,在引进牛只时应先隔离检疫,病毒分离和中和抗体均为阴性者才能混入健康群。

第七节　牛传染性胸膜肺炎

牛传染性胸膜肺炎又称牛肺疫,是由丝状支原体丝状亚种引起的一种高度接触性传染病,以渗出性纤维素性肺炎和浆液纤维素性胸膜肺炎为特征。

一、病原及流行病学特点

本病原为丝状支原体丝状亚种,属支原体科、支原体属。

病原体对外界环境的抵抗力甚弱,暴露在空气中,特别是在直射的阳光下几小时即失去毒力。干燥、高温迅速死亡,加热到55℃、经15分钟或加热到60℃、经5分钟即被灭活;在酸性或碱性pH值下可灭活;可被乙醚、含量为0.01%的升汞、生石灰、含量为1%的石炭酸(3分钟)、含量为0.5%的福尔马林(30秒)灭活。可在冷冻的组织中存活很久,−20℃以下能存活数月。

牛传染性胸膜肺炎广泛流行于非洲,欧洲南部,中东及亚洲部分地区也有本病发生。

牛、水牛、瘤牛易感。野牛和骆驼可抵抗,其他动物和人不感染。

本病主要通过健康牛与病牛直接接触而传染,病菌经咳嗽、唾液、尿液排出(飞沫),通过空气经呼吸道,也可经胎盘传染。

传染源为病牛、康复牛及隐性带菌者。隐性带菌者是主要传染来源。

二、临床症状及病理变化

本病的潜伏期,自然感染一般为2~4周(最短7天,最长可达8个月)。《陆生动物卫生法典》规定为6个月。

1. 急性型:病初,体温升高达40℃~42℃,呈稽留热型。鼻翼开放,呼吸短促,呈腹式呼吸和痛性短咳。因胸部疼痛而不愿行走或卧下,肋间下陷,呼吸不均。叩诊胸部患侧发浊音,并有痛感。听诊肺部有湿性罗音,肺泡音减弱或消失,代之以支气管呼吸音,无病变部呼吸音增强,有胸膜炎发生时,可听到摩擦音。病的后期心脏衰弱,有时因胸腔积液,只能听到微弱心音甚至听不到。重症可见前胸下部及肉垂水肿,尿量少而比重增加,便秘和腹泻交替发生,病畜体况衰弱,眼球下陷、呼吸极度困难，体温下降，最后窒息死亡。急性病例病程为 15~30 天死亡。

2. 慢性型：多由急性型转来，也有开始即取慢性经过的。除体况瘦弱外，多数症状不明显，偶发干性咳嗽，听诊胸部可能有不大的浊音区。此种患畜在良好饲养管理条件下，症状可缓解并逐渐恢复正常。少数病例因病变区域较大，饲养管理条件改变或劳役过度等因素，易引起恶化，预后不良。

胸腔积液，呈无色或淡黄色，内含絮状纤维素物。肺脏炎症，初期以小叶性支气管肺炎为特征，病灶充血、水肿，呈鲜红色或紫红色。中期呈纤维素性肺炎和浆液性纤维素性胸膜肺炎，肺实质有红、黄、灰等不同时期的肝样病变区，被肿大呈白色的肺间质分隔，形成大理石样外观。末期肺部病灶被结缔组织包围，有的因坏死、液化而形成脓腔、空洞；有的被增生的结缔组织取代，形成瘢痕；有的钙化或形成肉样变。

三、诊断与疫情报告

依据典型临床症状和病理变化可作出初步诊断，确诊需进一步做实验室诊断。

1. 细菌学检查：用无菌方法采集肺病灶、胸腔液、淋巴结、肺组织渗出液等，接种于含 10%马血清的 pH 值为 7.5~8.0 的马丁肉汤及马丁琼脂中，于 37℃培养 7 天，在肉汤中出现轻微浑浊；在琼脂上出现本菌的特征性菌落。将已获得的肉汤纯培养物涂片镜检病原体的形态，同时将培养物接种于含有特异血清的培养基中，观察其抑制生长情况。

2. 血清学检查：病畜体内可产生凝集素、沉淀素和补体结合抗体。可以用补体结合试验（只适合群体检测）、竞争酶联免疫吸附试验、被动血凝试验（可做筛选试验）检测这些抗体。

3. 鉴别诊断：急性型应与东海岸热、急性牛出血性败血病区别。慢性型应与包虫病、结核病区别。

本病为我国一类动物疫病。发生疫情时，应立即向当地兽医主管部门、动物卫生监督机构或动物疫病预防控制机构报告，并逐级上报至国务院畜牧兽医行政主管部门。

四、疫苗与防治

自 20 世纪初，已经推出了很多类型的疫苗（如灭活苗、异源苗），但是至今没有一个真正满意的。目前唯一常用的疫苗是用致弱丝状支原体丝状亚种小菌落型菌株制备的疫苗。

对疫区和受威胁区 6 月龄以上的牛只，均必须每年接种 1 次疫苗。不从疫区引进牛只。

发现病畜或可疑病畜，要尽快确诊，上报疫情，划定疫点、疫区、受威胁区。对疫区实行封锁，按《中华人民共和国动物防疫法》规定，采取紧急、强制性的控制和扑灭措施。扑杀患病牛只；对同群牛隔离观察，进行预防性治疗。彻底对栏舍、场地和饲养工具、用具等消毒；严格无害化处理污水、污物、粪尿等。严格执行封锁疫区的各项规定。

用土霉素盐酸盐对初期病牛治疗有效，症状消失后，在一定时期成为带菌牛，应注意隔离。按 5 毫克/千克~10 毫克/千克的用量制成 10% 的溶液，肌肉注射，每天 1 次，连续用药 7 天为一个疗程，一般治疗一个疗程可见效，效果比"九一四"好。其他广谱抗生素，如泰乐霉素、链霉素、四环素等均有一定疗效。

第八节　地方流行性牛白血病

地方流行性牛白血病又名牛白血组织增生、牛淋巴肉瘤、牛恶性淋巴瘤、牛淋巴瘤病、牛地方流行性白血组织增生等，是牛的一种慢性肿瘤性疾病。其特征为淋巴细胞恶性增生、进行性恶病质和高度死亡率。

一、病原及流行病学特点

牛白血病毒属反转录病毒科、肿瘤病毒亚科 C 型。本病毒具有 3 个型，其中的 1 个型呈地方流行性，发生于成年牛，称为牛地方流行性白血组织增生，另外 2 个型为散发性，分别是青年牛白血组织增生和皮肤白血组织增生。

病牛和带毒牛是本病的传染源。血清流行病学调查结果表明，本病可由感染牛以水平传播方式传染给健康牛。感染的母牛也可以垂直传播方式在分娩时将病毒经子宫传给胎儿，或在分娩后经初乳传给新生犊牛。由同一头公牛配种所产生的后代，对白血病的易感性也会增高。

二、临床症状及病理变化

本病有亚临床型和临床型两种表现。亚临床型无肿瘤的形成，其特点是淋巴细胞增生，可持续多年或终生，但对健康状况没有任何影响。这样的牲畜有些可进一步发展为临床型。此时病牛生长缓慢，体重减轻。体温一般正常，有时略为升高。从体表或经直肠可摸到某些淋巴结呈一侧或对称性增大。腮淋巴结、肩前淋巴结或股前淋巴结常显著增大，触摸时可移动。如一侧肩前淋巴结增大，病牛的头颈可向对侧偏斜，眶后淋巴结增大可引起眼球突出。除上述症状外，如病牛的骨髓受到损害，则可见贫血，可视黏膜变白。血液检查，白细胞总数及淋巴细胞的比例异常增高。心肌受损表现为心动过速、心音异常，病畜衰弱。皱胃壁发生浸润时，因溃疡形成或因出血而排出黑粪。脊髓或脊神经受损时，往往引起共济失调、不全麻痹或完全麻痹(尤以后肢为常见)，病的结局以死亡告终。

对疑有本病的牛只，做直肠检查具有重要意义。尤其在病的初期，触诊盆腔和腹腔的器官可以发现白血细胞组织增生的变化，常在表面淋巴结增大之前，具有特别诊断意义的是腹股沟和髂淋巴结的增大。

病牛消瘦、贫血。淋巴结常肿大，被膜紧张，呈均匀灰色、柔软、切面突出。心脏、皱胃和脊髓常发生浸润。心肌浸润常发生于右心房、右心室和心隔，色灰而增厚。循环紊乱导致全身性被动充血和水肿。脊髓硬膜外壳里的肿瘤结节，使脊髓受压、变形和萎缩。皱胃壁由于肿瘤浸润而增厚变硬。肾脏、肝脏、肌肉、神经元和其他器官亦可能受损，但脑的病变少见。

三、诊断与疫情报告

可依据临诊症状、血液变化、病理解剖和流行病学进行综合诊断。由于淋巴细胞增多症经常是发生肿瘤的先驱变化，它的发生率远远超过肿瘤形成。因此，检查血象变化是诊断本病的重要依据。其特征是：白细胞总数明显增加，淋巴细胞增加，出现成淋巴细胞(即所谓瘤细胞)。对感染淋巴结做活组织检查，发现有成淋巴细胞(瘤细胞)可以证明有肿瘤的存在。

对尸体进行剖检可以见到以上特征的肿瘤病变。最好采取组织样品(包括右心房、肝脏、脾脏、肾脏和淋巴结)做显微镜检查以确定诊断。

1. 血清学检验：有免疫扩散、补体结合、中和试验、间接免疫荧光技术。

2. 组织培养法：可用来分离牛白血病病毒，电子显微镜也可检查出本病病毒。

本病为我国二类动物疫病。发生疫情时，应立即向当地兽医主管部门、动物卫生监督机构或动物疫病预防控制机构报告，并逐级上报至国务院畜牧兽医行政主管部门。

四、疫苗与防治

目前还没有适用的地方流行性牛白血病疫苗。

尚无特效疗法，对本病应采取综合防治措施。做好经常检疫，坚决淘汰病牛，禁止出售和长途贩运病牛。病牛停留过的场地要消毒，对病牛的粪便必须消毒或进行发酵处理。屠宰病牛时，病变器官组织销毁，正常部分的要高温处理后利用。如肿瘤呈全身性的广泛转移，应将病尸整个销毁。对长期感染的牛群，必须采用全群扑杀的措施。

第九节　出血性败血病

出血性败血病是由巴氏杆菌引起黄牛和水牛的一种急性、高度致死、败血性传染病。常以高温、肺炎、急性胃肠炎以及内脏器官广泛出血为特征。

一、病原及流行病学特点

病原为多杀性巴氏杆菌，是两端钝圆、中央微凸的短杆菌，无芽孢，不运动。普通染料可着色，革兰氏染色阴性。病料组织或体液涂片用瑞氏、姬母萨或美蓝染色镜检，菌体多是卵圆形，两端着色深，中央部分着色较浅，培养物涂片，两极着色则不明显。用印度墨汁等染料染色，可看到荚膜。新分离的细菌荚膜宽厚，经过人工培养而发生变异的弱毒菌，则荚膜窄而且不完全。

本菌为需氧兼性厌氧菌，普通培养基上均可生长，但不繁茂，如添加少许血液或血清则生长良好。本菌生长于普通肉汤中，初均匀混浊，以后形成黏性沉链和附壁的菌膜。在血琼脂上长出灰白、湿润而黏稠的菌落。在普通琼脂上形成细小透明的露滴状菌落。明胶穿刺培养，沿穿刺孔呈线状生长，上粗下细。本菌在加血清和血红蛋白的培养基上 37℃培养 18~24 小时。在 45°折射光线下检查，菌落呈明显的荧光反应。

本菌的生化特点：分解葡萄糖、甘露醇、蔗糖，产酸不产气；不分解乳糖、麦芽糖、水扬甙及乳糖和淀粉；靛基质阳性，甲基红阴性。

本菌对一般消毒药物抵抗力不强，在含量为 1%的石灰水、1%的漂白粉、5%的石灰乳作用下 1 分钟即可被杀死。在自然干燥的情况下很快死亡。在冬季，尸体内的病菌能存活 2~4 个月，在土壤中可存活 5 个月。

病畜、病禽的排泄物、分泌物及带菌动物均是本病的传染源。本菌主要通过消化道和呼吸道传染，也可通过吸血昆虫和损伤的皮肤、黏膜传染。

本病的发生一般无明显的季节性，但以冷热交替、气候剧变、闷热、潮湿、多雨的时期发生较多。体温失调，抵抗力降低，是本病的主要发病诱因之一。另外，长途运输或频繁迁移、过度疲劳、饲料突变、营养缺乏、寄生虫等常常诱发此病。因某些疾病的存在造成机体抵抗力降低，易继发本病。本病一般为散发，有时也呈地方流行。

二、临床症状及病理变化

本病的潜伏期 1~6 天，临床上一般分为最急性型、急性型和慢性型 3 种。

1. 最急性型：突然发病，体温升高（41℃~42℃），有急性胃肠炎、呼吸器官症状及其他败血病现象，经 6~12 小时死亡。

2. 急性型：急性型又分水肿型、胸型、肠型 3 种。

（1）水肿型。体温升高，头、颈、咽喉部的皮下组织炎性水肿，四肢浮肿，舌肿胀，结膜发炎、流泪，呼吸困难，经 24 小时死亡。

（2）胸型。呼吸困难，出现急性纤维素性胸膜肺炎，呈剧痛性干咳，病程 3 天以上。

（3）肠型。主要见于 1~2 岁犊牛，下痢、排出绿色恶臭的稀粪，病程为 21~28 天。

3. 慢性型：由急性转化而来，病牛食欲减退，呼吸困难，咳嗽，病程达数年之久。

慢性型主要症状是败血症变化，内脏器官充血，黏膜、肺、舌、皮下组织及肌肉有出血点。

三、诊断与疫情报告

患病牛应注意与炭疽、恶性水肿、气肿疽、运输热和牛肺疫等相鉴别。气肿疽主要侵害肌肉厚实的部位，触诊柔软，有显著捻发音。本病多发于过去有疫情的地区和半岁至 4 岁的牛。恶性水肿发于外伤或分娩之后，肿胀部后来变得无热无痛，触诊柔软，有捻发音。炭疽的肿胀也常发于颈部和胸前部的其他部位，濒死时常见天然孔出血，血液呈暗紫色，凝固不良，死后尸僵不全。牛运输热发于运输之后，病程较长，以呼吸系统的症状和病变为主，其他器官无明显变化。牛肺疫主要因引进带菌牛而引起，并在牛群中陆续传染，播及多数牛只，病程和流行期都很长，药物治疗收效缓慢，尸体剖解除胸部器官外，其他器官没有变化。对最急性型和急性败血症通常用微生物学进行检查。

1. 取心血、肝脏作涂片，用姬姆萨、美蓝染色，镜检有大量的两极染色杆菌；结合临床表现，可作出较可靠的诊断。

2. 将新鲜病料（心血、肝等）接种于血液琼脂平皿和麦康盖琼脂上，同时分离

培养,第二天观察生长情况,其于麦康盖上不生长,而在血琼脂上生长,形成淡灰色、圆形、湿润、露珠样小菌落,菌落周围无溶血区。钩取典型菌落作涂片染色,呈革兰氏阴性,两极染色。

将典型菌落接种于三糖铁琼脂上,能使三糖铁琼脂底部变黄。在血琼脂上生长良好,于45°折光下见菌落产生橘红色的荧光。

3. 动物接种有助于病原分离,用病料组织的研磨乳剂 0.2 毫升给小白鼠进行皮下注射。若有多杀性巴氏杆菌,动物通常在 24~72 小时内死亡,并能从死亡动物的心血、肝中分离到此菌。

本病为我国二类动物疫病。发生疫情时,应立即向当地兽医主管部门、动物卫生监督机构或动物疫病预防控制机构报告,并逐级上报至国务院畜牧兽医行政主管部门。

三、疫苗与防治

抗出血性败血病的疫苗有 3 种,分别是菌苗、铝胶沉淀疫苗和油乳佐剂疫苗。为使疫苗产生足够的免疫力,必须反复接种。接种浓缩菌苗可能产生休克反应,这种现象对于接种铝胶沉淀疫苗来说很少见,而对于接种油乳佐剂疫苗来说,根本不存在。

为预防本病的发生,应加强饲养管理,增强机体的抗病力。消除可能降低抗病力的因素。新引进的牛要隔离观察一个月后再合群并圈。圈栏要定期用 10% 石灰乳或 30%热草木灰水消毒。

每年春秋二季定期用氢氧化铝甲醛菌苗进行免疫接种。接种菌苗按说明书使用。菌苗的免疫期在 6~9 个月。

本病流行时,发现病牛,应立即隔离消毒。同栏的牛,用血清紧急预防,观察一周后,如无新病例发现再注射菌苗。病牛舍、厩、肥及用具等进行彻底消毒。

治疗本病有以下两种方法。

1. 磺胺疗法:磺胺嘧啶钠和磺胺甲基嘧啶对本病有较好的疗效。静脉注射10%磺胺嘧啶注射液,幼牛 80~120 毫升,成牛 160~200 毫升。每天 2~4 次,连用3~4 日。

2. 抗生素疗法:盐酸土霉素的疗效也较好,用量为 30 毫克/千克~40 毫克/千克,用蒸馏水或 5%葡萄糖盐水稀释后肌肉注射,每日 1~2 次,连用 3~4 天。此外,先锋霉素、青霉素、链霉素、四环素等抗生素对本病都有一定疗效。

第十节 牛传染性鼻气管炎/传染性阴户阴道炎

牛传染性鼻气管炎/传染性阴户阴道炎是由一种疱疹病毒引起的牛急性、热性呼吸道传染病，这种病毒亦可引起牛的生殖器官炎症、结膜炎、脑膜炎、流产等其他类型的疾病。因此，它是一种由同一病原引起的多种病状的传染病，本病只发生于牛。

一、病原及流行病学特点

牛传染性鼻气管炎病毒属于疱疹病毒科、疱疹病毒属。于牛肾细胞上作电镜检查，直径为 145~156 毫米，在 pH 值为 7.0 的溶液中很稳定，在 4℃时经 30 日可维持原有清度。病毒与等份乙醚、酒精或丙酮混合，快速消失活力。病毒可于牛肾、胎牛肾、猪肾、羊肾及马肾细胞上生长并可产生病变。且均可产生核内包涵体。

病畜及带毒畜为主要传染源。传播方式为接触传染，交配亦可传染。流行季节主要为秋冬寒冷季节。牛感染本病后，在自然条件下可不定期排出病毒，这是本病传播流行的重要原因。疱疹病毒一般来讲侵害宿主的范围较窄。

二、临床症状及病理变化

1. 呼吸型：急性病例可侵害整个呼吸道。自然病例的本病的潜伏期 4~6 日，人工接种、气管内或鼻内接种可缩短到 18~72 小时。病初发高热 40℃以上，极度沉郁，拒食，有多量黏液脓性鼻漏，鼻黏膜高度充血，出现浅溃疡，鼻窦及鼻镜因组织高度发炎而称为"红鼻子"，并有结膜炎及流泪的症状。常困炎性渗出物阻塞而发生呼吸困难及张口呼吸。因鼻黏膜的坏死，呼气中常有臭味，呼吸常加快，常有深部支气管性咳嗽。有时可见血染的拉稀。乳牛病初产乳量减少，直至完全停止，病程不延长（5~7 日）则可恢复产量。重症病例数小时即可死亡，大多数病程在 10 日以上。严重流行时，发病率可达 75%以上，但死亡率在 10%以下。

2. 生殖道感染型：又称传染性脓疱阴户阴道炎、交合疹，均由配种引起。本病的潜伏期 1~3 日，可发生于母牛及公牛。病初发热，病畜沉郁，无食欲，频尿，有痛感。阴门流线条状黏液，污染附近皮肤。阴门、阴道发炎充血，阴道有不等量黏稠无臭的黏液性分泌物。阴门黏膜上出现小的白色病灶，可发展成脓疱，大量小脓疱使阴户前庭及阴道壁呈现一种特征的颗粒状外观。小脓疱越来越多，并融合在一起，随后在前庭和阴道壁形成一个广泛的灰色坏死膜，当擦掉或脱落坏死膜后留下一个发红的擦破表面,急性期消退时开始愈合,在10~14日痊愈。公牛感染时本病的潜伏期2~3日,沉郁,不食,生殖器黏膜充血,轻症1~2日后消退,恢复。重病例发热,包皮、阴茎上发生脓疮,随即包皮肿胀及水肿,尤其当有细菌继发感染时更为严重。一般出现临床症状后10~14日开始恢复,偶有公牛不表现症状而带毒。

3. 脑膜脑炎型:犊牛多发,发热40℃以上,减食,鼻黏膜发红,流泪,浆性耳漏,流涎,偶尔有呼吸困难。病牛群中个别牛出现神经症状,敏感、运动失常,经5~7日死亡。

呼吸型病理变化,呼吸道黏膜高度发炎,有浅溃疡,其上被覆腐臭脓性黏液惨出物,包括咽喉、气管及大支气管,且可能有成片的化脓性肺炎。在病程中期出现呼吸道上皮细胞中有核内包涵体,临诊症状明显消失。常有第四胃黏膜发炎及溃疡,大小肠有卡他性肠炎。

生殖道型表现为外阴、阴道、宫颈黏膜、包皮、阴茎黏膜的炎症。

脑膜脑炎的病变是非化脓性脑炎变化。

三、诊断与疫情报告

根据流行情况、症状和病理变化可作出初步诊断。确诊则需作病毒分离。分离病毒的材料,自感染发热期采取病畜鼻腔洗涤物。可用牛肾组织培养分离,再用中和试验及荧光抗体来鉴定病毒。

本病为我国二类动物疫病。发生疫情时,应立即向当地兽医主管部门、动物卫生监督机构或动物疫病预防控制机构报告,并逐级上报至国务院畜牧兽医行政主管部门。

四、疫苗与防治

目前已有几种弱毒素和灭活牛疱疹病毒Ⅰ型疫苗。疫苗所含的病毒株通常需经细胞培养多次传代。有些疫苗毒株为温度敏感型,即这些毒株在39℃或更高温度时就不再复制。弱毒疫苗经鼻内或肌肉接种免疫。加佐剂的灭活疫苗含有较高的灭活病毒或病毒颗粒(糖蛋白),刺激产生足够的免疫反应。灭活苗经肌肉注射或皮下注射。

标记疫苗(弱毒疫或灭活苗)是以基因缺失变异株或亚单位病毒粒子,如糖蛋白D为基础制备的。应用标记疫苗及相应的配套诊断试验就可区别自然感染牛和疫苗免疫牛。

本病尚无特效药物。预防本病重在防止本病侵入牛群。因此,对于本病的防治仍需采取综合性措施,加强饲养管理,严格检疫制度,不从疫区引进牛只。

第十一节　牛结节性皮肤病

牛结节性皮肤病是牛的一种痘病,其特征为发热,皮肤、黏膜和内脏器官出现结节,消瘦,淋巴结肿大,皮肤水肿,有时发生死亡。该病可导致产量下降,奶牛群尤为明显,还可损坏皮张,因而对经济产生严重影响。

一、病原及流行病学特点

牛结节性皮肤病由山羊痘病毒属的部分毒株感染所致,这些毒株与引起绵羊痘和山羊痘的毒株在抗原性上难以区别。不过结节性皮肤病与绵羊痘和山羊痘的地理分布不同,这表明牛型山羊痘病毒株不感染山羊和绵羊,不存在它们之间传播的问题。

结节性皮肤病病毒主要经昆虫传播,在自然条件下,在没有昆虫媒介时很难接触传播。1988 年以前,本病仅限于非洲撒哈拉以南,后来传到埃及。1989 年以色列暴发了一次结节性皮肤病。

二、临床症状及病理变化

本病的潜伏期长短未见报道,但病毒接种后 6~9 天出现发热等临床症状。

动物急性感染时,初期表现发热,可能超过 41℃,持续时间约一个星期,进而发生鼻炎、结膜炎,泌乳牛产奶量明显降低,体表长出直径 2~5 厘米的结节,头部、颈部、乳房和会阴部尤为常见。结节侵害表皮和真皮,初期有浆液渗出,两周后,有的变成坏死栓,所有体表淋巴结肿大,肢体水肿。眼、鼻、口腔、直肠、乳房和外生殖器黏膜上的结节很快发生溃疡。在口腔、皮下、肌肉、气管和消化道,特别是真胃及肺部,也可出现结节,并进一步引起原发性和继发性肺炎。怀孕母牛发生流产。

三、诊断与疫情报告

根据本病的临床症状和特殊的病变,一般不难作出诊断。最后确诊可采用中和试验,或以中和试验测定急性期和康复期血清中抗体滴度的变化来确定。

本病未列入我国农业部一、二、三类动物疫病病种名录。一旦发生疫情,应向当地兽医主管部门、动物卫生监督机构或动物疫病预防控制机构报告。

四、疫苗与防治

两株致弱的山羊痘病毒毒株已被作为疫苗毒株,用于结节性皮肤病的控制。一株为肯尼亚绵羊痘和山羊痘病毒,另一株来自南非的山羊痘病毒。肯尼亚毒株疫苗免疫后对野毒的免疫保护作用至少维持 2 年,南非毒株疫苗免疫后对野毒的免疫保护作用至少维持 3 年。

新一代山羊痘病毒疫苗正在研制之中。可利用山羊痘病毒基因组作为其他反刍动物病原基因载体,如插入相应的牛瘟和小反刍兽疫病毒基因。插入相应的牛瘟病毒基因后所构建的重组疫苗经一次免疫就可同时抵抗结节性皮肤病和牛瘟的感染。

预防本病应注意挤奶卫生,发现病牛及时隔离。治疗可用各种软膏(如氧化锌、磺胺、硼酸、青霉素等软膏)涂抹患部,促使愈合和防止继发感染。

当暴发疫情时,应将所有感染牛和接触牛全部扑杀,其余牛注射疫苗,防止疫情扩散。

第十二节　牛恶性卡他热

牛恶性卡他热亦称牛恶性头卡他或坏疽性鼻卡他等,是牛的一种急性、热性、非接触性病毒性传染病。其主要特征为持续发热,口鼻黏膜发炎和眼损害,多伴有严重的神经紊乱,病死率很高。

一、病原及流行病学特点

牛恶性卡他热病毒属疱疹病毒科、疱疹病毒亚科。本病毒不易通过滤器,在血液中附着于白细胞不易脱落。病毒对外界环境抵抗力不强,不能抵抗冷冻和干燥,在室温下 24 小时失去活力,冰点以下失去传染性。

恶性卡他热在自然情况下主要发生于黄牛和水牛,而绵羊及非洲角马可以感染,但其症状不易察觉,成为病毒携带者。自然传播方式一般认为带毒绵羊是牛群中爆发本病的来源。此病也可以通过胎盘传染。

黄牛多在 4 岁以下时发生,老牛发病者少见。本病多散发,但有时也出现地方性流行。

本病常年都可以发生,更多见于冬季和早春。

二、临床症状及病理变化

自然感染的本病的潜伏期长短变动很大，一般 4~20 周或更长。根据发病情况一般可以分为最急性型、消化道型、头眼型及慢性型 4 种。其中，头眼型最为典型，在非洲是常见的一型。

最初，症状为高热（41℃~42℃），肌肉震颤，寒战，食欲锐减，瘤胃弛缓，泌乳停止，呼吸和心跳加快，鼻镜发热等。随继会出现口、鼻、眼等部位的黏膜卡他性变化，如发炎、充血、坏死和糜烂。数日后因炎症逐步影响各器官的功能，症状加剧。病至晚期，病牛高度脱水，衰竭，体温下降，常于 24 小时内死亡。最急性型死亡发生在最初二日内。消化道型多数死亡。先便秘后下痢、粪便带血、恶臭。头眼型为眼结膜发炎，羞明流泪，之后角膜浑浊，眼球萎缩、溃疡及失明。常伴发神经紊乱，预后不良。慢性型常在颈部、肩胛部、背部等处皮肤出现丘疹、水疱，结痂后脱落，有时形成脓肿。

病理解剖变化依临诊症状而定。最急性病例没有或只有轻微病理变化，可以见到心肌变性，肝脏、肾脏、脾脏和淋巴结肿大，消化道黏膜特别是真胃黏膜有不同程度发炎。头眼型以类白喉性坏死变化为主。消化道型以消化道黏膜变化为主。慢性型以非化脓性脑炎变化为主。

三、诊断与疫情报告

根据流行特点可知该病以散发为主，无接触传染，临诊症状如有持续高热典型眼变化，头部炎症变化，以及其病理变化可以作出诊断。必要时可接种易感牛，观察其发病过程及病理变化。

本病应与牛瘟、黏膜病、口蹄疫等病鉴别。牛瘟常无眼变化，如鉴别有困难时，可对犊牛进行人工感染，如接种后 3~9 天发病系牛瘟，而恶性卡他热则不一定发病且本病的潜伏期较长。黏膜病以幼牛患病较多，无中枢神经症状。口蹄疫则在口腔与蹄部有水疱，而不发生神经症状。此外还要与牛传染性角膜结膜炎、牛传染性鼻气管炎、蓝舌病及巴氏杆菌病鉴别。

本病为我国二类动物疫病。发生疫情时，应立即向当地兽医主管部门、动物卫生监督机构或动物疫病预防控制机构报告，并逐级上报至国务院畜牧兽医行政主管部门。

四、疫苗与防治

目前本病尚无特效治疗方法，也无可以进行免疫预防的制品。由于本病多散

发,其免疫预防意义有限。

预防本病的措施除增强机体抵抗力外,在流行地区应注意牛、羊隔离。如需要,可对患畜实施对症治疗。比如,用外科方法治疗头部炎症等,也可用中药对症治疗。据报道口服氯霉素有较好的疗效。

对症治疗,如头部冷敷,0.1%的高锰酸钾冲洗口腔,用2%硼酸水溶液洗眼,然后于眼内涂以抗生素眼膏,连续治疗7天。呼吸困难时,可行蒸汽吸入或其他对症疗法,如静脉注射10%氯化钙溶液200~300毫升,连续治疗7天。

第十三节　泰勒氏虫病

泰勒氏虫病是一种由残缘璃眼蜱侵袭家畜,致使泰勒虫寄生于牛的网状内皮细胞和红细胞内引起的急性、热性、传染性寄生病。

一、病原及流行病学特点

病原是牛环形泰勒虫,虫体小于红细胞半径,形态多样。寄生于红细胞内的有环形、椭圆形、逗点形、杆形、圆点形和十字形等,以环形和椭圆形虫体占多数。用姬母萨液染色后,虫体细胞质染成淡蓝色,细胞核常居于虫体一端染成红色。一个红细胞内通常有2~3个虫体,最多的可以达到10个以上。红细胞的感染率一般为10%~20%,高者可达95%。寄生于网状内皮细胞(主要是在单核白细胞和淋巴细胞的细胞质中)里的虫体,大多数呈不规则的圆形,长度为22~27.5微米,易被查见的常常是一种多核体,形状极像石榴的横切面,故称之为石榴体。姬母萨液染色后,可以看到在浅蓝色的原生质背景下包含有微红色或暗紫色数目不等的染色质核,故又称为柯赫氏蓝体。石榴体还可能在淋巴液和血浆中出现。

环形泰勒虫在牛体内进行无性繁殖(牛是其中间宿主),而在蜱体内进行有性繁殖。因此,蜱是终末宿主。本病的传播者为璃眼蜱。

本病有明显的季节性,发病季节与蜱的活动季节有密切关系,一般在6月下旬到8月中旬,而以7月份为发病高峰期,8月中旬后逐渐平息。耐过本病的牛可保持带虫免疫达2~6年。

二、临床症状及病理变化

牛只病初体温升高,呈稽留热型,体温保持在39.5℃~41.8℃。体表淋巴结肿大,有痛感。呼吸和心跳加快,结膜潮红,流泪。病牛精神不振,食欲减退。此时血液中很少发现虫体。以后当虫体大量侵入红细胞时，病情加剧。体温升高到 40℃~42℃。鼻镜干燥，精神萎靡，可视黏膜苍白或呈黄红色，食欲废绝，反刍停止，弓腰缩腹。初便秘，后腹泻，或两者交替，粪中带黏液或血丝。心跳亢进，血液稀薄，不易凝固。红细胞数减少、大小不匀，并出现异形红细胞。血红蛋白含量降低。病牛显著消瘦，常在病后 1~2 周死亡。

尸体消瘦，血凝不良。体表淋巴结肿大、出血。脾脏肿大 2~3 倍，脾髓软化，肝肿大。第三胃内容物干涸，第四胃黏膜肿胀，有出血点和大小不一的溃疡灶。肠系膜有不同大小的出血点及胶样浸润，重症者小肠、大肠有大小不等的溃疡斑。心内外膜有出血斑点。

三、诊断与疫情报告

在流行区，对于临床上出现高热、贫血、黄疸等症状的病牛，可以怀疑为本病。如用血液涂片、姬母萨染色在红细胞中发现虫体即可确诊。此外，在淋巴结穿刺涂片检查中找到石榴体、荧光抗体试验也可用于泰勒虫病的诊断。

本病为我国二类动物疫病。发生疫情时，应立即向当地兽医主管部门、动物卫生监督机构或动物疫病预防控制机构报告，并逐级上报至国务院畜牧兽医行政主管部门。

四、疫苗与防治

环形泰勒虫疫苗是用牛体细胞系分离的，在感染裂殖体后于体外培养物中致弱，之后制成疫苗。疫苗含有感染裂殖体的细胞，必须冷冻保存至临用前才取出。环形泰勒虫的免疫接种是用感染加治疗的方法，在动物皮下接种一个剂量感染蜱的子孢子，同时用长效四环素制剂治疗。这样，动物产生一种轻微的或不明显的东海岸反应后康复。康复动物对同源攻毒有坚强的免疫力，通常是终生免疫。用弱毒免疫时，应使用多种虫株，以便产生广谱保护性免疫力。免疫动物通常成为免疫虫株的携带者。在制备、使用和运送环形泰勒虫疫苗时必须采取安全预防措施，以防人被感染。

牛环形泰勒虫病活疫苗系用含环形泰勒虫裂殖体的牛淋巴样细胞接种于适宜培养基培养，收获培养物加明胶制成。免疫期为 12 个月。于 2℃~8℃保存，防止冻结，有效期 60 天。用前将疫苗瓶放在 38℃~40℃水中融化 5 分钟后摇匀，每头牛肌肉注射 1~2 毫升(含 100 万~200 万个活细胞)。

根据本病的传播者多生活在圈舍墙缝和木桩裂隙中的特点，应制定综合性预防措施。

灭蜱和防止蜱叮咬牛为根本预防措施。消灭圈舍的幼蜱,以消灭越冬的幼蜱更为有效。消灭牛体上的幼蜱和稚蜱,防止外来牛只将蜱带入本地或本地牛只将蜱带到其他地区。

治疗药物为磷酸伯喹林,剂量为0.75毫克/千克体重,口服每天1次,连服3次。

第十四节 毛滴虫病

毛滴虫病是寄生性生殖系统疾病,病原体为胎毛滴虫,主要流行于奶牛群。

一、病原及流行病学特点

毛滴虫虫体呈瓜子形、柳叶形、卵圆形,长9~25微米,宽3~10微米,由毛基体伸出四根鞭毛,向前伸展三根,称前鞭毛。向后伸展一根,称后鞭毛。核位于虫体前半部,略呈圆形,纵行的轴柱位于虫体中央。胸口在体前端呈月状。波动膜有3~6个弯曲,沿体后伸展一根鞭毛。

毛滴虫寄生于公牛的包皮、阴茎黏膜、精液内及母牛的阴道、胎儿、胎液和胎膜中。以一分为二的纵分裂方式进行繁殖。

胎毛滴虫的食物为红细胞、微生物、黏液及上皮细胞碎片,经口进入奶牛体内,以内渗方式吸收营养。可在阴道分泌物中繁殖,并能生存数月至一年以上。

本病的传播多发生在配种季节,传播方式由患畜在交配过程中直接感染给健康家畜。被污染的用具、器械、垫草或人工授精时使用带虫的精液,都能感染本病。虫体在家蝇的肠道内能存活8小时,蝇类也可以成为传播媒介。

二、临床症状及病理变化

母牛感染本病后阴道红肿,1~2周后开始有絮状的灰白色分泌物自阴道流出,同时在阴道黏膜上出现疹样结节。母牛妊娠后1~3个月内胎儿死亡,流产。当子宫发生化脓炎症时,则由阴道排除脓样分泌物,此时体温往往升高,泌乳量显著下降。公牛包皮肿胀,分泌大量脓性物,同时阴茎黏膜发生红色小结节,不久这些症状消失,虫体侵入输精管、前列腺和睾丸等部位,临床上常不呈现症状。

病理变化主要表现为公牛包皮炎性变化,母牛阴道炎、子宫内膜炎症。

三、诊断与疫情报告

1. 病原检测:母牛,从阴道刮取黏液;公牛,从阴茎、包皮刮取黏液,用生理盐水 2~3 倍稀释,作悬滴或压摘标本检查。也可将生理盐水注入母牛阴道或公牛包皮囊内,收集冲洗液,经离心后镜检沉渣。

用悬滴或压滴标本可检查活动的虫体,镜检时用暗视野。若观察虫体的结构,须将病料制成涂片,用瑞氏或姬母萨染色后在油镜下观察。

2. 动物试验:可给豚鼠接种后进行观察,如出现症状即可确诊。

本病为我国三类动物疫病。发生疫情时,应立即向当地兽医主管部门、动物卫生监督机构或动物疫病预防控制机构报告,并逐级上报至国务院畜牧兽医行政主管部门。

四、疫苗与防治

对母牛提供保护的全细胞苗已上市,本疫苗为单价疫苗或含弯曲杆菌和钩端螺旋体的多价疫苗。这些疫苗对母牛有效,而对公牛无效。

已发生本病的牛场,须查出病公牛,严加隔离和治疗。施行人工授精,仔细检查种公牛的精液。

可用甲硝唑(灭滴灵)、纳嘎宁等药物治疗。

第十五节 锥虫病

锥虫病又称苏拉病,是由伊氏锥虫寄生于牛体内引起的血液原虫病。由吸血昆虫传播。本病主要取慢性经过,有的呈带虫现象,但也有取急性经过而致死的病例。

一、病原及流行病学特点

伊氏锥虫为锥虫属。伊氏锥虫为单型锥虫,呈柳叶状,长 18~34 微米,宽 1~2 微米,前端较尖。虫体中部有一呈圆形的主核。靠近后端有一动基体,其稍前方有一生毛体,鞭毛由此长出,并沿虫体边缘向前延伸。鞭毛和虫体之间有波动膜相连。

伊氏锥虫寄生在血液、淋巴液及造血器官中,以纵分裂方式进行繁殖。传播媒介为舌蝇(俗称采采蝇)。吸食病畜或带虫动物的血液后再叮咬其他牛时可造成传播。在给牛注射或采血时,若消毒不严会使带虫的怀孕动物经胎盘传播本病。

本病主要流行于热带和亚热带地区。发病季节与吸血昆虫活动季节一致。伊氏锥虫的宿主范围很广,能自然感染的动物有马、驴、骡、水牛、黄牛、猪、鹿、骆驼、犬、虎等。牛对伊氏锥虫的易感性没有马类动物高。在自然情况下,传染来源主要是带虫动物,尤其是黄牛、骆驼和水牛。水牛锥虫病的发生有一定的周期性,一次大流行后,往往会有数年不等的间歇期。

二、临床症状及病理变化

本病的潜伏期为4~14天。最急性型多发生于春耕和夏收期间的壮年牛。病牛体温突然升高到40℃以上,呼吸困难,眼球突出,口吐白沫,心律不齐,外周血液内出现大量虫体。可在数小时内死亡。急性经过时,体温升高到39℃以上,持续1~2天或不到24小时,间歇期一般很不规则。大多数病牛取慢性经过,病牛精神沉郁,嗜睡,食欲减少,瘤胃蠕动减弱,粪便秘结,贫血,间歇热,结膜稍黄染,呈进行性消瘦,皮肤干裂,最后干燥坏死。四肢下部、前胸及腹下水肿,起卧困难甚至卧地不起。少数有神经症状。

尸体消瘦,胸前、腹下以及四肢下部水肿,呈胶冻样;血液稀薄、凝固不良。胸腔、腹腔及心包腔积液;心肌变性;胸膜、腹膜有出血点;肝脏、淋巴结、脾脏明显肿大,肾脏肿大且被膜易剥离;胃肠呈卡他性或出血性炎症变化。

三、诊断与疫情报告

本病应根据临诊症状、流行特点、病原以及血清学检查进行综合诊断。牛锥虫病的主要症状类似于衰竭症,即消瘦、贫血、水肿、皮肤皲裂、步态强拘、拱腰、不明原因的跛行等。流行病学诊断应在流行病学调查基础上进行,锥虫病的流行与吸血昆虫的活动季节密切相关。在病理学方面,主要表现恶病质变化,如进行性消瘦、皮下水肿和胶冻样浸润。急性病例可见肝脏、脾脏肿大。病原学诊断是确诊的可靠依据,常用的方法有:

1. 鲜血压滴法检查:取一滴耳静脉血,置于清洁的载玻片上,加等量生理盐水与之混匀,覆以盖玻片,制成压滴标本,立即于低倍镜下检查。

2. 血涂片染色检查:采血一小滴,置于载玻片上,推成血片,干燥后加姬母萨染液,1分钟后,加5倍的蒸馏水混匀,染色15分钟,水洗后镜检。

血清学诊断有补体结合反应、间接红细胞凝集试验及酶联免疫吸附试验等。

锥虫病为我国二类动物疫病。发生疫情时,应立即向当地兽医主管部门、动物卫生监督机构或动物疫病预防控制机构报告,并逐级上报至国务院畜牧兽医行政主管部门。

四、疫苗与防治

目前还没有疫苗。

在流行季节,对疫区的易感动物应进行药物预防,可选用苏拉明,每月 1 次,直至吸血昆虫停息期。定期检疫,查出病畜,尤其是带虫动物,对阳性者及时给予药物治疗或淘汰。经常抓好消灭吸血昆虫的工作。

治疗应抓住 3 个要点:治疗要早(后期治疗效果不佳)、药物要足(防止产生耐药性)、观察时间要长(防止过早使役引起复发)。治疗锥虫病的药物很多,目前常用的有苏拉明、安锥赛(氯化安锥赛、甲基硫酸安锥赛)、贝尼尔(血虫净)等。上述药物都有一定的毒性,要严格按说明书使用,同时要配合对症治疗,方可收到较好的疗效。

第三章　羊病(11 种)

第一节　山羊关节炎/脑炎

　　山羊关节炎/脑炎是由山羊关节炎/脑炎病毒引起的山羊持续性感染,是一种传染病。临床症状以山羊羔脑脊髓炎和成年山羊多发性关节炎为特征。

一、病原及流行病学特点

　　山羊关节炎/脑炎病毒属于反录病毒科、慢病毒属。其形态结构和生物学特性与绵羊梅迪-维斯纳病毒或进行性肺炎病毒颇为相似。

　　本病毒对外界环境抵抗力不强,在 pH 值为 7.2~7.9 时表现稳定,在 pH 值为 4.2 以下很快被灭活;在 56℃、经 1 小时可以完全灭活奶和初乳中的病毒,但在 4℃条件下则可存活 4 个月左右。对多种消毒剂如甲醛、苯酚、乙醇溶液等敏感。

　　本病呈地方流行性,传染源为病山羊和潜伏感染山羊。易感动物为山羊,自然情况下不感染绵羊,易感性无年龄、性别和品系差异。带毒母羊所生羔羊,当年发病率 16%~19%,病死率在 80%以上。本病首先通过乳汁经消化感染,其次是感染羊排泄物(如阴道分泌物、呼吸道分泌物、唾液和粪便等)。群内水平传播需相互接触 12 个月以上。

二、临床症状及病理变化

　　临床可分有脑脊髓炎型、关节炎型和间质肺炎型 3 种。各型独立发生,少数有交叉。

　　1. 脑脊髓炎型:主要见于 2~4 月龄羔羊,发病有明显季节性,多于 3~8 月发生。本病的潜伏期 53~151 天,患羊精神沉郁,跛行,后肢不收,进而四肢僵硬,共济失调,一肢或数肢麻痹,横卧不起,四肢划动。有的病例眼球震颤,惊恐,角弓反张,头颈歪斜和转圈运动,经半月到 1 年后死亡,有的终生留有后遗症。少数病例兼有肺炎或关节炎症状。

2. 关节炎型:主要发生在 1 周岁以上成年山羊中,病程 1~3 年。典型症状是关节肿大和跛行,即所谓"大膝病"。膝关节和跗关节也不例外。病情渐进性加重或突然发生,病初关节周围软组织水肿、湿热、波动、疼痛及轻重不一的跛行,进而关节肿大如拳,活动受限,常见前肢跪地行走。有时病羊肩前淋巴结和□淋巴结肿大。个别病例环枕关节囊和脊椎关节囊高度扩张。经透视检查,发现关节囊腔扩大,周围软组织水肿,严重者关节骨骼密度降低,关节软骨及周围软组织坏死、纤维化或钙化。滑液浑浊呈黄色或粉红色。

3. 间质性肺炎型:比较少见,无年龄差异,病程 3~6 个月。患羊进行性消瘦、咳嗽,呼吸困难,胸部叩诊有浊音,听诊有湿罗音。

病变主要定位于中枢神经系统、四肢关节、肺脏及乳房。

中枢神经主要见于小脑和脊髓的白质,偶尔见于中脑。当从前庭核部位将小脑和延脑横断,则常见一侧脑白质中有棕红色病灶。镜检,病灶区血管周围淋巴细胞、单核细胞和网状纤维增生形成管套,管套外围星状胶质细胞和少突胶质细胞增生,神经纤维有程度不一的脱髓鞘变化。

肺脏轻度肿大,质地坚硬,呈灰白色,表面散布灰色小点,切面可见大叶性或斑块状突变区,支气管周围淋巴结及纵隔淋巴结肿大。有时支气管充满浆液及黏液。镜检,细支气管和小血管周围淋巴细胞、单核细胞和巨噬增生浸润,甚至形成淋巴小结。肺泡上皮增生,肺泡间隔增厚。小叶间结缔组织增生,肺泡萎缩及纤维化。

关节及周围软组织肿胀,有波动,皮上浆液渗出,关节囊肥厚,滑膜常与关节软骨黏连。关节腔扩大,充满黄色或粉红色液体,其中悬浮纤维蛋白条或血凝块。滑膜表面光滑,有时可见突起的小结节。长久病例,透过滑膜常见软组织中有钙化斑。镜检,滑膜绒毛增生折叠,淋巴细胞、浆细胞及单核细胞灶状聚集。严重者,滑膜及周围软组织发生纤维蛋白性坏死、钙化和纤维化。

乳腺除乳房炎病例外,乳房大体结构正常。少数病例肾脏表面有灰白小点。

三、诊断与疫情报告

根据病史、症状和病理变化可作出初步诊断,但确定隐性感染动物比较困难,主要通过血清学试验。美国的检疫手段是琼脂扩散试验,新西兰和澳大利亚主要采用酶联免疫吸附试验。两种方法检验结果基本一致,而且准确简便,适用于田间大批血样的分析测定。采用琼脂扩散试验和酶联免疫吸附试验对山羊群检疫2次(每隔6个月),几乎能查出所有患畜。

病料采集:无菌取周围血、刚挤下的新鲜奶或抽出关节液,立即进行实验。以无菌手术收集病变组织,置于灭菌 HBSS 或细胞培养液中待用。

本病为我国二类动物疫病。发生疫情时,应立即向当地兽医主管部门、动物卫生监督机构或动物疫病预防控制机构报告,并逐级上报至国务院畜牧兽医行政主管部门。

四、疫苗与防治

目前无特效疗法,也无疫苗。防治主要采用加强饲养管理和定期血清学检查。对患病动物应按《中华人民共和国动物防疫法》及有关规定处理、扑杀病畜。

在疫区,种羊要进行剖腹产,分娩后立即将羔羊同母羊隔开,人工饲喂牛乳、无病羊乳或消毒母乳(56℃、1小时),建立无本病羔羊群,定期进行血清学检疫,若发现阳性个体应立即剔除,并对环境、用具、饮水、饲料以及器械进行彻底消毒。一年内连续2次检疫阴性,而且前12个月内未同感染羊接触者,可看做健康羊留作食用,可疑羊只应继续隔离观察,半年后再检疫一次。继续可疑者,若群内有阳性病畜就判为阳性,否则判为阴性。

第二节　接触传染性无乳症

接触传染性无乳症是由无乳支原体引起绵羊和山羊的一种传染病。表现为乳腺炎、关节炎和角膜结膜炎。

一、病原及流行病学特点

病原为无乳支原体。这种微生物非常多形。在一昼夜培养物的染色涂片中,可以发现大量的小杆状或卵圆形微生物,有时两个连在一起呈小链状。2天后,培养物中见有许多小环状构造物。4天培养物内呈大环状、丝状、大圆形,类似酵母菌和纤维物的线团。本菌对各种消毒药物抵抗力较弱,含量为10%的石灰乳、含量为3%的克辽林消毒时,都能很快将其杀死。

病羊和病愈不久的羊,能长期带菌,并随乳汁、脓汁、眼分泌物和粪尿排出病原体。本病主要经消化道传染,也可经创伤、乳腺传染。

二、临床症状及病理变化

本病根据临床症状分为乳房炎型、关节型和眼型 3 种。根据病程不同又可分为急性和慢性 2 种。

接触感染时本病的潜伏期为 12~60 天;人工感染时为 2~6 天。

急性病的病期为数天到 1 月，严重的于 5~7 天内死亡。慢性病可延续 3~5 个月以上。

1. 乳房炎型:泌乳羊的主要表现为乳腺疾患。炎症过程开始于一个或两个乳叶内,乳房稍肿大,触摸时感到紧张、发热、疼痛。乳房上淋巴结肿大,乳头基部有硬团状结节。随着炎症过程的发展,乳量逐渐减少,乳汁变稠而有咸昧。继因乳汁凝固,由乳房流出带有凝块的水样液体。以后乳腺逐渐萎缩,泌乳停止。有些病例因化脓菌的存在而使病程复杂化,结果形成脓汁,由乳头排出。

患病较轻的,乳汁的性状经 5~12 天可恢复,但泌乳量仍很少,大多数羊的挤乳量达不到正常标准。

2. 关节型:不论年龄和性别,可以见到独立的关节型,或者与其他病型同时发生。泌乳绵羊在乳房发病后 2~3 周,往往呈现关节疾患,大部分是腕关节及跗关节患病,肘关节、髋关节及其他关节较少发病。最初症状是跛行逐渐加剧,关节无明显变化。触摸患病关节时,羊有疼痛发热表现,2~3 天后,关节肿胀,屈伸时疼痛和紧张性加剧。病变波及关节囊、腱鞘相邻近组织时,肿胀增大而波动。当化脓菌侵入时,形成化脓性关节炎。有时因羊只关节僵硬,躺着不动而引起褥疮。

病症轻微时,跛行经 3~4 周而消失。关节型的病期为 2~8 周或稍长,最后患病关节发生部分僵硬或完全僵硬。

3. 眼型:最初是流泪、羞明和结膜炎。2~3 天后,角膜浑浊增厚,变成白翳。白翳消失后,往往形成溃疡,溃疡的边缘不整而发红。经若干天以后,溃疡瘢痕化,以后白色星状的瘢痕融合,形成角膜白斑。再经 2~3 天或较长时间,白斑消失,角膜逐渐透明。严重时角膜组织发生崩解,晶状体脱出。

一般认为,无乳症的主要病型是伴发眼或关节疾患(有时伴发其他疾患)的乳房炎型。

通常乳腺的一叶或两叶变得坚硬,有时萎缩,断面呈多室性腔状,腔内充满着白色或绿色的凝乳样物质，断面呈大理石状。在乳房实质内布有豌豆大的结节,挤压时流出酸乳样物质,在此情况下,可以发现间质性乳房炎和卡他性输乳

管炎。

在关节型病例中,由于皮下蜂窝组织和关节囊壁的浆液性浸润,并在关节腔内具有浆液性-纤维素性或脓性渗出物,所以关节剧烈肿胀。关节囊壁的内面和骨关节面均充血。关节囊壁往往因结缔组织增生而变得肥厚。滑液囊(主要是腕关节滑液囊)、腱和腱鞘亦常发生病变。

眼睛患病时,角膜呈现乳白色,眼前房液中往往发现浮游的半透明胶样凝块。病性加重时角膜中央出现针头大的白色小病灶,严重时角膜中央发生界限明显的角膜白斑。角膜突出,呈圆锥状,其厚度常达 3~4 毫米。角膜中央常发现直径 2~4 毫米的小溃疡。极度严重时,角膜常常发生穿孔性溃疡,晶状体突出,有时流出玻璃体,有时并发全眼球炎。

三、诊断与疫情报告

根据病史、症状和病理变化可作出初步诊断,确诊需要从感染动物中分离致病支原体,采用生物化学、血清学和分子生物学,如聚合酶联反应(PCR)进行鉴定。选择病料包括奶、眼和耳试子、关节液。

应用补体结合试验、酶联免疫吸附试验能够快速检测血清中的抗体,但对慢性感染的畜群不够敏感。

本病在我国未列入一、二、三类动物疫病病种名录。一旦发生疫情时,应立即向当地兽医主管部门、动物卫生监督机构或动物疫病预防控制机构报告。

四、疫苗与防治

欧洲地中海沿岸的国家和西亚广泛使用疫苗预防无乳支原体引起的传染性无乳症,但还没有哪一种疫苗被普遍采纳,而且尚没有用于疫苗制备和检验的标准方法。

注射氢氧化铝疫苗,可以获得良好预防效果。耐过接触传染性无乳症的羊为长期带菌者和排菌者,因而有在长时间内散布感染原的危险性,安全牧场在补充绵羊及山羊时必须特别谨慎。

发现疾病的牧场或羊群,必须采取下列措施:禁止到发病的牧场放牧,禁止分群、交换、出售,禁止发病区集中动物活动(市场、展览等)。隔离病羊和可疑病羊。流产的胎儿与胎膜,必须迅速深埋,进行无害化处理。羊的圈舍及病羊所在的其他地方都应进行清扫,并用石炭酸、含量为 3% 的来苏水、含量为 2% 的苛性碱、含量为 3%~5% 的漂白粉等溶液消毒。被迫屠杀的病羊须经仔细检查后方准利用羊肉,病羊的皮应用含量为 10%的新鲜石灰溶液消毒。

1. 全身治疗:

(1)醋酰胺砷具有特效,可做成含量为 10%的溶液,每日 3 次,每次 0.1~0.2 克。

(2)单用"九一四"或青霉素,或者"九一四"与乌洛托品合用,都有良好效果。

(3)用红色素注射液 10~20 毫米,含量为 20%的乌洛托品 15~20 毫米或水杨酸钠 20~30 毫米,做静脉注射,均可获得可靠的效果。

(4)羔羊按 0.05 克/千克体重应用生霉素的干燥粉剂,每天早晚各内服 1 次,治愈率可达 90%以上。

2. 局部治疗:

(1)乳房炎。用 1%碘化钾水溶液 10~20 毫米给病羊乳房进行注射,每天一次,4 天为一疗程,或用 0.02%呋喃西林反复洗涤乳房后,以青霉素 20 万~40 万μ,溶解于 1%普奴卡因溶液 5~10 毫米,每天给病羊乳房注射 1 次,5 天为一个疗程。

(2)关节炎。施用热罨布和消散性软膏(碘软膏、鱼石脂软膏等)。将生霉素与复方碘液结合应用,效果更好。

(3)角膜炎。用弱硼酸溶液冲洗患眼,给眼内涂抹四环素可的松软膏,或每天用青霉素 10 万~20 万μ作眼睑皮下注射,3~5 天为一个疗程,都有良好效果。

第三节 山羊接触传染性胸膜肺炎

山羊接触性胸膜肺炎是由山羊支原体山羊肺炎亚种引起的一种特有的接触性传染病。以高热、咳嗽、纤维蛋白渗出性肺炎和胸膜炎为特征。

一、病原及流行病学特点

病原体为山羊支原体,也称山羊丝状霉形体,是一种多形性的需氧菌,革兰氏染色阴性,常需要特殊的培养基才能生长。本病在 3 岁以下的羊,特别是半岁以下的羊更易发,病羊和带菌羊是主要传染源。主要通过空气——飞沫经呼吸道感染。本病呈地方性流行,阴雨连绵、寒冷潮湿和营养不良易诱发该病。

二、临床症状及病理变化

本病的潜伏期短者 5~6 天,长者 3~4 周,平均 18~20 天,临床上分为最急性型、急性型和慢性型 3 种。

1. 最急性型：发病初期，体温升高至 41℃~42℃，精神沉郁，食欲废绝，呼吸急促并发出痛苦的咩叫。数小时后发生肺炎症状，呼吸困难，咳嗽，并流浆液性带血的鼻液，肺部叩诊呈浊音，听诊肺泡呼吸音减弱、消失、出现捻发音。12~36 小时后，渗出液充满肺部并进入胸腔。病羊卧地不起，呼吸极度困难，可视黏膜发绀，目光呆滞，呻吟哀鸣，不久即窒息死亡。病程一般在 4~5 天，有的仅 12~24 小时。

2. 急性型：最常见，病初体温升高，食欲减退，呆立不愿走动，继而出现短而湿的咳嗽，伴有浆液性鼻液。4~5 天后咳嗽变干而痛苦，鼻液转为黏液（脓性），并呈铁锈色，黏附于鼻孔和上唇，结成棕色痂垢。多在一侧出现胸膜肺炎变化，叩诊呈浊音，听诊呈支气管呼吸音和摩擦音，胸壁敏感、疼痛。此时病羊高热稽留，食欲废绝，呼吸困难，痛苦呻吟，眼睑肿胀，流泪，有黏液脓性眼屎。口半开张，流泡沫状唾液。头颈伸直，弓背，腹肌紧张，妊娠母羊流产。病程 7~15 天，最后死亡。

3. 慢性型：多见于夏季，病羊全身症状轻微，体温升高至 40℃左右，病羊间有咳嗽、腹泻。鼻涕时有时无，身体衰弱，被毛粗乱无光，肺泡呼吸音消失有胸膜摩擦音。叩诊胸部出现水平浊音，最后因呼吸困难、缺氧、衰竭死亡。

剖检羊尸，病变局限于羊肺，呈一侧或两侧纤维蛋白性肺炎病变。胸腔积有淡黄色液体，遇空气易凝固。

三、诊断及疫情报告

根据临床症状及剖检变化不难诊断，如需确诊需做细菌学检验。用胸水或病肺涂片、瑞氏染色后镜检，病菌呈现难以观察的紫色小点，而巴氏杆菌病可发现大叶性肺炎和全身性、出血性败血变化，在病料的染色涂片中有两极染色的球杆菌。用血液琼脂分离时本病常无菌落出现。

本病在我国未列入一、二、三类动物疫病病种名录。一旦发生疫情，应立即向当地兽医主管部门、动物卫生监督机构或动物疫病预防控制机构报告。

四、疫苗与防治

最早的预防山羊接触传染性胸膜肺炎的实验性疫苗，是用高代山羊支原体山羊肺炎亚种活菌制成。气管内接种证明无害，并可保护山羊抵抗攻毒。在肯尼来已研制出灭活疫苗，这种灭活疫苗已应用多年，系由山羊支原体山羊亚种悬浮于皂苷冻干而成。这种疫苗保存期至少 14 个月，最适剂量为 0.15 毫克菌体，免疫力在 1 年以上。给 6 月龄以下的山羊羔，皮下或肌肉注射 3 毫升；给 6 月龄以上的成年山羊,皮下或肌肉注射 5 毫升。本疫苗切忌冻结、高温和日光照射。

在疫区内健康羊用山羊传染性胸膜肺炎氢氧化铝苗接种,给 6 月龄以下的山羊羔皮下或肌肉注射 3 毫升;给 6 月龄以上的成年山羊皮下或肌肉注射 5 毫升。注射后 14 天产生免疫力,免疫期为 1 年。对新引进的羊只必须隔离检疫 1 个月以上。确认健康后方可混入大群。平时加强饲养管理,注重羊舍卫生,避免寒冷、潮湿和羊群过分拥挤,最关键的是防止引入病羊和带菌羊。

可用下列药物治疗:

可用 2.5%的海达注射液, 以 2 毫米/10 千克进行肌肉注射, 每天 2 次,3~5 天为一个疗程;磺胺噻唑钠按 0.2 克/千克~0.4 克/千克用量配成 4%的溶液,皮下注射,每天 1 次。

土霉素、氯霉素或四环素,按 40 毫克/4 克~80 毫克/千克用药,每天分 3 次内服或肌肉注射。

第四节　绵羊地方性流产(绵羊衣原体病)

绵羊地方性流产又称绵羊衣原体病或母羊地方性流产, 是由流产亲衣原体引起的一种传染病,以发热、流产、死产和产下生命力不强的弱羔为特征。

一、病原及流行病学特点

流产亲衣原体,旧称鹦鹉热衣原体,属衣原体科、亲衣原体属,直径为0.2~1.5微米,革兰氏染色阴性。病原体抵抗力不强,对热敏感,在−70℃下可以长期保存。对四环素族、红霉素等敏感。在含量为 2%的来苏水溶液中 5 分钟能将其灭活。

流产亲衣原体的动物感染谱非常广泛,现已查明可以感染 17 种哺乳动物和140 多种禽类。本病原体的宿主特异性比较小,同一菌株往往可以引起多种动物的不同疾病。在家畜中可引起羊、猪、牛的流产、肺炎、关节炎、眼结膜炎,牛的脑脊髓炎、肠炎,马和猫的肺炎等。病原在牛羊之间、禽类之间可以互相传染,衣原体大多数来源于鸟类和家禽,禽源菌株对人的传染性比较强,但在其他哺乳动物衣原体病中不一定起重要作用。

病畜和隐性感染或带菌者是本病的主要传染源。病原体随分泌物、排泄物以及流产胎儿等排出体外,污染饲草、饲料及饮水等,经消化道、呼吸道传染。也可通过交配而传播, 从患睾丸炎和附睾炎的公羊的泌尿生殖系统及精液中可分离出衣原体。

本病主要发生于分娩和流产的时候，在怀孕的 30~120 天的感染母羊可导致胎盘炎、胎儿损害和流产。对于羔羊、未妊娠母羊和妊娠后期（分娩前 1 个月）的母羊感染后，呈隐性感染，直到下一次妊娠时发生流产。

不同品种的成年母羊均可发病，尤以 2 岁母羊发病最多。易感羊与流产母羊接触后，到下一个产羔期其流产率最高。密集饲养的羊发病率高于草原粗放的羊。

二、临床症状及病理病化

通常在妊娠的中后期发生流产，观察不到前期症状，临床表现主要为流产、死产或产下生命力不强的弱羔羊。流产后可发生胎衣滞留，阴道排出分泌物达数天之久，有些病羊可因继发感染细菌性子宫内膜炎而死亡。羊群第一次暴发本病时，流产率可达 20%~30%，以后流产率下降，流产过的母羊一般不再发生流产。

在本病流行的羊群中，可见公羊患睾丸炎及附睾炎。在山羊流产的后期，曾见有角膜炎及关节炎。

流产胎儿的肝脏充血、肿胀，有的在其表面呈现很多白色针尖大的病灶。皮肤、皮下、胸腺及淋巴结等处有点状出血、水肿、尤以脐部、鼠蹊部、背部和脑后为重。体腔内有血色渗出物。

感染母羊的主要病变是胎盘炎，患病胎盘的子叶及绒毛膜表现有不同程度的坏死，子叶的颜色呈暗红色或粉红色或土黄色。绒毛膜由于水肿而整个或部分增厚。组织学变化主要表现为灶性坏死、水肿、脉管炎及炎性细胞浸润，在组织切片中的细胞浆内可见有衣原体。

三、诊断与疫情报告

根据流行病学、临床症状和病理变化可作出初步诊断，确诊需进一步做实验室诊断。

1. 病原检查：直接涂片镜检（改良马基维罗氏法、姬母萨法）；抗原检测可用酶联免疫吸附试验、荧光抗体试验、聚合酶链反应、组织切片法和病原分离（通过鸡胚培养或细胞培养，通常采用后一种）。

2. 血清学试验：补体结合试验（使用最为广泛，可做免疫或感染动物检测）、间接微量免疫荧光试验（较为费时）、酶联免疫吸附试验。

样品采集：无菌采取病、死羊的病变脏器、流产胎盘、胎儿、排泄物、血液、渗出物。

绵羊地方性流产为我国三类动物疫病。发生疫情时,应立即向当地兽医主管部门、动物卫生监督机构或动物疫病预防控制机构报告,并逐级上报至国务院畜牧兽医行政主管部门。

四、疫苗与防治

可用感染的卵黄囊或细胞培养物制成灭活苗,并加入全菌体或其碎片。另一方法是采用化学诱变温度敏感突变株。目前,这两种疫苗已投入商业化生产,在配种前经肌肉或皮下注射预防流产。

羊衣原体病灭活疫苗系用羊衣原体(强毒株)接种鸡胚培养,收获培养物,甲醛溶液灭活后,加矿物油佐剂混合乳化制成。每只羊皮下注射 3 毫升。免疫期,绵羊为 24 个月,山羊为 7 个月。疫苗切忌冻结,冻结的疫苗严禁使用。于 2℃~8℃保存,有效期 24 个月。

加强检疫监测,及时淘汰发病畜和检测阳性畜,病死畜、流产胎儿、污物应无害化处理,对污染场地进行彻底消毒。

本病药物治疗一般作用不大,因出现流产时,胎盘早已发生严重病变,胎儿已经受到损害,为防止细菌感染可试用抗菌素治疗。

第五节　梅迪－维斯纳病

梅迪－维斯纳病是由梅迪－维斯纳病毒引起的成年绵羊慢性接触性传染病。以病程缓慢、进行性消瘦、呼吸困难以及中枢神经系统、肺和流向这些组织的淋巴结的单核细胞浸润为特征。

一、病原及流行病学特点

梅迪－维斯纳病毒属反录病毒科、慢病毒属。病毒在值为 pH7.2~7.9 时最稳定,在 pH 值≤4.2 以下易于灭活,在 56℃时经 10 分钟可被灭活。在 4℃条件下可存活 4 个月。本病毒可被含量为 0.04%的甲醛或含量为 4%的酚及含量为 50%的乙醇灭活。对乙醚、胰蛋白酶及过碘酸盐敏感。

病羊和带毒羊为主要传染源。病羊、本病的潜伏期带毒羊脑、脑脊髓液、肺、唾液腺、乳腺、白细胞中均带有病毒。病毒可长期存在并不断排毒。本病能通过多种途径传播,可通过吸入带病毒的飞沫经呼吸道感染,或通过采食含有病毒的乳

汁、饲料、饮水等感染。易感动物主要为羊，尤以绵羊最为易感，且多见于2岁以上的绵羊。

本病多呈散发性，但不同地方可呈地方性流行，在老疫区由于动物适应性变异，产生了一定程度的抵抗力，感染率和发病率均大大降低，危害也随之减轻。

二、临床症状及病理变化

本病的潜伏期为2年以上。

临床症状可分为梅迪病(呼吸道型)和维斯纳病(神经型)2种。

1. 梅迪病(呼吸道型)：又称进行性肺炎。病程数月或数年。患病早期出现体重减轻和掉群，行动时呼吸浅表且快速；病重时出现呼吸困难和干咳，终因肺功能衰竭导致死亡。

2. 维斯纳病(神经型)：病程可长达几个月或一年以上。多发生于2岁以上的绵羊，病初体重减轻，经常掉群，后肢步态异常，随病情加重而出现偏瘫或身体完全麻痹。

3. 梅迪病(呼吸道型)病变：剖开胸腔可见肺不塌陷，肺各叶之间以及肺和胸壁有时发生黏连。病肺体积增大，重量增加，呈淡灰黄色或暗红色，触感橡皮样，切面干燥。支气管淋巴结肿大，切面间质发白。组织学检查为间质性肺炎变化。

4. 维斯纳病(神经型)病变：病程很长的病例可见后肢肌肉萎缩，少数病例的脑膜充血，白质切面有黄色小斑点。组织学检查脑膜下和脑室膜下出现淋巴细胞和小胶质细胞浸润和增生。重病的脑、脑干、桥脑、延髓和脊髓的白质广泛遭受损害，由胶质细胞构成的小浸润灶可融合成大片浸润区。

三、诊断与疫情报告

根据流行病学、临床症状和病理变化可作出初步诊断，确诊需进一步做实验室诊断。

1. 病原分离与鉴定：取有临床或亚临床症状的病例的外周血液或乳中白细胞与适当的绵羊或山羊细胞混合培养分离病毒，也可取感染组织来分离病毒。免疫标记、核酸识别试验和电镜可对病毒进行鉴定。

2. 血清学检查：琼脂凝胶免疫扩散试验(国际贸易指定试验)、间接酶联免疫吸附试验、免疫印迹和免疫沉淀试验(仅用于实验室)、奶抗体测定试验(可用于奶山羊群)。

病料采集：无菌取病羊外周血或刚挤出的新鲜奶或抽出关节液，立即进行实验。以无菌手术收集病变组织,置于灭菌 HBSS 或细胞培养液中待用。

应注意与肺腺瘤病、细菌和寄生虫性肺炎相区别。

本病为我国二类动物疫病。发生疫情时,应立即向当地兽医主管部门、动物卫生监督机构或动物疫病预防控制机构报告,并逐级上报至国务院畜牧兽医行政主管部门。

四、疫苗与防治

由于该病毒抗原较易发生变异,到目前为止本病尚无疫苗,也无有效治疗方法。

主要采取综合性防治措施进行预防。有条件的应将病羊全群淘汰,从外地引进的羊要严格进行隔离检疫,禁止同原有的羊同群饲养。加强饲养管理,改善卫生条件,畜舍通风良好等有助于增强畜群的抵抗力,减少感染机会。定期对畜群进行血清学检查,剔除阳性羊,控制羊群活动范围等对该病的控制也有一定的效果。

培育健康幼羔,组建无病羊群。将经检验发现的阳性孕羊隔离饲养,在临产前将孕羊单独隔离,消毒后躯,无菌接羔,立即转移到清净羊场,喂以牛奶,鸡蛋,维生素 A、D、E 和矿物质等混合饲料饲养,如此可获得血清学、病毒学、病理学完全正常的后裔,从病羊群中培育健康羔羊,组建无梅迪病群。

第六节　内罗毕绵羊病

内罗毕绵羊病是由内罗毕病毒引起的一种绵羊和山羊的急性传染病。其特点是发高热或出血性胃肠炎。此病最早发现于 1910 年东非的内罗毕与肯尼亚山之间的吉库犹地区,由蜱传播。

一、病原及流行病学特点

内罗毕病毒,为单股有囊膜的 RNA 病毒。

蜱是内罗毕绵羊病的传染媒介。幼虫、若虫和成虫叮咬病毒血症绵羊,并将病毒转移到下一个生活期,通过叮咬敏感绵羊传播内罗毕绵羊病病毒。

二、临床症状及病理变化

本病主要发生于绵羊,偶尔可发生于牛,是一种急性发热性疾病。本病的潜伏期为 2~5 天。发病时体温高达 41℃~42℃,呼吸急速,伴随高度沉郁,食欲减退和不愿走动,站立时头低下,有结膜炎和呈血色样的鼻分泌物。体温升高持续 7~9

天,然后突然下降,到低于正常体温时发生死亡。其他症状为黏性、脓性鼻液,呼吸快而感痛苦,出血性胃肠炎。病羊表现相当痛苦,常不自主地排出粪便。母羊阴门肿胀、充血,怀孕母羊流产,血液白细胞显著下降,母羊死亡率为 20%~70%。

剖检可见到消化道黏膜出血、充血,淋巴结增大、水肿。

三、诊断与疫情报告

在有蜱存在的流行地区,根据临床症状和死后剖检即可怀疑为此病。但确诊需要依靠接种乳鼠(乳鼠出现脑炎死亡),并应用小鼠或培养的细胞做血清中和试验,或进行血凝试验和酶联免疫吸附试验。

本病在我国未列入一、二、三类动物疫病病种名录。一旦发生疫情,应立即向当地兽医主管部门、动物卫生监督机构或动物疫病预防控制机构报告。

四、疫苗与防治

目前,已制备了预防本病的实验性疫苗。一类疫苗是由在成年鼠经 35 传代致弱的病毒,本疫苗在绵羊中使用产生严重的反应;另一类似的疫苗是用鼠脑传代的,但还没有在乌干达或别的地方使用。

内罗毕病组织培养适应株在转管培养中有很高的滴度,当用甲醇沉淀,灭活,加佐剂,间隔 14 天进行第二次接种,发现有很好的保护作用。但这些疫苗没有进行正规的生产,临床使用的需求也很少。

流行病学调查显示,内罗毕绵羊病呈地方性稳定状态。该病往往是从没有病地区的动物移到地方性流行地区而发生,如果限制动物移动可避免该病发生。传媒蜱的传播将导致疫区的进一步扩大。康复动物具有强的长时期免疫力,适应小鼠的弱毒疫苗可以试用于预防接种。抗菌药物治疗无效。

第七节　绵羊附睾炎(绵羊种布鲁菌病)

绵羊附睾炎是公羊常见的一种生殖器官疾病,大多呈进行性接触性传染,以附睾出现炎症并可能导致睾丸变性为特征。病变可能单侧出现,也可能双侧发病,双侧感染常不育。50%以上生殖功能丧失的公羊是由附睾炎造成的,该病常导致公羊死亡。

一、病原及流行病学特点

本病的主要病原是绵羊布鲁氏菌,其次是精液放线杆菌。此外,还有羊棒状杆菌、羊嗜组织菌和巴氏杆菌。

公羊同性间性活动经直肠传染是主要传染途径，小公羊拥挤也是传染的主要原因。病原菌既可经血源造成感染，也可经上行途径造成感染。因布鲁氏菌引起流产的母羊在6个月内再出现发情，公羊交配后特别易感。

阴囊损伤可能引起附睾继发化脓性葡萄球菌感染。

二、临床症状及病理变化

感染公羊常伴有睾丸炎，呈现特殊的化脓性附睾炎——睾丸炎。有时单侧感染，有时双侧患病。阴囊内容紧张、肿大、剧痛，公羊叉腿行走，后肢僵硬，拒绝爬跨，严重时出现全身症状。发情期前后发病常呈急性，老公羊偶然发病则多呈慢性。布鲁氏菌感染一般不波及睾丸鞘膜，炎性损伤常局限于附睾，特别是附睾尾。精液放线杆菌感染常出现睾丸鞘膜炎，睾丸肿大明显，肿胀部位常破溃，排出大量灰黄色脓汁，肿胀消退后附睾仍坚硬、肿大并粘连，坚硬部位多在附睾尾。

急性病例，附睾肿大与水肿，鞘膜腔内含有大量浆液。慢性病例，附睾增大但柔软。白膜和鞘膜可能一处或多处粘连，附睾内一处或多处有精液囊肿，内含黄白色乳酪样液体。睾丸通常正常。进行性慢性附睾炎，白膜和鞘膜有广泛而坚实的粘连，鞘膜腔完全闭塞。附睾肿大而坚实，切面可见多处精液囊肿。萎缩的睾丸可含有钙化灶。

三、诊断与疫情报告

附睾和睾丸的损伤可以从外部触诊并结合临床症状作出初步诊断。一般说来，触诊附睾炎所造成的损伤问题不大，困难的是病因的诊断。

确诊的方法有：提取精液中的细菌培养检查(必须连续检查几份精液才能作出诊断)；做补体结合试验；对感染公羊的尸体剖检并进行病理组织学检查。

本病为我国二类动物疫病。发生疫情时，应立即向当地兽医主管部门、动物卫生监督机构或动物疫病预防控制机构报告，并逐级上报至国务院畜牧兽医行政主管部门。

四、疫苗与防治

在绵羊种布鲁氏菌病高发区免疫是中期控制本病的最经济和实用的方法。活的羊种布鲁氏菌疫苗是预防绵羊种布鲁氏杆菌的有效疫苗，经皮下或结膜以1个标准剂量免疫3~5月龄的公羊可以产生抵抗绵羊种布鲁氏菌的足够免疫力，结膜免疫的优点是它能降低由皮下免疫所产生的广泛和持续时间很长的血

清学应答,因此提高了血清学试验的特异性。

由于本病治疗效果不确定,所以控制本病的主要措施是依靠及时发现、淘汰感染公羊和预防接种。小公羊不能过于拥挤,尽可能避免公羊间同性性活动也有一定预防意义。对纯种群和繁育群种选用的公羊应于配种前1个月进行补体结合试验。引进种公羊应先隔离检查。交配前6周对所有公羊和发情后小公羊用布鲁氏菌19号苗同时接种,对预防布鲁氏菌引起的附睾炎可靠性达100%,但接种后再不能进行补体结合试验检查。

各种类型的附睾炎曾试用周效磺胺配合三甲氧苄氨嘧啶(增效周效磺胺)治疗,但疗效不佳,并可能继发睾丸炎症,导致睾丸变化和萎缩,甚至死亡。因此,在单侧附睾炎已造成睾丸感染的情况下,如想继续留作种用,应毫不迟疑地将感染侧睾丸切除。手术中如果发现睾丸与阴囊粘连,可将阴囊连带切除,术前可用10毫升1.5%的利多卡因进行腰部硬膜外麻醉。将单侧睾丸感染无种用价值者及双侧睾丸感染者进行淘汰。

第八节　小反刍兽疫

小反刍兽疫是小反刍兽的一种以发热、眼、鼻分泌物、口炎、腹泻和肺炎为特征的急性病毒病。小反刍兽疫病毒感染绵羊和山羊可引起临床症状,而感染牛则不产生临床症状。本病可通过空气在密切接触的动物之间传播。目前,未见人感染该病毒的报道。

一、病原及流行病学特点

小反刍兽疫病毒属副黏病毒科、麻疹病毒属。与牛瘟病毒有相似的物理化学及免疫学特性。病毒呈多形性,通常为粗糙的球形。病毒颗粒较牛瘟病毒大,核衣壳为螺旋中空杆状并有特征性的亚单位,有囊膜。病毒可在胎绵羊肾、胎羊及新生羊的睾丸细胞上增殖,并产生细胞病变(CPE),形成合胞体。

主要感染山羊、绵羊、羚羊、美国白尾鹿等小反刍动物,山羊发病比较严重。牛、猪等可以感染,但通常为亚临床经过。目前,本病主要流行于非洲西部、中部和亚洲的部分地区。

本病主要通过直接、间接接触传染或呼吸道飞沫传染。

本病的传染源主要为患病动物和隐性感染动物,处于亚临床型的病羊尤为危险。病畜的分泌物和排泄物均含有病毒。

二、临床症状及病理变化

小反刍兽疫本病的潜伏期为 4~5 天,最长 21 天,《陆生动物卫生法典》规定为 21 天。

自然发病仅见于山羊和绵羊。山羊发病严重,绵羊也偶有严重病例发生。一些康复山羊的唇部形成口疮样病变。感染动物的临诊症状与感染牛瘟病牛的症状相似。急性型体温可上升至 41℃,并持续 3~5 天。感染动物烦躁不安,背毛无光,口鼻干燥,食欲减退。流黏液脓性鼻液,呼出恶臭气体。在发热的前 4 天,口腔黏膜充血,颊黏膜进行性广泛性损害、导致多涎,随后出现坏死性病灶,开始口腔黏膜出现小的粗糙的红色浅表坏死病灶,以后变成粉红色,感染部位包括下唇、下齿龈等处。严重病例可见坏死病灶波及齿垫、腭、颊部及其乳头、舌头等处。后期出现带血水样腹泻,严重脱水,消瘦,随之体温下降,出现咳嗽、呼吸异常。成年动物发病率高达 100%,在严重暴发时,死亡率为 100%,而在轻度发生时,死亡率不超过 50%。幼年动物发病严重,发病率和死亡率都很高。

尸体剖检病变与牛瘟病牛相似。患畜可见结膜炎、坏死性口炎等肉眼病变,严重病例可蔓延到硬腭及咽喉部。皱胃常出现病变,而瘤胃、网胃、瓣胃很少出现病变,病变部常出现有规则、有轮廓的糜烂,创面红色、出血。肠可见糜烂或出血,尤其在结肠、直肠结合处呈特征性线状出血或斑马样条纹。淋巴结肿大,脾有坏死性病变。在鼻甲、喉、气管等处有出血斑。

三、诊断与疫情报告

根据临床症状和病理变化可作出初步诊断,确诊需进一步做实验室诊断。

在国际贸易中,指定诊断方法为病毒中和试验,替代诊断方法为酶联免疫吸附试验。

1. 病原检查:琼脂凝胶免疫扩散试验(该方法简单,但对病毒抗原含量低的温和型小反刍兽疫检测灵敏度不高)、免疫捕获酶联免疫吸附试验(本法可快速鉴别诊断小反刍兽疫病毒和牛瘟病毒)、对流免疫电泳试验、组织培养和病毒分离(可用原代羔羊肾或非洲绿猴肾细胞组织培养分离)。

2. 血清学检查:病毒中和试验、竞争酶联免疫吸附试验。

病料采集:用棉拭子无菌采集眼睑下结膜分泌物以及鼻腔、颊部、直肠黏膜、全血(加肝素抗凝)、血清(制取血清的血液样品不冷冻,但要保存在阴凉处)。

用于组织病理学检查的样品，可采集淋巴结（尤其是肠系膜和支气管淋巴结）、脾、大肠和肺脏,置于10%福尔马林中保存待检。

本病为我国一类动物疫病。发生疫情时,应立即向当地兽医主管部门、动物卫生监督机构或动物疫病预防控制机构报告,并逐级上报至国务院畜牧兽医行政主管部门。

四、疫苗与防治

耐过小反刍兽疫感染的绵羊和山羊产生了对该病的主动免疫力,已证明感染4年后仍然存在抗体,免疫力可能维持终生。已经有同源性小反刍兽疫疫苗。对于遵循世界动物卫生组织途径进行牛瘟免疫血清学监测的国家,为了避免与牛瘟血清学相混淆,世界动物卫生组织国际委员会于1998年批准了该疫苗的使用。

严禁从存在本病的国家或地区引进相关动物。

一旦发生本病,应按《中华人民共和国动物防疫法》规定,采取紧急、强制性的控制和扑灭措施,扑杀患病和同群动物。疫区及受威胁区的动物进行紧急预防接种。

第九节 沙门菌病(绵羊流产沙门菌)

绵羊流产沙门菌病,是由羊流产沙门氏菌引起的一种急性地方性传染病,以子宫炎和流产为特征。

一、病原及流行病学特点

病原为沙门氏菌属羊流产沙氏菌。本菌为革兰氏阴性小杆状菌,两端钝圆。在水、土壤和粪便中能存活几个月,但不耐热。一般消毒药物均能迅速将其杀死。沙门氏菌广泛存在于自然界,患病动物和带菌动物为主要传染来源,主要经消化道感染,也可通过呼吸道和生殖道感染。幼羊较成羊易感,饲养管理及环境不良均可致病。孕羊流产多发生于晚秋和早春,育成羊多发生于夏季及早秋。

二、临床症状及病理变化

病羊阴唇肿胀,流产前1~2天常流出带血黏液。体温为40℃~41℃,精神委顿,步态僵硬。

流产常开始于产前6周左右,有些羊有腹泻症状,在两周以内结束,流产率达 60% 左右。有些羊可产出活羔,但因衰弱、腹泻、不食,羔羊常于产后 1~7 天死亡。

母羊在流产以后,身体消瘦,子宫常有液体流出（持续时间不长）,有时死亡率高达 25%~60%。

剖检流产、死产的胎儿或生后 1 周内的死羔,表现为败血症病变。胎儿皮下组织水肿,充血;肝、脾脏肿胀,有灰色病灶;胎盘水肿、出血。浆膜腔内有大量渗出液。浆膜有小点出血,心外膜的出血更为显著。

三、诊断与疫情报告

根据流行特点、症状和剖检变化即可作出初步诊断。确诊需要取病母羊的粪便、阴道分泌物、血液和胎儿组织进行细菌分离鉴定。

利用荧光抗体检查沙门氏菌,可快速得出初步结果。

羊群中实际发生流产者常比阳性反应者少,这是因为流产的百分率常受着许多因子的影响,其中以传染程度与感染时间影响最大。

本病在我国未列入一、二、三类动物疫病病种名录。一旦发生疫情,应向当地兽医主管部门、动物卫生监督机构或动物疫病预防控制机构报告。

四、疫苗与防治

用于防治沙门氏菌病的疫苗很多,也有商业化活苗。由于灭活菌的免疫力相当低,人们使用油佐剂或氢氧化铝凝胶佐剂来改进灭活菌的免疫原性。应用实验动物进行安全试验,对灭活疫苗应用增菌培养基进行无菌检验。基因工程疫苗需要在环境影响和稳定性方面作进一步的保证。

用于控制羊沙门氏菌病的菌苗是用加热杀死的鼠伤寒沙门氏菌和都柏林沙门氏菌所制成的,共接种 2 次,间隔 2~3 周,每次皮下注射 2 毫升,注射后 14 天才能产生足够的保护作用。

加强饲养管理,认真执行卫生防疫措施,对可能受威胁的羊群注射相应菌苗预防。

带菌羊为重要的传染媒介,故受到传染的羊群不应再作种用,健康羊群中不应放入有病母羊。应对流产胎儿、胎衣及污染物进行销毁,污染场地全面消毒处理。

对病羊隔离治疗,病初用抗血清较为有效。药物治疗,应首选氯霉素,其次是新霉素、氨比西林和呋喃唑酮等。一次治疗不应超过 5 天,每次最好选用一种抗菌药物,如无效立即改用其他药物。在抗菌消炎的同时,还应进行对症治疗。

1. 新霉素：羔羊每天 0.75~1 克，分 2~4 次口服。

2. 氨比西林（氨苄青霉素钠）：羔羊按口服剂量为 4 毫克/千克~10 毫克/千克，成年羊按肌肉注射氨比西林的剂量为 2 毫克/千克，每天 1 次，严重病例可每天肌肉注射 2 克。

3. 灌洗在子宫发炎时，可用 0.5% 的温来苏水或 1% 的胶体银溶液灌洗，每日 1~2 次，直到没有炎性分泌物为止。对于外阴部及其邻近部分，可用含量为 2% 的来苏水或 2:1000 的高锰酸钾溶液洗涤。

第十节　痒病

痒病也叫震颤病、摇摆病，是由一种特殊的传染因子侵害中枢神经系统引起的绵羊和山羊的慢性致死性疫病。本病以剧痒、共济失调和高致死率为特征。

一、病原及流行病学特点

痒病的病原与牛海绵状脑病类似，均为朊病毒。痒病病毒是一种弱抗原物质，不能引起免疫应答，无诱生干扰素的性能，也不受干扰素的影响，对福尔马林和高热有耐受性。在室温下放置 18 小时或加入 10% 的福尔马林后在室温下放置 6~28 个月，仍保持活性。痒病病毒大量存在于受感染羊的脑、脊髓、脾脏、淋巴结和胎盘中，脑内所含的病原比脾脏多 10 倍以上。

痒病因子对一般理化因素敏感。痒病因子为病羊脑组织中的一种特异纤维，被命名为朊病毒蛋白质，该物质具有感染性，可以抵抗核酸灭活剂的破坏和紫外线的照射，其感染性可以因一些酶，如蛋白酶 K、胰酶、木瓜蛋白酶等的溶解而减弱，一些使蛋白变性的制剂也可以降低其传染性。

不同品种、性别的羊均可发生痒病，主要是 2~5 岁绵羊易发，消化道很可能是自然感染痒病的门户，因为可首先在患羊消化道的淋巴组织中查到病原。2~5 岁的成年绵羊最为易感，18 个月以下的幼龄绵羊很少表现临床症状。不同品种和品系的绵羊，易感性不同。

病羊是本病的传染源。痒病可经口腔或黏膜感染，也可在子宫内以垂直方式传播，直接感染胎儿。通常呈散发性流行，感染羊群内只有少数羊发病，传播缓慢。羊群一旦感染痒病，很难根除。首次发生痒病的地区，发病率为 5%~20% 或高一些，病死率极高，几乎 100%。在已受感染的羊群中，以散发为主，常常只有个别动物发病。

人可以因接触病羊或食用带感染痒病因子的肉品而感染本病。

二、临床症状及病理变化

本病的潜伏期较长,一般为2~5年或以上,故1岁以下的羊极少出现临床症状。本病的潜伏期长短受宿主遗传特性和病原株系等许多因素影响。

以瘙痒与运动共济失调为临床特征。

病羊早期易惊,头颈抬起,行走时步态高举,头颈或腹肋部肌肉发生频细震颤;发展期,病羊出现瘙痒,用手抓搔其腰部,常发生伸颈、摆头、咬唇或舔舌等反应。病羊常啃咬腹肋部、股部或尾部;瘙痒部位多在臀部、腹部、尾根部、头顶部和颈背侧,常常是两侧对称性的。病羊频频摩擦,啃咬,蹬踢自身的发痒部位,造成大面积掉毛和皮肤损伤,甚至破溃出血。有时还会出现大小便失禁。病羊体温正常,照常采食,但日渐消瘦,常不能跳跃,遇沟坡、土堆、门槛时,反复跌倒;病期几周或几个月。病死率几乎达100%。

除尸体消瘦、掉毛、皮肤损伤外,内脏器官缺乏明显可见的肉眼变化。

病理组织学检查,主要是中枢神经系统的显微变化。病变出现在脑干的灰质中,可见神经元的树突和轴突内形成大空泡,其空泡数量比正常羊多得多(正常羊脑在显微镜下一个视野大约只有一个空泡)。大空泡在脑干和延脑中尤为多见;星状胶质细胞增生,最终导致灰质的海绵状变性。

三、诊断及疫情报告

根据临床症状可作出初步诊断,确诊需进一步做实验室诊断。

主要进行病理学检查。对脑髓、脑桥、大脑、丘脑、小脑以及脊髓进行组织切片,最明显的病变在脑髓、脑桥、中脑和丘脑。痒病的特征性病变为神经元空泡化,神经元变性和消失,灰质神经纤维网空泡化,星状胶质细胞增生和出现淀粉样斑。

检测痒病相关纤维(SAF)的存在是诊断痒病的标准之一,病畜在电镜下可观察到痒病相关纤维(SAF)。需要注意的是,检测到痒病相关纤维(SAF),只能说明目前动物存在痒病相关蛋白,但检测不到痒病相关纤维(SAF),并不意味着动物未被痒病感染。

本病为我国一类动物疫病。发生疫情时,应立即向当地兽医主管部门、动物卫生监督机构或动物疫病预防控制机构报告,并逐级上报至国务院畜牧兽医行

政主管部门。

四、疫苗防治

由于痒病病原的弱抗原性、不受干扰素影响的特殊理化性质,迄今为止,尚无有效疫苗和药物可用于预防和治疗。

目前我国尚无此病,应禁止从疫区或可疑区引进绵羊、山羊等易感动物及其产品。一旦发生应立即上报并采取扑杀、隔离、封锁、消毒和监测等措施予以扑灭。

病羊及疑似病羊的尸体应进行无害化处理,绝对不能供人食用,也不能喂水貂、猫和鼠类等易感动物。

第十一节　绵羊痘和山羊痘

绵羊痘和山羊痘是由山羊痘病毒引起的热性、接触性传染病。以全身皮肤、黏膜(偶尔)出现典型痘疹为特征。

一、病原及流行病学特点

绵羊痘病毒和山羊痘病毒均为痘病毒科、山羊痘病毒属。本病毒是一种亲上皮性的病毒,大量存在于病羊的皮肤、黏膜的丘疹、脓疮及痂皮内。鼻黏膜分泌物也含有病毒,发病初期血液中也有病毒存在。

痘病毒对热的抵抗力不强,在55℃时经20分钟或37℃时经24小时均可使病毒灭活;病毒对寒冷及干燥的抵抗力较强,冻干的至少可保存3个月以上;在毛中保持活力达2个月,在开放羊栏中达6个月。

本病主要通过呼吸道感染,也可通过损伤的皮肤或黏膜侵入机体。饲养管理人员、护理用具、皮毛产品、饲料、垫草和寄生虫等都可成为传播的媒介。

羊痘广泛流行于养羊地区,传播快,发病率高。不同品种、性别和年龄的羊均可感染,但细毛羊较粗毛羊、羔羊较成年羊有更高的易感性,病情亦较后者重。在自然条件下,绵羊痘主要感染绵羊;山羊痘则可感染山羊和绵羊。

本病流行于冬末春初。气候严寒、雨雪、霜冻、枯草和饲养管理不良等因素都可促进发病和加重病情。

二、临床症状及病理变化

本病的潜伏期平均为6~8天。《陆生动物卫生法典》规定本病的感染期为21天。

1. 典型羊痘：分前驱期、发痘期、结痂期。病初体温升高，可达 41℃~42℃，呼吸加快，结膜潮红肿胀，流黏液脓性鼻液。经 1~4 天后进入发痘期。痘疹多见于无毛部或被毛稀少部位，如眼睑、嘴唇、鼻部、腋下、尾根及公羊阴鞘、母羊阴唇等处，先呈红斑，1~2 天后形成丘疹，突出皮肤表面，随后形成水疱，此时体温略有下降，再经 2~3 天后，由于白细胞集聚，水疱变为脓疱，此时体温再度上升，一般持续 2~3 天。在发痘过程中，如没有其他病菌继发感染，脓疱破溃后逐渐干燥，形成痂皮，即为结痂期，痂皮脱落后痊愈。

2. 顿挫型羊痘：常呈良性经过。通常不发烧，痘疹停止在丘疹期，呈硬结状，不形成水疱和脓疱，俗称"石痘"。

3. 非典型羊痘：全身症状较轻。有的脓疱融合形成大的融合痘(臭痘)；脓疱伴发出血形成血痘(黑痘)；脓疱伴发坏死形成坏疽痘。重症病羊常继发肺炎和肠炎，导致败血症或脓毒败血症，死亡本病的潜伏期平均为 6~8 天。绵羊痘和山羊痘的症状基本一致，病羊在发病初期体温升高到 41℃~42℃，采食减少，结膜潮红，且有分泌物，从鼻孔流出之后，在皮肤无毛或少毛部位出现痘疹、如眼、唇、鼻、颊、四肢和尾内侧、阴唇、乳房、阴囊和包皮部。开始为红斑，1~2 天后形成丘疹，丘疹逐渐增大形成结节，几天后结节变成水疱，其内容物起初像淋巴结，后变成脓性。若无继发感染，水疱自然干燥形成痂块，脱落痊愈。在发病过程中如有并发症，则病情加重，形成毒血症，引起其他脏器的痘疹和痘癌，进而引起全身反应，病羊死亡率高。

死于本病的尸体除特征性皮肤病变外，在咽喉、气管、肺、前胃和第四胃等处的黏膜上常出现大小不等的圆形或半球形坚实的结节，单个或融合存在。有的病例还形成糜烂或溃疡，但有的病例不一定呈上述典型经过。

本病的特征性病变是在咽喉、气管、肺和第四胃等部位出现痘疹。在消化道的嘴唇、食道、胃肠等黏膜上出现大小不同的扁平灰白色痘疹，其中有些表面破溃形成糜烂和溃疡，特别是唇黏膜与胃黏膜表面更明显。但气管黏膜及其他实质器官，如心脏、肾脏等黏膜或包膜下则形成灰白色扁平或半球形的结节，特别是肺的病变与腺瘤很相似，多发生在肺的表面，切面质地均匀，且很坚硬，数量不定，性状则一致。在这种病灶的周围有时可见充血和水肿等。

三、诊断与疫情报告

根据典型临床症状和病理变化可作出初步诊断，确诊需进一步做实验室诊断。

在国际贸易中,尚无指定诊断方法,替代诊断方法为病毒中和试验。

由于羊痘有肉眼可见的痘疹症状,一般不需进一步做实验室检查。对于非典型羊痘,一般采用中和试验(细胞中和试验、羊体中和试验)和生物学试验。采取可疑痘疹材料,浸泡于含有青霉素(1000U/毫升)和链霉素(1000U/毫升)的生理盐水中,经 24 小时,制成 10 倍混悬液。经离心沉淀或用纱布过滤除去沉渣后,接种于家兔、豚鼠或犊牛,即涂于事先划破的皮肤和角膜上。经 36~72 小时后,皮肤上发生特异性痘疹,角膜浑浊,且在角膜细胞内可发现原生小体。

应与羊传染性脓疱鉴别。

本病为我国一类动物疫病。一旦发现病畜,立即向当地兽医主管部门、动物卫生监督机构或动物疫病预防控制机构报告,并逐级上报至国务院畜牧兽医行政主管部门。

四、疫苗与防治

预防绵羊痘和山羊痘有多种弱毒疫苗和灭活疫苗,绵羊和山羊以一株痘苗病毒免疫后,可以抵抗所有田间毒株的感染,不论感染毒株来自亚洲还是非洲。免疫保护力达 1 年以上,有的甚至可终生免疫。目前,正在开发新一代山羊痘病毒基因工程疫苗,是以山羊痘病毒基因组作为其他反刍动物病原基因的载体,产生重组疫苗。如将牛瘟病毒、小反刍兽疫病毒基因克隆于羊痘病毒载体,所研制的重组单一疫苗对羊痘、牛瘟和小反刍兽疫均有免疫作用。

羊痘流行地区或受威胁的羊群,每年在流行季节到来之前,采用弱毒疫苗接种预防。

1. 绵羊痘活疫苗:系用绵羊痘、鸡胚化弱毒株接种绵羊,采集含毒组织制成乳剂或接种易感细胞,收获病毒培养物,加入适宜稳定剂,经冷冻真空干燥制成。用于预防绵羊痘,接种 6 天后产生免疫力,免疫期为 12 个月。尾内侧或股内侧皮内注射,不论羊只大小,可进行一次预防注射,每只注射 0.5 毫升。3 月龄以内的哺乳羔羊,在断乳后再接种 1 次。

2. 山羊痘活疫苗:系用免疫原性很好的山羊痘毒株接种易感细胞,收获细胞培养物,加适宜稳定剂,经冷冻真空干燥制成。用于预防山羊痘、绵羊痘,接种 4~5 天开始产生免疫力,免疫期为 12 个月。尾内侧或股内侧皮内注射,不论羊只大小,每只注射 0.5 毫升。

　　平时应注意饲养管理避免羊群互相接触。新买的羊需隔离观察 21 天,确认健康后再合群饲养。发生疫情时,按《中华人民共和国动物防疫法》规定,采取紧急、强制性的控制和扑灭措施。扑杀病羊深埋尸体,对畜舍、饲养管理用具等进行严格消毒,污水、污物、粪便等进行无害化处理,健康羊群实施紧急免疫接种。

第四章 马病(13种)

第一节 非洲马瘟

非洲马瘟是由非洲马瘟病毒引起的马属动物的一种急性或亚急性传染病。以发热、皮下结缔组织与肺水肿以及内脏出血为特征,只能通过昆虫传播。马对此病的易感性最高,病死率高达95%。我国尚无本病发生。

一、病原及流行病学特点

非洲马瘟病毒属呼肠孤病毒科、环状病毒属。现已知有9个血清型,各型之间没有交互免疫关系,不同型病毒的毒力强弱也不相同。本病毒在37℃下可存活37天,但在50℃时经3小时或在60℃时经15分钟可被灭活。pH值在6.0~10时稳定,pH值在3.0时迅速死亡。能被乙醚及0.4%的β-丙烯内脂灭活,也能被石炭酸和碘伏灭活。

本病主要流行于非洲大陆中部热带地区,并已传播到南部非洲和北部非洲。本病也曾在西班牙(1966年,1987~1990年)、葡萄牙(1989年)等国家流行。我国尚无本病发生。

病毒的贮藏宿主,目前尚未研究清楚。马、骡、驴、斑马是病毒的易感宿主。马,尤其幼龄马易感性最高,骡、驴依次降低。大象、野驴、骆驼、狗马也偶可感染。

本病主要通过媒介昆虫,如库蠓、伊蚊和库蚊吸血传播。

本病传染源为病马、带毒马及其血液、内脏、精液、尿、分泌物及所有脱落组织。马的病毒血症期一般持续4~8天,长的可达18天;斑马、驴的病毒血症期可持续28天以上。

本病发生有明显的季节性和地域性,多见于温热潮湿季节,常呈地方流行或暴发流行,传播迅速;厚霜、地势高燥、自然屏障等影响媒介昆虫繁殖或运动的气候、地理条件,本病显著减少。

二、临床症状及病理变化

本病的潜伏期通常为 7~14 天,短的仅 2 天。《陆生动物卫生法典》规定,非洲马瘟的感染期为 40 天。

按病程长短、症状和病变部位,一般分为肺型(急性型)、心型(亚急性型、水肿型)、肺心型、发热型和神经型。

1. 肺型:多见于本病流行暴发初期或新发病的地区。本病呈急性经过。病畜体温升高达 40℃~42℃,精神沉郁、呼吸困难,心跳加快。眼结膜潮红,羞明流泪。肺出现严重水肿,呼吸困难,并有剧烈咳嗽,鼻孔扩张,流出大量含泡沫样液体。病程 5~7 天,常因窒息而死。

2. 心型:又称水肿型,病程较慢,体温 39℃~41℃,眼上窝、眼皮、面部、颈部、肩部、胸腹下及四肢水肿,多因缺氧和心脏病变,于 1 周内死亡。

3. 肺心型:较常见,呈现肺型与心型症状,常因肺水肿和心脏衰竭导致 1 周内死亡。

4. 发热型:又称亚临床型,症状轻微,仅见体温升高(40℃~40.5℃),精神沉郁。

5. 神经型:一般很少见到。

非洲马瘟病死率变动幅度很大,最低为 10%~25%,最高可达 90%~95%,骡、驴病死率较低。耐过本病的马匹只能对本病同一型病毒的再感染有一定的免疫力。

肺型病变为肺水肿;胸膜下、肺间质和胸淋巴结水肿,心包点状瘀血,胸腔积水。

心型病变为皮下和肌间组织胶冻样水肿(常见于眼上窝、眼睑、颈部、肩部);心包积液,心肌发炎,心内外膜点状瘀血;胃炎性出血。

三、诊断与疫情报告

在非洲马瘟流行的国家,可根据临床症状和病理变化,结合流行病学调查诊断本病。在初次发生本病的国家和地区,必须依靠实验室检查进行诊断。

1. 流行病学诊断:本病发生于炎热多雨季节,仅单蹄动物感染患病,并经吸血昆虫传播本病。本病在马匹中传播迅速,并有很高的发病率和病死率。

2. 临床诊断:临床的特征为高热,水肿,呼吸困难,从鼻孔流出鼻液及心脏机能扰乱等。

3. 病理学诊断：皮下水肿，胸腔积有大量渗出液，肺水肿，心内外膜发炎，实质器官出血。

4. 实验室诊断：采取发热期病马的血液或病、死马新鲜脏器分离病毒，也可采取发病数日后和恢复期马血清做血清学试验。

在国际贸易中检测的指定诊断方法有补体结合试验、酶联免疫吸附试验。替代诊断方法有病毒中和试验。

应与炭疽、马传染性贫血、马病毒性动脉炎、马脑病、锥虫病、焦虫病、钩端螺旋体病鉴别。

本病为我国一类动物疫病。一旦发现病畜，应立即向当地兽医主管部门、动物卫生监督机构或动物疫病预防控制机构报告，并逐级上报至国务院畜牧兽医行政主管部门。

四、疫苗与防治

通常使用的多价或单价非洲马瘟弱毒疫苗来源于非洲绿猴肾细胞培养筛选出的遗传稳定的大蚀斑。在商业上，已经生产出利用病毒纯化和甲醛灭活制成的单价非洲马瘟病毒 4 型灭活疫苗，但目前还不易得到。

为预防本病的发生，国外早期应用感染马匹的脾脏乳剂加甲醛制成灭活疫苗给马匹进行免疫，之后南非应用鼠脑传代 100 代以上的鼠脑弱毒制成单价或多价疫苗，接种后有副作用。现在采用组织细胞上连续继代制成的弱毒疫或灭活疫苗，疫区在吸血昆虫出现前进行预防接种。

尚无有效药物治疗本病。感染区应对未感染马进行免疫接种，如多价苗、单价苗（适用于病毒已定型）、单价灭活苗（仅适用于血清 4 型）。

我国尚未发现此病，为防止从国外传入，禁止从发病国家输入易感动物。

发生可疑病例时，按《中华人民共和国动物防疫法》规定，采取紧急、强制性的控制和扑灭措施。采样进行病毒鉴定，确诊病原及血清型，扑杀病马及同群马，对尸体进行处理。采用杀虫剂、驱虫剂或筛网捕捉等控制媒介昆虫。

第二节　马接触传染性子宫炎

马接触传染性子宫炎是马的一种主要通过交配传播的传染病，主要危害繁殖母马,以发生子宫颈炎、子宫内膜炎及阴道炎为特征,公马感染后无临床症状。

一、病原及流行病学特点

病原为马生殖泰勒氏菌,本菌为革兰氏阴性的球杆菌,兼性厌氧,最适生长温度为 37℃,无芽孢和鞭毛。在固体培养基上培养 48 小时,菌体大小为(0.5~2.0)微米×(0.5~0.7)微米。在增加培养时间和继代次数后,则呈丝状或链状。在普通琼脂和普通肉汤培养基上几乎不发育。

本菌对外界环境的抵抗力不强,高温和一般消毒剂均可在短时间内杀灭之。在室温保存的巧克力琼脂培养物不能超过 3 天。冻干低温可长期保存。本菌对青霉素、红霉素、四环素、卡那霉素、新霉素及多黏菌素 B 敏感,对磺胺类药物的敏感性较差。

隐性感染的繁殖母马和种公马是传染源。除交配感染外,也可经污染物发生间接接触传染。马对本病易感,驴可经人工感染发病。本病主要发生于马匹的配种季节。

二、临床症状及病理变化

马自然感染后,本病的潜伏期为 2~14 天。病马不出现全身症状,而长时间地反复出现子宫颈炎和早期发情的症状。发病 1~2 天可见渗出物排出,2~5 天达高峰。渗出物逐渐变成黏稠的脓液,其中含有大量的多核细胞、黏膜脱落细胞和崩解的细胞碎片。渗出物一般持续 13~18 天。当有渗出物排出时,菌检往往呈阳性结果。患病母马发情时间缩短,间隔 13~18 天重复发情,这是由于黄体期缩短所致,一般见于患子宫内膜炎的母马,配种几乎都不受胎。怀孕母马感染者较少,但在污染地区也可见到。一般能正常分娩。如母马患有严重子宫颈炎和子宫内膜炎可导致流产,产下的幼驹也有带菌的。公马感染后不表现任何临床症状,也不能产生抗体。

三、诊断与疫情报告

当母马表现阴道炎、子宫颈炎并从阴道流出大量渗出物时,结合流行病学资料,即可作出初步诊断;当公马在配种后使母马发病,亦可怀疑患有本病。为了确诊需进行实验室检查。

细菌学检查是确诊本病最可靠的方法。对公马,可用棉拭子从包皮、尿道窝、尿道采样;对母马,可从子宫、子宫颈、尿道、阴蒂凹和阴蒂窦采样。对公、母马一

般均为每周采样一次,连续采 3 周。连续 3 周都未分离到病菌可判为阴性。

血清学诊断只适用于感染母马的诊断,而不适于公马。目前有玻板凝集反应、试管凝集反应、抗球蛋白反应、补体结合反应、间接血凝反应、酶联免疫吸附试验和间接荧光抗体试验等。

本病未列入我国一、二、三类动物疫病病种名录,我国尚无此病。一旦发现病畜,应立即向当地兽医主管部门、动物卫生监督机构或动物疫病预防控制机构报告,并逐级上报至国务院畜牧兽医行政主管部门。

四、疫苗与防治

目前,尚无可供预防本病或阻止病菌定居的有效疫苗。

预防本病的关键在于早期发现患病的母马、隐性感染的公马和母马,对患病马匹及时隔离。对引进和进口的马匹要严格检疫。发病的马群只有在最后一个病例痊愈 6 周后,经过彻底消毒后方可视为无病马群。在本病流行期间,对新购进马匹必须经过 2 个月以上的检疫方能与健畜混群。人工授精是控制本病的重要手段,且已在实践中试行。授精时将精液、稀释液和抗生素混合,对所用器械及配种人员的手要彻底消毒。

治疗时,应以细菌检查是否变成阴性为标准,而不应单纯以临诊康复为目的。公马以局部治疗为主。用 2%洗必泰等防腐消毒药冲洗尿道窝及包皮,一般可以达到消灭马生殖泰勒氏菌的目的。同时可给马匹注射青霉素、口服呋喃类药,连用 5 天,效果更好。用洗必泰等防腐消毒剂冲洗,特别要注意处理尿道。母马除局部治疗外,还要结合全身治疗。局部治疗是用洗必泰消毒生殖道,特别是阴蒂窝和阴蒂窦,再用氨苄青霉素、新霉素等溶液冲洗子宫。全身治疗可用青霉素、氨苄青霉素、新霉素等肌肉注射。

第三节　马媾疫

马媾疫是马媾疫锥虫寄生于马属动物的生殖器官引起的一种寄生虫病。以外生殖器炎症、水肿、皮肤轮状丘疹和后躯麻痹为特征。

一、病原及流行病学特点

马媾疫锥虫为一种鞭毛虫,在形态上与伊氏锥虫无明显区别,以无性分裂法进行繁殖。

仅马属动物对媾疫锥虫易感,主要在生殖器官黏膜寄生,通过病畜与健康畜交配感染,幼畜可经乳汁感染,也可通过未经严格消毒的人工授精器械、用具等传染。马媾疫锥虫侵入马体后,如机体抵抗力强,则不出现临床症状,而成为带虫者。带虫马是马媾疫的主要传染源。驴、骡感染本病后,一般呈慢性型或隐性型;改良种马常为急性发作,症状较明显。

二、临床症状及病理变化

马媾疫锥虫侵入公马尿道或母马阴道黏膜后,在黏膜上进行繁殖,引起局部炎症。马匹在虫体用毒素的刺激下产生一系列防御反应,尤以神经系统的症状最为明显。本病的潜伏期一般为 8~28 天,也有长达 3 个月。其表现为以下 4 种症状。

1. 生殖器症状:公马一般先在包皮前端发生水肿,逐渐蔓延到阴囊、包皮、腹下及股内侧,精液质量低。母马阴唇肿胀,逐渐波及乳房、下腹部和股内侧。病马屡配不孕,或妊娠后容易流产。

2. 皮肤轮状丘疹:在生殖器出现急性炎症后的一个月,病马的胸、腹和臀部等处的皮肤上出现无热、无痛的扁平丘疹,直径约 5~15 厘米,呈圆形、椭圆形或马蹄形,中央凹,周边隆起,界限明显。其特点是突然出现,迅速消失,然后再突然出现。

3. 神经症状:病后期,除全身症状加重外,病马出现腰神经与后肢神经麻痹,表现步样强拘,后肢摇晃和跛行等。

4. 全身症状:病初体温稍升高,精神、食欲无明显变化。随着病势加重,反复出现短期发热,渐进的贫血、消瘦,精神沉郁,食欲减退。

公马的阴茎、阴囊、会阴等部位的皮肤以及母马在阴门、阴道黏膜上均有结节、水疱、溃疡和缺乏色素的白斑。

三、诊断与疫情报告

马匹配种后如发现有外生殖器炎症、水肿、皮肤轮状丘疹,耳聋唇歪,后躯麻痹及不明原因的发热、贫血消瘦等症状时,可怀疑为本病,但应注意与鼻疽、马副伤寒、风湿病及脑脊丝虫病相区别。确诊应进行虫体检查或血清学检查或动物接种试验。常用的血清学反应为琼脂扩散反应、间接血凝反应和补体结合反应等,如果不能进行实验室诊断,可依据流行特点及临床症状,用特效药物进行治疗性诊断,如果疗效显著,也可确诊。

本病未列入我国三类动物疫病病种名录。一旦发现病畜,应立即向当地兽医主管部门、动物卫生监督机构或动物疫病预防控制机构报告,并逐级上报至国务院畜牧兽医行政主管部门。

四、疫苗与防治

目前尚无适用疫苗。唯一有效的控制方法就是扑杀感染马匹。

在疫区,配种季节前,应对公马和繁殖母马进行检疫。对健康公马和采精用的种马,在配种前用安锥赛进行预防注射。在未发生过本病的马场,对新调入的种公马和母马要严格进行隔离检疫。大力发展人工授精,可减少或杜绝感染的机会。由于该病可通过污染的工具传播,所以配种时应注意卫生和消毒。

第四节　马脑脊髓炎(东部)

马脑脊髓炎(东部)是由东方型马脑脊髓炎病毒引起的一种马的致死性传染病。

一、病原及流行病学特点

马脑脊髓炎病毒属披膜病毒科、甲病毒属。病毒为等轴对称,有囊膜的球形粒子,大小为 25~70 纳米,衣壳为 20 面体对称,病毒含 4%~6% 的单链 RNA,其分子量大约 3×10^6,RNA 中心芯髓有感染性。在 60℃ 时经 10 分钟灭活。此病毒能抵抗冻融,低温保存稳定。乙醚和脱氧胆酸盐能灭活病毒。

除马、驴、骡和人易感染本病外,猪、绵羊、猫、刺猬和各种鸟类也易感本病。在多种野生动物都可以分离出马脑脊髓炎病毒,例如:雉、野鸽、野鸭、麻雀、松鼠、鹿、猴、蛇、蛙等。

马脑脊髓炎病毒呈蚊-鸟式传播。蚊在吸进病血后,其口器及前胃内可能携带病毒,如在短期内叮咬其他动物,就有可能致使其发生感染。进入中肠的病毒则侵入肠上皮细胞,增殖达较高浓度,并长期携带。蚊在感染本病毒后既不会死亡,也不会缩短其寿命。

人与马可能是非固有的感染对象,发病的人和马发生病毒血症的时间极短,血液中的病毒浓度也低,不足以感染蚊,因而称其为"终点宿主"。

许多家禽和鸟是无症状的带毒者,经常是病的扩大宿主(是指病毒在其体内大量增殖,从而可以借助媒介昆虫扩大传播范围)。鸡(雉)对东方型马脑脊髓炎病毒易感,经常发生致死性感染,且因互相啄咬导致直接传播。猪对东方型马脑脊髓炎病毒的自然感染或接种感染都是高度易感的。

本病有明显的季节性。流行暴发与蚊的密度呈现明显的线性关系。

二、临诊症状及病理变化

本病的潜伏期为 1~3 周，马群的发病率一般不超过 20%~30%。病马发热，随后出现中枢神经症状，开始时兴奋不安，呈圆圈状运动，冲撞障碍物，拒绝饮食。随后嗜眠、垂头靠墙站立，可突然惊动，继而又呈睡眠状。病马常呈犬坐等异常姿势，此后呈现麻痹症状，下唇下垂，舌垂于口外。病马步样蹒跚，最后死亡。病程为 1~2 天。东方型马脑髓炎的死亡率有时高达 90%。

一般来讲，本病缺乏眼观病变，严重的病例仅表现为脑膜水肿，脑实质充血、水肿和点状出血，尤其是间脑和脊髓呈喷雾状出血点与局灶性坏死。病理组织学变化主要局限于脑和脑髓的灰质。基本特征是，病程初期（1 天或 1 天以内），脑灰质和软化病灶中有局灶性嗜中性白细胞浸润，血管内皮细胞尤其是静脉的内皮细胞肿胀，常见透明血栓或由嗜中性白细胞组成的栓子；血管周围出血、水肿，并由淋巴细胞与嗜中性白细胞浸润而形成管套。2 天后嗜中性白细胞逐渐消失，管套转为淋巴细胞性，呈典型的非化脓性脑炎，且有局灶性的弥漫性小胶质细胞增生。

中枢神经系统的炎症与坏死性病变最为严重，主要分布在基底神经节、海马回、脑干，有时出现明显的栓塞性血管炎，小动脉、静脉、毛细血管充血，水肿。病程较长时，有明显的修复和炎症消散过程，形成非特异性疤痕组织与脑膜增厚。

三、诊断与疫情报告

诊断马脑脊髓炎（东部）最确切的方法是病毒分离。一般都能从马脑组织中分离到马脑脊髓炎（东部）病毒，即使存在高滴度的抗体，也往往能从脑组织分离到马脑脊髓炎（东部）病毒，除非从出现临床症状到病马死亡超过 5 天。

血清学试验有补体结合试验、血凝抑制试验、酶联免疫吸附试验和蚀斑头号数中和试验。

本病未列入我国一、二、三类动物疫病病种名录，我国尚无此病。一旦发现病畜，立即向当地兽医主管部门、动物卫生监督机构或动物疫病预防控制机构报告，并逐级上报至国务院畜牧兽医行政主管部门。

四、疫苗与防治

现已有商品化的马脑脊髓炎（东部）病毒灭活疫苗供使用。致弱的马脑脊髓炎（东部）病毒活疫苗尚不满意。美国准许使用的疫苗为下列组合而成的疫苗：马

脑脊髓炎(东部)和马脑脊髓炎(西部)疫苗;马脑脊髓炎(东部)、马脑脊髓炎(西部)和委内瑞拉马脑炎疫苗;马脑脊髓炎(东部)和委内瑞拉马脑炎疫苗。另外,破伤风类毒素和灭活的流感病毒已被加入马脑脊髓炎(东部)和马脑脊髓炎(西部)疫苗;或者马脑脊髓炎(东部)、马脑脊髓炎(西部)和委内瑞拉马脑炎疫苗中组成联苗。

在疫区除了进行必要的预防接种工作,还必须加强饲养管理工作,增强马匹体质,提高抗病能力。目前无特效治疗药物。早期采用对症治疗具有一定效果,可减少病死率。

被病马污染的马厩、马场、诊疗环境饲养管理用具及诊疗器械要进行严格消毒。对检出的病马和可疑病马,必须远离健康马厩分别隔离,以防扩大传染。及时处理病马是消灭传染源的重要一环。病马必须进行扑杀后深埋或焚烧。

第五节 马脑脊髓炎(西部)

马脑脊髓炎(西部)是由西方型马脑脊髓炎病毒引起的一种马传染病。

一、病原及流行病学特点

马脑脊髓炎病毒(西部)属披膜病毒科、甲病毒属。病毒为等轴对称,有囊膜的球形粒子,大小基本上与东方型马脑脊髓炎病毒相同,其多数物理化学特征亦相同。

东方型马脑脊髓炎病毒以及西方型马脑脊髓炎病毒各毒株之间 (包括南北美洲的各个毒株),可能存在细微的抗原性差异,但在实验室内多次传代之后,这种抗原性差异有消失的倾向。西方型马脑脊髓炎病毒与东方型马脑脊髓炎病毒的鉴别以及与委内瑞拉马脑脊髓炎病毒的鉴别,最好依靠中和试验,包括交叉保护试验和交叉蚀斑抑制试验。

西方型马脑脊髓炎病毒呈蚊-鸟式传播。

本病有明显的季节性。一般来说,温带地区通常在夏初开始零星发生,夏秋流行,11月中旬以后停息。流行暴发与蚊的密度呈现明显的线性关系。11月后霜冻开始,蚊死亡,疾病也就停止发生。

二、临诊症状及病理变化

西方型马脑脊髓炎病毒能引起马的亚临床感染或轻度发病, 致死率在30%以下。临床症状与东方型马脑脊髓炎相同。

西方型马脑脊髓炎病变比东方型轻，血管周围管套和炎性细胞结节的分布与东方型相似,可能有较多的白质炎症性损伤。小脑浦肯野氏细胞受损显著,有些严重的白质症灶可融合为囊性空腔。当轻度感染时,脑内出现神经胶质细胞增生,受损白质区出现斑状脱髓鞘,同时囊腔形成。

三、诊断与疫情报告

诊断马脑脊髓炎(西部)最确切的方法是病毒分离。但马脑脊髓炎(西部)病毒不易从马脑组织中分离到。脑组织是分离病毒的首选组织,但也曾从其他器官如肝、脾中分离到此病毒。

血清学试验有补体结合试验、血凝抑制试验、酶联免疫吸附试验和蚀斑头号数中和试验。

本病未列入我国一、二、三类动物疫病病种名录,我国尚无此病。一旦发现病畜,应立即向当地兽医主管部门、动物卫生监督机构或动物疫病预防控制机构报告,并逐级上报至国务院畜牧兽医行政主管部门。

四、疫苗与防治

现已有商品化的马脑脊髓炎(西部)病毒灭活疫苗供使用。美国准许使用的疫苗为下列组合而成的疫苗:马脑脊髓炎(东部)和马脑脊髓炎(西部)疫苗,马脑脊髓炎(东部)、马脑脊髓炎(西部)和委内瑞拉马脑炎疫苗,马脑脊髓炎(东部)和委内瑞拉马脑炎疫苗。另外,破伤风类毒素和灭活的流感病毒已被加入马脑脊髓炎(东部)和马脑脊髓炎(西部)疫苗,或者马脑脊髓炎(东部)、马脑脊髓炎(西部)和委内瑞拉马脑炎疫苗中组成联苗。

在疫区除了进行必要的预防接种工作,还必须加强饲养管理工作,增强马匹体质,提高抗病能力。

目前无特效治疗药物。早期采用对症治疗具有一定效果,可减少病死率。

被病马污染的马厩、马场、诊疗环境饲养管理用具及诊疗器械要进行严格消毒。对检出的病马和可疑病马,必须远离健康马厩分别隔离,以防扩大传染。及时处理病马是消灭传染源的重要一环。病马必须进行扑杀后深埋或焚烧。

第六节　马传染性贫血

马传染性贫血(简称马传贫)是由马传贫病毒引起的马、骡、驴的一种传染病。病的特征主要是以发热为主的贫血、出血、黄疸、心脏衰弱、浮肿和消瘦等症状。

一、病原及流行病学特点

马传贫病毒为反转录病毒科、慢病毒属,对外界的抵抗力较强。病毒在粪、尿中可生存 2~5 个月。病毒对温度的抵抗能力较弱(煮沸时病毒立即死亡)。病毒对乙酸较为敏感。

本病主要通过吸血昆虫对健康马多次叮咬而传染。被污染的针头、用具、器械等,通过注射、采血、手术、梳刷及投药等可引起本病传播。病马和带毒马是本病的主要传染源。病畜在发热期内,血液和内脏含毒浓度最高,排毒量最大,传染力最强。

本病主要是地方流行或散发。一般无严格的季节性和地区性,但在吸血昆虫较多的夏秋季节及森林、沼泽地带发病较多。在新疫区以急性型多见,病死率较高,老疫区则以慢性型、隐性型为多,病死率较低。

二、临床症状及病理变化

根据临床表现,常分为急性型、亚急性型、慢性型和隐性型 4 种。

1. 急性型:典型表现为高热稽留。发热初期,可视黏膜潮红,轻度黄染;随病程发展逐渐变为黄白至苍白;在舌底、口腔、鼻腔、阴道黏膜及眼结膜等处,常见鲜红色至暗红色出血点(斑)等。病马常出现心搏动亢进、节率不齐,精神沉郁,食欲减退、呈渐进性消瘦,后躯无力、摇晃、步样不稳、急转弯困难。

急性病例病变主要表现败血性变化,可视黏膜、浆膜出现出血点(斑),尤其以舌下、齿龈、鼻腔、阴道黏膜、眼结膜、回肠、盲肠和大结肠的浆膜、黏膜以及心内外膜尤为明显。肝、脾肿大,肝脏切面呈现特征性槟榔状花纹。肾脏显著增大,实质浊肿,呈灰黄色,皮质有出血点。心肌脆弱,呈灰白色煮肉样,并有出血点。全身淋巴结肿大,切面多汁,并常有出血。

2. 亚急性型:呈间歇热。一般发热为 39℃以上,持续 3~5 天退热至常温,经 3~15 天间歇期又复发。有的患病马属动物出现温差倒转现象。

3. 慢性型:不规则发热,但发热时间短。病程可达数月或数年。临诊症状及血液变化,发热期明显,无热期减轻或消失,心肌能和使役能力降低,长期贫血、黄疸、消瘦。

亚急性型和慢性型以贫血、黄疸和单核内细胞增生反应明显。脾脏中度或轻度肿大,坚实,表面粗糙不平,呈淡红色;有的脾萎缩,切面小梁及滤泡明显;淋巴小结增生,切面有灰白色粟粒状突起。不同程度的肝肿大,呈土黄或棕红色,质地较硬,切面呈豆蔻状花纹(豆蔻肝);管状骨有明显的红髓增生灶。

4. 隐性型:无可见临床症状,体内长期带毒。

三、诊断及疫情报告

马传贫病情比较复杂,应进行综合诊断。

1. 流行病学诊断:了解近几年来引进马匹的时间、来源及活动范围;调查附近地区有无马传贫的流行,该地区马匹中马血孢子虫病、马锥虫病、钩端螺旋体病及鼻疽的流行情况等。在调查病马的既往病史时,要注意了解发病时间,以往有无发热史,是否曾与马传贫病马有过接触,可疑病马采用抗生素治疗的效果等。

2. 临诊和血液学诊断:病马的临诊症状和血液学变化随体温变化而异,进行临诊症状和血液检查,以观察临诊、血液变化与发热的关系。

3. 病理学诊断:对自然死亡的病马或在发热期及退热后不久扑杀的病马尸体进行病理学检验,在本病诊断上具有一定的意义。

4. 血清学诊断:琼脂扩散试验、补体结合试验和免疫荧光抗体试验。

本病为我国二类动物疫病。一旦发现病畜,应立即向当地兽医主管部门、动物卫生监督机构或动物疫病预防控制机构报告,并逐级上报至国务院畜牧兽医行政主管部门。

四、疫苗与防治

国际上尚无可使用的疫苗,国内有马传贫驴白细胞弱毒疫苗和马传贫驴体反应疫苗。

1. 马传贫驴白细胞弱毒疫苗:本品是将牛血清作营养液,培养驴的白细胞,增殖马传贫病毒,并经冻结或冻干后制成。冻结苗在-20℃~-25℃时可保存 1 年,冻干苗于-15℃可保存 2 年。用于马、骡、驴传染性贫血病的预防。在注射疫苗的地区,每年在蚊虻活动季节前 3 个月或蚊虻活动季节后注射 1 次马传贫弱毒苗,每次皮下注射 2 毫升,接种后 2 个月(驴)及 3 个月(马)产生免疫力,免疫期为12 个月左右(保护率:马为 85%左右,驴几乎达 100%)。注射后补体结合试验和琼脂扩散试验转为阳性。

2. 马传贫驴体反应疫苗:本品是将致弱后的马传贫病毒接种于驴体,经一定

时间后,采集驴的血浆并经冰冻后制成。在-40℃~-60℃时可保存半年。用于马、骡、驴传染性贫血病的预防。马、骡、驴不论品种、年龄、体重、妊娠与否,一律注射本疫苗2毫升。马在注射后3个月,骡、驴在注射后2个月产生免疫力,免疫期2年。对新注苗地区的马,应连续接种3年,以后可隔年注射1次。

被病马污染的马厩、马场、诊疗环境饲养管理用具及诊疗器械要进行严格消毒。目前无特效治疗药物。检出阳性马要隔离进行扑杀处理。在不散毒的条件下集中进行无害化处理,烧毁或深埋。

除了进行必要的预防接种工作,还必须加强饲养管理工作,增强马匹体质,提高抗病能力。对检出的传贫病马和可疑病马,必须远离健康马厩分别隔离,以防扩大传染。及时处理病马是消灭传染源的重要一环。传贫病马必须进行深理或焚烧。

第七节 马流行性感冒

马流行性感冒(简称马流感),是由马流感病毒引起马属动物的一种急性呼吸道传染病。以发热,干咳,流浆液性鼻液,呈暴发流行,发病率高而死亡率低为特征。

一、病原及流行病学

马流感病毒属正黏病毒科、A型流感病毒属。本病毒有两个血清型。对乙醚、氯仿、丙酮等有机溶剂均敏感。常用消毒药容易将其灭活,如甲醛、氧化剂、稀酸、卤素化合物(如漂白粉和碘剂)等都能迅速破坏其传染性。对热比较敏感,分别在56℃加热30分钟、60℃加热10分钟、65℃~70℃数分钟时病毒即丧失活性。病毒对低温抵抗力较强,在有甘油保护的情况下可保持活力1年以上。

患马是主要传染源,康复马和隐性感染马在一定时间内也能带毒、排毒。本病主要经呼吸道和消化道感染。康复公马精液中长期存在病毒,可通过交配传染本病。

被感染动物仅为马属动物,各种年龄、品种及性别的马都易感。

本病流行特征,新的发病区传播迅速,流行猛烈,发病率可高达60%~80%,但病死率低于5%以内。以秋末至初春多发。

二、临床症状及病理变化

本病的潜伏期为1~3日,可见发热、咳嗽、流鼻液、流泪。发热为39℃~41℃,

一般在 1~2 日内下降,咳嗽初期频繁,以后减少,可持续 1~2 周。多为急性经过,死亡率一般不超过 5%。

病变以上呼吸道(鼻、喉、气管及支气管)黏膜卡他性、充血性炎症变化为主。致死性病例可见化脓性支气管肺炎,间质性肺炎及胸膜炎病变,肠卡他性、出血性炎症,心包和胸腔积液,心肌变性,肝、肾肿大变性。全身淋巴结浆液性炎。

三、诊断与疫情报告

根据临床症状和病理变化可作出初步诊断,应与马传染性鼻肺炎、马病毒性动脉炎、马传染性支气管炎相区别。确诊需进一步做实验室诊断。

1. 病原检查:采取急性期限病马的鼻腔分泌物,加入青霉素、链霉素各 1000U/毫升,置 4℃冰箱 1~2 小时,以每分钟 1500 转离心 15 分钟后取上清液接种于 9~11 日龄鸡胚羊膜腔和尿囊腔,置 35℃温箱孵育 3~4 天,取出后再放入普通冰箱将其冻死,然后分别收集羊水和尿囊液进行血凝试验,如出现血凝,可与标准阳性血清作血凝抑制试验,以确定病性。分离培养(通过鸡胚和细胞培养分离感染病毒,前者更适合于病毒分离)、血凝抑制试验(可用于分离株定型)、神经氨酸酶定型试验(需特异性抗血清,一般实验室难以进行)、酶联免疫吸附试验(用于检测病毒抗原)。

2. 血清学检查:常用方法为血凝抑制试验。采取同一病马急性期血清和恢复期血清,分别用标准的马甲 1 型和马甲 2 型病毒株进行血凝抑制试验,如果恢复期血清的抗体效价比急性期血清抗体效价升高 4 倍以上,即可诊断为马流行性感冒。

本病为我国二类动物疫病。一旦发现病畜,立即向当地兽医主管部门、动物卫生监督机构或动物疫病预防控制机构报告,并逐级上报至国务院畜牧兽医行政主管部门。

四、疫苗与防治

马流感病毒疫苗有亚型 1、亚型 2 全病毒灭活苗或亚单位苗,有加佐剂的,也有不加佐剂的。一种致弱的供鼻内接种的马流感活疫苗,近期在一些国家已经上市。赛马已经广泛使用马流感病毒疫苗。

预防接种马流感双价疫苗,第一年以 3 个月间隔接种 2 次,以后每年接种 1 次。

国内有马流行感冒二联苗,用血凝价 640 倍的马 1 型原苗 1 份加用血凝价

1280 倍的马 2 型原苗 2 份,混合后再加豆油或双脂佐剂 1 份,充分混悬乳化,给每匹马皮下注射(或肌肉注射)豆油苗 9 毫升或双脂苗 0.5 毫升,第 1 年注射 2 次,间隔 3 个月,以后每年接种 1 次。

平时无需采取特殊的预防措施,本病发生时按一般传染病处理。马流感的转归良好,只要停止使役,注意护理,保持舍内清洁,无需药物治疗即能很快恢复。为防止并发病,可及时灌取板蓝根、金银花等解热消毒药。

药物预防可试用以下方法:

1. 食醋熏蒸:将醋每立方米用食醋 2~5 毫升放在火炉上加热,每次熏蒸 30~40 分钟,每天 1~3 次。

2. 大蒜汁溶液喷鼻:将大蒜 1000 去皮捣成泥状,加水 500 毫升拌匀,用 2~3 层纱布包紧挤压,挤出大蒜汁,临用时配成 20%~30% 大蒜汁液,用橡皮球注入器或小型喷雾器向两侧鼻孔各喷 15~20 毫升,每天 1~2 次。

第八节　马梨形虫病

马梨形虫病又称马巴贝斯虫病,是由驽巴贝斯虫(旧称马焦虫)和马巴贝斯虫(旧称马纳氏焦虫)寄生于马红细胞引起的血液原虫病。以高热、贫血和黄疸为主要症状。

一、病原学及流行病学特点

为大型虫体,长 2~5 微米,直径 1.3~3.0 微米,成对裂殖子后端相连,是驽巴贝斯虫感染的诊断特征。我国已查明的驽巴贝斯虫的传播媒介蜱有草原革蜱、森林革蜱、银盾革蜱、中华革蜱。

马巴贝斯虫为小型虫体,长度不超过红细胞半径。呈圆形、椭圆形、单梨形、阿米巴形、钉子形、逗点形、短杆形等多种形态。典型的形状为四个梨形虫体以尖端相连成"十"字形,每个虫体有一团染色质块。红细胞的染虫率达 50%~60%。

主要的传播者有 6 种革蜱、8 种璃眼蜱和 4 种扇头蜱。蜱传播本病为经卵传递,也可经蜱变态过程传递,染病母马也可经胎盘传递给驹。虫体侵入马体后在红细胞内以二分裂法或出芽生殖法繁殖。

马耐过巴贝斯虫后,带虫免疫可长达 7 年之久,但免疫力随着时间的进展而逐渐下降。马巴贝斯虫与驽巴贝斯虫之间不产生交叉免疫。

二、临床症状及病理变化

本病的潜伏期为 10~21 天。

病初体温升高，精神沉郁，食欲减退，流泪，眼睑水肿。出现明显的贫血和黄疸，血红蛋白尿。病后期常发生便秘，干硬的粪球上附有黄色黏液。鼻腔、阴道和第三眼睑的黏膜上出现出血点。病畜迅速消瘦和虚弱。病程一般为 7~12 天，病死率通常不超过 10%，有时可达 50%。

可见尸体消瘦，黄疸，贫血和水肿。心包和体腔积水；脂肪变为胶冻样，有黄染；脾肿大，软化，髓质呈暗红色；淋巴结肿大；肝肿大，充血，褐黄色，肝小叶中央呈黄色，边缘带黄绿色；肾呈黄白色，有时有溢血，肠黏膜和胃黏膜有红色条纹。

三、诊断与疫情报告

根据临床症状、流行病学资料和病理变化可作出初步诊断。采耳静脉血作涂片，用甲醇固定、姬母萨染色，使用油镜检查出典型的虫体即可确诊。

血清学试验：补体结合试验、间接免疫荧光试验和酶联免疫吸附试验。

本病为我国二类动物疫病。一旦发现病畜，立即向当地兽医主管部门、动物卫生监督机构或动物疫病预防控制机构报告，并逐级上报至国务院畜牧兽医行政主管部门。

四、疫苗与防治

尚无适用的生物制品。

搞好环境卫生，做好灭蜱工作。严重病例扑杀。有治疗价值的患病动物，隔离治疗，可用三氮脒、咪唑苯脲、锥黄素等药物治疗。

1. 三氮脒（贝尼尔、血虫净）：给马注射 1 次本疫苗，用量为 3 毫克/千克~4毫克/千克。本品毒性大、安全范围较小，应用治疗量也会出现起卧不安，频频排尿，肌肉震颤等不良反应，连续应用时应谨慎。

2. 咪唑苯脲：按每千克体重用量为 2~3 毫克，配成 10%的溶液进行皮下或肌肉注射，效果很好。

3.锥黄素：按每千克体重用量为 3~4 毫克，配成 0.5%~1%的溶液进行静脉注射，症状未见减轻时，可间隔 24 小时注射 1 次。

本病进行早期预防可减少不必要的经济损失。一般在 3~6 月份实行药物预防注射，利用克虫丁按每 10 千克体重用药 0.2 毫升进行皮下注射。利用 0.04%除癞灵液对畜体进行灭蜱，收效良好。

第九节　马鼻肺炎

马鼻肺炎是由马疱疹病毒1型和4型引起马属动物的一种急性、热性传染病。以发热、白细胞减少、呼吸道卡他为特征。妊娠母马感染本病时,易发生流产,故有马病毒性流产之称。

一、病原及流行病学特点

马疱疹病毒1型又称马流产病毒,4型又名马鼻肺炎病毒,均属疱疹病毒科、甲亚科水痘病毒属。

本病原对外界环境抵抗力较弱,不能在宿主体外长时间存活,能被很多表面活性剂灭活,0.35%的甲醛溶液可迅速灭活病毒。

传染源为病马和带毒马。本病主要经呼吸道、消化道、交配传染。仅马属动物感染,疫区以1~2岁马多发,3岁以上马呈隐性感染。本病在易感马群中有高度传染性,一般常呈地方流行性,幼驹断乳期多发。

二、临床症状及病理变化

本病的潜伏期为2~10天。

病畜表现为发热,呼吸道卡他,流鼻液,结膜充血、水肿。无继发感染1~2周可痊愈。有的继发肺炎、咽炎、肠炎、屈腱炎及腱鞘炎。临床分为鼻腔肺炎型、流产型2种。

1. 鼻腔肺炎型:多发生于幼龄马,本病的潜伏期为2~3天,发热、结膜充血、浮肿、下颌淋巴结肿大,流鼻液,伴有中性粒细胞减少。无继发感染一周可痊愈。如并发肺炎、咽炎、肠炎,可引起死亡。

2. 流产型:常见于妊娠母马,本病的潜伏期长,多在感染1~4个月后发生流产。少数足月生下的幼驹,多因异常衰弱、重度呼吸困难及黄疸,于2~3天内死亡。

鼻腔肺炎患驹的上呼吸道黏膜炎性充血和糜烂,肺脏充血水肿,肝脏、肾脏及心脏实质变性,脾脏及淋巴结肿胀、出血。

流产胎儿以可视黏膜黄染、肝包膜下灶性坏死和检出细胞核内包涵体为主要病理特征。胎儿体表外观新鲜,皮下常有不同程度的水肿和出血,可视黏膜黄染。心肌出血,肺水肿和胸水、腹水增量。肝包膜下散布针尖大到粟粒大灰黄色坏死灶。经组织学检查,可在坏死灶周围细胞、小叶间胆管上皮细胞和肺细支气管上皮内发现嗜酸性核内包涵体。肺脏可见支气管上皮细胞坏死。肺泡上皮细胞核内有包涵体,脱落的支气管上皮细胞使很多细支气管堵塞。脾淋巴组织呈现以细胞核破裂为特征的坏死,类似变化也见于淋巴结和胸腺。

三、诊断及疫情报告

在秋冬季节,马群中发生传播快速、症状温和的上呼吸道感染时,首先应考虑到本病,但应与马腺疫、马流行性感冒、病毒性动脉炎相区分,可作出初步诊断。确诊需进一步做实验室诊断。

1. 病原检查:取鼻黏膜细胞,制成抹片,做 HE 染色,显微镜检查嗜酸性核内包涵体,或应用免疫荧光法直接检查流产马胎儿组织中的特异性抗原。可从急性病例采取鼻液或用周龄仓鼠肾、猪胎肾、马或驴胎肾以及皮肤细胞等分离培养病毒。

2. 血清学检查:病毒中和试验、琼脂扩散试验、酶联免疫吸附试验等。

本病为我国三类动物疫病。一旦发现病畜,应立即向当地兽医主管部门、动物卫生监督机构或动物疫病预防控制机构报告,并逐级上报至国务院畜牧兽医行政主管部门。

四、疫苗与防治

已有商品化的弱毒苗和灭活苗。疫苗能有效降低母马流产率,并能缓和小马临床呼吸症状,但不能取代严格的卫生管理制度。由于疫苗的免疫保护期相当短,每隔一定时间就应再免。加强免疫的时间和剂量,应根据其各自生产厂家的说明书,以及不同疫苗所制定的免疫程序来确定。

我国目前尚无疫苗生产,既没有自己的弱毒疫苗株,也没有引进生产国外现成的疫苗。在欧美一些国家,疫苗已列入为繁育马场的常规防疫措施。

执行一般性卫生防疫措施,加强妊娠马的饲养管理,不与流产母马、胎儿和鼻肺炎患畜接触。对流产母马要及时隔离(至少 6 周)防止接触传播。流产的排泄物、胎儿污染的场地、用具要严格消毒。

目前对马鼻肺炎感染尚无有效的治疗药物。对经过温和的上呼吸道炎症,可不进行处置。为了预防继发细菌性肺炎或对发生并发症的马匹,应使用抗生素、磺胺等药物进行治疗(连续用药 4~6 天)。对流产母马,应妥善护理,停止使役,休息 2~3 周,直至完全恢复正常。

第十节　马病毒性动脉炎

马病毒性动脉炎是一种由病毒引起的传染病,主要特征为病马体温升高,步态僵硬,躯干和外生殖道水肿,眼周围水肿,鼻炎,妊娠马流产。

一、病原及流行病学特点

马病毒性动脉炎病毒是一种有囊膜、单股 RNA 病毒,属冠状病毒科、动脉炎病毒属,只有一个血清型。病毒对胰蛋白酶有抵抗力,但对乙醚、氯仿等脂溶剂敏感。病毒在低温条件下极稳定,经-20℃保存 7 年仍有活性,经 4℃保存 35 天,经37℃仅存活 2 天,经 56℃时仅用 30 分钟使其灭活。

本病主要是通过呼吸系统和生殖系统传播。患病马在急性期通过呼吸道分泌物将病毒传给同群马或与其相接触的马。流产马的胎盘、胎液、胎儿亦可传播本病。长期带毒的种公马可通过自然交配或人工授精的方式把病毒传给母马。通过饲具、饲料、饲养人员的接触也能将病毒传给易感马。人工接种病毒于怀孕母马及幼驹,可使 50%的幼驹死亡,母马则发生流产。

二、临床症状及病理变化

本病的典型症状是发热,一般感染本病毒后 3~14 天体温升高达 41℃,并可持续 5~9 天。病马出现以淋巴细胞减少为特征的白细胞减少症,临诊病期大约14 天。表现为厌食,精神沉郁,四肢严重水肿,步伐僵直,眼、鼻分泌物增加,后期为脓性黏液,发生鼻炎和结膜炎。面部、颈部、臀部形成皮肤疹块。有的表现呼吸困难,咳嗽,腹泻,共济失调,公马的阴囊和包皮水肿,马驹和虚弱的马可引起死亡。怀孕母马流产率达 90%以上。母马痊愈后很少带毒,而大多数公马恢复后则成为病毒的长期携带者。

死亡病例最主要的剖检变化是全身较小动脉管内肌层细胞的坏死,内膜上皮的病变导致特征性的出血、水肿以及血栓形成、梗死。常见大叶性肺炎和胸膜渗出物,可引发全身性动脉炎。所有浆膜、黏膜以及肺、中膈等都有点状出血。肾上腺上也有出血,在心脏、脾脏、肺脏、肾脏、怀孕母马的子宫、眼结膜、眼睑、膝关节或跗关节以下的皮下组织以及阴囊和睾丸内,均能发现出血及水肿变化。盲肠和结肠的黏膜坏死。恢复期病马的慢性损害包括广泛的全身性动脉炎和严重的肾小球性肾炎。

三、诊断及疫情报告

根据本病的临床症状和特征病变(即小动脉内膜发生变性、坏死、水肿和白细胞浸润)结合流行情况可以作出诊断。确诊应通过病毒分离、鉴定和血清学试验。同时,应注意与马传染性鼻肺炎、马流感、马副伤寒流产相区别。

本病未列为我国一、二、三类动物疫病病种名录,我国尚无此病。一旦发现病畜,立即向当地兽医主管部门、动物卫生监督机构或动物疫病预防控制机构报告,并逐级上报至国务院畜牧兽医行政主管部门。

四、疫苗与防治

国外已经有几种马病毒性动脉炎的实验性和商品化疫苗被研制出来,目前有两种商用组织培养苗。一种是经马和兔细胞培养物多次连续传代致弱后的弱毒疫苗,该疫苗允许用于公马、未孕母马和非种用马;另一种为灭活苗,该疫苗是将病毒在马细胞上繁殖后将培养物过滤,化学灭活,然后加可代谢分解的佐剂混合制成的,该疫苗可用于非种马和种马,不应用于孕马。

平时加强口岸检疫,严防本病传入,一旦发生本病,应立即采取隔离病马、对病马污染的环境彻底消毒、对出现并发症的马匹对症治疗等综合性防疫措施。特别是种公马,除对其加强护理外,还需隔离 3~4 周后才能参加配种。流产母马的分泌物、排泄物及流产胎儿污染环境,是造成疾病扩散不可忽视的因素。因此,环境卫生的消毒也是杜绝本病的重要措施。

第十一节 马鼻疽

马鼻疽是由鼻疽伯氏菌引起的一种人畜共患病,但主要流行于马、骡、驴等马属动物中。以在鼻腔、喉头、气管黏膜或皮肤上形成特异性鼻疽结节、溃疡或斑痕,在肺、淋巴结或其他实质器官发生鼻疽性结节为特征。

一、病原及流行病学特点

过去称本病原为假单孢菌科、假单孢菌属的鼻疽假单胞菌,现已列入新建立的伯氏菌属,改称为鼻疽伯氏菌。菌体长 2~5 微米,宽 0.3~0.8 微米,两端钝圆,不能运动, 不产生芽孢和荚膜。幼龄培养物大半是形态一致呈交叉状排列的杆菌,老龄菌有棒状、分枝状和长丝状等多形态,组织抹片菌体着色不均匀时,浓淡相间,呈颗粒状,酷似双球菌或链球菌形状。革兰氏染色阴性,常用苯胺染料可以

着色,在稀释的石炭酸复红或碱性美蓝染色时能染出颗粒状特征。电镜观察,在胞浆内见网状似的包含物而与其他革兰氏阴性菌有所区别。本菌对外界抵抗力不强。在腐败的污水中能生存2~4周。日光照射24小时死亡。加热80℃时用5分钟将其杀死,氢氧化钠等消毒药能将其杀死。

鼻疽病马是本病的传染源,尤其是开放性鼻疽马最危险。病菌存在于鼻疽结节和溃疡中,主要随鼻液、皮肤的溃疡分泌物等排出体外污染饲养管理用具、草料、饮水、厩舍等。

本病主要经消化道传染,多由摄入受污染的饲料、饮水而发生,也可经损伤的皮肤、黏膜传染。人主要是经受伤的皮肤、黏膜感染。

马、骡、驴易感本病,尤其以驴、骡最易感,感染后常取急性经过,但感染率比马低,马多呈慢性经过。自然条件下,牛、羊、猪和禽类不感染,骆驼、狗、猫、羊及野生食肉动物也可感染,人也能感染,多呈急性经过。

本病一年四季都可发生。新发地区常呈暴发流行,多呈急性经过;常发地区,马鼻疽多呈慢性经过。

二、临床症状及病理变化

本病的潜伏期为6个月。临床上常分为急性型和慢性型2种。

1. 急性型:病初表现为体温升高、呈不规则热(39℃~41℃),颌下淋巴结肿大等全身性变化。肺鼻疽主要表现为干咳,肺部可出现半浊音、浊音和不同程度的呼吸困难等症状;鼻腔鼻疽可见一侧或两侧鼻孔流出浆液、黏液性脓性鼻液,鼻腔黏膜上有小米粒至高粱米粒大的灰白色圆形结节突起,周围绕以红晕,结节坏死后形成溃疡,边缘不整,隆起如堤状,底面凹陷呈灰白色或黄色;皮肤鼻疽常于四肢、胸侧和腹下等处发生局限性有热、有痛的炎性肿胀并形成硬固的结节。结节破溃排出脓汁后形成边缘不整、喷火口状的溃疡,底部呈油脂样,难以愈合。结节常沿淋巴管径路向附近组织蔓延,形成念珠状的索肿。后肢皮肤发生鼻疽时可见明显肿胀变粗,俗称"橡皮腿"。

2. 慢性型:临床症状不明显,有的可见一侧或两侧鼻孔流出灰黄色脓性鼻液,在鼻腔黏膜常见有糜烂性溃疡,有的在鼻中膈形成放射状斑痕。

病变主要为急性渗出性和增生性变化。渗出性为主的鼻疽病变见于急性鼻疽或慢性鼻疽的恶化过程中;增生性为主的鼻疽病变见于慢性鼻疽。

(1)肺鼻疽。鼻疽结节大小如粟粒、高粱米、黄豆,常发生在肺膜面下层,呈半球状隆起于表面,有的散布在肺深部组织,也有的密布于全肺,呈暗红色、灰白色或干酪样。

(2)鼻腔鼻疽。鼻中膈多呈典型的溃疡变化。溃疡数量不一,散在或成群,边缘不整,中央像喷火口,底面不平、呈颗粒状。鼻疽结节、呈黄白色,粟粒呈小豆大小,周围有晕环绕。鼻疽斑痕的特征是呈星芒状。

(3)皮肤鼻疽。初期表现为沿皮肤淋巴管形成硬固的念珠状结节。多见于前驱及四肢,结节软化破溃后流出脓汁,形成溃疡,溃疡有堤状边缘和油脂样底面,底面覆有坏死性物质或呈颗粒状肉芽组织。

三、诊断及疫情报告

无临床症状慢性马鼻疽的诊断以鼻疽菌素点眼为主,血清学检查为辅;开放性鼻疽的诊断以临床检查为主,病变不典型的,则须进行鼻疽菌素点眼试验或血清学试验。

本病为我国二类动物疫病。我国已消灭此病,一旦发现病畜,应立即向当地兽医主管部门、动物卫生监督机构或动物疫病预防控制机构报告,并逐级上报至国务院畜牧兽医行政主管部门。

四、疫苗与防治

无疫苗可用。

加强饲养管理,做好消毒等基础性防疫工作,提高马匹抗病能力。异地调运马属动物,必须来自非疫区。调入的马属动物必须在当地隔离观察30天以上,经当地动物卫生监督机构连续进行2次(间隔5~6天)鼻疽菌素试验检查,确认健康无病,方可混群饲养。一经有病畜确诊后,动物卫生监督机构就地监督畜主实施扑杀等处理措施。

在健康畜群中发现和隔离出鼻疽病畜时,应及时对其所污染的环境、用具等进行全面消毒。

接触病畜人员用含量为3%的来苏水洗手消毒。阳性皮张可用含量为10%~20%的石灰水或含量为2%~3%的来苏水浸泡3天消毒。粪便经发酵2个月后才能使用。

第十二节 苏拉病(伊氏锥虫病)

苏拉病又称伊氏锥虫病,是由伊氏锥虫引起的一种血液原虫病,多发于热带和亚热带地区。临床特征为进行性消瘦,贫血,黄疸,高热,心肌能衰竭,常伴发体表水肿和神经症状等。

一、病原及流行病学特点

伊氏锥虫属锥虫科、锥虫亚属。虫体细长,呈卷曲的柳叶状,长度一般为15~34微米,宽1.5~2.5微米(平均25微米×2微米),前端尖,后端钝,中央有一较大的椭圆形核,后端有一点状的动基体。动基体也叫运动核,由位于前的生毛体和后方的副基体组成,鞭毛由生毛体长出。鞭毛与虫体之间有薄膜相连,虫体运动时鞭毛旋转,此膜也随着波动,故称波动膜。一般以姬母萨染色效果较好,核和动基体呈深红色,鞭毛呈红色,波动膜呈粉红色,原生质呈淡天蓝色。伊氏锥虫的繁殖在宿主体内进行,一般沿体轴做纵分裂,由1个分裂为2个。伊氏锥虫在外界环境中抵抗力很弱。在干燥、日光直射时很快死亡,消毒药液能使虫体立即崩解,在50℃时经15分钟死亡。

各种带虫动物是本病的传染源,包括急性感染、隐性感染和临床治愈的病畜,特别是隐性感染和临床治愈的病畜,其血液中常保存有活泼的锥虫,是本病最主要的带虫宿主,如水牛、黄牛及骆驼等,有的可带虫5年之久。此外,某些食肉动物,如猫、犬、野生动物、啮齿动物、猪等也可成为本病的宿主。

传播途径主要经吸血昆虫(虻及厩螫)机械性传播。此外,本病还能经胎盘感染,食肉动物采食带虫动物生肉时感染。在疫区给家畜采血或注射时,如消毒不严也可传播本病。伊氏锥虫具有广泛的宿主群,以马、骡最为易感。发病季节和流行地区与吸血昆虫的出现时间和活动范围相一致。我国南方各省以夏、秋季发病最多。因此,每年7~9月流行。

二、临床症状及病理变化

本病的潜伏期为4~11天。

急性病例多为不典型的稽留热(多在40℃以上)或弛张热。发热期间,呼吸急促,脉搏加速,血像、尿液、精神、食欲、体质等均有明显新变化。一般在发热初期血中可检出锥虫,急性病例血中锥虫检出率与体温升高比较一致,而且有虫期长,慢性病例不规律,常见病马体躯下部浮肿。后期病马高度消瘦,心机能衰竭,常出现神经症状,主要表现为步态不稳,后躯麻痹等。骡对本病的抵抗力比马稍强,驴则具有一定的抵抗力,多为慢性,即使体内带虫也不表现任何临床症状,且常可自愈。

尸体消瘦,黏膜呈黄白色。皮下及浆膜胶样浸润,全身性水肿,出血,淋巴结、脾、肝、肾、心等均肿大,且有出血点。在血液中可检出吞铁细胞。

三、诊断与疫情报告

在疫区,根据流行病学及临床症状可作出初步诊断,确诊尚需进行实验室检查。

1. 病原检查:全血压滴标本检查(简单易行,但虫体较少时难以检出)、血液涂片染色标本检查(可看到清晰的锥虫形态,并可做血像检查)、血液厚滴标本染色检查(具有集虫效果,可提高检出率)、集虫法(把抗凝血放在试管或毛细管内离心,镜检血清和红细胞间的白色沉淀物,可提高检出率)、动物接种试验(血液标本不能发现锥虫,其他辅助性诊断也不能确诊时可使用本法。最常用动物为小鼠)。

2. 血清学检查:常用的方法有补体结合试验、间接血凝等。

本病为我国一类动物疫病。一旦发现病畜,立即向当地兽医主管部门、动物卫生监督机构或动物疫病预防控制机构报告,并逐级上报至国务院畜牧兽医行政主管部门。

四、疫苗与防治

本病目前还没有适用的疫苗。

在疫区及早发现病畜和带虫动物,应进行隔离治疗,控制传染源,同时定期喷洒杀虫药,尽量消灭吸血昆虫,对控制疫情发展有一定效果。必要时可进行药物预防。非疫区从疫区引进易感受动物时,必须进行血清学检疫,防止将带虫动物引入。

治疗应抓住3个要点:治疗要早(后期治疗效果不佳)、药物要足(防止产生耐药性)、观察时间要长(防止过早使役引起复发)。常用药物有安锥赛、纳嘎诺(又叫拜耳"205")、纳嘎宁、苏拉明和贝尼尔等。上述药物都有一定的毒性,要严格按说明书使用,同时要配合对症治疗,方可收到较好的疗效。

第十三节　委内瑞拉马脑炎

委内瑞拉马脑炎是由委内瑞拉马脑炎病毒引起的,经蚊媒介的、人畜共患的中枢神经系统感染的自然疫源性疾病。1938年在委内瑞拉马群中流行本病,并首次从病马死后的组织中分离到病毒而得此名。

一、病因及流行病学特点

委内瑞拉脑炎病毒属虫媒病毒 A 组病毒,抗原分为 6 个亚型,而引起人和马流行的主要致病性的是亚型 IA、IB 和 IC,引起人类散发和兽类地方流行的是亚型Ⅱ。

本病是由在疫源地内受感染的野生小啮齿动物以及受感染的马、骡、驴等携带病毒,经蚊虫叮咬后传播的。骚蚊、带喙伊蚊是Ⅰ亚型病毒的传播媒介。库蚊中暗灰亚属、大角蚊属是啮齿动物的传播媒介。还可经实验室感染及呼吸道传播。人群普遍易感。高危人群有马属动物饲养员、兽医、屠宰人员及实验室工作人员。分布于南、北美洲。有严格的夏秋季节性。

二、临床症状体及病理变化

病畜的临床症状常分为两个类型。一类是以急性发热和全身症状为主的炎症型,另一类是以脑炎症状为主的脑炎型。总的老说,本病的症状表现不一,轻的为隐性感染,重症则迅速致死。典型病马的本病的潜伏期为 1~5 天。症状为体温升高(呈双相热),兴奋,平衡失调,肌肉痉挛,抽搐,反射消失,呈僵立或转圈姿势,伴有腹泻与腹痛。重症马匹病程仅数小时。病马预后不良。

人感染本病后,本病的潜伏期为 2~5 天。大多表现为发冷,发热,头痛,肌痛(以下背部及腿部明显),恶心,呕吐,同时伴有心动过速、结膜炎和非渗出性咽峡炎等症状。上述症状约 4~6 天消失,仅少数病畜有嗜睡、昏迷、抽搐、痉挛性瘫痪及中枢性呼吸型衰竭等脑炎的典型表现。末梢血白细胞轻度增高。有脑炎表现者脑脊液呈病毒性脑炎特点。

病理变化主要是淋巴结和骨髓的坏死性变化。有神经症状的马属动物,死后见脑内弥漫性、坏死性脑膜脑炎变化,包括神经细胞坏死、出血和严重的中性粒细胞浸润。其他变化与东部型和西部型马脑脊髓炎相似。

三、诊断及疫情报告

根据在热带、亚热带炎热潮湿的夏季发生急性神经性疾病,可对马属动物的病毒性脑炎作出初步诊断。确诊依赖于病毒分离和血清学检查。通过对 1~4 日龄小鼠、仓鼠或其他实验动物脑内接种的方法,可从感染动物的血液或血清中分离到病毒。通过补体结合试验、血凝抑制试验、蚀斑减数中和试验或免疫荧光试验、血清学检查可鉴定是否为委内瑞拉马脑炎病毒。临床上易与流感、急性感染性胃炎、钩端螺旋体病相鉴别。

本病未列入我国一、二、三类动物疫病病种名录,我国尚无此病。一旦发现病畜,立即向当地兽医主管部门、动物卫生监督机构或动物疫病预防控制机构报告,并逐级上报至国务院畜牧兽医行政主管部门。县级以上兽医主管部门通报同级卫生主管部门。

四、疫苗与防治

委内瑞拉马脑炎疫苗是用 TC-83 株制备的弱毒及灭活疫苗。目前,灭活疫苗应用最广。灭活疫苗要接种 2 次(间隔 2~4 周),以后每年加强一次。

家畜须圈养,防蚊、灭蚊及马属动物接种免疫,均可阻止本病扩散。采用 TC-83 减毒活疫苗接种于成年人、实验室工作人员和高危人群,可预防 IA、IB、IC 亚型感染,对 ID、IE 亚群也有一定预防作用。

尚无特效治疗手段。

第五章 猪病（7 种）

第一节 非洲猪瘟

非洲猪瘟是猪的一种急性、高度接触性传染性疾病。以高热、皮肤发绀、内脏器官严重出血及高死亡率为特征。

一、病原及流行病学特点

非洲猪瘟病毒属非洲猪瘟病毒科的（曾划归虹彩病毒科）。

本病毒能耐低温，但对高温较敏感，经 60℃、20 分钟或经 55℃、30 分钟均可灭活。能在范围很广的 pH 值中存活，在 pH<3.9 或 pH>11.5 的无血清介质中能被灭活。血清能增加病毒抵抗力，如 pH 值为 13.4、无血清存在仅存活 21 小时，有血清存在可存活 7 天。对乙醚、氯仿敏感。在 8‰的氢氧化钠中可存活 30 分钟，在含 2.3% 有效氯的次氯酸盐中可存活 30 分钟，在 3‰福尔马林中可存活 30 分钟，在 3% 正苯基苯酚以及碘化合物中能灭活。在血液、粪便、组织及鲜肉和腌制干肉制品中存活很长时间。可在媒介昆虫中复制。

非洲猪瘟 1910 年发现于东非，现流行于非洲撒哈拉以南国家。欧洲伊伯利亚半岛和撒丁岛曾报道本病。南美及加勒比海等国也曾发生本病，均被消灭。我国从未发生此病。

猪、疣猪、豪猪、欧洲野猪和美洲野猪对本病易感。易感性与品种有关，非洲野猪（疣猪和豪猪）常呈隐性感染。

传播途径为经口和上呼吸道感染，短距离内可发生空气传播。健康猪与病猪直接接触可被传染，或通过饲喂污染的饲料、泔水、剩菜及肉屑，或生物媒介（钝缘蜱属软蜱），或污染的栏舍、车辆、器具、衣物等间接传染。

病猪、康复猪和隐性感染猪为主要传染原。病猪在发热前 1~2 天就可排毒，尤其从鼻咽部排毒。隐性带毒猪、康复猪可终生带毒，如非洲野猪及本病流行地区的家猪。该病毒分布于急性型病猪的各种组织、体液、分泌物和排泄物中。钝缘蜱属软蜱也是传染源。

二、临床症状及病理变化

本病的潜伏期为 5~15 天。《陆生动物卫生法典》规定，非洲猪瘟的感染期为 40 天。非洲猪瘟按病程长短分为急性型、亚急性型、慢性型 3 种。

1. 急性型：突然高烧达 41℃~42℃，稽留约 4 天。食欲不振，脉搏加速，呼吸加快，伴发咳嗽。眼、鼻有浆液性或黏脓性分泌物。早期(48~72 小时)白细胞及血小板减少，白细胞总数下降至正常的 40%~50%，淋巴细胞明显减少，幼稚型中性粒细胞增多。

皮肤充血、发绀(尤其在耳、鼻、腹壁、尾、外阴、肢端等无毛或少毛处出现不规则的瘀斑、血肿和坏死斑)，呕吐，腹泻(有时粪便带血)。怀孕母猪可发生流产。发病后 6~13 天死亡，长的达 20 多天。家猪病死率通常可达 100%，幸存者将终生带毒。

急性型病理变化：血管内皮细胞严重受损，导致各器官组织发生严重的充血、出血、水肿、坏死、梗死等。淋巴结肿胀，边缘呈红色。尤以肾、肠系膜等淋巴结出血严重，呈紫红色，如血瘤状。脾充血肿大，呈黑色。喉头、膀胱黏膜以及内脏器官表面点状出血。四肢及腹部皮下点状瘀血。心包积液，胸水、腹水增多。肺小叶、肠系膜、腰下部、腹股沟有不同程度水肿。少毛、无毛部位呈紫红色水肿，如耳、鼻、四肢末端、尾、会阴、腹股沟部、胸腹侧及腋窝等处。

2. 亚急性型：症状较轻，病程较长。发病后 15~45 天死亡，病死率 30%~70%。怀孕母猪流产。

3. 慢性型：呈不规则波浪热，呼吸困难，体重减轻。有时表现肺炎、心包炎。皮肤可见坏死、溃疡、斑块或小结；耳、关节、尾和鼻、唇可见坏死性溃疡脱落。关节呈无痛性软性肿胀。病程达 2~15 个月，病死率低。

亚急性和慢性型病理变化：淋巴结、脾、肝窦的网状内皮组织增生是一种特征性的变化，还可能看到与急性型相类似的病理变化。

三、诊断与疫情报告

主要是将本病与猪瘟相区别，尤其是在猪瘟流行地区更是如此。

1. 临床诊断:在猪瘟免疫期内的猪群,如突发与猪瘟相似的传染病,传播迅速,大批发病,病死率很高。若用猪瘟疫苗紧急接种未能使疫情减轻,则很可能是本病。

2. 病原分离鉴定:取病猪血液的血细胞层接种于猪血细胞或骨髓细胞单层培养。如其中含有多量本病毒,则大多于接种后24小时出现红细胞吸附于感染病毒的白细胞上,后来感染的白细胞脱落、溶解。而猪瘟则否。

3. 动物接种试验:分别对猪瘟免疫猪和未免疫猪接种检样后5天,如都发病,症状和病变都酷似本病,即为本病。如仅为未免疫猪发病,症状和病变都酷似猪瘟,则为猪瘟。以区分猪瘟与非洲猪瘟。如在发热初期采血样或淋巴结、脾等作荧光抗体试验,进一步鉴定,也可确诊。

4. 血清学试验:红细胞吸附和红细胞吸附抑制试验、酶联免疫吸附试验、间接荧光抗体试验、免疫印迹试验(确诊)、对流免疫电泳试验(敏感性低,仅做感染猪群的筛选)。

注意:本病应与猪丹毒、猪沙门氏菌病、猪巴氏杆菌病相区别。

本病为我国一类动物疫病。一旦发现可疑疫情,应立即向当地兽医主管部门、动物卫生监督机构或动物疫病预防控制机构报告,并逐级上报至国务院畜牧兽医行政主管部门。

四、疫苗与防治

目前尚无适用的非洲猪瘟疫苗。

我国无本病发生,但必须保持高度警惕,严禁从有病地区和国家进口猪及其产品。销毁或正确处置来自感染国家(地区)的船舶、飞机的废弃食物和泔水等。加强口岸检疫,以防本病传入。

一旦发现疫情,按《中华人民共和国动物防疫法》规定,采取紧急、强制性的控制和扑灭措施。封锁疫区,控制疫区生猪移动。迅速扑杀疫区所有生猪,无害化处理动物尸体及相关动物产品。对栏舍、场地、用具进行全面清扫及消毒。详细进行流行病学调查,包括上下游地区的疫情调查。对疫区及其周边地区进行监测。

第二节 古典猪瘟(猪瘟)

古典猪瘟又称猪瘟,是由猪瘟病毒引起的一种高度传染性疾病,其特征为急性经过、高热稽留、死亡率很高、小血管壁变性引起的出血、梗塞和坏死等变化。

一、病原及流行病学特点

猪瘟病毒为一种小 RNA 病毒,病猪的尿、粪便和各种分泌物都含有多量病毒。

在自然干燥的条件下,猪瘟病毒易于死亡。污染的环境如保持充分干燥和较高的温度,经 1~3 周,即失去传染性。腐败也易于使之灭活,病猪尸体腐败后 2~3 天,其传染性消失。但骨髓腐败较慢,其中的病毒可存活 15 天。病毒对温热的抵抗力不强,于 50℃经 3 天、37℃经 7~15 天死亡。在冰冻条件下可经久不死。

生石灰、草木灰、烧碱、漂白粉、煤酸等溶液都能很快使之灭活,但升汞、甲醛、石炭酸等对蛋白质基质中的病毒作用较差。病猪的病理材料加等量含量为 0.5% 的石炭酸与含量为 50% 的甘油生理盐水,在室温内可保存数周,可用于送检材料的防腐。

本病仅发生于猪,野猪也易感,病猪是本病的主要传染源,由尿、粪便和各种分泌物排出病毒,病猪屠宰时,随各种未经消毒处理的产品和废料、废水广泛散布,造成本病的流行。自然传染主要通过污染的饲料和饮水,特别是未经煮沸消毒的残羹。人和其他动物也能机械地传播病毒。猪瘟病毒不能使其他哺乳动物和鸟类感染发病。

病猪主要呈急性经过,以后流行趋向低潮,发病率和死亡率都很高,在 90% 以上,而在本病常发地区,猪群有一定免疫性,发病率和死亡率则较低。免疫母猪所生的仔猪在 1 月龄以内很少发病,1 月龄以后,易感性逐渐增加。

二、临床症状及病理变化

猪瘟按病程长短分最急型、急性型和慢性型 3 种。

1. 最急性型:最急性型猪瘟常发生于流行的早期,病状不明显,病猪常常突然死亡或体温突然升高,有时鼻孔出血,数小时之内死亡。

2. 急性型:急性型猪瘟比较多见,病猪体温升高达 40.5℃~42℃,寒战,精神不好,拱背,不愿行走。初期拉干粪,很快拉稀粪,粪中带血,腹下、股内侧皮肤较薄的地方,有深紫红色的出血点或斑,用手指压迫,其色泽不褪。

3. 慢性型:慢性型猪瘟,在流行的后期或常发地区比较多见。病期较长,可持续 1~2 个月。病猪表现吃食不好,消瘦,常卧于垫草之中。小猪发育停滞,毛枯,拱背,行走摇摆不稳。

患猪瘟病死的猪,皮肤、胃、肠、肾有出血点,膀胱黏膜也有出血点。肠黏膜上有时有纽扣状溃疡。肝脏肿大。

三、诊断与疫情报告

依据临床症状和病理变化可作出初步诊断，确诊需进一步做实验室诊断。

1. 血液学检查：主要检查病猪的白细胞数和血小板数。无并发症的病例出现白细胞减少症，血小板也显著减少。

2. 细菌学检查：采病猪的血液和淋巴结、脾、肝、肾等镜检和细菌分离培养。如为阴性，则猪瘟的可能性很大。

3. 血清学试验：常用荧光抗体法。应用最广泛的是组织切片荧光抗体试验，2~3 小时即可确诊。

本病为我国一类动物疫病。一旦发现可疑疫情，应立即向当地兽医主管部门、动物卫生监督机构或动物疫病预防控制机构报告，并逐级上报至国务院畜牧兽医行政主管部门。

四、疫苗与防治

目前，尚无有效的猪瘟灭活疫苗。

减毒活疫苗是用经细胞培养继代或通过适宜的非猪科动物宿主传代致弱的猪瘟病毒株制备的。疫苗是用细胞培养或用非猪科动物来生产，都是以批为基础的，每批疫苗都有要进行同一性、无菌性、纯度、安全性、非传染性、稳定性和免疫原性检验。

已有两种标记疫苗获得了欧盟的注册。这两种疫苗均以猪瘟病毒的 E2 糖蛋白作免疫原。E2 亚单位抗原可由经基因修饰的杆状病毒感染昆虫细胞后生产，这种杆状病毒应整合有猪瘟病毒的 E2 基因。因此，这种疫苗不含任何猪瘟病毒，同时杆状病毒也已被灭活。成品用来自两相（水包油包水）或一相（油包水）的介质——矿物油作为佐剂。

在猪瘟流行地区可用猪瘟兔化弱毒疫苗，或与猪丹毒、猪肺疫制成二联苗或三联苗进行免疫预防。

1. 猪瘟兔化弱毒冻干疫苗：仔猪生后 21 天可以免疫注射，断奶后再加强免疫注射 1 次，注射 4 天后，即可产生坚强的免疫力，免疫期为 18 个月。大小猪均肌肉或皮下注射 1 毫升。

2. 猪瘟兔化弱毒乳兔组织冻干疫苗：用法和用量同猪瘟兔化弱毒冻干疫苗。

3. 猪瘟兔化弱毒细胞培养冻干疫苗：本苗专供预防猪瘟用，免疫期 12 个月。大小猪均肌肉或皮下注射 1 毫升。

4. 猪瘟、猪丹毒二联弱毒活疫苗:用于预防猪瘟、猪丹毒。断奶半个月以上的猪,不认大小,一律肌肉注射 1 毫升。猪瘟免疫期为 1 年。猪丹毒免疫期为半年。

5. 猪瘟、猪丹毒、猪多杀性巴氏杆菌病三联活疫苗:用于预防猪瘟、猪丹毒、猪肺疫。断奶半个月以上的猪不分大小一律肌肉注射 1 毫升。猪瘟免疫期为 1 年。猪丹毒和猪肺疫免疫期为半年。

本病传染性甚强,病死亡率甚高,尚无治疗方法,一旦发生,就会导致严重损失。因此,平时应做好预防措施,杜绝本病的传入。疫病发生之后,应立即采取紧急、强制性的控制和扑灭措施,尽快扑灭疫情。

第三节 尼帕病毒脑炎

尼帕病毒性脑炎是由尼帕病毒引起的一种新的烈性人兽共患传染病。

一、病原及流行病学特点

一种新的病毒,由于该病毒是从马来西亚尼帕镇患者首次分离得到的,所以将本病毒命名为尼帕病毒,并归属于副黏病毒科。该病毒体外相当不稳定,对热和消毒药物抵抗力不强,加热 56℃,经 30 分钟该病毒即被破坏,用肥皂和一般消毒剂很容易灭活该病毒。

尼帕病毒的自然宿主包括猪、人、马、山羊、猎犬、猫、果蝙蝠、鼠类。

果蝙蝠和野猪是猪群发生尼帕病毒脑炎的传染源。病猪通过呼吸道和泌尿系统传播,或与有病毒感染的体液接触传播。此外也可能是通过使用同一针头、人工授精等方式传播。在尼帕病毒感染人的途径中,猪起了关键的作用。病人主要是通过伤口与感染猪的分泌液、排泄物及呼出气体等接触而感染。

二、临床症状及病理变化

本病的潜伏期为 7~14 天。不同年龄的猪临床症状有所不同,一般主要表现为神经症状和呼吸道症状,且发病率高,死亡率低。4 周龄至 6 月龄猪通常表现为急性高热(≥39.9℃),呼吸困难,伴有轻度或严重的咳嗽,呼吸音粗等症状,严重的病例可见咳血。通常还出现震颤、肌肉痉挛和抽搐等神经症状,行走时步伐不协调,后肢软弱并伴有不同程度的局部痉挛、麻痹或者跛行。

母猪和公猪发病相似,高烧(≥39.9℃)、肺炎和流出黏性脓性分泌物,常由于严重的呼吸困难、局部痉挛、麻痹而死亡。怀孕早期的猪还可能出现早产。此外,常出现眼球震颤、用力咀嚼,流涎或口吐泡沫,舌头外伸等症状。

哺乳仔猪感染后死亡率高达40%,受感染的仔猪大多出现呼吸困难,后肢软弱无力及抽搐等症状。

此外,在肺脏膈叶出现硬变,小叶间结缔组织增生,支气管的横断面有渗出的黏液,肾脏的皮质和髓质充血以及非化脓性脑膜脑炎等病理变化。

三、诊断与疫情报告

根据本病的发病年龄和临床症状可作出初步诊断,但由于本病与其他疾病如日本乙型脑炎等出现一些类似的临床特征,易造成误诊,所以确诊必须通过病原学检查和血清学方法检查。

病毒分离是最重要、最基本的诊断方法。病毒分离株的进一步鉴定,还需做电镜或免疫电镜、特异性抗血清中和实验、PCR等严格的质量控制实验。

本病未列为我国一、二、三类动物疫病病种名录,我国尚无此病。一旦发现病畜,立即向当地兽医主管部门、动物卫生监督机构或动物疫病预防控制机构报告,并逐级上报至国务院畜牧兽医行政主管部门。县级以上兽医主管部门通报同级卫生主管部门。

四、疫苗与防治

目前,尚未开发和使用尼帕病毒疫苗和有效治疗方法。

可采取封锁感染猪场,捕杀病猪和疑是感染猪及其同群猪,加以深埋处理,并对感染猪场进行全面、彻底的消毒,以消灭或减少传染原;同时,禁止疫区猪只向外转运,以防止疫情的蔓延。

广泛灭蚊,清除积水,以消灭蚊子孳生地,也是防止病原传播的重要措施。注意日常管理,应定期对猪进行检疫监测。

第四节　猪囊尾蚴病

猪囊尾蚴病又称猪囊虫病,也就是人们常说的"米星猪""豆猪"。它是由寄生在人体小肠内有钩绦虫的幼虫寄生于猪体内所引起的,猪患囊虫病后,在肌肉里,常见于咬肌、舌肌、肋间肌、臀肌中有很多米粒状、半透明的小颗粒。

一、病原及流行病学特点

本病病原为猪带绦虫,又名有钩绦虫。成熟的猪囊尾蚴,外形椭圆,约黄豆大，为半透明的包囊，大小为 6 毫米×5 毫米~10 毫米×5 毫米，囊内充满液体，囊壁是一层薄膜，壁上有一个圆形黍粒大的乳白色小结，其内有一个内翻的头节，头节上有 4 个圆形。

猪与野猪是最主要的中间宿主，犬、骆驼、猫及人也可作为中间宿主；人是猪带绦虫的终末宿主。该囊尾蚴寄生于人、猪各部横纹肌及心脏、脑、眼等器官。

二、临床症状及病理变化

成年猪感染猪囊虫病，如虫量较少，侵害轻微，而猪抵抗力又较强时，常不表现明显症状。感染严重的猪，临床表现为营养不良，生长受阻，消瘦，贫血和水肿，前肢僵硬，叫声嘶哑，短时干咳，呼吸急促。小猪常吃食正常，但生长缓慢。有的眼底或舌下有突起结节，有的两肩明显外张，臀部不正常，呈肥胖宽阔的狮体形状，个别猪逐渐瘦弱、衰竭、死亡。如虫体寄生在脑部，能引起神经症状，还会破坏大脑的完整性，降低机体的防御能力，严重者可导致死亡。若寄生在眼部，会引起视力障碍，严重者可失明；寄生于眼睑或舌部表面时，寄生处呈现豆状肿胀。

剖检轻症病猪无明显临诊表现，重症病猪发育迟缓并因肌肉水肿而使肩部、臀部、前胸、后躯及四肢异常肥大，体中部窄细，猪体呈哑铃状。严重感染的猪肉。除在各部分肌肉中可发现囊尾蚴外，亦可在脑、眼、肝、脾、肺甚至淋巴结与脂肪内找到虫卵；初期囊尾蚴外部有细胞浸润现象，继之发生纤维性病变，约半年后囊虫死亡并逐渐钙化。

三、诊断及疫情报告

猪囊尾蚴病的生前临床诊断较困难，根据其临床特点可按以下方法进行。一是听病猪喘气粗，叫声嘶哑；二是看病猪肩胛、颜面部肌肉宽松肥大，眼球突出，整个猪体呈哑铃形；三是检查舌部、眼结膜和股内侧肌，可触摸到颗粒状的硬结节。确诊需进行剖解或免疫学检查。

如在眼睑和舌的边缘以及舌下系带部位发现因幼虫寄生而造成的豆状结节，可基本确诊。宰后检验一般靠肉眼发现囊虫，按照规程规定，主要检验部位为咬肌、深腰肌和膈肌，其他可检部位为心肌、肩胛外侧肌和股内侧肌。

实验室诊断可采取粪便检查、压片检查、疫学检查（应用间接血细胞凝集试验和酶联免疫吸附试验）。

本病为我国二类动物疫病。一旦发现病畜，立即向当地兽医主管部门、动物卫生监督机构或动物疫病预防控制机构报告，并逐级上报至国务院畜牧兽医行政主管部门。县级以上兽医主管部门通报同级卫生主管部门。

四、疫苗与防治

尚无可用的疫苗。近年来,国内外有人用猪囊尾蚴匀浆制成抗原对猪进行免疫接种,获得了较好的免疫保护作用。还有人用囊尾蚴培养液制成抗原,也获得了88.9%的保护力。

在该病可能存在的地区,人、畜要定期服药预防,仔猪断奶后驱虫1次,以后每隔1~2个月驱虫1次;种公猪每年驱虫1次,因多数驱虫药会损伤精子,需选用高效低毒的药物驱虫;母猪在妊娠期内不宜驱虫,以免损伤胎儿。搞好粪便的管理与处理,做到人有茅厕猪有圈,改变"连茅圈"养猪和利用人、鸡的生粪便喂猪的不良习惯。病人、病猪排出的粪便应挖坑深埋或泥封,或进行生物热处理,以杀死幼虫、虫卵,切断传染源,防止污染。生肉、熟肉、蔬菜分放,切勿混淆;切肉的砧板、刀具也应有别或经彻底洗刷、消毒后再用,以防造成污染而引起感染。还应加强肉品卫生检验。

猪囊尾蚴病的治疗方法:

1. 吡喹酮:用药剂量为50毫克/千克,每天1次,混于饲料内服用,连用3天;也可按60毫克/千克~100毫克/千克用药,与液体石蜡按1:5的比例制成混悬液,分多点肌肉注射。

2. 丙硫咪唑:按60毫克/千克~65毫克/千克用药,用橄榄油或豆油制成6%混悬液肌肉注射;也可按20毫克/千克用药,1次口服,隔48小时再服1次,连用3次即可治愈。

第五节 猪繁殖与呼吸综合征

猪繁殖与呼吸综合征是猪群发生以繁殖障碍和呼吸系统症状为特征的一种急性、高度传染的病毒性传染病。

一、病原及流行病学特点

猪繁殖与呼吸综合征的病原体属动脉炎病毒属,是一种有囊膜的单股正链RNA病毒,病毒粒子呈球型,直径为55~60纳米。病毒有美洲型、欧洲型2种。我国分离到的毒株为美洲型。病毒对酸、碱都较敏感,尤其很不耐碱,一般的消毒剂对其都有作用,但在空气中可以保持3周左右的感染力。

在自然流行中,仅猪感染发病,不同品种、年龄、性别的猪均可感染,但不同年龄的猪,其易感性有一定差异。母猪和仔猪较易感,发病症状较严重。

患病猪和隐性感染带毒猪是本病的主要传染来源,病猪的分泌物、排泄物都可带毒、排毒,耐过猪只则长期带毒。

猪繁殖与呼吸综合征的主要感染途径为呼吸道。主要的传播方式为空气传播、接触传播、精液传播和垂直传播。病猪、带毒猪和患病母猪所产的仔猪以及被污染的环境、用具都是重要的传染源。此病在仔猪中传播比在成猪中传播更容易。当健康猪与病猪接触,如同圈饲养,频繁调运,高度集中,都容易导致本病发生和流行。猪场卫生条件差,气候恶劣、饲养密度大,可促使猪繁殖与呼吸综合征的流行。老鼠可能是猪繁殖与呼吸综合征病原的携带者和传播者。

二、临床症状及病理变化

各种年龄的猪发病后大多表现有呼吸困难症状,但具体症状均不相同。

母猪染病后,初期出现厌食、体温升高、呼吸急促、流鼻液等类似感冒的症状,少部分(2%)感染猪四肢末端、尾、乳头、阴户和耳尖发绀,并以耳尖发绀最为常见,个别母猪拉稀,后期则出现四肢瘫痪等症状,一般持续 1~3 周,最后可能因为衰竭而死亡。怀孕前期的母猪流产,怀孕中期的母猪出现死胎、木乃伊胎,或者产下弱胎、畸形胎,哺乳母猪产后无乳,乳猪多被饿死。

公猪染病后表现为咳嗽,打喷嚏,精神沉郁,食欲不振,呼吸急促,运动障碍以及性欲减弱,射精量少,精液质量下降。

生长中的肥育猪和断奶仔猪染病后,主要表现为厌食、嗜睡、咳嗽、呼吸困难,有些猪双眼肿胀,出现结膜炎和腹泻,有些断奶仔猪表现下痢、关节炎、耳朵变红、皮肤有斑点。病猪常因继发感染胸膜炎、链球菌病、喘气病而致死。如果不发生继发感染,生长肥育猪可以康复。

哺乳期仔猪染病后,多表现为被毛粗乱、精神不振、呼吸困难、气喘或耳朵发绀,有的有出血倾向,皮下有斑块,出现关节炎、败血症等症状,死亡率高达 60%。仔猪断奶前死亡率增加,高峰期一般持续 8~12 周,而胚胎期感染病毒的,多在出生时即死亡或出生后数天死亡,死亡率高达 100%。

剖检猪繁殖与呼吸综合征病死猪,主要病变是肺弥漫性间质性肺炎,并伴有细胞浸润和卡他性肺炎区,肺水肿,在腹膜以及肾周围脂肪、肠系膜淋巴结、皮下脂肪和肌肉等处发生水肿。

在显微镜下观察,可见鼻黏膜上皮细胞变性,纤毛上皮消失,支气管上皮细胞变性,肺泡壁增厚,膈有巨噬细胞和淋巴细胞浸润。母猪可见脑内灶性血管炎,脑髓质可见单核淋巴细胞性血管套,动脉周围淋巴鞘的淋巴细胞减少,细胞核破裂和空泡化。

三、诊断与疫情报告

根据流行病学、临床症状和病理变化可作出初步诊断,确诊需进一步做实验诊断。

1. 病原分离和鉴定:从病猪的血清、腹水和组织器官中分离病毒,并采用特异性抗血清免疫染色来鉴定病毒。

2. 血清试验:免疫过氧化物酶单层细胞试验、酶联免疫吸附试验、免疫荧光试验和血清中和试验。

病料采集:采集流产死胎、新生仔猪的心、肺、脑、肝、肾、扁桃体、脾、外周血白细胞、支气管外周淋巴结、胸腺和骨髓等,制成匀浆用于病毒分离;也可采取发病母猪的血清、血浆、外周白细胞进行病毒分离。

本病应与其他繁殖障碍和呼吸道疾病进行鉴别诊断,如应与伪狂犬病、猪圆环病毒病、猪细小病毒病、猪瘟、猪流行性乙型脑炎、猪呼吸道冠状病毒病、猪脑心肌炎、猪血凝性脊髓炎以及其他细菌性疾病进行区分。

本病为我国二类动物疫病。一旦发现病畜,应立即向当地兽医主管部门、动物卫生监督机构或动物疫病预防控制机构报告,并逐级上报至国务院畜牧兽医行政主管部门。

四、疫苗与防治

目前国内外已推出商品化的猪繁殖与呼吸综合征弱毒疫苗和灭活苗,国内也有正式批准的灭活疫苗。然而,猪繁殖与呼吸综合征弱毒疫苗返祖毒力增强的现象和安全性问题日益引起人们的担忧。国内外有使用弱毒疫苗而在猪群中引起多起猪繁殖与呼吸综合征的暴发。因此,应慎重使用活疫苗。

猪繁殖与呼吸综合征灭活疫苗(Ch-1a 株),用于预防猪繁殖与呼吸综合征,于2℃~8℃保存,有效期为 10 个月。免疫期为 6 个月。免疫时可给猪进行颈部肌肉注射。母猪在怀孕 40 日内进行初次免疫接种,间隔 20 日后进行第 2 次接种,以后每隔 6 个月接种 1 次,每次每头 4 毫升;种公猪初次接种与母猪同时进行,间隔 20 日后进行第 2 次接种,以后每隔 6 个月接种 1 次,每次每头注射 4 毫升;

仔猪,15~21 日龄接种 1 次,每头注射 2 毫升。在屠宰前 21 日内不得进行接种。

坚持自繁自养的原则,建立稳定的种猪群,不轻易引种。禁止从疫区引进种猪。对引进的种猪必须进行严格检疫,防止本病传入。种猪引入后必须建立适当的隔离区,做好监测工作,一般需隔离检疫 4~5 周,确定为健康的猪才可混群饲养。

建立健全规模化猪场的生物安全体系,定期对猪舍和环境进行消毒,保持猪舍、饲养管理用具及环境的清洁卫生,一方面可防止外面疫病的传入,另一方面通过严格的卫生消毒措施把猪场内的病原微生物的污染降低到最低限,可以最大限度地控制和降低猪繁殖与呼吸综合征感染猪群的发生率和继发感染机会。

对发病猪场要采取严格控制、扑灭措施,防止扩散。对流产的胎衣、死胎及死猪都做好无害处理,产房彻底消毒。

对有临床症状猪只进行隔离治疗:

1. 葡萄糖生理盐水 100 毫升、利巴韦林 100 毫克(1 毫升)、头孢拉定 1 克、地塞米松 2 毫升混合静注;

2. 葡萄糖生理盐水 100 毫升、科特壮 3 毫升、维生素 C 2 毫升混合静注;

3. 可用抗病毒多肽进行肌肉注射,每头 2 毫升;

4. 复方磺胺甲氧嘧啶钠,肌肉注射,每头 2 毫升;或选用血虫速灭,用量为 0.1 毫升/千克,每天 1 次;

5. 注射精制高免血清或干扰素,每天 1 次,每次 2 毫升,连用 3 天;

6. 对于高热不退的猪只可用 0.5 克氨苄青霉素,配合复方氨基比林 2 毫升肌肉注射,每天 1 次,连用 2 天;气喘严重的猪只配合使用麻黄素等平喘药。

第六节 猪水疱病

猪水疱病是由猪水疱病病毒引起猪的一种急性传染病,以蹄冠、蹄叉以及偶见唇、舌、鼻镜和乳头等部位皮肤或黏膜上发生水疱为特征。

一、病原及流行病学特点

猪水疱病病毒属微 RNA 病毒科、肠道病毒属。

本病毒须冷藏和冷冻保存。在 56℃时经 1 小时可灭活,pH 值为 2.5~12.0 时本病毒表现稳定;对消毒药有较强的抵抗力。在有机物存在下,可被 1%氢氧化钠加去污剂灭活。在无有机物存在下,可用氧化剂、碘伏、酸等消毒剂加去污剂消毒。本病毒对环境有很强的抵抗力，腌、熏加工不能使其灭活，在火腿中可存活180天，在香肠和加工的肠衣中可分别存活1年和2年以上。

猪是唯一的自然宿主，不分年龄、性别、品种均可感染。

传染源为病猪、康复带毒猪和隐性感染猪。病畜的水疱皮、水疱液、粪便、血液以及肠道、毒血症期所有组织含有大量病毒。感染猪的肉屑及泔水，污染的圈舍、车辆、工具、饲料及运动场地均是危险的传染源。

本病病毒易通过宿主黏膜(消化道、呼吸道黏膜、眼结膜)和损伤的皮肤感染，孕猪可经胎盘传播给胎儿。

本病一年四季均可发生，但多见于冬、春两季。分散饲养的发病率低，集中圈养的发病率高。一般不引起死亡。

二、临床症状及病理变化

本病的潜伏期为2~7天，有的可延至更长，《陆生动物卫生法典》规定为28天。

临床症状易与口蹄疫混淆。发病初期，猪群中有些猪突然跛行(在硬质地面上表现明显)，关节痛疼，不愿站立、采食，尤以小猪感染最为严重。

病猪体温升高2℃~4℃，水疱破溃后即降至正常体温。蹄冠、蹄叉、鼻盘出现水疱，口腔、舌及乳头上皮很少有水疱；水疱破溃后形成糜烂，蹄壳松动或脱落；通常发病后1周内恢复，最长不超过3周；某些毒株不引起症状或仅引起较缓和的症状。

病猪除口腔、鼻端和蹄部有水疱及水疱破溃后形成溃疡灶外，内脏无明显变化。

三、诊断与疫情报告

猪水疱病的症状与猪口蹄疫、猪水疱疹和水疱性口炎极为相似。因此，确诊需进一步做实验室诊断。

1. 病原鉴定：猪水疱病毒仅能在猪肾原代细胞及传代细胞上复制，而口蹄疫病毒不仅在猪肾、仓鼠肾细胞上，而且在牛肾细胞上也能复制。这种培养特性可用于二者的区别。

将被检病料分别接种于1~2日龄乳鼠和7~9日龄乳鼠，如两组乳鼠均死亡，可诊断为口蹄；仅1~2日龄乳鼠死亡者为猪水疱病。酶联免疫吸附试验、直接补体结合试验或细胞培养分离病毒(猪源细胞培养)。

2. 血清试验：本病与口蹄疫、水疱性口炎和猪水疱性疹在补体结合试验、病毒中和试验、荧光抗体试验、琼脂扩散试验、反向间接血凝试验等方面都有不同，可以作出区别。

虽然猪水疱病病毒比较稳定，但采样时也应和口蹄疫病毒样品一样，置于pH7.2~7.4运输保存液中送检。

用于病毒分离应采集水疱液、水疱皮（至少1克，置于pH值为7.2~7.4、含量为50%的甘油PBS中）、抗凝全血样品（在发热期采集）和粪样。用于血清试验应采集发病猪及同群猪的血清样品（1~2毫升）。

本病已列入我国一类动物疫病病种名录。发生疫情时，应立即向当地兽医主管部门、动物卫生监督机构或动物疫病预防控制机构报告，并逐级上报至国务院畜牧兽医行政主管部门。

四、疫苗与防治

目前认为可用于本病免疫的疫苗有多种：鼠化弱毒苗，接种后第7天可产生免疫力，保护率可达80%以上，免疫期6个月；细胞弱毒苗，对猪的安全性和免疫原性均良好；细胞毒灭活苗，有一定程度的保护力。应用康复血清或免疫血清按每千克体重0.1~0.3毫升免疫注射，保护率达90%，免疫期30天，常作紧急预防，可起到控制疫情的作用。

无本病的国家和地区严禁从有病国家引进活猪、猪肉或未经无害化处理的肉制品，并加强检疫工作。切实做好消毒工作，特别是泔水要煮沸喂猪，这是一条防止猪水疱病的根本措施。加强饲养管理，提高猪的抵抗力。

一旦发生疫病时，必须按《中华人民共和国动物防疫法》及有关规定处理。采取紧急、强制性的控制和扑灭措施。疫点应严格隔离，清除传染原，防止猪的接触。必须清除所有污物，消毒用具，对受威胁的猪进行紧急预防。屠宰病猪的肉品及下脚料不可上市销售，应作高温无害化处理。要严格控制人、猪流动。消毒药品以菌毒敌、灭瘟灵、强力消毒灵的消毒效果最好。

本病至今尚无有效治疗方法，可试用高免血清治疗。

第七节　传染性胃肠炎

传染性胃肠炎是由猪传染性胃肠炎病毒引起猪的一种高度接触性消化道传染病。以呕吐、水样腹泻和脱水为特征。

一、病原及流行病学特点

猪传染性胃肠炎病毒属冠状病毒科、冠状病毒属。本病毒能在猪肾、猪甲状腺、猪睾丸等细胞上很好增殖。对乙醚、氯仿、去氧胆酸钠、次氯酸盐、氢氧化钠、甲醛、碘、碳酸以及季铵化合物等敏感；不耐光照，粪便中的病毒在阳光下6小时失去活性，病毒细胞培养物在紫外线照射下30分钟即可灭活。病毒对胆汁有抵抗力，耐酸，弱毒株在pH值为3时活力不减，强毒在pH值为2时仍然相当稳定；在经过乳酸发酵的肉制品里病毒仍能存活。病毒不能在腐败的组织中存活。病毒对热敏感，在56℃时、经30分钟能很快被灭活；在37℃时、经4天丧失毒力，可在低温下长期保存，在液氮中存放3年毒力无明显下降。

传染源为发病猪、带毒猪及其他带毒动物。病毒存在于病猪和带毒猪的粪便、乳汁及鼻分泌物中，病猪康复后可长时间带毒，有的带毒期长达10周。

主要经消化道、呼吸道传播。感染母猪可通过乳汁排毒感染哺乳仔猪。

感染动物为猪，各种年龄的猪都易感，10日龄以内的仔猪发病率和病死率较高。狗、猫、狐狸等可带毒、排毒，但不发病。

发生和流行有明显的季节性，多见于冬季和初春。本病多呈地方性流行，新发区呈暴发性流行。本病常可与产毒素大肠杆菌、猪流行性腹泻病毒或轮状病毒发生混合感染。

二、临床症状及病理变化

本病的潜伏期仔猪为12~24小时，成年猪为2~4天。

病初仔猪呕吐，接着水样或糊状腹泻，粪便呈黄绿或灰色，常含有未消化的凝乳块。随即脱水、消瘦，2~7天死亡。病愈仔猪生长缓慢。

肥育猪或成年猪症状较轻，表现减食，腹泻，消瘦，有时呕吐。哺乳母猪泌乳减少，一般经3~7天恢复，很少发生死亡。

以急性肠炎变化，从胃到直肠呈现卡他性炎症为特征。剖检可见胃肠充满凝乳块。小肠充满气体及黄绿或灰白色泡沫样内容物，肠壁变薄，呈半透明状。绒毛肠系膜淋巴结充血、肿胀。心、肺、肾一般无明显病变。

三、诊断与疫情报告

在本病暴发流行时，根据发病季节、传播迅速和发病率高、典型病例的临床症状和病理变化的特点，一般不难作出初步诊断。确诊需进一步做实验室诊断。

1. 病原检查：采集发病不到1天的典型的仔猪空肠及其内容物，经常规处理后过滤的滤液作为接种材料，在猪睾丸或猪肾细胞单层培养物盲传几代后才能产生明显的细胞病变。组织培养物可用荧光抗体试验检查病毒抗原。

2. 血清学检查:具有较强特异性的反应是病毒中和试验,多用于定性和测定免疫水平。特性、灵敏、快速的诊断方法是荧光抗体试验。间接血凝试验和酶联免疫吸附试验也是灵敏度很高的诊断方法。

传染性胃肠炎为我国三类动物疫病。发生疫情时,应立即向当地兽医主管部门、动物卫生监督机构或动物疫病预防控制机构报告,并逐级上报至国务院畜牧兽医行政主管部门。

四、疫苗与防治

一些国家已经开始使用预防猪传染性胃肠炎的疫苗。

疫苗免疫失败的主要原因是免疫疫苗所产生的乳汁中分泌性免疫球蛋白的水平达不到自然感染猪传染性胃肠炎病毒的水平。另外,这些疫苗不能有效地保护母猪免受猪传染性胃肠炎病毒感染,感染母猪可表现出食欲不振、乳汁减少等症状,其后代仔猪也得到被动保护。弱毒苗免疫失败,是由于病毒在肠道内繁殖达不到免疫保护作用所需的水平,而且,如果给血清学阴性的初生仔猪免疫后还会出现毒力返强现象。非肠道应用灭活苗不能产免疫球蛋白抗体,细胞介导免疫反应弱而且免疫持续期短。尽管有人建议用猪呼吸道冠状病毒疫苗来预防猪传染性胃肠炎病,但试验表明猪呼吸道冠状病毒疫苗对猪传染性胃肠炎病保护效果不佳或仅有部分交叉保护作用。

用传染性胃肠炎弱毒冻干疫苗进行预防免疫:妊娠母猪产前 20~30 天注射 2 毫升;初生仔猪注射 0.5 毫升,体重为 10~50 千克时注射 1 毫升;50 千克以上注射 2 毫升,免疫期半年。

冬季要特别警惕本病,除做好猪场防疫外,对附近流行情况必须密切注意。平时应注意不从疫区或病猪场引进猪只,坚持自繁自养,以免传入本病。加强猪场的检疫工作,定期清扫消毒,加强饲养管理。当猪群发病时,应立即隔离,对健康猪群进行免疫,用碱性消毒剂严密消毒猪舍、场地、用具、车辆等。

本病目前尚无有效治疗方法,可采取对症治疗以减轻失水、酸中毒和防止并发感染,加强护理,提供良好的环境。采病猪康复后 20~30 天的全血或血清喂仔猪,按每千克体重灌服 1 毫升,连服 2 天,并静脉注射 5%葡萄糖生理盐水;病母猪输液时,加盐酸四环素 150 万~250 万 U(国际单位)或 1%痢菌净 40~60 毫升,疗效较佳。

第六章　禽病（14 种）

第一节　禽衣原体病

　　禽衣原体病又名鹦鹉热、鸟疫，是由鹦鹉衣原体引起的一种急性或慢性传染病。该病主要以呼吸道和消化道病变为特征，不仅会感染家禽和鸟类，还会危害人类的健康，给公共卫生带来严重危害。

一、病原及流行病学特点

　　衣原体是介于立克次体和病毒之间的一种病原微生物，以原生小体和网状体两种独特形态存在。原生小体是一种小的、致密的球形体，不运动，无鞭毛和纤毛，是衣原体的感染形态。网状体是细胞内的代谢旺盛形态，通过二分裂方式增殖。网状体比原生小体大，渗透性差，在发育过程中能合成自己的 DNA、RNA 和蛋白质。将感染组织的压印涂片经适当固定后，用姬母萨染色呈现深紫色，圆形，单个或纵状排列。用含量为 5% 的碘和 16% 的碘化钾酒精溶液染色感染衣原体的组织切片或感染衣原体的单层细胞培养物，可以看到包涵体。衣原体可以在鸡胚、细胞培养物和常用的哺乳动物细胞中生长繁殖，也能在小白鼠、豚鼠中培养。四环素、氯霉素和红霉素对衣原体具有强烈的抑制作用，青霉素抑制能力较差。衣原体对杆菌肽、庆大霉素和新霉素不敏感。衣原体对能影响脂类成分或细胞壁完整的化学因子非常敏感，容易被表面活性剂如季胺类化合物和脂溶剂等灭活。含量为 70% 的酒精、3% 的双氧水、碘酊溶液和硝酸银等几分钟便可将其杀死。

　　衣原体病主要通过空气传播，呼吸道是最常见的传播途径。吸血昆虫也可传播本病。本病一年四季均可发生，以秋冬和春季发病最多。饲养管理不善、营养不良、阴雨连绵、气温突变、禽舍潮湿、通风不良等应激因素，均能增加该病的发生率和死亡率。 该病是一种世界性疾病,流行范围很广,已发生于亚洲、欧洲、美洲、大洋洲等 60 多个国家和地区。感染禽类近 140 多种。衣原体的感染在我国普遍存在。

二、临床症状和病理变化

鸡对鹦鹉衣原体引起的疾病具有很强的抵抗力。只有幼年鸡发生急性感染,出现死亡,真正发生流行的较少。急性病鸡发生纤维素性心包炎和肝脏肿大。大多数自然感染的鸡症状不明显,并且是一过性的。 鸭衣原体病是一种严重的、消耗性的并常致死的疾病。幼鸭发生颤抖、共济失调和恶病质,食欲丧失并排出绿色水样肠内容物,在眼及鼻孔周围有浆液性或脓性分泌物。随着病程的发展,病鸭消瘦,死于痉挛。发病率为 10%~80%,死亡率为 0%~30%,这取决于感染时的年龄、是否并发沙门菌病。

剖检病变为胸肌萎缩,全身性浆膜炎明显。常伴有浆液性或浆液纤维素性心包炎、肝脏大、肝周炎和脾肿大。有些肝脏和脾脏有灰色或黄色坏死灶。

鹅发生衣原体病时,临床症状和剖检变化与鸭相似。 感染衣原体的火鸡症状是恶病质、厌食,体温升高。病禽排出黄绿色胶冻状粪便,严重感染的母火鸡产蛋率迅速下降。死亡率 4%~30%。剖检病变为心脏肿大,心外膜增厚、充血,表面有纤维素性渗出物覆盖。肝脏肿大,颜色变淡,表面覆盖有纤维素。气囊膜增厚,腹腔浆膜和肠系膜静脉充血,表面覆盖泡沫状白色纤维素性渗出物。

三、诊断与疫情报告

本病的诊断必须进行病原体的分离和鉴定,必要时进行动物接种和血清学试验。可通过间接补体结合反应、间接血凝反应或酶标抗体法来检出抗体。采取发病初期和康复后的双份血清,测出的抗体效价有意义。

怀疑为衣原体病时必须与巴氏杆菌病区别开来,特别是火鸡的巴氏杆菌病其症状和病理变化与衣原体病相似。火鸡的衣原体病还易与大肠杆菌病、支原体病、禽流感等相混淆,因而在诊断上应注意鉴别,以免误诊。

本病尚未列入我国动物疫病病种名录。发生疫情时,应立即向当地兽医主管部门、动物卫生监督机构或动物疫病预防控制机构报告。

四、疫苗与防治

本病尚无有效疫苗,预防应加强管理,建立并严格执行防疫制度。经常清扫环境,鸡舍和设备在使用之前进行彻底清洁和消毒,严格禁止野鸟和野生动物进

入鸡舍。发现病禽立即淘汰,并销毁被污染的饲料,禽舍用含量为2%的甲醛溶液、2%的漂白粉或0.1%的新洁尔灭喷雾消毒。清扫时应避免尘土飞扬,以防止工作人员感染。

引进新品种或每年从国外补充种禽的场家,尤其是从国外引进观赏珍禽时,应严格执行国家的动物卫生检疫制度,隔离饲养,周密观察。

四环素、土霉素、金霉素对该病都有很好的治疗效果,每100千克饲料用量为20~30克。红霉素每100千克饲料中加5~10克或1升水中加0.1~0.2克,连用3~5天,效果明显。

第二节 鸡传染性支气管炎

鸡传染性支气管炎是由冠状病毒属传染性支气管炎病毒引起的鸡的一种急性、高度接融性的呼吸道和泌尿生殖道疾病。以气管罗音、咳嗽和打喷嚏为其特征。此外,幼鸡可出现流鼻液,在蛋鸡群则通常发生产蛋量下降。

一、病原及流行病学特点

鸡传染性支气管炎病毒能在10~11胚龄的鸡胚中生长,自然病例病毒初次接种鸡胚,多数鸡胚能存活,少数生长迟缓。但随着继代次数的增加,对鸡胚的毒力增强,至第10代时,可在接种后的第10天引起80%的鸡胚死亡。

大多数病毒株在56℃时(15分钟)失去活力,但对低温的抵抗力则很强,在-20℃时可存活7年。一般消毒剂,如含量为1%的来苏水、1%的石炭酸、0.1%的高锰酸钾、1%的福尔马林及70%的酒精等均能在3~5分钟内将其杀死。

病鸡是传染源。病毒可经由分泌物和排泄物排出,主要经过呼吸道传染,也可通过污染的饲料、饮水及饲养管理用具,经过消化道而传染。

本病仅发生于鸡。各种年龄的鸡都易感,但雏鸡发病最严重,死亡率也高。鸡传染性支气管炎病毒的人工感染发病试验表明,相对4~6周龄鸡而言,2周龄的小鸡最易感、症状最严重、排毒时间最长、抗体滴度最低。鸡传染性支气管炎病毒传染性极强。如果鸡群过于拥挤、鸡舍寒冷、通风不良、缺乏维生素和矿物质以及饲料供应不足等,均可促进本病发生。秋冬季节易流行。

二、临床症状及病理变化

人工感染的本病的潜伏期为18~36小时,自然感染的本病的潜伏期长。病鸡无明显症状,常常突然发病,出现呼吸道症状,并迅速波及全群。雏鸡表现为伸颈、张口呼吸、咳嗽,有特殊的呼吸声响,随着病情发展,全身症状加重,精神沉郁、不食、羽毛松乱、翅膀下垂、怕冷(常挤在一起)。成年鸡发病时,主要症状是呼吸困难、咳嗽、打喷嚏、流鼻液、气管罗音。蛋鸡产蛋量下降,并产软壳蛋、畸形蛋或粗壳蛋,感染侵害肾脏毒株的病鸡可出现肾炎、肠炎、急剧下痢。

病鸡的支气管、鼻腔和窦中有浆液性、黏液性和干酪样渗出物,气囊可能混浊含有黄色干酪样渗出物。在大的支气管周围可见小面积的肺炎。产蛋鸡卵泡充血、出血或变形,甚至在腹腔内可见液体状的卵黄物质。输卵管萎缩,其长度和重量明显减小或发生囊肿。肾病理变化型,呼吸道无明显病理变化,主要病理变化是引起肾肿大、苍白,肾小管和输尿管被尿酸盐结晶充盈并扩张,肾脏外观呈花斑状。

三、诊断与疫情报告

根据流行病学特点、临床症状和病理变化可作出初步诊断,进一步的确诊需做病毒的分离鉴定和血清学试验。

1. 病毒分离与鉴定:可取急性早期病鸡气管(黏液)、肺、肾等组织,制成10%的悬液(含青、链霉素各1000U/毫升~2000U/毫升,置4℃处理1小时),接种9~11日龄鸡胚尿囊,37℃培养32~36小时。经电镜形态观察、血凝试验、动物试验和病毒中和试验鉴定病毒。

2. 血清学诊断:琼脂扩散试验较为准确,一般要采取发病后期血清,或于早期及晚期各采血清1份作对比试验,更有诊断意义。中和试验一般采取变量病毒恒量血清法或恒量病毒变量血清法进行。间接血凝试验可用20倍浓缩的鸡传染性支气管炎病毒鸡胚液致敏红细胞(绵羊或家兔的)与被检血清进行微量凝集试验。

在临床上应与鸡新城疫、传染性喉气管炎及传染性鼻炎等相区别,新城疫一般要比传染性支气管炎更为严重,在雏鸡中有时可见神经症状,而产蛋鸡群产蛋量的下降要比患本病时更为明显;传染性喉气管炎在鸡群中的扩散与本病相比很少发生于雏鸡,而本病可发生于各种年龄的鸡;传染性鼻炎的病鸡常见面部肿胀,而在本病则很少见。此外肾型传染性支气管炎与能引起肾病理变化的某些传染性法氏囊病相比,法氏囊病理变化不明显。

本病列入我国二类动物疫病病种名录。发生疫情时,应立即向当地兽医主管部门、动物卫生监督机构或动物疫病预防控制机构报告,并逐级上报至国务院畜牧兽医行政主管部门。

四、疫苗与防治

常用的疫苗有活苗(弱毒苗)和灭活苗两种。弱毒疫苗是经鸡胚连续传代致弱的毒株,能使呼吸道产生良好的局部免疫。某些弱毒疫苗可能在鸡群中反复传代而存在毒力返强的风险,但只要免疫程序得当,可以达到活疫苗的安全使用。使用灭活疫苗可以避免活疫苗免疫带来的问题。灭活疫苗必须逐鸡接种,而且除非预先使用活疫苗,否则接种一次灭活苗免疫常常不能有效保护鸡群。现已有与新城疫联合的二联弱毒疫苗和二联灭活疫苗,有的国家还有多价灭活疫苗,包括新城疫、传染性法氏囊病、呼吸孤病毒和减蛋综合征-76抗原。

目前对本病尚无有效的治疗药物和方法。但发病的鸡群可使用抗菌药物,以防止继发感染。

通常采用加强饲养管理,注意鸡舍环境卫生,保持通风良好,定期进行消毒等措施有利于本病的防治。此外,主要是采取免疫接种的方法来预防本病。

1. 鸡传染性支气管炎活疫苗(IB H120):用于健康鸡群的正常免疫接种和紧急免疫接种,以预防鸡传染性支气管炎。可采用滴鼻、点眼或饮水免疫法。滴鼻免疫,每只鸡滴鼻1~2滴(0.03毫升)。饮水免疫剂量加倍,其饮水量根据鸡龄大小而定,一般5~10日龄鸡每只用量5~10毫升;20~30日龄鸡每只用量10~20毫升;成鸡每只用量20~40毫升。于-15℃以下保存,有效期为12个月。

2. 鸡传染性支气管炎活疫苗(IB H52):用于健康鸡群的加强免疫接种,以预防鸡传染性支气管炎。可采用滴鼻、点眼或饮水免疫法。滴鼻免疫,每只鸡滴鼻1~2滴(0.03毫升)。饮水免疫剂量加倍,其饮水量根据鸡龄大小而定,一般3~4周龄鸡每只用量10~20毫升;成鸡每只用量20~40毫升。于-15℃以下保存,有效期为12个月。

3. 鸡肾型传染性支气管炎活疫苗(IBN):用于健康鸡群的正常免疫接种和紧急免疫接种,以预防鸡传染性支气管炎。可采用滴鼻、点眼或饮水免疫法。滴鼻免疫,每只鸡滴鼻1~2滴(0.03毫升)。饮水免疫剂量加倍,其饮水量根据鸡龄大小而定,一般5~10日龄鸡每只用量4~6毫升;20~30日龄鸡每只用量6~12毫升;成鸡每只用量20~40毫升。于-15℃以下保存,有效期为12个月。

4. 鸡新城疫、产蛋下降综合征、传染性支气管炎三联灭活疫苗:适用于健康种鸡和蛋鸡群在开产前 2~4 周进行免疫接种，以预防新城疫、产蛋下降综合征及呼吸型、肾型传染性支气管炎。种鸡 40~42 周龄加强免疫，利于雏鸡获得高水平母原抗体。每只鸡颈背部下 1/3 处皮下或胸部肌肉注射 0.5 毫升。于 2℃~8℃保存，有效期为 12 个月。

5. 鸡新城疫、传染性支气管炎、传染性法氏囊病三联灭活疫苗：用于健康种鸡，以预防新城疫、传染性支气管炎、传染性法氏囊病。免疫期为 4 个月。开产前 1 个月左右每只鸡颈部皮下或肌肉注射 0.5 毫升。于 2℃~8℃保存，有效期为 12 个月；于 20℃以下保存，有效期为 6 个月。

6. 鸡新城疫、产蛋下降综合征、传染性支气管炎、传染性法氏囊病四联灭活疫苗：用于健康种鸡和蛋鸡群，开产前 2~4 周接种，以预防新城疫、产蛋下降综合征、呼吸型、肾型传染性支气管炎、传染性法氏囊病。种鸡 40~42 周龄加强免疫，利于雏鸡获得高水平母原抗体。蛋鸡开产前 2~4 周、种鸡于 40~42 周龄接种，每只鸡颈部下 1/3 处皮下或胸部肌肉注射 0.5 毫升。于 2℃~8℃保存，有效期为 12 个月。

第三节　鸡传染性喉气管炎

鸡传染性喉气管炎是由鸡传染性喉气管炎病毒引起的鸡的一种急性接触性传染病，特征是病鸡呈现呼吸困难和咳出血性渗出物。喉部和气管黏膜肿胀、出血并形成糜烂。病初，患部细胞的胞核内有包涵体。传播快，死亡率高。

一、病原及流行病学特点

本病的病原为传染性喉气管炎病毒（ILTV），属于疱疹病毒科、疱疹病毒属，本病毒核酸型为双股 DNA。有囊膜。病毒大量存在于病鸡的气管组织及其渗出物中，肝、脾和血液中含量少。病毒容易在鸡胚中繁殖，使鸡胚感染后 2~12 天死亡。该病毒的抵抗力弱，对一般消毒剂都敏感，如含量为 3% 的来苏水或含量为 1% 的苛性钠溶液，1 分钟即可杀死病毒，而低温冷冻后的病毒在冰箱中可存活 10 年之久。

病鸡和康复后带毒鸡是主要传染源，经呼吸道及眼内感染。以飞沫感染为主，鸡之间水平传播，也能通过污染的鸡舍、器具和人等感染。

在自然条件下，本病主要侵害鸡，鸡的品种、性别、日龄和季节等对本病的感受性没有差别,但以成年鸡的症状最为明显,野鸡、孔雀、幼火鸡也可感染。本病在易感鸡群内传播很快,感染率为90%~100%,病死率为5%~70%。本病最早是1925年在美国发现的,截至到目前世界各国均有发生。

二、临床症状及病理变化

本病的潜伏期在自然感染后6~12天,气管内感染的为2~4天。急性感染的特征性症状为流涕和湿性罗音,随后出现咳嗽和气喘。严重病例以明显的呼吸困难和咳出血样黏液为特征。病程随病变的严重程度有所不同,多数鸡在10~14天内康复。

气管和喉部组织病变为主要特征。喉部气管黏膜肿胀、出血、糜烂,并常带有黄白色纤维索性干酪样假膜。取发病后2~3天病鸡的气管上皮作涂片,用姬母萨染色,可见喉气管黏膜上皮细胞内有典型的核内嗜酸性包涵体。

三、诊断与疫情报告

依据流行病学、临诊症状和病理变化,一般可作出初步诊断。当症状不典型,难以与其他疾病相区别时,可做实验检查。

1. 病毒的分离:以病鸡的气管分泌物或组织悬液作为接种材料。

(1)鸡。接种在气管内或气囊内。如有本病病毒存在时,接种后1~3天出现呼吸道症状,2~5天出现典型的喉头和气管病变。

(2)鸡胚。鸡胚的尿囊膜有高度的感受性,可以形成明显的病斑,可见到核内包涵体团块。

(3)细胞培养。在鸡或鸡胚肾细胞上能良好增殖。感染细胞由于融合性变化而形成台胞体,所以形成明显的细胞病变,台胞体内可见到核内包涵体。

2. 荧光抗体法:本法是一种快速而特异性高的检出病毒抗原诊断方法。把发生病变的喉头和气管黏膜组织制作冰冻切片或涂抹标本进行检查。在感染后2~5日出现包涵体的最盛期,上皮细胞内可看到大量病毒存在。

本病列入我国二类动物疫病病种名录。发生疫情时,应立即向当地兽医主管部门、动物卫生监督机构或动物疫病预防控制机构报告,并逐级上报至国务院畜牧兽医行政主管部门。

四、疫苗与防治

常用的是鸡传染性喉气管炎活疫苗,系鸡传染性喉气管炎病毒K317株接种SPF鸡胚培养,收获感染的鸡胚液,加适当稳定剂,经冷冻真空干燥制成。用于预防鸡传染性喉气管炎,适用于 5 周龄以上鸡。免疫持续期为 6 个月。采用滴眼法接种疫苗,每只鸡滴眼 1 滴(0.03 毫升)。蛋鸡须在 5 周龄经第一次接种后,在产蛋前再接种 1 次。于-15℃以下保存,有效期为 12 个月。

本病的传播主要在鸡之间水平传播,所以必须做到引鸡时严格隔离检疫,平时做好防疫消毒、卫生管理等工作。一旦有病毒侵入养鸡场,如果不注意可导致本病长期存在。因为发病的鸡耐过后,还有相当数量的带毒鸡可长期持续排毒,所以被本病感染的鸡群应迅速处理,禁止轻易移动鸡只,并对污染鸡舍、用具等彻底消毒,1 个月后方可引入鸡只。

对本病尚无有效的治疗药物。只能对症治疗。在本病流行时,用高免血清作紧急接种。

第四节 禽支原体病(鸡毒支原体)

禽支原体病(鸡毒支原体)是由鸡毒支原体感染引起禽的呼吸道症状为主的慢性呼吸道病,其特征为咳嗽、流鼻液、呼吸道罗音和张口呼吸。疾病发展缓慢,病程长,成年鸡多为隐性感染,可在鸡群长期存在和蔓延。本病分布于世界各国,也是危害养鸡业的重要传染病之一。

一、病原及流行病学特点

鸡毒支原体,呈细小球杆状,用姬母萨染色着色良好。

本菌为好氧和兼性厌氧,在液体培养基分解葡萄糖产酸。在固体培养基上,生长缓慢,培养 3~5 天可形成微小的光滑而透明的露珠状菌落,能凝集鸡和火鸡红细胞。

本支原体接种 7 日龄鸡胚卵黄囊中,只有部分鸡胚在接种后 5~7 天死亡,如连续在卵黄囊继代,则死亡更加规律,病变更明显。

鸡毒支原体对外界抵抗力不强,对热敏感,经 45℃、1 小时或 50℃、20 分钟本菌即被杀死,经冻干后保存 4℃冰箱可存活 7 天。

鸡和火鸡对本病有易感性,4~8 周龄鸡和火鸡最敏感,纯种鸡比杂种鸡易感。病鸡和隐性感染鸡是本病的传染源。本病的传播有垂直和水平传播两种方式。病原体可通过飞沫和尘埃经呼吸道传播,也可以通过饮水、饲料、用具传播。另外,配种时也能传播。

本病在鸡群中传播较为缓慢,但在新发病的鸡群中传播较快。根据所处的环境因素不同,病的严重程度差异很大,如拥护,卫生条件差,气候变化,通风不良,饲料中维生素缺乏和不同日龄的鸡混合饲养,均可加剧病的严重性和促使死亡率增高。如继发感染时,能使本病更加严重,其中主要有传染性支气管炎病毒、传染性喉气管炎病毒、新城疫病毒、传染性法氏囊病毒、鸡嗜血杆菌和大肠杆菌等。带有鸡毒支原体的雏鸡,在用气雾和滴鼻法进行新城疫弱毒疫苗免疫时,能激发本病的发生。本病一年四季均可发生,以寒冷季节流行严重,成年鸡则多表现散发。

二、临床症状及病理变化

人工感染本病的潜伏期为4~21天。幼龄鸡发病,症状比较典型,表现为浆液或浆液黏液性鼻液,鼻孔堵塞、频频摇头、喷嚏、咳嗽,还见有窦炎、结膜炎和气囊炎。当炎症蔓延下部呼吸道时,则喘气和咳嗽更为显著,呼吸道有罗音。病鸡食欲不振,生长停滞。后期因鼻腔和眶下窦中蓄积渗出物则引起眼睑肿胀,症状消失后,发育受到不同程度的抑制。成年鸡很少死亡。幼鸡如无并发症,病死率也低。

产蛋鸡感染后,只表现产蛋量下降和孵化率低,孵出的雏鸡生活力降低。

火鸡感染火鸡支原体时,常呈窦炎、鼻侧的窦部出现肿胀,有的病例不出现窦炎,但呼吸道症状显著,病程可延长数周至数月。雏火鸡有气囊炎。滑液膜支原体引起鸡和火鸡发生急性或慢性的关节滑液膜炎,腱滑液膜炎或滑液囊炎。

单纯感染鸡毒支原体的病例,可见鼻道、气管、支气管和气囊内含有混浊的黏稠渗出物。气囊炎以致气囊壁变厚和混浊,严重者有干酪样渗出物。

自然感染的病例多为混合感染,可见呼吸道黏膜水肿,充血、肥厚。窦腔内充满黏液和干酪样渗出物。有时波及肺和气囊,如有大肠杆菌混合感染时,可见纤维素性肝被膜炎和心包炎。火鸡常见有明显的窦炎。

三、诊断与疫情报告

根据流行病学、症状和病变,可作出初步诊断,但进一步确诊须进行病原分离鉴定和血清学检查。

作病原分离时,可取气管或气囊的渗出物制成悬液,直接接种支原体肉汤或琼脂培养基;血清学方法主要用于以血清平板凝集试验最常用,其他还有血凝抑制试验和酶联免疫吸附试验。

禽毒支原体病与鸡传染性支气管炎、传染性喉气管炎、传染性鼻炎、曲霉菌病等呼吸道传染病极易混淆,应注意鉴别。

本病列入我国二类动物疫病病种名录。发生疫情时,应立即向当地兽医主管部门、动物卫生监督机构或动物疫病预防控制机构报告,并逐级上报至国务院畜牧兽医行政主管部门。

四、疫苗与防治

控制鸡毒支原体感染的疫苗有灭活疫苗和活疫苗两大类。灭活疫苗为油乳剂,可用于幼龄鸡和产蛋鸡。活疫苗主要源于 F 株和温度敏感突变种 S6 株。

1. 鸡支原体弱毒活疫苗(MG):系用鸡支原体弱毒株抗原加适当稳定剂,经冷冻真空干燥制成。该苗适用于 5 周龄以上健康鸡群的免疫接种,以预防 MG 临床症状的发生。可采用滴眼、喷雾法免疫。滴眼每只鸡滴眼 1 滴(0.03 毫升)。喷雾免疫,剂量加倍。喷雾器距离鸡高度控制在 30~40 厘米之间。本疫苗不能与其他活毒疫苗同时免疫,最少间隔 1 周以上。免疫前后 1 周不能给鸡群使用抗菌药物,特别是青霉素、土霉素和磺胺。疫苗加稀释后,应置放于冷暗处,须在 1~2 小时内用完。于−15℃以下保存,有效期为 12 个月。

2. 鸡毒支原体活疫苗:系用鸡毒支原体(弱毒 F 株)接种适宜培养基培养,收获培养物,加适当稳定剂,经冷冻真空干燥制成。用于预防鸡毒支原体引起的禽类慢性呼吸道疾病。可用于 1 日龄鸡。免疫期为 9 个月。滴眼接种。接种前 2~4 日、接种后 20 日内应停止鸡毒支原体病的治疗药放。不要与鸡新城疫、鸡传染性支气管炎活疫苗同时免疫,最少间隔 5 日左右。用过的疫苗瓶、器具和未用完的疫苗等应进行消毒处理。于−15℃以下保存,有效期为 12 个月;于 2℃~8℃保存,有效期为 6 个月。

平时加强饲养管理,消除引起鸡抵抗力下降的一切因素。感染本病的鸡多为带菌者,很难根除病原,故必须建立无支原体病的种鸡群。在引种时,必须从无本病鸡场购买。

发生本病时,按《中华人民共和国动物防疫法》规定,采取严格控制,扑灭措施,防止扩散。病鸡隔离、治疗或扑杀,病死鸡应深埋或焚烧。种蛋必须严格消毒和处理,减少蛋的带菌率。

一些抗生素对本病有一定的疗效。目前认为泰乐菌素、壮观霉素、链霉素和红霉素对本病有一定的疗效。用抗生素治疗本病可于停药后复发。因此,应考虑几种药轮换使用。

第五节　禽支原体病(滑液支原体)

禽支原体病(滑液支原体)又称传染性滑膜炎,是由滑膜支原体引起的鸡和火鸡的一种急性或慢性传染病。该病以侵害关节滑液、腱鞘膜和气囊为主,其特征为关节、腱鞘和脚掌肿胀,气囊有干酪物。

一、病原及流行病学特点

滑膜支原体的菌体为多形性球状或杆状体。其他与鸡毒支原体相似。不耐热,低温能长时间存活。常用消毒药可将其杀死。

自然感染鸡、火鸡、珍珠鸡、鸭、鸽等也可感染。急性感染4~16周龄鸡,10~24周龄火鸡,成年鸡少见感染。发病率5%~15%,死亡率1%~10%。慢性感染可持续终生,平均感染率达50%。通过污染空气中飞沫或尘埃,经呼吸道感染;被污染的工具、衣服及车辆等均能机械地传播本病病原;也可经卵垂直传播,感染的雏鸡可在幼鸡群中传播本病。水平传播与鸡的密度有关,人为因素在传播中也很重要。

滑膜支原体引起鸡的关节病变和亚临诊呼吸道症状。造成鸡的生长发育不良,种鸡的产蛋率、受精率和孵化率均下降,形成重大经济损失。

二、临床症状及病理变化

本病的潜伏期5~10天。

病雏鸡食欲、饮欲良好,但精神不振,生长停滞,消瘦,脱水,鸡冠苍白,严重时呈紫红色;常腹泻,粪便含有大量白色尿酸盐并带青绿色。同时,跗关节肿胀,跛行,瘫痪。胸骨脊部有时出现起泡或硬结,继而软化为囊肿。在全身症状有所好转后,关节肿胀与跛行持续很久。病菌主要侵害跗关节和爪垫,严重时引起渗出性滑膜炎、滑液囊炎和腱鞘炎。

成鸡发病时,无明显症状,生长缓慢,贫血,消瘦,排黄色稀粪。关节轻微肿胀,体重减轻,产蛋减少20%~30%。经呼吸道感染的鸡在4~6周时,可表现气管轻度罗音,咳嗽,喷嚏,流鼻液或无症状。

火鸡发病症状与鸡的症状相似——跛行最明显,跛行的火鸡常有热而波动的肿胀,偶有胸骨滑液囊增大。感染严重的火鸡体重减轻。

病理变化主要见脾、肝、肾肿大,气囊有时混浊增厚。受侵害关节常见腱鞘炎、滑膜炎和骨关节炎。受害关节腔内、滑液囊、肌腱鞘(龙骨也有)有灰白色渗出物或干酪样物质,有时关节腔内干燥无滑液,跗关节、足掌肿胀,足趾下有时溃破,结痂。胸部常见囊肿。重症在头顶和颈上方出现干酪样物。受影响的关节呈黄红,有时关节软骨糜烂。

火鸡关节肿胀不如鸡的常见,但切开关节时,常见纤维素性及脓性分泌物。呼吸道病变多种多样。

三、诊断与疫情报告

根据流行病学、症状和病变,可作出初步诊断,但进一步确诊须进行病原分离鉴定和血清学检查。

用于诊断禽滑液支原体感染的血清平板凝集试验。方法是用 7 号针头在洁净检测板上滴加抗原 2 滴(约 0.025 毫升),然后滴加等量被检血清,充分混合,涂成直径约 2 厘米大小的液面,摇动检测板,在 2 分钟时判定结果:出现明显凝集颗粒或凝集块,为阳性;不出现凝集,为阴性;介乎二者之间,为可疑。本试验须在 22℃以上条件下进行。抗原使用前必须摇匀,血清应无污染,抗原和待检血清不能冻结。

本病未列入我国一、二、三类动物疫病病种名录。一旦发生疫情,应立即向当地兽医主管部门、动物卫生监督机构或动物疫病预防控制机构报告,并逐级上报至国务院畜牧兽医行政主管部门。

四、疫苗与防治

目前国内尚无成功的疫苗上市,国外已有滑液囊支原体灭活苗和滑液囊支原体 H 株活疫苗用于生产,价格较高。滑液囊支原体 H 株疫苗本身没有致病性,通过点眼方式免疫,可以永久性地定植于鸡体内,并能减少由病毒引起的垂直传播。因此,接种疫苗对种鸡来说很有必要。

禽滑液囊支原体防治措施可参照鸡毒支原体。

1. 控制原则:对种鸡群要执行高度安全措施。对饲养方式的全进全出为鸡场要定期做常规血清学监测,对感染鸡进行扑杀。

2. 根除措施:须减少经蛋传播病毒,对种蛋要用有效的抗生素处理;种蛋浸泡于适当的抗生素溶液中,或将抗生素注入蛋内,或将蛋适当加热后孵化;其子代应在隔离状态下小群饲养,定期进行实验室监测,淘汰阳性鸡。

第六节 鸭病毒性肝炎

鸭病毒性肝炎是由鸭肝炎病毒引起的一种急性、高度致死性传染病。临床上以明显的神经症状和肝脏肿大、表面呈斑点状出血为特征。

一、病原及流行病学特点

鸭病毒性肝炎病毒属微 RNA 病毒科、肠病毒属，引起鸭肝炎的病毒至少有 3 种。本病毒对乙醚、氯仿和胰酶有抵抗力，耐酸，对热也有抵抗力，在含量为 1% 的甲醛和含量为 2% 的苛性钠 2 小时可灭活该病毒。病毒不凝集禽和哺乳动物红细胞，能在 9 日龄鸡胚和 12~14 日龄鸭胚的尿囊腔中增殖。

本病主要感染鸭，在自然条件下不感染鸡、火鸡和鹅。本病的传播主要通过与病鸭接触，经消化道与呼吸道感染，传染性极强。主要危害 6 周龄以下小鸭，特别是 3 周龄以下的小鸭更易感，死亡率可达 90%~95%。随着日龄的增长，易感性降低。成年鸭感染后虽不发病，但可成为传染源。病后康复鸭仍可排毒 1~2 个月。

二、临床症状及病理变化

本病的潜伏期一般为 1~4 天。临床表现为病程短、发病急、死亡快，往往在短时间内出现大批雏鸭死亡。感染雏鸭首先表现为精神沉郁，行动迟缓，跟不上群，然后出现蹲伏或侧卧，随后出现阵发性抽搐。大部分雏鸭在出现抽搐后数分钟或几小时内死亡，死亡鸭多呈角弓反张姿势。

主要的病理变化是肝脏肿大，质脆，色暗淡或发黄，有点状或瘀斑状出血。胆囊肿胀，充满胆汁，有时可见脾脏、肾脏肿大。病理组织学变化的特征是肝组织的炎性变化。

三、诊断与疫情报告

根据该病发病日龄小、发病急而突然、传播迅速，再结合死前角弓反张姿势等临床表现，以及肝肿胀和出血灶病理变化，可初步诊断为鸭传染性肝炎。实验室检验进行确诊。

1. 病毒的分离与鉴定：取病鸭的肝脏制成悬液，接种于 9 日龄鸭胚尿囊腔，进行病毒分离。诊断该病的一个更敏感可靠的方法是将病料经皮下或肌肉接种于 1~7 日龄敏感鸭，复制出该病的典型症状和病变，并能从肝脏中分离到病毒。

2. 血清方法：可用已知阳性血清做血清中和试验或琼脂扩散试验进行病毒

鉴定。

本病列入我国二类动物疫病病种名录。发生疫情时,应立即向当地兽医主管部门、动物卫生监督机构或动物疫病预防控制机构报告,并逐级上报至国务院畜牧兽医行政主管部门。

四、疫苗与防治

用弱毒活苗可预防鸭病毒性肝炎 I 型,给种鸭注射弱毒苗后,可通过卵黄将免疫抗体传递给新生鸭。活疫苗可对鸭病毒性肝炎 I 型易感新生鸭进行主动免疫。给已接种过鸭病毒性肝炎 I 型活苗或曾暴露于鸭病毒性肝炎 I 型活病毒的种鸭接种鸭病毒性肝炎 I 型灭活苗也很有效,这些种鸭的后代具有母原抗体。也可以给鸭注射鸡的卵黄抗体进行被动免疫。

已有鸭病毒性肝炎 II 型和 III 型弱毒疫苗。

鸭病毒性肝炎活疫苗,系用病毒性肝炎弱毒接种敏感鸡胚,收获感染胚液,加入适当稳定剂,经冷冻真空干燥制成。用于预防鸭病毒性肝炎,适用于 3 日龄以上的雏鸭。每只鸭肌肉注射 1 毫升,1 月龄以下的雏鸭肌肉注射 0.2 毫升,1 月龄以上的雏鸭肌肉注射 0.5 毫升,首次免疫后间隔 2~3 周进行第二次免疫。于 -15℃ 以下保存,有效期为 24 个月;于 4℃~10℃ 保存,有效期为 10 个月。

严格的防疫和消毒是预防本病的积极措施,不从疫区引进种蛋、种鸭,坚持自繁自养的方针。

种鸭在产蛋前 2~4 周注射弱毒疫苗。孵化室及栏舍应定期应用复合酚消毒剂消毒。应从健康种鸭场引进种蛋、雏鸭或种鸭,并作严格隔离观察。

发生本病后,按《中华人民共和国动物防疫法》规定,采取严格控制、扑灭措施,防止扩散。扑杀病鸭和同群鸭,须深埋或焚烧。受威胁区的雏鸭群应用抗血清注射,必要时注射灭活疫苗。被污染的场地、工具等应彻底消毒。

早期治疗应用康复鸭,或高免鸭血清,或蛋黄匀浆,每只鸭注射 0.5~1 毫升,可以获得较好的疗效。

第七节　禽霍乱

禽霍乱又叫禽巴氏杆菌病、禽出血性败血症,是由多杀性巴氏杆菌引起鸡、鸭、鹅和火鸡的一种急性败血性传染病。由于病禽常发生剧烈下泻,所以通称为禽霍乱。本病常呈现败血性症状，发病率和死亡率很高，但也常出现慢性或良性经过。

一、病原及流行病学特点

本病病原为多杀性巴氏杆菌，菌体呈卵圆形或短小球杆状，宽 0.25~0.4 微米，长 0.6~2.5 微米，革兰氏染色阴性，不形成芽孢，无鞭毛，不能运动。急性病例取病禽的血液、肝脏、脾脏涂片用姬母萨氏、瑞氏或美蓝染色，可见菌体两端着色深，呈明显的两极染色。人工培养后，这种特性消失。从病禽新分离出的毒株具有荚膜，体外培养后很快消失。本菌为需氧兼性厌氧菌。

本菌对一般消毒药物抵抗力不强，在含量为 1% 的石炭酸、1% 的漂白粉、5% 的石灰乳作用下，1 分钟即可被杀死。在自然干燥的情况下，病菌很快死亡。在冬季寒冷天气，病菌在死禽体内能生存 2~4 个月，病菌在土壤中可生存 5 个月之久。

本病对各种家禽，如鸡、鸭、鹅、火鸡等都有易感性，但鹅易感性较差，各种野禽也易感。禽霍乱造成鸡的死亡损失通常发生于产蛋鸡群，因这种年龄的鸡较幼龄鸡更为易感。16 周龄以下的鸡一般具有较强的抵抗力。自然感染鸡的死亡率通常是 0%~20% 或更高，经常发生产蛋下降和持续性局部感染。若断料、断水或突然改变饲料。都可使鸡对禽霍乱的易感性提高。

禽霍乱怎样传入鸡群，常常是不能确定的。慢性感染禽被认为是传染的主要来源。细菌经蛋传播很少发生。大多数农畜都可能是多杀性巴氏杆菌的带菌者，污染的笼子、饲槽等都可能传播病原。多杀性巴氏杆菌在禽群中的传播主要是通过病禽口腔、鼻腔和眼结膜的分泌物进行的，这些分泌物污染了环境，特别是饲料和饮水。粪便中很少含有活的多杀性巴氏杆菌。

二、临床症状及病理变化

本病自然感染的潜伏期为 2~9 天，人工感染常在 24~48 小时发病。按病程分为最急性型、急性型和慢性型 3 种。

1. 最急性型：常见于流行初期，以产蛋高的鸡最常见。病鸡无前驱症状，晚间一切正常，吃得很饱，次日发病死在鸡舍内。

最急性型无特征性病变。

2. 急性型：此型最为常见，病鸡主要表现为精神沉郁，羽毛松乱，缩颈闭眼，头缩在翅下，不愿走动，离群呆立。病鸡常有腹泻，排出黄色、灰白色或绿色的稀粪。体温升高到 43℃~44℃，减食或不食，渴欲增加。呼吸困难，口、鼻分泌物增加。

鸡冠和肉髯变青紫色，有的病鸡肉髯肿胀，有热痛感。产蛋鸡停止产蛋。最后发生衰竭，昏迷而死亡，病程短的约半天，长的 1~3 天。

急性病例表现败血症的变化，但特征性的病变是肝稍肿、质变脆，呈棕色或黄棕色，肝表面散布有许多灰白色、针头大的坏死点。肠道以十二指肠和肌胃出血尤为显著，整个肠道呈卡他性和出血性肠炎，肠内容物是稀液状，混有血丝和黏液，肠黏膜潮红、发炎、肿胀，有暗红色出血点。

3. 慢性型：由急性不死转变而来，多见于流行后期。以慢性肺炎、慢性呼吸道炎和慢性胃肠炎较多见。病鸡鼻孔有黏性分泌物流出，鼻窦肿大，喉头积有分泌物而影响呼吸。经常腹泻。病鸡消瘦，精神委顿，冠苍白。有些病鸡一侧或两侧肉髯显著肿大，随后可能有脓性干酪样物质，或干结、坏死、脱落。有的病鸡有关节炎，常局限于脚或翼关节和腱鞘处，表现为关节肿大、疼痛、脚趾麻痹，因而发生跛行。病程可拖至一个月以上，但生长发育和产蛋长期不能恢复。

慢性型病例特点为消瘦，冠及肉髯呈蓝色，胸肌暗色，心外膜及肠黏膜上有瘀血。肝脏的病变具有特征性，肝稍肿，质变脆，呈棕色或黄棕色。肝表面散布有许多灰白色、针头大的坏死点。脾稍肿，呈暗色。

鸭发生急性霍乱的症状与鸡基本相似，常以病程短促的急性型为主。病鸭精神委顿，不愿下水游泳，即使下水，行动缓慢，常落于鸭群的后面或独蹲一隅，闭目瞌睡。羽毛松乱，两翅下垂，缩头弯颈，食欲减少或不食，渴欲增加，嗉囊内积食不化。口和鼻有黏液流出，呼吸困难，常张口呼吸，并常常摇头，企图排出积在喉头的黏液，故有"摇头瘟"之称，病鸭排出腥臭的白色或铜绿色稀粪，有的粪便混有血液。有的病鸭发生气囊炎。病程稍长者可见局部关节肿胀，病鸭发生跛行或完全不能行走，还有见到掌部肿如核桃大，切开见有脓性和干酪样坏死。

成年鹅的症状与鸭相似，仔鹅发病和死亡较成年鹅严重，常以急性为主，精神委顿，食欲废绝，拉稀，喉头有黏稠的分泌物。喙和蹼发紫，翻开眼结膜有出血斑点，病程 1~2 天即归于死亡。

三、诊断与疫情报告

根据病鸡流行病学、剖检特征、临床症状可以初步诊断，确诊须由实验室诊断。

1. 微生物学诊断：

（1）涂片镜检。取病死禽心血、肝、脾等组织涂片，用美蓝或瑞氏染色法染色，显微镜检查,可见两极着色的卵圆形短杆菌。

(2)细菌培养。病料分别接种鲜血琼脂、血液琼脂、普通肉汤培养基,置37℃温箱中培养24小时,观察培养结果。在鲜血琼脂平皿上,可长出圆形、湿润、表面光滑的露滴状小菌落,菌落周围不溶血,表面光滑,边缘整齐;在普通肉汤中,呈均匀混浊,放置后有黏稠沉淀,摇振时沉淀物呈辫状上升。

菌落可作荧光特性检查。培养物作涂片、染色、镜检,大多数细菌呈球杆状或双球状,不表现为两极着色。必要时可进一步作培养物的生化特性鉴定。

2. 动物接种试验:取病料研磨,用生理盐水作成1:10悬液(也可用24小时肉汤纯培养物),取上清液接种于小白鼠、鸽或鸡(0.2毫升/只),接种动物在1~2天后发病,呈败血症死亡,再取病料(心血、肝、脾等)涂片、染色、镜检,或作培养,即可确诊。

3. 鉴别诊断:本病应与下述疾病进行区分。鸡新城疫只感染鸡,病程较长,大多3~5天死亡,常有神经症状,病鸡发出"咯咯"声,腺胃与肌胃交界处有明显出血,肠黏膜有纤维素性坏死灶,肝脏无坏死点,抗生素治疗无效。本菌只感染鸭,患鸭流泪,头颈肿大,剖检可见头颈部皮下胶样液体浸润,口、咽、食管、泄殖腔有黄色假膜,肝脏坏死灶不规则,肠道有1~4处环形出血带,抗生素及磺胺类药物治疗无效。

本病为我国二类动物疫病。发生疫情时,应立即向当地兽医主管部门、动物卫生监督机构或动物疫病预防控制机构报告,并逐级上报至国务院畜牧兽医行政主管部门。

四、疫苗与防治

预防本病多采用菌苗接种。多杀性巴氏杆菌菌苗是含有氢氧化铝胶或油作为佐剂的多价苗。至少要注射二剂量灭活苗。活苗能产生更好的免疫保护力,但由于免疫后可能产生肺炎和关节炎等副作用而很少应用。典型的多价菌苗由最常分离到的菌体血清1、3、4型多杀巴氏杆菌组成。菌苗的安全性及效力性试验常用本动物进行。

禽多杀性巴氏杆菌病活疫苗(禽霍乱),系禽多杀性巴氏杆菌G190E40弱毒株接种于适宜的培养基培养,收获培养物,加入适宜稳定剂,经冷冻真空干燥制成。用于预防3个月以上的鸡、鸭、鹅多杀性巴氏杆菌病,免疫期为105天。给鸡进行肌肉注射0.5毫升,给鸭进行肌肉注射1.5毫升,给鹅进行肌肉注射2.5毫升。接种前 1 周、接种后 1 日内应停止使用任何抗菌素类药物。于 2℃~8℃保存，有效期为 12 个月。

加强鸡群的饲养管理，平时严格执行鸡场动物卫生防疫措施，以栋舍为单位采取全进全出的饲养制度，预防本病的发生是完全有可能的。一般在未发生本病的鸡场不进行疫苗接种。

鸡群发病应立即采取治疗措施，有条件的地方应通过药敏试验选择有效药物全群给药。磺胺类药物、红霉素、庆大霉素、环丙沙星、恩诺沙星、喹乙醇均有较好的疗效。在治疗过程中，剂量要足，疗程合理，当鸡只死亡明显减少后，再继续投药 2~3 天以巩固疗效防止复发。

对常发地区或鸡场，药物治疗效果日渐降低，本病很难得到有效地控制，可考虑应用疫苗进行预防，由于疫苗免疫期短，防治效果不十分理想。在有条件的地方可在本场分离细菌，经鉴定合格后，制作自家灭活苗，定期对鸡群进行注射，经实践证明通过 1~2 年的免疫，本病可得到有效控制。现在国内有较好的禽霍乱蜂胶灭活疫苗，安全可靠，可在 0℃下保存 2 年，且易于注射，不影响产蛋，无毒副作用，可有效防制该病。

第八节　禽伤寒

禽伤寒是由鸡沙门氏菌引起禽的一种败血性传染病。以发热、贫血、下痢为特征。

一、病原及流行病学特点

鸡沙门氏菌也称鸡伤寒沙门氏菌，为沙门氏菌属成员。本菌为革兰氏阴性、兼性厌氧、无芽孢菌，菌体两端钝圆，中等大小，无荚膜，无鞭毛，不能运动。

本菌对干燥、腐败、日光等环境因素有较强的抵抗力，在水中能存活 2~3 周，在粪便中能存活 1~2 个月，在冰冻的土壤中可存活过冬，在潮湿温暖处虽只能存活 4~6 周，但在干燥处则可保持 8~20 周的活力。本菌对热的抵抗力不强，在 60℃时、经 15 分钟即可被杀灭。对各种化学消毒剂的抵抗力也不强，常规消毒药及其常用浓度均能达到消毒的目的。

病鸡和带菌鸡是主要传染源。病鸡的排泄物含有病菌，污染饲料、饮水、栏舍等可散播此病。主要经消化道感染和通过感染种蛋垂直传播，也可通过眼结膜感染,带菌的鼠类、野鸡、蝇类和其他动物也是传播病菌的媒介。本病主要感染鸡,尤以 1~5 月龄鸡以及成年鸡最易感,雏鸡发病与鸡白痢不易区别。火鸡、鸭、珍珠鸡、孔雀、鹌鹑、松鸡、雉鸡也可感染。

本病多于春、冬两季发生。特别是饲养条件不良时较易发生。

二、临床症状及病理变化

本病的潜伏期一般为 4~5 天。

本病主要特征是发热、贫血、下痢。病鸡精神沉郁,鸡冠肉髯贫血、苍白、萎缩。体温升高 1℃~3℃。有的病鸡下痢,排绿色或黄绿色稀粪。

急性病例常无明显病变,病程稍长的可见肝、脾、肾脏充血肿大。

亚急性、慢性病例以肝脏肿大呈绿褐色或青铜色为特征。此外,肝脏和心肌有粟粒状坏死灶。母鸡可见卵巢、卵泡充血、出血、变形及变色,并常因卵子破裂引起腹膜炎。雏鸡感染后,肺、心和肌胃可见灰白色病灶。

三、诊断与疫情报告

根据临床症状和病理变化可作出初步诊断,确诊需进一步做实验室诊断。

1. 病原检查:病料直接涂片镜检观察病菌、分离鉴定(接种普通肉汤、营养琼脂平板、SS 或麦康凯琼脂平板、鲜血琼脂培养基分离培养;生化反应;动物接种试验)。

2. 血清学检查:平板凝集试验、试管凝集试验。

病料采集:无菌采取病、死禽的肝、脾、肺、心血、胚胎、未吸收的卵黄、脑组织及其他有病变组织。成年鸡取卵巢、输卵管及睾丸等。

本病为我国二类动物疫病。发生疫情时,应立即向当地兽医主管部门、动物卫生监督机构或动物疫病预防控制机构报告,并逐级上报至国务院畜牧兽医行政主管部门。

四、疫苗与防治

防治鸡伤寒沙门氏杆菌的疫苗既有活菌苗也有灭活菌苗,但应用最广泛的是用粗糙型 9R 菌株制备的菌苗(该菌苗仅用于鸡)。

采取综合性措施是防治本病发生的主要手段。禽场应严格执行消毒卫生制度,实行全进全出,限制人员随便进入禽舍,防止昆虫、鸟类、鼠类进入。饲喂全价饲料,注意饮水清洁卫生,避免各种应激因素。种禽要加强检疫,发现病禽和血清学阳性禽,应予淘汰。受污染的禽场,可使用有效抗菌药物拌料或投放在饮水中服用,作预防性治疗。

1. 抗菌药物治疗:治疗鸡伤寒的常用药物与鸡白痢基本相同,有磺胺类、抗菌素类药物。在粉料中加入 0.1%的磺胺嘧啶或磺胺二甲基嘧啶,连用 2~3 天,能减少死亡。在粉料中加入 0.04%的喹乙醇治疗也有效。

2. 中草药方剂治疗:白头翁 50 克,黄柏、秦皮、大青叶、白芍各 20 克,乌梅 15 克,黄连 10 克共研细末,混匀备用。连续用药 7 天,前 3 天按每只鸡每天 1.5 克,后 4 天每天 1 克混入饲料中喂食,治疗禽伤寒有较好的效果。

第九节 通报性高致病性禽流感和低致病性禽流感

禽流感是禽流行性感冒的简称,是由 A 型流感病毒引起的一种禽类(家禽和野禽)传染病。禽流感病毒感染后可以表现为轻度的呼吸道症状、消化道症状,死亡率较低;或表现为较严重的全身性、出血性、败血性症状,死亡率较高。这种症状上的不同,主要是由禽流感病毒的毒力所决定的。

根据禽流感病毒致病性和毒力的不同,可以将禽流感分为高致病性禽流感和低致病性禽流感。

一、高致病性禽流感

禽流感病毒有不同的亚型,由 H_5 和 H_7 亚型毒株(以 H_5N_1 和 H_7N_7 为代表)所引起的疾病称为高致病性禽流感,最近国内外由 H_5N_1 亚型引起的禽流感即为高致病性禽流感,其发病率和死亡率都很高,危害巨大。

1. 病原及流行病学特点:流感病毒属正黏病毒科、流感病毒属。病毒基因组由 8 个负链的单链 RNA 片段组成,膜上含有血凝素和神经氨酸酶活性的糖蛋白纤突。根据抗原性的不同,可分为 A、B、C 三型,其型特异性由核蛋白(NP)和基质(M)抗原的抗原性质决定。A 型流感病毒可见于人类、多种禽类、猪和马、其他哺乳动物,B 型和 C 型一般只见于人类。根据血凝素(HA)和神经氨酸酶(NA)的抗原特性,将 A 型流感病毒分成不同的亚型。目前有 15 种特异的 HA 亚型和 9 种特异的 NA 亚型。亚洲各国禽流感流行的由高致病性的禽流感病毒 H_5N_1 所致。

流感病毒属分节段 RNA 病毒,不同毒株间基因重组率很高,流感病毒抗原性变异的频率快,其变异主要以两种方式进行:抗原漂移和抗原转变。抗原漂移可引起 HA 和(或)NA 的次要抗原变化,而抗原转变可引起 HA 和(或)NA 的主

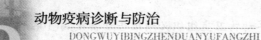
要抗原变化。单一位点突变就能改变表面蛋白的结构,因此也改变了它的抗原或免疫学特性,导致产生抗原性的变异体,而当细胞感染两种不同的流感病毒粒子时,病毒的 8 个基因组片段可以随机互相交换,发生基因重排。通过基因重排有可能产生高致病性毒株。基因重排只发生于同类病毒之间,它不同于基因重组。这也就是为什么流感病毒容易发生变异的原因。

病毒可在鸡胚成纤维细胞和鸡胚中生长。A 型禽流感病毒对热的抵抗力较低,经 60℃、10 分钟或 70℃、2 分钟即可使其毒力致弱;而存在于自然环境中的流感病毒,在寒冷和潮湿环境中可存活很长时间。存在于鼻腔分泌物和粪便中的病毒,由于有机物的保护,明显地增强了抗灭活的抵抗力。在家禽暴发本病期间,被分泌物和粪便污染的水槽,或饲养水禽的湖泊、池塘中常发现病毒,但病毒却不能长期存活。酚类消毒剂或含氯制剂都有较好的消毒效果。

很多种类的家禽和野禽如鸡、火鸡、鸭、鹅、珍珠鸡、鹌鹑、雉、鹧鸪、八哥等都是病毒的重要贮存宿主。

病禽和带毒的禽以及动物是本病的重要传染源。感染禽可从呼吸道、结膜和粪便中排出病毒。因此,其传播方式是通过直接接触,或者通过气溶胶以及污染物的间接接触传播病毒。实际上,被粪便污染的任何动物和物体,如鸟类和哺乳动物、饲料、水、饲养管理用具、衣物、运输车等,都是传播本病的重要传递物。

高致病性禽流感在一年四季均可发生,但以冬春季节多发。

2. 临床症状及病理变化:高致病性禽流感无特定临床症状,表现为突然发病,在短时间内可见食欲废绝、体温骤升、精神高度沉郁,鸡冠与肉垂水肿、发绀,数天内死亡率可达 90%以上。

由高致病力病毒引起的病变,其特点是冠和肉垂变化明显,由产生水泡到严重肿胀、发绀、瘀斑和明显坏死,常伴发眶周水肿。有时脚趾肿胀变紫。各浆膜和黏膜表面有小出血点,尤其是肌胃与腺胃连接部的黏膜更为明显。沿胰脏长轴常有淡黄色斑点和暗红色区域。有的病例常可在肝、脾、肾、肺等脏器上见有坏死灶。有的可引起严重的淋巴组织坏死。

3. 诊断与疫情报告:根据流行情况,全身出血性病变即可作出初步诊断。但确诊要靠血清学和微生物学诊断。要注意与新城疫鉴别。

诊断指标主要包括以下内容:

(1)临床诊断指标。急性发病死亡;脚鳞出血;鸡冠出血或发绀、头部水肿;

肌肉和其他组织器官广泛性严重出血。

（2）血清学诊断指标。H_5 或 H_7 的血凝抑制(HI)效价达到 24 及以上；禽流感琼脂免疫扩散(AGP)试验阳性(水禽除外)。

（3）病原学诊断指标。H_5 或 H_7 亚型病毒分离阳性；H_5 或 H_7 特异性分子生物学诊断阳性；任何亚型病毒静脉内接种致病指数(IVPI)大于 12。

本病为我国一类动物疫病。一旦发现可疑疫情，应立即向当地兽医主管部门、动物卫生监督机构或动物疫病预防控制机构报告，并逐级上报至国务院畜牧兽医行政主管部门。县级以上兽医主管部门通报同级卫生主管部门。

4.疫苗与防治：常规疫苗是使用 β-丙内酯或福尔马林灭活含毒的鸡胚尿囊液，然后用矿物油乳化制成的。由于流感病毒存在大量的亚型，并且每个亚型有许多不同的毒株，这就为流感疫苗生产时毒株的筛选造成很大的问题。制造疫苗的毒株可用正在流行的毒株，或采用具有相同血凝素且能获得高浓度抗原的毒株。

重组疫苗是将流感病毒 HA 基因的编码区插入到活的病毒载体中，然后用重组的病毒疫苗免疫家禽。使用重组疫苗要限定在已获得兽药证书的国家，并且是通过合法途径获得的。

昆虫杆状病毒表达系统已经被用于生产重组的 H_5 和 H_7 亚型抗原，用于生产疫苗。

表达 H_5 亚型和 HA 基因的 DNA 疫苗作为一种潜在的疫苗已经在家禽中进行评价。

（1）禽流感灭活疫苗(H_5 亚型、N_{28} 株)。用于预防 H_5 亚型禽流感病毒引起的禽流感。接种 14 日产生免疫力，免疫期为 4 个月。进行颈部皮下或胸部肌肉注射时，2~5 周龄鸡，每只注射 0.3 毫升；5 周龄以上的鸡，每只注射 0.5 毫升。禽流感病毒感染鸡或健康状况异常的鸡切忌使用。于 2℃~8℃保存，有效期为 12 个月。

（2）禽流感($H_5 N_{28}$、$H_9 N_2$)二价灭活疫苗。用于预防 H_5 与 H_9 亚型禽流感病毒引起的禽流感。接种 14 日产生免疫力，免疫期为 4 个月。进行颈部皮下或胸部肌肉注射时，2~5 周龄鸡，每只注射 0.2 毫升；5 周龄以上的鸡，每只注射 0.5 毫升。本疫苗用于健康鸡，病鸡切忌使用。于 2℃~8℃保存，有效期为 12 个月；于 25℃保存，有效期为 6 个月。

对高致病性禽流感的预防必须采用综合性预防措施。养殖场应远离居民区、集贸市场、交通要道以及其他动物生产场所和相关设施等；应尽量减少和避免野禽与家禽、饲料及水源的接触,防止野禽进入禽场、禽舍和饲料贮存间内,注意保持水源的清洁卫生;不从疫区引进种蛋和种禽;对过往车辆以及场区周围的环境,孵化厅、孵化器、鸡舍笼具及工作人员的衣帽、鞋等进行严格的消毒;采取全进全出的饲养模式,杜绝鸟类与家禽的接触;在养殖场中应专门设置供给工作人员出入的通道,对工作人员及其常规防护物品应进行清洗及消毒;严禁一切外来人员进入或参观动物养殖场区。受高致病性流感威胁的地区应在当地兽医卫生管理部门的指导下进行疫苗的免疫接种,并定期进行血清学监测以保证疫苗的免疫预防效果确实可靠。

禽类发生高致病性禽流感时,因发病和死亡率很高,目前尚无好的治疗办法。按照国家规定,凡是确诊为高致病性禽流感后,应该立即对3公里以内的全部禽只扑杀、深埋,其污染物应做好无害化处理。以此扑灭疫情,消灭传染源,减少经济损失。

二、低致病性禽流感

低致病性禽流感又叫致病性禽流感、非高致病性禽流感和温和型禽流感,它是由致病性低的禽流感病毒毒株(如 H_9N_2 亚型)感染家禽引起的以低死亡率和轻度的呼吸道感染或产蛋率下降等临床症候群。其本身并不一定造成禽群的大规模死亡。但它感染后往往造成禽群的免疫力下降,对各种病原的抵抗力降低,常常易发生并发或继发感染。当这类毒株感染伴随有其他病原的感染时,死亡率变化范围较广(5%~97%),高死亡率主要出现在青年鸡、产蛋鸡或严重应激的鸡,损伤主要发生在呼吸道、生殖道、肾或胰腺。因此,低致病性禽流感对养禽业的危害也是很严重的。

1.病原及流行病学:低致病性禽流感是指某些对家禽致病性很低的禽流感病毒毒株(如 H_1~H_4、H_6 和 H_8~H_{15} 亚型)感染家禽而出现无致病力临床症候群,被感染家禽不出现死亡或没有明显临床症状。这种现象主要发生在这类毒株引起的雁形和行鸟形目的野鸟感染。在家禽中,只有在感染低宿主适应性的毒株时才可以出现无症状感染。

低致病性禽流感多发于野禽中,通常患病野禽只会显现轻微症状,甚至根本观察不到任何发病症状。各种日龄的家禽都可发生,但临床主要多发现于蛋禽群,尤其蛋鸡、蛋鸭。本病一年四季均可发生,但主要多发于秋冬季节,尤其是秋冬交界、冬春交界气候变化大的时节。气候多变,饲养管理不当,密度过大,通风不良、有害气体过多损伤上呼吸道黏膜,都是低致病性禽流感发生的诱因,也极易造成细菌和病毒的多重感染,尤其是呼吸道病毒最易感染。

蛋鸡发生低致病性禽流感可能出现零星死亡,死亡率通常小于 5%,主要是老年鸡。蛋鸭低致病性禽流感的发病率和死亡率一般不高。饲养管理差的鸭场,本病的发病率较高;如果并发或继发其他疾病,死亡率有可能提高。

2.临床症状及病理变化:不同种类和日龄的家禽感染低致病性禽流感后有不同的表现:

(1)鸡。发病初期表现为体温升高,精神沉郁,叫声减小,缩颈,嗜睡,采食量减少或急剧下降,嗉囊空虚,排黄绿色稀便,呼吸困难,咳嗽,打喷嚏,后期部分鸡表现头颈向后仰,抽搐,运动失调,瘫痪等。产蛋鸡感染后,蛋壳质量变差、畸形蛋增多,会出现软壳蛋、无壳蛋、褪色蛋等。2~3 天产蛋开始下降,7~14 天产蛋可下降到 5%~10%,严重的鸡可停止产蛋。持续 1~5 周产蛋开始上升,但恢复不到原来的水平。一般经 1~2 个月逐渐恢复到 90%~70% 的水平。种鸡还表现种蛋受精率下降 20%~40%,并导致 10% 左右的死胚,苗雏弱、雏率增加,10%~20% 的雏鸡在一周内出现死亡。

(2)鸭。鸭群和病鸭采食变化不大,有的鸭群采食量还增加。病鸭精神沉郁,离群呆立,羽毛无光泽、蓬松,脱羽,不愿下水,下水后鸭体吃水深,上岸后羽毛难以干燥。病鸭拉稀,个别鸭拉暗红色稀粪。病程稍长的鸭出现衰竭死亡。早期死亡的鸭只往往体况较好,剖检其嗉囊和肌胃有饲料,类似猝死症。病鸭群产蛋量下降,7 天内产蛋率可由 95% 迅速下降到 60%;60% 产蛋率的鸭群发病后,产蛋率可下降到 30% 左右。产白壳蛋、沙壳蛋、畸形蛋,蛋壳变薄。康复后,产蛋率仅能恢复到 75% 左右。

免疫过灭活苗的家禽如抗体形成不好、水平不高,其感染低致病性禽流感病毒,可能出现无明显的症状或非典型的症状,有时仅表现为产蛋率稍有下降。

(3)鸡低致病性禽流感(如 H_9N_2)的主要剖检病变表现在以下 3 个方面。

①呼吸系统。呼吸道尤其是鼻窦,典型特征是出现卡他性、纤维蛋白性、浆液纤维素性、黏脓性或纤维素性脓性的炎症。气管黏膜充血水肿,偶尔出血。

②生殖系统病变。蛋鸡的卵巢炎症、卵泡出血、变性和坏死,输卵管水肿,浆液性、干酪样渗出,卵黄性腹膜炎。

③消化系统病变。腺胃、肌胃出血,肠道出血及溃疡。

（4）病死鸭解剖主要表现为。早期气管充血、出血严重，似红地毯状，支气管内有黄白色的干酪样渗出物。肝脏轻微肿大。后期解剖可见气管充血、出血严重，支气管有黄白色的干酪样物堵塞，肝脏有纤维素性渗出，心包液混浊，气囊混浊有干酪样物附着。胰脏肿大、出血，肠道黏膜充血、出血。输卵管黏膜充血、水肿。卵泡充血、出血。乳脂腺有干酪样坏死。

3.诊断与疫情报告：鸡低致病性禽流感病毒所出现的临床症状和病理变化与多种疫病相似，极易与非典型鸡新城疫相混淆。两者的主要区别为：

（1）临床表现。低致病性禽流感多发于1月龄以上家禽，主要发生于成年产蛋鸡群，也有15日龄肉鸡发病的报告，死亡率不高；非典型鸡新城疫可发生于任何日龄的鸡群，主要发生于40~60日龄、100~120日龄和产蛋后期，这与其免疫状态有关，且伴随着较高的死亡率。后者对鸭群的感染临床表现不明显。

（2）产蛋量。低致病性禽流感主要表现产蛋量的急剧下降，一般在7~10天的时间内可以使产蛋率下降50%以上；非典型鸡新城疫的发病相对比较温和，产蛋下降30%左右。

（3）发病症状。低致病性禽流感鸡群有发热的表现，具体表现为精神不振，而且呼吸道表现严重，解剖可见到气管的黏性分泌物和出血点；非典型鸡新城疫主要是呼吸道症状，喉头、气管黏膜出血。

（4）解剖的区别。低致病性禽流感表现卵泡的充血和液化很明显，另外还有输卵管的水肿和炎性分泌物。非典型鸡新城疫的表现以腺胃和肌胃的肿胀出血为特征，肠道上表现淋巴集结的肿胀、出血，输卵管有轻微的炎症，但没有水肿和炎性分泌物，卵泡膜充血。

（5）产蛋品质。低致病性禽流感表现蛋壳质量严重下降，畸形蛋、破壳蛋、无壳蛋明显增多；非典型鸡新城疫多表现蛋壳质量变薄，蛋壳颜色变浅。如果要更加准确地确定两者，最好的办法就是通过实验室诊断来确诊。

本病为我国二类动物疫病。一旦发现可疑疫情，应立即向当地兽医主管部门、动物卫生监督机构或动物疫病预防控制机构报告，并逐级上报至国务院畜牧兽医行政主管部门。

4.疫苗与防治：疫苗同高致病性禽流感，只是选用的毒株不同。

禽流感（H_9N_2）灭活疫苗，用于预防H_9亚型禽流感病毒引起的禽流感。免疫期雏鸡为2个月，成鸡为4个月。颈部皮下或胸部肌肉注射，雏鸡每只注射0.2

毫升;成年鸡每只注射0.5毫升。本疫苗用于健康鸡,体质瘦弱或患其他病者不能使用。于2℃~8℃保存,有效期为12个月。

防治方法有以下4点:

1. 建立良好的生物安全体系:建立良好的生物安全体系,就是要建立健全各种防疫与消毒制度和设施,采取综合性的防疫措施。

2. 加强饲养管理:包括科学的饲养管理方式,根据禽的品种和日龄,选择合适的饲喂方式,饲喂适宜的全价饲料,给予适宜的饲喂量,避免营养不足,增强机体的抵抗力。禽群日常的管理,如饲喂、清粪、清扫、消毒、转群、免疫注射等操作要尽量减少对禽群的刺激,避免应激的发生及诱发疾病。在整个饲养过程中,要注意禽舍的通风换气和禽群的饲养密度。

3. 做好免疫接种工作,增强机体的特异性抵抗力:免疫接种,使禽群产生均匀有效的抗体水平,增强机体的特异性抵抗力,保护禽群不受禽流感病毒的损害。

4. 疫病处置:发病后无特效的治疗方法,只能采取综合性防治措施。隔离禽场或禽舍,严禁将病禽或可疑病禽上市,病死禽必须深埋或焚烧。加强禽场的消毒,改善禽群的饲养管理,同时在饲料或饮水中添加多维素、甘草冲剂、氟苯尼考等药物以提高机体抵抗力,防止并发症。

第十节 传染性法氏囊病(甘保罗病)

传染性法氏囊病(甘保罗病)也叫传染性腔上囊病,是鸡的一种高度接触性、传染性、全身性、急性病毒性传染病。主要侵害雏鸡和幼年鸡。主要特征为发病率高,表现为肠炎、腔上囊(法氏囊)肿大、出血和坏死,引起雏鸡的免疫抑制,对很多种疫苗的免疫接种反应能力降低。

一、病原及流行病学特点

本病的病原为呼肠孤病毒,属呼肠孤病毒科、呼肠孤病毒属。核酸为双股RNA无囊膜,能抵抗乙醇和氯仿。在鸡胚成纤维细胞上生长,并产生细胞病变。本病毒能抵抗56℃达5小时,在pH值为12的强碱溶液中受到抑制;含量为0.5%的氯胺能于1分钟内将病毒杀灭,但对紫外线有极强的抵抗力。

病鸡是本病的主要传染源。3~6周龄的鸡对本病易感,3周龄以下的雏鸡受感染后不表现临床症状,但会引起严重的免疫抑制,火鸡和鸭也能自然感染。

本病是高度接触性传染病,病毒能持续存在于鸡舍的环境中。饲养过病鸡的鸡舍(在清除病鸡之后的54~122天)对其他健康鸡仍有感染性。病鸡舍内的小粉甲虫、蚊子、鼠等均有感染性。

经呼吸道、消化道及种蛋可感染本病,经常是通过被污染的饲料、饮水、垫料、粪便、尘土、鸡舍用具、人员衣服、昆虫等途径而传播。在易感鸡群中,感染率近100%,发病率为7%~10%,有时可达30%以上,死亡率不定。来航鸡尤为易感,死亡率可达50%。

本病无明显的季节性,一年四季均可发生。

二、临床症状及病理变化

在易感鸡群中,本病往往突然发生,本病的潜伏期短,感染后2~3天出现临床症状,早期症状之一是鸡叩啄自己的泄殖腔。发病后,病鸡下痢,排浅白色或淡绿色稀粪,腹泻物中常含有尿酸盐。随着病程的发展,饮、食欲减退,并逐渐消瘦、畏寒、颈部躯干震颤,步态不稳,行走摇摆,体温正常或在疾病末期体仍低于正常体温,精神委顿,头下垂,眼睑闭合,眼窝凹陷,羽毛无光泽(蓬松脱水)最终极度衰竭而死。5~7天时本病死亡率达到高峰,之后开始下降。病程一般为5~7天,长的可达21天。

本病明显的发病特点是突然发生、感染率高、尖峰死亡曲线、迅速康复。但一度流行后常呈隐性感染,在鸡群中可长期存在。

死于感染的鸡呈现脱水、胸肌发暗,股部和胸肌常有出血斑、点,肠道内黏液增加,肾脏肿大、苍白,小叶灰白色,有尿酸盐沉积。

法氏囊是病毒的主要靶器官,感染后4~6天法氏囊出现肿大,有时出血带有淡黄色的胶冻样渗出液,感染后7~10天发生法氏囊萎缩。变异毒株引进的法氏囊的最初肿大和胶冻样黄色渗出液不明显,只引起法氏囊萎缩。超强毒株引起法氏囊严重的出血、瘀血,呈"紫葡萄样"外观。受感染的法氏囊常有坏死灶,有时在黏膜表面有点状出血或瘀血性出血,偶尔见弥漫性出血。

脾脏可能轻度肿大,表面有弥散性灰白的小点坏死灶。偶尔在前胃和肌胃的结合部黏膜有出血点。

三、诊断与疫情报告

根据该病的流行病学、临床特征(迅速发病、高发病率、有明显的尖峰死亡曲线和迅速康复)和肉眼病理变化可作出初步诊断,确诊仍需进行实验室检验。

1. 采集具有典型病变的法氏器和脾脏,用加有抗生素(10000μ/毫升青霉素和 10 毫克/毫升双氢链霉素)胰蛋白磷酸缓冲液制备成 20% 的匀浆悬浮液,悬浮液以 1500 转/分钟离心 20 分钟,收集上清液,于-20℃以下冰冻贮存,实验室分离病毒。

2. 血清学实验除做琼脂免疫扩散试验外,微量血清中和试验也是诊断本病的特异性的有效方法。

本病为我国二类动物疫病。发生疫情时,应立即向当地兽医主管部门、动物卫生监督机构或动物疫病预防控制机构报告,并逐级上报至国务院畜牧兽医行政主管部门。

四、疫苗与防治

目前使用的疫苗主要有灭活苗和活苗两类。灭活苗一般用于活苗免疫后的加强免疫,具有不受母源抗体干扰,无免疫抑制危险,能大幅度提高基础免疫的效果等优点,常用的为鸡胚成纤维细胞毒或鸡胚毒油佐剂灭活苗对已接种活苗的鸡效果较好。免疫接种是控制鸡传染性法氏囊病的主要方法,特别是种鸡群的免疫,将其母源抗体传给子代使雏鸡免受法氏囊病病毒的早期感染。

1. 鸡传染性法氏囊病灭活疫苗:系用传染性法氏囊病病毒 HQ 株接种鸡胚成纤维细胞培养物,经甲醛灭活,加矿物油佐剂乳化,混合制成。用于预防鸡传染性法氏囊病。免疫期限为 4 个月。开产前 1 个月左右的种鸡,颈部皮下或肌肉注射,每只 0.5 毫升。本疫苗可用于健康鸡,体质瘦弱、患其他病者不能使用。于 2℃~8℃ 保存,有效期 12 个月;于 20℃ 以下保存,有效期 6 个月。

2. 鸡传染性法氏囊病中等毒力活疫苗(IBN B_{87}):系用传染性法氏囊病中等毒力株 B87 株接种 SPF 鸡胚或鸡胚成纤维细胞培养物,加适当稳定剂,经真空干燥制成。用于各品种健康雏鸡群的正常免疫,以预防鸡传染性法氏囊病。滴眼、点嘴免疫,每只鸡滴眼、点嘴 1~2 滴(0.03 毫升)。饮水免疫,剂量加倍。于-15℃ 以下保存,有效期 8 个月。

3. 鸡传染性法氏囊病三价活疫苗(IBN B_{87}):系用传染性法氏囊病中等毒力株(B_{87} 株、CA_{89} 株、228ETT 2512)接种 SPF 鸡胚或鸡胚成纤维细胞培养物,加入适当稳定剂,经真空干燥制成。适用于鸡群的正常免疫,以预防鸡传染性法氏囊病。滴眼、点嘴、滴鼻免疫,每只鸡滴眼、点嘴、滴鼻 0.05 毫升。滴眼、点嘴后应停

止 12 秒,以确保药液进入。于-15℃以下保存,有效期 8 个月;于 2℃~8℃保存,有效期为 12 个月。

4. 鸡新城疫、传染性囊病、传染性支气管炎三联四价活疫苗:系用鸡新城疫克隆株 Clone30、传染必囊病 B_{87}、传染性支气管炎弱毒株 H_{120}、肾型弱毒株 IBN 接种 SPF 鸡胚,收获感染组织及病毒液,加适当稳定剂,经真空干燥制成。专用于 3~5 日龄健康雏鸡群的免疫接种,以预防新城疫、传染性囊病和呼吸型、肾型传染性支气管炎的早期感染。滴眼、滴鼻免疫最佳,也可饮水、喷雾。每只鸡滴眼、滴鼻 1~2 滴(0.03 毫升)。饮水免疫,剂量加倍,饮水量每只鸡 4~6 毫升。于-15℃以下保存,有效期 24 个月。

除对症疗法外,无其他治疗方法。但注射卵黄抗体或病愈鸡的血清可以防止此病的严重流行或者大大减少其损失。

要控制鸡传染性法氏囊病的发生,必须树立科学的综合防疫思想,做好严格彻底的隔离、消毒工作;饲喂新鲜全价饲料和添加营养保健药物,提高鸡群的健康水平;从种母鸡做起,使雏鸡获得水平高而均匀的母源抗体;制定科学合理的免疫程序,选择优质传染性法氏囊病疫苗,采用正确的免疫方法。

第十一节　马立克氏病

马立克氏病是由马立克病毒引起鸡的一种淋巴组织增生性疾病。以病鸡的外周神经、性腺、虹膜、各种内脏器官、肌肉和皮肤发生单核细胞浸润,形成淋巴肿瘤为特征。

鸡感染本病后死亡率高,产蛋率下降,免疫抑制及进行性衰弱,是鸡的重要传染病之一。

一、病原及流行病学特点

马立克氏病毒属于疱疹病毒科、疱疹病毒甲亚科的马立克氏病毒属,禽疱疹病毒 2 型。

根据抗原性不同, 马立克氏病毒可分为血清 1 型、血清 2 型和血清 3 型 3 种。血清 1 型包括所有致瘤的马立克氏病毒,含强毒及其致弱的变异毒株;而血清 2 型包括所有不致瘤的马立克氏病毒;血清 3 型包括所有的火鸡疱疹病毒及其变异毒株。

传染源为病鸡和带毒鸡(感染马立克病的鸡大部分为终生带毒),其脱落的羽毛囊上皮、皮屑和鸡舍中的灰尘是主要传染源。此外,病鸡和带毒鸡的分泌物、排泄物也具传染性。病毒主要经呼吸道传播。本病主要感染鸡,不同品系的鸡均可感染。火鸡、野鸡、鹌鹑和鹧鸪均可自然感染,但发病极少。

本病具有高度接触传染性,病毒一旦侵入易感鸡群,其感染率可达100%。本病的发生与鸡的年龄有关,鸡年龄越轻,易感性越高。因此,1日龄雏鸡最易感。本病多发于5~8周龄的鸡,发病高峰多在12~20周龄。我国地方品种鸡较易感。

二、临床症状及病理变化

在自然条件下,本病的本病的潜伏期不定。根据发病部位和临床症状,可分为神经型(古典型)、内脏型(急性型)、眼型和皮肤型。

1. 神经型:主要侵害外周神经。侵害坐骨神经时,常见一侧较另一侧严重;发生不全麻痹,步态不稳,以后,完全麻痹,不能行走,且病鸡蹲伏地上,一只腿伸向前方,另一只腿伸向后方,呈剪叉状。臂神经受侵害时,被侵侧翅膀下垂。支配颈部肌肉的神经受侵害时,病鸡发生头下垂或头颈歪斜。迷走神经受侵害时可以引起失声、嗉囊扩张及呼吸困难。腹神经受侵害时,常有拉稀症状。病鸡常因采食困难、饥饿、脱水、消瘦、衰弱而死亡。

2. 内脏型:常侵害幼龄鸡,死亡率高,主要表现为精神委顿,不食,突然死亡。

3. 眼型:可侵害一只眼或双眼,丧失视力,虹膜的正常色素消失。呈现同心环状或斑点状以至弥漫的灰白色。瞳孔边缘不整齐。严重时,瞳孔只留下针头大的一个小孔。

4. 皮肤型:在腿、颈、躯干和背部的羽翼形成小结节或瘤状物。

肉眼可见受侵害神经粗肿,常发生的病变是腹腔神经丛、臂神经丛、坐骨神经丛及内脏大神经等比正常粗2~3倍,呈灰白色或黄色水肿,横纹消失。有病损的神经多数是一侧性的。内脏病变的表现为形成淋巴性肿瘤或弥漫性肿大,多见于卵巢、肾、肝、脾、心、肺、肠系膜以及骨骼肌和皮肤等处。腔上囊一般萎缩,有时也呈弥漫性肿大。

三、诊断与疫情报告

本病的诊断主要依据典型临床症状和病理变化可作出初步诊断,确诊需进一步做实验室诊断。

1. 病原分离与鉴定:采血分离白细胞在接种敏感细胞后几天内会出现特征

性的蚀斑。放射性沉淀试验(检测感染鸡羽髓)、聚合酶链反应试验。

2. 血清学检查：检测感染组织中病毒原和血清中特异抗体的方法很多，常用的是琼脂扩散试验、直接或间接荧光实验、中和试验、酶联免疫吸附试验。

病料采集：用于分离病毒的材料可以是从抗凝血中分离的白细胞，也可是淋巴瘤细胞或脾细胞悬液。也可采用羽髓作为马立克氏病诊断和分离的材料。

本病为我国二类动物疫病。发生疫情时，应立即向当地兽医主管部门、动物卫生监督机构或动物疫病预防控制机构报告，并逐级上报至国务院畜牧兽医行政主管部门。

四、疫苗与防治

预防本病的方法是对胚胎或 1 日龄雏鸡进行免疫接种，一般采用活毒苗。最常用的是火鸡疱疹病毒疫苗，无论是非细胞结合毒的冻干苗，还是细胞结合毒的湿苗都可以用。1 型致弱毒株可用作疫苗株，2 型马立克氏病毒也可与火鸡疱疹病毒(3 型)联合制成二价苗。1 型和 2 型疫苗为细胞结合苗。包括血清 1 型和血清 3 型的二价苗及含有血清 1、2、3 型的三价苗也已应用。二价苗和三价苗用于仅用单价苗不能有效控制的马立克氏病毒超强毒株。

马立克氏病火鸡疱疹病毒活疫苗(HVT FC$_{126}$)，系用火鸡疱疹病毒 FC$_{126}$ 接种 SPF 鸡胚成纤维细胞培养，收获感染细胞，经裂解后加入适当稳定剂，于冷冻真空干燥后制成。本疫苗适用于各品种的 1 日龄雏鸡，注射后可预防马立克氏病，每只鸡肌肉注射 0.2 毫升。雏鸡出壳后立即进行预防接种，疫苗应用专用稀释液稀释，且随用随配。用过的疫苗瓶、剩余疫苗、器具、污染物等必须进行消毒处理或深埋。于−15℃以下保存，有效期为 18 个月。

根据本病感染的原因，应将孵化场或孵化室远离鸡舍，定期严格消毒，防止出壳时早期感染。育雏期间的早期感染也是暴发本病的重要原因。因此，育雏室也应远离鸡舍，放入雏鸡前应彻底清扫和消毒。肉鸡群应采取全进全出的饲养方式每批鸡出售后应空舍 7~10 天，彻底清洗和消毒鸡舍后再饲养下一批鸡。

马立克疫苗在控制本病中起关键作用，应按免疫程序预防接种马立克疫苗，防止疫病发生。发生本病时，应按《中华人民共和国动物防疫法》规定，采取严格控制、扑灭措施，防止疫性扩散。病鸡和同群鸡应全部扑杀并进行无害化处理。对被污染的场地、鸡舍、用具和粪便等要进行严格消毒。

第十二节　新城疫

新城疫又称亚洲鸡瘟，是由禽副流感病毒型新城疫病毒引起的一种主要侵害鸡、火鸡、野禽及观赏鸟类的高度接触传染性、致死性疾病。家禽发病后的主要特征是呼吸困难，下痢，伴有神经症状，成鸡严重产蛋下降，黏膜和浆膜出血，感染率和致死率高。

一、病原及流行病学特点

鸡新城疫病毒属于副黏病毒科、副黏病毒属，核酸为单链 RNA。成熟的病毒粒子呈球形。由螺旋形对称盘绕的核衣壳和囊膜组成。囊膜表面有放射状排列的纤突，含有刺激宿主产生血凝抑制和病毒中和抗体的抗原成分。

鸡新城疫病毒血凝素可凝集人、鸡、豚鼠和小白鼠的红细胞。溶血素可溶解鸡、绵羊及 O 型（人）红细胞。病毒感染一般要经过吸附、穿入、脱衣壳、生物合成、装配及释出 6 个阶段。在感染发生时，病毒吸附和穿入细胞是关键的两个阶段。鸡是鸡新城疫病毒最适合的实验动物和自然宿主。病毒存在于病鸡的所有组织器官、体液、分泌物和排泄物中，其中以脑、脾、肺含毒量最高，以骨髓保毒时间最长。

鸡新城疫病毒在室温条件下可存活一周左右，在 56℃存活 30~90 分钟，在 4℃可存活一年，在-20℃可存活 10 年以上。一般消毒药均对鸡新城疫病毒有杀灭作用。

鸡新城疫病毒可感染 50 个鸟目中 27 个目、240 种以上的禽类，主要是鸡和火鸡易感，珍珠鸡、雉鸡及野鸡也易感。鸽、鹌鹑、鹦鹉、麻雀、乌鸦、喜鹊、孔雀、天鹅以及人也会感染本病毒。水禽对本病有抵抗力。

本病主要传染源是病鸡和带毒鸡的粪便及口腔黏液。被病毒污染的饲料、饮水以及尘土经消化道、呼吸道或结膜传染易感鸡是本病主要的传播方式。本病毒可经空气和饮水传播，人、器械、车辆、饲料、垫料（稻壳等）、种蛋、幼雏、昆虫、鼠类的机械携带，以及带毒的鸽、麻雀的传播对本病都具有重要的流行病学意义。

本病一年四季均可发生，以冬、春季较易流行。不同年龄、品种和性别的鸡均能感染，但幼雏的发病率和死亡率明显高于大龄鸡。纯种鸡比杂交鸡易感，死亡率也高。某些土种鸡和观赏鸟（如虎皮鹦鹉）常呈隐性或慢性感染，是重要的病毒携带者和散播者。

二、临床症状及病理变化

本病的潜伏期为2~15天。发病的早晚及症状表现依病毒的毒力、宿主年龄、免疫状态、感染途径及剂量、并发感染、环境及应激情况而有所不同。

1. 速发嗜内脏型新城疫：可致所有年龄的鸡发生最急性或急性、致死性疾病。通常见有消化道出血性病变。

2. 速发嗜肺脑型新城疫：可致所有年龄发生急性，通常是致死性疾病，以出现呼吸道和神经症状为特征。

3. 中发型新城疫：呼吸系统或神经系统疾病的低致病性形式。死亡仅见于幼雏。

4. 缓发型新城疫：轻度或不显性的呼吸道疾病。

5. 无症状型或缓发嗜肠型新城疫：主要是肠道感染。

当非免疫鸡群或严重免疫失败鸡群受到速发嗜内脏型和肺脑型毒株攻击时，可引起典型鸡新城疫暴发，发病率和死亡率可达90%以上。鸡群突然发病（常未表现特征症状而迅速死亡），随后出现甩头，张口呼吸，气管内水泡音，结膜炎，精神委顿，嗜睡，嗉囊内积有液体和气体，口腔内有黏液，倒提病鸡可见从口中流出酸臭液体。病鸡拉稀，粪便呈黄绿色，发病初期，病鸡体温升高，食欲废绝，面部肿胀、鸡冠和肉髯发紫；后期可见震颤、转圈、眼和翅膀麻痹，头颈扭转或仰头呈观星状、跛行等症状。产蛋鸡迅速减产，软壳蛋数量增多，甚至很快绝产。

非典型鸡新城疫是鸡群在具备一定免疫水平时遭受强毒攻击而发生的一种特殊表现形式，其主要特点是：多发生于有一定抗体水平的免疫鸡群；病情比较缓和，发病率和死亡率都不高；临床表现以呼吸道症状为主，病鸡张口呼吸，有"呼噜"声，咳嗽，口流黏液，排黄绿色稀粪，继而出现歪头，扭脖或呈仰面观星状等神经症状；成鸡产蛋量突然下降5%~12%，严重者可达50%以上，并出现畸形蛋、软壳蛋和糙皮蛋。

剖检后可见以各处黏膜和浆膜出血，特别是腺胃乳头和贲门部出血。心包、气管、喉头、肠和肠系膜充血或出血，直肠和泄殖腔黏膜出血，卵巢坏死，出血，卵泡破裂性腹膜炎等。消化道淋巴滤泡的肿大出血和溃疡是鸡新城疫的一个突出特征。消化道出血病变主要分布于腺胃前部-食道移行部、腺胃后部-肌胃移行部、12 指肠起始部、12 指肠后段向前 2~3 厘米处、小肠游离部前半部第一段下 1/3 处、小肠游离部前半部第二段上 1/3 处、梅尼厄氏憩室(卵黄蒂)附近处、小肠游离部后半部第一段中间部分、回肠中部(两盲肠夹合部)、盲肠扁桃体在左右回盲口各一处,枣核样隆起,出血(而不是充血),坏死。

非典型新城疫剖检可见气管轻度充血,有少量黏液;鼻腔有卡他性渗出物;气囊混浊;少见腺胃乳头出血等典型病变。

三、诊断与疫情报告

当鸡群突然采食量下降,出现呼吸道症状和拉绿色稀粪,成年鸡产蛋量明显下降,应首先考虑到新城疫的可能性。通过对鸡群的仔细观察,发现呼吸道、消化道的表现症状,结合尽可能多的临床病理学剖检,如见到以消化道黏膜出血、坏死和溃疡为特征的示病性病理变化,可初步诊断为新城疫。确诊要进行病毒分离和鉴定。也可通过血清学诊断来判定。例如,病毒中和试验、ELISA 试验、免疫荧光、琼脂双扩散试验、神经氨酸酶抑制试验等。迄今为止,血凝抑制试验(HI)仍不失为一种快速、准确的传统实验室手段。分离到的鸡胚毒或细胞培养毒如红细胞凝集试验呈阳性,再用已知抗鸡新城疫血清进行血凝抑制试验,若血球凝集被抑制,即可确诊为鸡新城疫病毒。

本病为我国一类动物疫病。一旦发现可疑疫情,应立即向当地兽医主管部门、动物卫生监督机构或动物疫病预防控制机构报告,并逐级上报至国务院畜牧兽医行政主管部门。

四、疫苗与防治

多数活苗采用鸡胚的尿囊腔接种的方法进行病毒增殖,但一些毒株,尤其是中等毒力的毒株已适应于各种组织培养系统。

活苗对禽的免疫可以通过饮水、喷雾或滴鼻、点眼等途径实现,有些中等毒力型毒株制备的活苗可通过翅膀进行皮内接种。经特定途径使用疫苗达到最好的效果。一般情况下,免疫原性越好,毒力越强,因而也易产生副作用。

灭活苗是用具有感染性的尿囊液制备,用甲醛或 β-丙内酯灭活,再加入矿物油制成乳剂,通过肌肉或皮下接种。灭活苗不会引起病毒传播或有害的呼吸道反应。接种灭活苗,病毒不会再增殖,免疫时灭活苗所需抗原量远大于活苗。

预防鸡新城疫的疫苗有:

1. 鸡新城疫活疫苗(Ⅰ系):专供已经用鸡新城疫低毒力活疫苗免疫过的 2 周

龄以上的鸡使用,免疫期为 12 个月。皮下或胸肌注射 1 毫升,点眼为 0.05~0.1 毫升,也可刺种和饮水免疫。于-15℃以下保存,有效期为 24 个月。

2. 鸡新城疫低毒力活疫苗(Ⅱ系):各种日龄的鸡均可使用。滴鼻或点眼免疫,每只用量为 0.05 毫升。饮水或喷雾时免疫剂量应加倍。于-15℃以下保存,有效期为 24 个月。

3. 鸡新城疫低毒力活疫苗(ND Lasota):各种日龄的鸡均可使用。滴鼻或点眼免疫,每羽为 0.03 毫升。饮水或喷雾免疫剂量加倍。于-15℃以下保存,有效期为 24 个月。

4. 鸡新城疫低毒力活疫苗(ND Clone30):用于 1 日龄以上各品种健康雏鸡群的基础免疫,也可用于加强免疫。滴鼻或点眼免疫,每只用量为 0.03 毫升。饮水或喷雾时免疫剂量应加倍。于-15℃以下保存,有效期为 24 个月。

5. 组合鸡新城疫低毒力活疫苗(Clone30+V4+Clone30):用于不同日龄以上各品种健康雏鸡群的基础免疫,紧急预防接种效果更佳。滴鼻或点眼免疫,每只用量为 0.03 毫升。饮水或喷雾时免疫剂量应加倍。于-15℃以下保存,有效期为 24 个月。

6. 新疫灵(鸡新城疫三价活疫苗):滴鼻免疫,每只用量为 0.05 毫升。饮水免疫剂量应加倍。有鸡支原体感染的蛋鸡群,禁止用喷雾免疫。稀释疫苗时切忌使用热水、温水及含氯等消毒剂。饮水时忌用金属容器。于-15℃以下保存,有效期为 24 个月;于 2℃~8℃保存,有效期为 8 个月。

7. 鸡新城疫灭活疫苗:用于不同日龄健康鸡群的免疫接种。2 周龄以内雏鸡颈部皮下注射 0.2~0.3 毫升,同时可用鸡新城疫弱毒活疫苗滴鼻或点眼免疫。给 2 周龄以上的鸡进行皮下或肌肉注射 0.5 毫升。已用弱毒活疫苗免疫的母鸡在开产前 2~3 周皮下或肌肉注射 0.5 毫升灭活疫苗,可保护整个产蛋期。于 2℃~8℃保存,有效期为 12 月。

新城疫的预防工作是一项综合性工程。饲养管理、防疫、消毒、免疫及监测五个环节缺一不可。不能单纯依赖疫苗来控制疾病。加强饲养管理和兽医卫生,注意饲料营养,减少应激,提高鸡群的整体健康水平;特别要强化全进全出和封闭式饲养方式,提倡育雏、育成、成年鸡分场饲养方式。严格防疫消毒制度,杜绝强毒污染和入侵。建立科学的适合于本场实际的免疫程序,充分考虑母源抗体水平、疫苗种类、毒力、最佳剂量、接种途径、鸡种、年龄。坚持定期的免疫监测,随时调整免疫计划,使鸡群始终保持有效的抗体水平。一旦发生非典型新城疫,应立即隔离和淘汰早期病鸡,全群紧急接种 3 倍剂量的鸡新城疫病毒低毒力株（Ⅳ系）活毒疫苗,必要时也可考虑注射Ⅰ系活毒疫苗。如果把 3 倍量Ⅳ系活苗与新城疫油乳剂灭活苗同时应用,效果更好。对发病鸡群投服多种维生素和适当抗生素,可增加抵抗力,控制细菌感染。

第十三节　鸡白痢

鸡白痢是由鸡沙门氏菌引起鸡和火鸡的一种传染病。雏鸡和雏火鸡呈急性败血性经过,以肠炎和灰白色下痢为特征。成鸡以局部和慢性、隐性感染为特征。

一、病原及流行病学特点

鸡白痢沙门氏菌又名雏白痢沙门氏菌,属肠杆菌科、沙门氏菌属。本菌为革兰氏阴性、兼性厌氧、无芽孢菌,菌体两端钝圆,中等大小,无荚膜,无鞭毛,不能运动。

本菌对热及直射阳光的抵抗力不强,加热到 60℃时,可于 10 分钟内死亡,本菌在干燥的排泄物中可存活 5 年,在土壤中存活 4 个月以上,在粪便中存活 3 个月以上,在水中存活 200 天,在尸体中存活 3 个月以上。附着在孵化器中小鸡绒毛上的病菌在室温条件下可存活 4 年。在-10℃低温时能存活 4 个月。常用的消毒药物都可迅速杀死本菌。

传染源为病鸡和带菌鸡。雏鸡患病耐过或成年母鸡感染。隐性感染者(长期带菌)是本病的重要传染源,带菌鸡卵巢和肠道含有大量病菌。

经带菌蛋垂直传播是本病最主要的传播方式,也可通过消化道、呼吸道、眼结膜或交配感染本菌。

感染动物为鸡和火鸡,不同品种、年龄、性别的鸡均有易感染性,但雏鸡比成鸡,褐羽鸡、花羽鸡比白羽鸡,重型鸡比轻型鸡,母鸡比公鸡更易感。珍珠鸡、雉鸡、鸭、野鸡、鹌鹑、金丝雀、麻雀和鸽也易感。

本病一年四季均可发生,尤以冬春育雏季节多发。

二、临床症状及病理变化

本病的潜伏期一般为 4~5 天。

1. 雏禽:一般呈急性经过,发病高峰在 7~10 日龄,病程短的 1 天,一般为 4~7

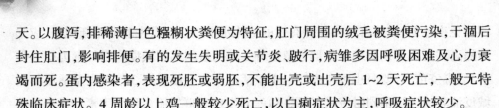

天。以腹泻,排稀薄白色糨糊状粪便为特征,肛门周围的绒毛被粪便污染,干涸后封住肛门,影响排便。有的发生失明或关节炎、跛行,病雏多因呼吸困难及心力衰竭而死。蛋内感染者,表现死胚或弱胚,不能出壳或出壳后1~2天死亡,一般无特殊临床症状。4周龄以上鸡一般较少死亡,以白痢症状为主,呼吸症状较少。

2. 青年鸡(育成鸡):发病在50~120日龄之间,多见于50~80日龄鸡。以拉稀,排黄色、黄白色或绿色稀粪为特征,病程较长。

3. 成鸡:呈慢性或隐性经过,常无明显症状。但母鸡表现产蛋量下降。

肝脏肿大充血或有条纹状出血。病程稍长的,可见卵黄吸收不全,呈油脂状或淡黄色豆腐渣样;肝、肺、心肌、肌胃和盲肠有坏死灶或坏死结节,心脏上结节增大时可使心脏显著变形。

慢性母鸡常见病变是卵变形、变色、呈囊状。成年公鸡的病变为睾丸发炎、萎缩变硬,散见小脓肿。

三、诊断与疫情报告

根据典型临床症状和病理变化可作出初步诊断,确诊需进一步做实验室诊断。

1. 病原分离与鉴定:采取病、死禽的肝脏、脾脏、肺、心血、胚胎、未吸收的卵黄、脑组织及其他病变组织。成年鸡取卵巢、输卵管及睾丸等。接种在普通肉汤、营养琼脂平板、SS或麦康凯琼脂平板、鲜血琼脂培养基培养,观察菌落形态。鸡白痢沙门氏菌的菌落在平板上细小如沙粒大。挑取典型菌落接种于斜面培养基,进行生化鉴定并在半固定体琼脂中做运动力测定。再用D群多价血清与分离菌作玻片凝集试验。

2. 血清学检查:用平板凝集试验、试管凝集试验、琼脂扩散试验。

本病为我国二类动物疫病。发生疫情时,应立即向当地兽医主管部门、动物卫生监督机构或动物疫病预防控制机构报告,并逐级上报至国务院畜牧兽医行政主管部门。

四、疫苗与防治

尚无适用的鸡白痢疫苗。

严格执行卫生、消毒和隔离制度。加强育雏饲养管理卫生,鸡舍及一切用具要经常消毒。注意通风,避免拥挤,采用适宜温度。

种蛋孵化前,用含量为2%的来苏水喷雾消毒。不安全鸡群的种蛋不得进入孵房。孵房及所有用具,要用甲醛消毒。

曾经发病的地区,每年应对种鸡定期用平板凝集试验全面检疫,淘汰阳性鸡及可疑病鸡群。

发现疫病,应按《中华人民共和国动物防疫法》规定,采取严格控制、扑灭措施,防止疫性扩散。扑杀病鸡并连同病、死鸡一并深埋或焚烧销毁,场地、用具、鸡舍严格消毒。对病鸡的粪便等污物进行无害化处理。

磺胺类对本病有疗效。用药物治疗急性病例,虽可减少雏鸡的死亡,但愈后其体内仍带菌。

1. 在粉料中加入含量为0.5%的磺胺嘧啶或磺胺二甲基嘧啶,连用5~7天,可以降低雏鸡的病死率,停药后仍复发。磺胺类药可抑制鸡的生长,并干扰鸡对饲料、饮水的摄取及产蛋,因而仅能有短期治疗的经济价值。

2. 在1千克粉料中加入土霉素500毫克,连用1周可痊愈。

第十四节 火鸡鼻气管炎

火鸡鼻气管炎是由火鸡鼻气管炎病毒引起火鸡的一种急性上呼吸道疾病。

一、病原及流行病学特点

火鸡鼻气管炎病毒属于副黏病毒科、肺病毒属,多呈椭圆形,也可见圆形或长丝状粒子。本病毒无血凝和神经氨酸酶特性。任何日龄的火鸡都可感染,本病以呼吸道症状、头部肿胀和种火鸡产蛋下降为特征。

二、临床症状及病理变化

成年种火鸡感染后临床症状不明显,主要表现采食量的减少和产蛋量下降。而且蛋的质量下降表现为畸形蛋增多,蛋壳变薄,砂壳蛋增多,蛋壳颜色变白。雏火鸡发病经常出现鼻炎和气管炎的症状,同时有咳嗽,湿罗音,气喘或张口呼吸,鼻窦肿胀,泡沫性的结膜炎或眼睑炎,颌下或头、面部水肿,有的颈上部和肉髯出现水肿。可见共济失调和角弓反张等现象。本病死亡率达50%。

本病的主要病变在呼吸道,气管内黏液增多,甚至有坏死组织在气管形成干酪样栓塞,引起肺水肿、肺充血和肺炎。鼻窦炎症比较明显。可见心包炎、肝周炎、气囊炎和卵黄性腹膜炎等病变。

三、诊断与疫情报告

根据临床症状即可作出初步诊断。确诊必须通过实验手段进行。常用的方法有为 6~7 日龄鸡胚卵黄囊接种,对发病火鸡进行血清抗体检查等。

本病未列入我国一、二、三类动物疫病病种名录。发生疫情时,应立即向当地兽医主管部门、动物卫生监督机构或动物疫病预防控制机构报告。

四、疫苗与防治

已开始使用活毒疫苗和油乳剂灭活苗,在防止种火鸡发病和保护下一代雏火鸡方面都有重要的意义。

良好的饲养管理是预防本病的重要手段。加强通风换气、温度调控、垫料管理以及卫生防疫等各方面的工作就可以最大限度地降低火鸡鼻气管炎的发病率、死亡率和经济损失。发病火鸡使用抗生素也可以起到减轻症状和控制继发感染的作用。

第七章 兔病(2 种)

第一节 黏液瘤病

兔黏液瘤病是由黏液瘤病毒引起的一种接触传染性、高度致死性传染病,以全身皮下特别是颜面部和天然孔周围皮下发生黏液瘤性肿胀为特征。

一、病原及流行病学特点

兔黏液瘤病属痘病毒科、兔痘病毒属。病毒对干燥有较强的抵抗力,对石炭酸、硼酸、升汞和高锰酸钾有抵抗力,但含量为 0.5%~2.2%的甲醛 1 小时能杀灭病毒。本病毒对热敏感,于 50℃时消毒,30 分钟就能使其灭活。

黏液瘤病毒能在 10~12 日龄鸡胚绒毛原囊膜上生长,并产生痘斑。在兔肾细胞和兔睾丸细胞、胚胎或纤维细胞上生长良好。

兔是本病唯一的易感动物,其中家兔和欧洲野兔最易感,死亡率可达 95%以上。健康兔直接与病兔接触或与污染的饲料、饮水、用具等接触后感染本病。在自然界,最主要的传播方式是通过节肢动物(蚊、蚤)机械性传播。

二、临床症状及病理变化

本病的潜伏期为 3~7 天,最长可达 14 天,病兔皮肤上的肿瘤结节遍布全身,口、鼻、眼睑、耳根、肛门及生殖器均明显充血、水肿。病兔呼吸困难,摇头,喷鼻,发出呼噜声,10 天左右病变部位变性、出血、坏死,多数惊厥死亡。

最明显的肉眼变化是皮肤上特征性的肿瘤结节和皮下胶冻样浸润,颜面部和全身天然孔皮下充血、水肿及脓性结膜炎、鼻液。

组织学变化比较特征:皮肤肿瘤的表皮细胞核固缩、胞质呈空泡状、真皮深层有大量嗜酸性黏液瘤细胞,同时有炎性细胞浸润。

三、诊断与疫情报告

根据典型临床症状和病理变化可作出初步诊断，确诊需进一步做实验室诊断。

1. 病原学诊断：可取病料悬液经超声波裂解后制备抗原，然后与阳性血清进行琼脂扩散试验及诊断，也可将病料悬液接种适宜的细胞培养物进行该病毒的分离培养，出现细胞病变后可通过免疫荧光试验证实。

2. 病理组织学诊断：取病变组织进行切片或涂片，姬母萨染色后经显微镜观察可见黏液瘤细胞及病变部皮肤上皮细胞内的胞浆包涵体。

3. 血清学试验：常用的方法有补体结合试验、中和试验、酶联免疫吸附试验以及间接免疫荧光试验等。通常在感染后 8~13 天产生抗体，20~60 天时抗体滴度最高，然后逐渐下降，6~8 个月后消失。

本病是我国二类动物疫病。发生疫情时，应立即向当地兽医主管部门、动物卫生监督机构或动物疫病预防控制机构报告，并逐级上报至国务院畜牧兽医行政主管部门。

四、疫苗与防治

有两种活疫苗可用于预防兔黏液瘤病，一种是肖普氏纤维瘤病毒制备的异源疫苗，另一种是黏液瘤病毒减毒株制备的同源疫苗。使用方法为皮下或皮内接种。

近来出现了一种兔病毒性出血病、病毒外壳蛋白的重组黏液瘤病毒，可对黏液瘤病病毒和兔病毒性出血病病毒提供保护，但尚未商品化。

本病无特异治疗方法，可用磺胺类或抗生素类药物对症治疗。我国目前无本病发生的报道，从国外引进兔时要严格检疫，防止本病的传入。同时，应控制传染媒介，消灭各种吸血昆虫，坚持消毒制度，定期接种疫苗。兔群一旦发生此病，应坚决采取扑杀、消毒、焚烧等措施。对假定健康群，立即用疫苗进行紧急预防接种。

第二节　兔出血症

兔出血症也称兔病毒性出血病，俗称兔瘟，是由兔出血症病毒引起兔的急性、热性、败血性、高度接触传染性、高度致死性传染病。以全身实质器官出血、肝脏和脾脏肿大为主要特征。

一、病原及流行病学特点

兔出血症病毒,属杯状病毒科、兔病毒属。

本病毒在感染家兔血液中(4℃、9个月)或感染脏器组织中(20℃、3个月)仍保持活性,肝脏含毒病料经-8℃~-20℃、560天和室温内污染环境下经135天仍然具有致病性,经50℃、40分钟处理,对紫外线及干燥等不良环境抵抗力较强。在含量为1%氢氧化钠溶液(4小时)、含量为1%~2%的甲醛溶液或含量为1%的漂白粉悬液(3小时)、2%的农乐溶液(1小时)中被灭活,常用含量为0.5%的次氯酸钠溶液消毒。

本病的传染源为病兔与带毒兔,病毒主要存在于肝脏、脾脏、肾脏,其次是肺、肠道及淋巴结。可经消化道、呼吸道、伤口、黏膜及生殖道传染传播。尚无由昆虫、啮齿动物或经胎盘传播的证据。

自然条件下只感染家兔,毛用兔比皮用兔易感,尤其是长毛兔最为易感。

本病一年四季均可发生,北方以冬、春季多发。主要侵害2月龄以上的青年兔,成年兔和哺乳母兔病死率高,哺乳期仔兔则很少发病死亡。本病发病急,致死率高,常呈暴发流行,传播迅速,一旦发病,常在2~3天内迅速传遍全群,发病率和病死率均高达95%以上。

二、临床症状及病理变化

本病的潜伏期自然感染为2~3天,人工感染为1~3天。《陆生动物卫生法典》规定兔出血症的感染期为60天。

根据病程分最急性型、急性型、慢性型3种。

1. 最急性型:多见于非疫区或流行初期。病兔常无明显症状而突然死亡。

2. 急性型:病初高热达41℃以上,之后体温急剧下降,病兔抽搐、尖叫。病程约1~2天。死后呈角弓反张,鼻孔流出红色泡沫状液体。

3. 慢性型:多见于老疫区或流行后期。本病的潜伏期和病程较长,发病时体温轻度升高,精神不振,迅速消瘦,衰弱而死。有的兔耐过后仍带毒成为传染源。

本病以实质器官瘀血、出血为特征病变,如鼻腔、喉头及气管黏膜血瘀或弥漫性出血;肺瘀血、水肿及出血;心包积液,心包膜、心肌有针尖大小出血点,尤以心房及冠状沟附近明显;肝瘀血肿大,间质增宽,有出血点或出血斑,有的肝表面有灰白色坏死灶;胆囊肿大,胆汁稀薄;脾肿大,呈蓝紫色;肾瘀血肿大,表面散在针尖大出血点;胃内容物充盈,黏膜出血或脱落,十二指肠和空肠黏膜有小点出血;肠系膜淋巴结肿大、出血;膀胱积尿,黏膜脱落;脑和脑膜瘀血、水肿。

三、诊断与疫情报告

根据临床症状和典型病理变化可作出初步诊断,确诊需进一步做实验室诊断。

1. 动物试验:将病死兔肝脏等组织做成 1:10 生理盐水悬液,经 3000 转/分钟离心 30 分钟,取上清液加入青霉素、链霉素各 1000U/毫升,于 37℃温箱作用 30 分钟。给体重在 1.5 千克以上青年健康兔接种疫苗,每只注射 3 毫升。若健康兔接种后 36~96 小时发病死亡,并有典型病理变化时,可诊断为兔出血症。

2. 电镜检查:将病死兔肝脏做成 10%悬液,用超声波乳化器处理 1 分钟,经 1500 转/分钟离心 20 分钟后,取上清液经 140000 转/分钟离心 120 分钟,弃上清液,于沉淀物中加入少量磷酸缓冲液制备电镜标本,用含量为 2%的磷钨酸染色 2 分钟,进行电镜检查。如检出典型病毒颗粒,则可诊断。

3. 血清学检查:用已知阳性血清作血凝抑制试验可检测未知病料中病毒。在微量滴定板上,将待检病兔肝悬液、已知病毒和阴性对照肝悬液按 1:10 连续稀释,加入阳性血清作用 30 分钟,再加入含量为 1%的 O 型(人)红细胞,各成分均为每孔 0.025 毫升,混匀后置于 37℃作用 60 分钟,观察结果。

应与兔巴氏杆菌病、魏氏梭菌病相区别。

本病是我国二类动物疫病。发生疫情时,应立即向当地兽医主管部门、动物卫生监督机构或动物疫病预防控制机构报告, 并逐级上报至国务院畜牧兽医行政主管部门。

四、疫苗与防治

由于兔出血症病毒在体外组织细胞的培养方法尚未建立,目前广泛使用的疫苗为组织灭活苗。随着家兔饲养成本的提高以及非免疫兔的减少,可用于制苗的肝组织日趋减少,使组织灭活苗的成本不断增加,加之组织灭活苗可能导致散毒的缺点,近年来人们对兔出血症病毒疫苗的研究便主要着眼于基因工程疫苗。

接种灭活疫苗可间接控制本病,灭活苗是选用实验感染兔子的肝脏上清悬液灭活后加佐剂制成的,本疫苗保护期较长(超过 1 年)。此外,免疫动物能迅速产生抗兔出血症病毒感染(5~10 天)的坚强免疫力。因此,已经诊断出疫病暴发后,用疫苗接种非暴露兔是一个有效、重要的防治措施。

1. 兔瘟灭活疫苗：免疫期为6个月。给45日龄以上家兔皮下注射1毫升。必要时，未断奶乳兔可使用本疫苗，可给乳兔皮下注射1毫升，断奶后应再注射1次。疫苗切忌冻结，冻结的疫苗严禁使用。于2℃~8℃保存，有效期为18个月。

2. 兔病毒性出血病(兔瘟)、兔多杀性巴氏杆菌病(兔出血性败血病)二联灭活疫苗：用于预防兔病毒性出血病和兔多杀性巴氏杆菌病。不论大、小兔，一律皮下注射1毫升。免疫期为6个月。疫苗防晒、防冻、防破损，切忌冻结。冻结过的疫苗严禁使用。于2℃~8℃保存，有效期为12个月。

3. 兔病毒性出血病(兔瘟)、兔多杀性巴氏杆菌病(兔出血性败血病)、兔产气荚膜梭菌病(A型)三联灭活疫苗：用于预防兔病毒性出血病、兔多杀性巴氏杆菌病和兔A型产气荚膜梭菌病，不论大、小兔，一律皮下注射2毫升。免疫期为6个月。疫苗忌晒、忌冻、忌破损，开瓶启用的疫苗应当天用完。于2℃~8℃保存，有效期为12个月。

在疫区，应于发病季节前用兔瘟疫苗免疫。发生兔瘟时，应扑杀发病兔和同群兔，并进行无害化处理。对受威胁地区的兔须做紧急预防接种，并采取一般性的综合防疫措施。病死兔应进行无害化处理，深埋、焚烧，对被污染的兔舍、环境、用具等用含量为3%的烧碱或含量为2%福尔马林进行消毒，兔毛、兔皮可用福尔马林熏蒸以彻底消毒。

本病用药物治疗无效。康复兔的血清及高免血清有一定的治疗效果。

第八章　蜂病(6种)

第一节　蜂螨病

蜂螨病是西方蜜蜂或其他种蜜蜂(成年蜂)患有的一种疾病。

一、病原及流行病学特点

病原为跗腺螨,又称气管螨,学名伍德氏跗腺螨。螨虫体大小约150微米,是呼吸系统的一种体内寄生虫。本病常发生于早春,经直接接触传播。

二、临床症状和病理变化

感染早期症状不明显,只有当感染严重时,症状才明显,可见下痢。

对感染蜜蜂的致病作用取决于气管内螨寄生的数量、机械损伤和呼吸道阻塞引起的生理紊乱、气管壁病变、血淋巴的缺乏。随着寄生螨数目的增加,原来正常的白色半透明的气管壁变成不透明并带有黑色斑点。

三、诊断与疫情报告

这种寄生虫只有通过实验室方法在显微镜下才能鉴定。螨虫须在气管内观察或取出镜检。检查这种螨已有几种技术,如解剖、研磨和染色。

将可疑蜜蜂胸腔解剖暴露气管,在解剖显微镜下(18~20倍)逐个检查气管,透过透明的气管壁可见到很小的卵状螨虫体。此外,将大量可疑蜜蜂样品在水中捣碎成匀浆,随后将悬液粗滤和离心,沉淀用未稀释的乳酸处理10分钟,然后置于显微镜下检查。

另外,可将可疑蜜蜂较大样本加水研磨成匀浆,然后将悬液粗滤并离心,取沉淀用原乳酸处理10分钟,再封固镜检。用组织染色技术能够观察到蜜蜂气管内寄生虫。解剖气管取出寄生虫,用含量为8%的氢氧化钾溶液清洗后再用含量为 1% 的亚甲基蓝染色,这是检查大量样品的一种最好的方法。

本病是我国三类动物疫病。发生疫情时,应立即向当地兽医主管部门、动物卫生监督机构或动物疫病预防控制机构报告,并逐级上报至国务院畜牧兽医行政主管部门。

四、疫苗与防治

尚无适用的生物制品。如果环境温度在 18℃以上,在蜂群中放置用植物油和白砂糖制成的薄荷醇结晶或油饼可控制蜂螨。主要治螨药剂如下:

1. 甲酸熏杀:将含量为 98% 的甲酸 180 毫升装入细口瓶中,再插入一个纱布条,然后将药瓶放在蜂箱内空巢脾旁 28 天(每天蒸发 10 毫升)并利用纱布外露长短来控制药剂的蒸发量。即使在生产期使用本药剂也无污染。

2. 吩噻嗪(硫化二苯胺):用其制成烟剂,杀螨率在 70%~80%。20 世纪 60 年代,我国曾用该药剂制成"敌螨熏烟剂",对控制螨害起了很大作用。

3. 溴螨酯:用其制成纸片型烟剂,防治螨病的效果达到 90% 以上(蜜蜂较为安全)。

4. 螨扑:近年来,中国农业科学院蜜蜂所成功研制了一种治螨更简单的新型高效杀螨剂——螨扑,每个蜂群放"螨扑"2 条,连续放 5~6 周,可彻底驱杀蜂螨。

第二节 美洲幼虫腐臭病

美洲蜜蜂幼虫腐臭病又名臭子病、烂子病,是由幼芽虫孢杆菌引起的蜜蜂幼虫和蛹的一种急性、细菌性传染病。以子脾封盖下陷、穿孔,封盖幼虫死亡、蛹舌现象为特征。

一、病原及流行病学特点

病原为幼虫芽孢杆菌,菌体呈杆状、链状排列,周身具有鞭毛,能运动,可形成芽孢,芽孢位于菌体一端或中间,呈椭圆形。病菌对外界环境有很强的抵抗力,不易根除。

带有病死幼虫尸体的巢脾、被污染的饲料和花粉是主要传染源。主要通过消化道侵入体内。病菌通过蜂王产卵、内勤蜂清扫尸体等污染花粉房、蜜房,感染健康幼虫。误将带菌蜂蜜、花粉喂蜂,随意调换子脾,盗蜂、迷巢蜂进入等是造成蜂群间传播的重要原因。远距离传播主要通过出售带病的蜂群、蜂蜜、蜂蜡、花粉以及引种和异地放牧引起。

工蜂、雄蜂、蜂王的幼虫期均易感,西方蜜蜂比东方蜜蜂易感。黄蜂也易感。

本病多在夏秋季节流行,常造成全群或全场的蜜蜂覆灭。

二、临床症状和病理变化

本病的潜伏期一般为 7 天左右。

患病幼虫多在封盖后死亡,尸体淡棕黄色至深褐色,腐烂成黏胶状,挑取时可拉成长丝,有腥臭味;之后尸体干枯、出现黑褐色,呈典型的鳞片状,紧贴在巢壁下侧,不易被工蜂清除。

染病子脾封盖潮湿、发暗、下陷或穿孔;如蛹期发病死亡,则在蛹房顶部有蛹头突出,即蛹舌现象,这是本病的典型特征。

三、诊断与疫情报告

挑取疑为美洲蜜蜂幼虫腐臭病的幼虫尸体少许,加少量无菌水制成悬浮液进行涂片,经火焰固定后,用孔雀绿、番红花红波芽孢染色法染色。镜检,芽孢呈绿色,菌体呈红色。可用石炭酸复红染色、磁性美蓝复染后镜检,若发现大量红色椭圆形芽孢和蓝色杆菌即可确诊;也可用革兰氏染色、含量为 5% 的黑色素溶液或稀薄的墨汁染色,检查病菌。

如需进一步确诊,可进行细菌分离培养、鉴别培养法、生化试验、鉴别试验及血清学诊断。

对可疑为美洲蜜蜂幼虫腐臭病的蜂群,随机取样 3~5 群,从中取出老熟封盖子脾或正在出房的封盖子脾,如发现子脾、幼虫和蛹死亡的典型症状,结合流行病学即可初步诊断,确诊需进一步做实验室诊断。

1. 微生物学诊断:采用细菌学检查,挑取可疑为美洲蜜蜂幼虫腐臭病的幼虫尸体少量,进行涂片镜检。如发现有较多的单个或呈链状排列的杆菌及芽孢时,则可进一步用芽孢染色进行镜检,如发现多数椭圆形游离芽孢时,即可确诊。

2. 牛奶凝聚试验:取新鲜牛奶 2~3 毫升放于试管中,再挑取幼虫尸体或分离培养的细菌少许,加入试管中,充分混合后,置 30℃~32℃培养 1~2 小时。如牛奶凝聚时,则可确诊为美洲蜜蜂幼虫腐臭病。

本病为我国三类动物疫病。发生疫情时,应立即向当地兽医主管部门、动物卫生监督机构或动物疫病预防控制机构报告,并逐级上报至国务院畜牧兽医行政主管部门。

四、疫苗与防治

目前尚无适用的疫苗。

杜绝病原传入,实行检疫,操作要遵守卫生规程,饲料用蜂蜜要严格选择,禁用来路不明的蜂蜜,禁止购买有病的蜂群。严格消毒,每年在春季蜂群陈列以后和越冬包装之前,均要对蜂群进行一次彻底的消毒,特别是在有病或受到威胁的情况下,更应进行严格消毒。一般可用含量为 0.5%的过氧乙酸或二氯异氰尿酸钠刷洗,巢脾必须浸泡 24 小时消毒,或用环氧乙烷和氟里昂混合熏蒸消毒。

发生本病后,应立即将蜂群进行隔离治疗,蜂箱、蜂具都要单独存放和使用。对其他尚未发病的蜂群,普遍用含量为 0.1%的磺胺嘧啶糖浆进行预防。

对于严重患病蜂群,应尽早烧毁;患病轻的患病群,必须在换箱、换脾并且消毒后,再进行药物治疗,才能收到彻底的效果。

在药物治疗方面,于 1000 克糖浆中加土霉素 5 万 U 或复方新诺明 0.5 克或红霉素 5 万 U,进行饲喂喷脾,隔天 1 次,每次每框蜂 100 克,共治 3~4 次。为了不使抗生素污染蜂产品,治疗时间应尽可能安排在早春、晚秋以及非生产季节。

第三节　欧洲幼虫腐臭病

欧洲蜜蜂幼虫腐臭病又称"黑幼虫病""纽约蜜蜂病"是由蜂房蜜蜂球菌引起蜜蜂幼虫的一种恶性、细菌性传染病。以 3~4 日龄未封盖幼虫死亡为特征。

一、病原及流行病学特点

蜂房蜜蜂球菌属蜜蜂球菌属。本菌必须在含量为 5%的二氧化碳条件下培养,为革兰氏阳性,披针形,单个,成对或链状排列,无芽,无运动性,为厌氧但微需氧菌。对外界不良环境的抵抗力较强,本菌在干燥幼虫尸体中保存毒力为 3 年,在巢脾或蜂蜜里可存活 1 年左右。在 40℃下,每立方米空间含 50 毫升福尔马林蒸汽,需 3 小时才能杀死。

被污染的蜂蜜、花粉、巢脾是主要传染源。蜂房蜜蜂球菌能在尸体及蜜粉脾、空脾中存活多年。蜂群内一般通过内勤蜂饲喂和清扫活动进行传播若饲喂工蜂是本病主要传播者。蜂群间主要是通过盗蜂和迷巢蜂进行传播。养蜂人员不遵守卫生操作规程,任意调换蜜箱、蜜粉脾、子脾以及出售蜂群、蜂蜜、花粉等商业活动,可导致疫病在蜂群间及地区间传播。

感染动物为蜜蜂幼虫,各龄及各个品种未封盖的蜂王、工蜂、雄蜂幼虫均可感染,尤以1~2日龄幼虫最易感,成年蜜蜂不会被感染;东方蜜蜂比西方蜜蜂易感,在我国以中蜂发病最重。

本病多发生于春季,夏季少发或不发,秋季可复发,但病情较轻。本病易于蜂群群势较弱和巢温过低的蜂群发生,而强群很少发病,即使发病也常常可以自愈。

二、临床症状和病理变化

本病的潜伏期一般为2~3天。

本病以3~4日龄未封盖幼虫死亡为特征。尸体位置错乱,呈苍白色,以后渐变为黄色,最后呈深褐色,并可见白色、呈窄条状背线(发生于盘曲期幼虫,其背线呈放射状)。尸体软化、干缩于巢房底部,无黏性但有酸臭味,易被工蜂清除而留下空房,与子房相间形成"插花子脾"。

三、诊断与疫情报告

从临床可疑为欧洲蜜蜂幼虫腐臭病蜂群中,抽取2~4天的幼虫脾1~2张,仔细检查子脾上幼虫的分布情况。如发现虫、卵交错,幼虫位置混乱,颜色呈黄白色或暗褐色,无黏性,易取出,背线明显,有酸臭味,结合流行病学可初步诊断为欧洲蜜蜂幼虫腐臭病,确诊需进一步做实验室诊断。

1. 革兰氏染色镜检:挑取可疑幼虫尸体少许涂片,用革兰氏方法染色、镜检。若发现大量披针形、紫色、单个、成对或成链状排列的球菌,可初步诊断为本病。

2. 致病性试验:将纯培养菌加无菌水混匀,用喷雾方法感染1~2天的小幼虫,如出现上述欧洲蜜蜂幼虫腐臭病的症状,即可确诊。

本病为我国三类动物疫病。发生疫情时,应立即向当地兽医主管部门、动物卫生监督机构或动物疫病预防控制机构报告,并逐级上报至国务院畜牧兽医行政主管部门。

四、疫苗与防治

尚无适用的疫苗。

本病的发病时期可以预测,所以可用药物预防。在预防和治疗方面使用较多的是链霉素和青霉素。其中链霉素的效果最好。

加强饲养管理,紧缩巢脾,注意保温,培养强群。严重的患病群,要进行换箱、换脾,并用下列任何一种药物进行消毒:

1. 用50毫升/立方米福尔马林煮沸熏蒸24小时。

2. 用含量为 0.5% 的次氯酸钠或二氧异氰尿酸钠喷雾。

3. 用含量为 0.5% 的过氧乙酸液喷雾。

药物治疗可在 1000 糖浆中加入土霉素 5 万 U,或链霉素 20 万 U,或红霉素 5 万 U,进行饲喂喷脾。隔天 1 次,每次每框蜂 100 克,共治 3~4 次。

第四节　小蜂巢甲虫侵染病

小蜂巢甲虫侵染病是由蜂巢小甲虫引起蜜蜂的一种寄生虫病害。

一、病原及流行病学特点

本病病原为蜂巢小甲虫。通常为黑色,有时为浅褐色,其体色随日龄增长不断加深。一般体长 6 毫米,宽 3 毫米,背部有小突刺,个体间差别不大,个体大小与幼虫期食物供应有关。较小的个体可穿过笼蜂运输箱的纱网或底板纱窗的铁丝网。蜂巢小甲虫的触角很有特点,缩到头部下面,如果伸展开,可看到末端有很多小节——棒状触角,用放大镜才能看清楚。

蜂巢小甲虫在非洲很多国家存在。蜂巢小甲虫幼虫有较明确的头壳和足,一般为乳白色,但有时在其产生的黏液中爬行时呈浅棕色。蜂巢小甲虫幼虫可产生黏液,这些黏液能驱避蜜蜂,不驱避苍蝇,黏液是蜂巢小甲虫出现较明显的标志物。

二、临床症状与病理变化

不成熟的蜂巢小甲虫幼虫有避光特性,它们一般隐藏在蜂箱的角落、巢框上梁和箱壁的中间、打开的巢房或底板的碎屑下面。成熟的幼虫受光吸引而爬出蜂箱。它们大多在傍晚离开,进入到蜂箱周围的泥土里,挖出洞后幼虫便静止不动。在地下小洞中,幼虫化蛹。起初,蛹是白色的,随后身体不同部位的颜色逐渐变深。蛹期结束后,新的蜂巢小甲虫成虫从泥土中钻出,约一星期后性成熟,如果不受蜜蜂的阻止,雌虫开始在蜂箱裂缝或幼虫脾缝隙里产卵。温度显著影响蜂群中蜂巢小甲虫。高温促进蜂巢小甲虫的生殖力和发育率,导致危害蜂群的蜂巢小甲虫群体增强。

三、诊断与疫情报告

把巢框竖立起来,抓着上面的框角抖动巢脾,抖掉一半或四分之三的蜜蜂即可(在继箱上面抖脾以防蜜蜂在地上爬行)。抖蜂时大部分蜂巢小甲虫都待在巢房

里,在别的蜂箱或较方便的地方铺上报纸,使巢脾水平置于报纸上方。轻敲巢脾,蜂巢小甲虫便落到报纸上。蜜蜂散开时,便可看到蜂巢小甲虫。

发现蜂巢小甲虫时,在手指尖上涂抹蜂蜜使手指有点黏性,当蜂巢小甲虫落在纸上时,轻轻按下手指使它们粘到指尖上,然后放进广口瓶里用于鉴定。

本病未列入我国一、二、三类动物疫病病种名录,我国尚无此病。发生疫病时,应立即向当地兽医主管部门、动物卫生监督机构或动物疫病预防控制机构报告,并逐级上报至国务院畜牧兽医行政主管部门。

四、疫苗与防治

没有疫苗。

蜂巢小甲虫常聚集到较弱的蜂群。维持强群是控制蜂巢小甲虫繁殖的做法之一。在蜂群较弱,且易受到攻击时,蜂巢小甲虫会骤然爆发。防治方法同大蜂螨。

第五节　蜜蜂热厉螨侵染病

蜜蜂热厉螨侵染病是由亮热厉螨(小蜂螨)和柯氏热厉螨引起蜜蜂幼虫的一种寄生虫病。小蜂螨是典型的巢房内寄生虫,主要危害蜂幼和蜂蛹。

一、病原及流行病学特点

小蜂螨中文学名为亮热厉螨,属寄螨目厉螨科、热厉螨属。

小蜂螨发育周期分卵、幼螨、若螨和成螨 4 个阶段。由卵到成螨需 5 天时间。卵近圆形或椭圆形,乳白色。幼螨在卵内形成,呈白色、椭圆形,具 3 对足。若螨乳白色,椭圆形体表具细小刚毛,4 对足;后期若螨体呈卵圆形。成螨雌性卵圆形,体长约 1.02 毫米,体宽约 0.53 毫米,前端较尖后端钝圆,棕黄色;雄螨略小于雌螨,体长约 0.95 毫米,体宽约 0.56 毫米,浅棕色。

小蜂螨多寄生在蜜蜂幼虫体外,其生长繁殖过程均在封盖的巢房内完成。新生成螨随蜂羽化出房,或从死亡幼蜂巢房盖的穿孔处爬出,再潜入其他蜂幼房内寄生繁殖。

成螨寿命在蜜蜂繁殖期为 9~10 天,最长的 19 天,但若蜂群断子,仅能存活 1~3 天。小蜂螨具趋光习性。

小蜂螨在我国南方一年四季都可见到。在北方,每年 6 月前很少发生,7~8 月在寄生率成直线上升,9~10 月达最高峰,11 月以后随气温下降,蜂王停止产卵而减少。

本病主要通过转地放蜂、迷巢蜂、盗蜂、合并或调换子脾等途径传播。

二、临床症状和病理变化

《陆生动物卫生法典》规定本病的潜伏期为 60 天(冬季除外,因随国家不同而不同)。

本病主要使蜂幼和蛹严重受害。可见幼螨死在巢房内,腐烂变黑。蛹不能羽化,或羽化后的幼蜂发育不良、翅膀残缺不全,在巢门前或场地上乱爬。轻者造成大量残疾蜂,削弱群势,降低蜂蜜、蜂王浆的产量;重者使所有子脾上的幼虫和蜂蛹死亡、腐烂,直至全群覆灭。

三、诊断与疫情报告

根据小蜂螨趋光习性,可用眼科镊子揭开封盖巢房,在强光下仔细检查,如发现有小蜂螨,即可确诊。

经目测或检查蜜蜂碎渣识别热厉螨侵袭。幼虫形态不规则,死亡或成畸形,蜜蜂翅膀变形,在蜂箱口爬行,尤其是在蜂巢上有快速跑动、棕红色大而长的螨虫时,可诊断有小蜂螨存在。打开蜂幼虫室,见到有未成熟或成虫螨虫可作出早期诊断。用各种化学制剂处理,螨虫就会从蜂巢和蜂体上掉落,就可用目测法或漂浮法检查碎渣。

本病为我国三类动物疫病。发生疫情时,应立即向当地兽医主管部门、动物卫生监督机构或动物疫病预防控制机构报告,并逐级上报至国务院畜牧兽医行政主管部门。

四、疫苗与防治

尚无适用的疫苗。

实行检疫,严防场间传播。对已感染的蜂群可采用药物治疗。一是升华硫,先用两层纱布将升华硫包扎好,再抖落封盖子脾上的蜜蜂,用药包轻轻涂擦封盖子脾的房盖,每 7 天 1 次,连续涂药 2~3 次,即可控制小蜂螨的危害。涂擦时巢脾要保持适当的倾斜度,防止药粉掉入未封盖的巢房内,使幼虫中毒。二是二氧化硫,硫磺燃烧生成二氧化硫。对小蜂螨危害严重的蜂群,把封盖子脾上的蜜蜂抖落后集中到继箱内,叠加在空箱上。小蜂螨死亡后可将 3 克硫磺放在不易燃烧的容器内,点燃后放入空箱体内,密闭熏治 2~3 分钟,立即把子脾放回原群。应用上述方法防治小蜂螨时,要先做试验,取得经验后再大面积应用,以免造成损失。

第六节 瓦螨病

本病由雅氏瓦螨引起蜜蜂的一种体外寄生虫病。它主要危害成年蜂,也危害蜜蜂幼虫。每年秋季是其发展的高峰期。

一、病原及流行病学特点

雅氏瓦螨又称大蜂螨,属寄螨目、瓦螨科,是蜜蜂的体外寄生螨之一。

瓦螨发育周期须经过卵、幼螨、前期若螨、后期若螨、成螨5个不同虫态。雌螨发育期为6~9天,即雌螨卵经24小时孵化为6足幼螨,经48小时左右变为8足的前期若螨,之后脱皮成为后期若螨,再经3天发育成成螨。雄螨发育期为6~7天。

卵为卵圆形,呈乳白色。幼螨在卵内形成,足3对。若螨呈卵圆形或椭圆形,4对足全部长齐,体表出现刚毛;前期若螨呈乳白色,后期若螨体背有褐色斑纹。成螨期雌螨为棕褐色,呈横椭圆形,体长约1.17毫米,体宽约1.77毫米;雄螨略小,呈卵圆形,体长约0.85毫米,体宽约0.72毫米。

瓦螨分蜂体自由寄生、潜入封盖子房繁殖两个生活阶段。在自由寄生期,常寄生于工蜂和雄蜂的胸部和腹部,吸食蜜蜂体液,一般寄生4~13天,在封盖前潜入蜂幼房,在封盖2天后产卵。

在繁殖期,雌螨在封盖的子房内与雄螨交配、产卵。雄螨在交配后不久死去,雌螨则随羽化的蜜蜂出房,并寄生在新蜂体上。雌螨在夏季可生存2~3个月,冬季可生存5个月以上,一生有3~7个产卵周期,每个产卵周期可产1~7卵。

瓦螨生命力很强,在脱离蜂巢的常温环境中可活7天。成螨可在蜂体上越冬。瓦螨喜寄生于雄蜂幼虫,在雄蜂幼虫房的寄生率比工蜂幼虫房高5倍以上。

瓦螨通过蜜蜂相互接触在蜂群中传播,迷巢蜂、盗蜂或换箱、换脾、合并蜂群可造成蜂间传播。

瓦螨自春季蜂王开始产卵起就开始繁殖,4~5月螨的寄生率较高(15%~20%);夏季蜂群进入增殖盛期,蜂螨寄生率保持相对稳定状态(10%左右);秋季蜂群势下降,但蜂螨继续繁殖,并集中在少量子脾和蜂体上,因而寄生率急剧上升,9~10月达最高峰(50%左右)。直到蜂王停止产卵、群内无子脾时,蜂螨才停止繁殖。

二、临床症状和病理变化

本病的潜伏期为 9 个月。

受侵蜂群，最明显特征是在蜂箱巢门附近和子脾上，可见到衰弱、没有健全翅膀的畸形蜜蜂。

若螨、成螨均以蜜蜂、蜜蜂幼虫和蛹的体液为食，致使蜂幼、蜂蛹死亡或发育不良、翅足残缺不全；成蜂体质衰弱、采集力下降、寿命缩短。严重的死蜂、死蛹遍地，幼蜂到处乱爬，群势迅速削弱，甚至全群覆灭。

三、诊断与疫情报告

1. 肉眼直接检查：打开蜂箱，提出蜂脾，用拇指和食指捉住蜜蜂，仔细观察胸腹部有无成螨寄生；挑开蜂盖的雄蜂房、工蜂房若干，用镊子拉出幼虫或蛹，观察有无螨的存在。

2. 药物检查：在箱底放一张硬纸，用常用治螨药熏治，第二天早晨抽去硬纸，查落螨情况。也可捉 50~100 只蜜蜂，放入 500 毫升玻璃瓶内，用棉花蘸取 0.5 毫升乙醚迅速放在瓶内，密封后熏 5 分钟，然后把蜜蜂轻轻倒在白纸上，将蜜蜂苏醒后飞回巢，再检查瓶内和白纸上有无螨。

本病为我国三类动物疫病。发生疫情时，应立即向当地兽医主管部门、动物卫生监督机构或动物疫病预防控制机构报告，并逐级上报至国务院畜牧兽医行政主管部门。

四、疫苗与防治

尚无适用的疫苗。

根据蜂螨繁殖于封盖房，寄生于蜂体的特点，利用各种断子时期进行治疗。一般是抓住越冬阶段内没有子脾，蜂螨寄生在成蜂体的有利时机治疗蜂螨。主要是在气温稍高的越冬初期、越冬末期和复壮阶段初期进行。越冬初期可治疗 4~5次，越冬末期和复壮阶段初期再治疗 1~3 次，经两期治疗蜂螨，一般到第二年的8 月份以前本病就不会太严重。

治疗蜂螨的药物较多，常交替使用，以防蜂螨产生抗药性。具体参见蜂螨病。

第九章　鱼病(5 种)

第一节　地方流行性造血器官坏死病

地方流行性造血器官坏死病是由流行性造血器官坏死病毒感染鱼类所致。主要危害河鲈、虹鳟、六须鲇鱼等鱼类。本病后芬兰、澳大利亚等国家曾流行。

一、病原及流行病学特点

病原为地方流行性造血器官坏死病毒。

本病主要危害野生河鲈、养殖虹鳟、欧洲六须鲇鱼等鱼类,亲鱼、鱼苗易受感染。传染来源为新引进的水生动物。感染鱼大量发病死亡,危害严重。

二、临床症状及病理变化

病鱼游动缓慢,顺流飘起,或急剧狂游,突然死亡;病鱼体发黑,腹腔积水,胸鳍或背鳍充血;造血器官组织变性、坏死,表现为肝、脾、肾颜色变淡、苍白。

三、诊断与疫情报告

可通过 PCR 扩增和酶联免疫吸附试验确诊。

本病列入我国二类动物疫病病种名录。发生疫情时,应立即向当地渔业主管部门上报,并逐级上报至国务院渔业行政主管部门。

四、疫苗与防治

目前尚无疫苗和有效防治方法。主要加强综合预防措施,严格执行检疫制度。对死鱼、鱼副产品和湖水进行无害化处理,鱼塘净化消毒,控制鱼苗调用等措施。

治疗采用聚乙烯氮戊环酮碘剂(PVP)拌饲投喂,可降低死亡率,用量为每千克鱼用 1.64~1.91 克有效碘量,连喂 15 天。

第二节 传染性造血器官坏死病

传染性造血器官坏死是由传染性造血器官坏死病毒引起鲑鱼、鳟鱼的急性传染病。本病以病鱼狂游和造血器官坏死为特征。

一、病原及流行病学特点

传染性造血器官坏死病毒属弹状病毒科、粒外弹状病毒属。病毒在 4℃~20℃时能在鱼类传代细胞中增殖并出现细胞病变(CPE),最适温度为 13℃~18℃。其 CPE 特征为细胞变圆、收缩,形成葡萄串,最后细胞崩解、脱落。

本病的传染源为病鱼,主要经水平传染,病毒可借助水、食物、鱼卵、精液、尿、粪便等媒介传播。

虹鳟等大部分鲑科鱼类均可感染。以开食 2 个月左右的幼鱼最易感染,病程急,死亡率高达 50%~100%。成鱼一般不发病,但可起携带、扩散病毒作用。银大马哈鱼对本病不易感。

本病一年四季均可发生,但以早春到初夏、水温在 8℃~10℃时多发。水温高于 15℃时一般不发病。

二、临床症状及病理变化

本病的潜伏期一般为 4~6 天。

病初稚鱼和幼鱼死亡率突然升高。病鱼体色发黑,眼球突出,腹部膨大,肛门红肿,且常拖着不透明或棕褐色的假管型黏液粪便。呈昏睡状,随水漂浮;或狂游乱窜,打转。鱼鳃苍白,鳍基部出血。

以造血器官组织变性、坏死为特征。表现为前肾、脾出血、坏死。严重的肝脏、脾脏、肾脏色泽减退、苍白。

三、诊断与疫情报告

根据流行病学、临床症状和病理变化可作出初步诊断,进一步确诊需进行接种培养,检查细胞病变效应,进行血清中和试验、间接荧光抗体试验。

本病列入我国二类动物疫病病种名录。发生疫情时,应立即向当地渔业主管部门上报,并逐级上报至国务院渔业行政主管部门。

四、疫苗与防治

传染性造血器官坏死病疫苗已经成为工业化生产的商品用疫苗。病毒性传染性造血器官坏死病的减毒疫苗已有明显的免疫效果。

加强综合预防措施，严格执行检疫制度。发现本病时，应立即进行隔离治疗。死鱼深埋，不得乱弃。可采用漂白粉、来苏水等药物对鱼种、设施、工具消毒，防止水源污染，对病鱼实行隔离饲养，限制病毒扩散等。

对发病鱼池采取提高水温的方法，可有效地控制该病的发生。

第三节　马苏大麻哈鱼病毒病

马苏大麻哈鱼病毒病是由病毒引起鱼类的一种肿瘤病和皮肤溃疡病。仅感染鲑科鱼类，并流行于日本。水温低于14℃时易发此病。

一、病原及流行病学特点

病原是一种疱疹病毒，即 OMV。

二、临床症状及病理变化

感染初期出现全身性、高度致死性感染，表现为厌食、眼突出、表皮充血和皮肤溃疡等症状。解剖时可见肝、脾坏死及心肌水肿、肠道出血以及肝上有白斑，并伴有水肿和出血。后期即从出现临床症状后的 4 个月里，部分存活下来的病鱼会出现上皮瘤。瘤主要长在口腔周围（上、下腭），有些长在尾鳍、鳃盖骨和体表。肿瘤增生可持续到感染后一年。

三、诊断与疫情报告

用鲑细胞系（如 RTG-2 等）可从病鱼的卵巢液、肝及肿瘤中分离到病毒。其最适复制温度为 15℃，受感染细胞会形成合胞体，使细胞崩解。然后用中和试验或免疫荧光等免疫学方法进行确诊。

本病未列入我国一、二、三类动物疫病病种名录。发生疫情时，应立即向当地渔业主管部门上报，并逐级上报至国务院渔业行政主管部门。

四、疫苗与防治

尚无疫苗。

防治措施为：

1. 严格执行检疫制度，不得将带有马苏大麻哈鱼病毒病的鱼卵、鱼苗、鱼种和亲鱼引进及输出。

2. 发现疫情，应坚决果断地将病鱼池中的苗、种销毁，并用漂白粉、强氯精、优氯精等含氯消毒剂消毒鱼池。

3. 发眼卵用碘伏(PVP–I)浸洗,浓度为有效碘 50 毫克/千克,洗浴 15 分钟。

4. 有条件的地方,可通过降低水温(10℃以下)或提高水温(15℃以上)来控制病情发展。

5. 刚开始发病时,可用碘伏拌饵投喂,每千克鱼每天用1.64~1.91 克有效碘量,须连喂半个月,可控制病情发展。

第四节 鲤春病毒血症

鲤春病毒血症又称鲤鱼传染性腹水症,是由鲤弹状病毒引起鲤鱼科的一种急性、出血性传染性病。以全身出血及腹水、发病急、死亡率高为特征。

一、病原及流行病学特点

鲤春病毒血症病毒又名鲤弹状病毒,属弹状病毒科、水泡病毒属。

传染源为病鱼、死鱼和带毒鱼。传播途径为经水传播,病毒可经鳃和肠道入侵,也可能垂直传播,或由某些水生吸血寄生虫(鲺、尺蠖、鱼蛭等)机械传播。病鱼和带毒鱼经粪排毒,尿液、精液和鱼卵中也含有病毒。

本病主要感染鲤鱼,尤其是 1 岁以上的鲤鱼易感。鲢鱼、鳙鱼、欧鲫、六须鲶、虹鳟、草鱼也可感染。

本病在欧洲、亚洲均有流行,是鱼类口岸检疫的第一类检疫对象。主要危害 1 龄以上的成鲤,以种鲤最严重。流行于每年春季(水温 13℃~20℃),水温超过 22℃就不再发病,鲤春病毒血症由此得名。

二、临床症状及病理变化

本病的潜伏期为 1~60 天。

病鱼体色发黑,呼吸困难,运动失调(侧游、顺水漂流或游动异常)。腹部膨大,眼球突出,肛门红肿,皮肤和鳃渗血。

剖检以全身出血水肿及腹水为主要特征。消化道出血,腹腔内积有浆液性或带血的腹水。心脏、肾脏、鳔、肌肉出血发炎,尤以鳔的内壁最常见。

三、诊断与疫情报告

根据流行病学、临床症状和病理变化可作出初步诊断,确诊需进一步做实验室诊断。

可用酶联免疫吸附试验、直接荧光抗体试验、病毒中和试验等进行病毒检测。

本病列入我国一类动物疫病病种名录。发生疫情时,应立即向当地渔业主管部门上报,并逐级上报至国务院渔业行政主管部门。

四、疫苗与防治

尚无商品疫苗。广东中山大学公开了一种鲤春病毒血症病毒 DNA 疫苗及其制备方法。鲤春病毒血症病毒疫苗 DNA 疫苗,由 SVCVG 蛋白全长基因和原核表达载体 PET32a(+)质粒构成。鲤春病毒血症病毒 DNA 疫苗的制备,方法包括:SVCVG 蛋白全长基因的克隆,SVCVG 基因的原核表达及抗体制备,SVCVG 基因 DNA 疫苗的构建。本发明创造性地将 DNA 疫苗技术应用于鲤春病毒血症的防治。与其他疫苗相比,DNA 疫苗能同时诱导机体产生体液免疫应答和细胞免疫应答,同时具有高效、安全、便于贮运及易于大量生产等优点。

采用聚乙烯氮戊环酮碘剂(PVP)拌料投喂,可降低死亡率。严格检疫,要求水源、引入饲养的鱼卵和鱼体不带病毒。发现患病鱼或疑似患病鱼必须销毁,养鱼设施要严格消毒。

第五节 病毒性出血性败血症

病毒性出血性败血症又名鳟鱼腹水病,是由弹状病毒引起的一种虹鳟鱼传染病。本病以出血性败血症为特征。本病流行于欧洲及北美,日本也有检出的报道,致死率高,是鱼类口岸检疫的第一类检疫对象。

一、病原及流行病学

病毒性出血性败血症病毒属弹状病毒科、粒外弹状病毒属。病毒对乙醚、氯仿、酸、碱敏感,对热不稳定,在-20℃可保存数年。病毒感染细胞及其细胞病变只在 pH 值为 7.6~7.8 时才能发生,而在 6℃~8℃病毒均可增殖,在 14℃时最适宜。

本病的传染源为病鱼、带毒鱼及被污染的水。一般通过病鱼或带毒鱼的排泄物、卵子、精液等排出病毒,在水体中扩散传播。病毒经鱼鳃侵入鱼体而感染。

感染动物为虹鳟等各种鲑、鳟鱼及少数非鲑科鱼。不同年龄和品种均可感染,尤以 1 月鱼易感,鱼苗和亲鱼则较少发病。

本病主要流行于欧洲,以冬末春初或水温 6℃~12℃为流行季节,水温上升到

15℃以上,呈散发或不发生。

二、临床症状及病理变化

自然条件下本病的潜伏期为 7~25 天。

因症状缓急及表现差异,分急性型、慢性型、神经型 3 种。

1. 急性型:见于流行初期,表现体色发黑,眼球突出,眼和眼眶四周以及口腔上腭充血,鳃苍白或呈花斑状充血,肌肉和内脏有明显出血点,肝脏、肾脏水肿、变性和坏死。发病快,死亡率高。

2. 慢性型:病程长,见于流行中期。除体黑、眼突出外,腮肿胀、苍白贫血,很少出血。肌肉和内脏可见出血。

3. 神经型:多见于流行末期。表现运动异常,或静止不动,或沉入水底,或旋转运动,或狂游甚至跳出水面。发病率及死亡率低。

通过查检可见肾脏、脾脏、肝脏、胰脏、肌肉等都有出血。

三、诊断与疫情报告

根据发病鱼种不同和旋转运动区别于其他出血性疫病(如鲤春病毒病)从流行病学和临床检查中可初步判定。确诊需进一步做实验室诊断。

实验室诊断方法有荧光抗体试验、抗血清中和试验或病毒分离培养。

本病列入我国二类动物疫病病种名录。发生疫情时,应立即向当地渔业主管部门上报,并逐级上报至国务院渔业行政主管部门。

四、疫苗与防治

本病目前流行于欧洲,引种时要特别注意检疫,防止传入我国。目前尚无疫苗和有效的治疗方法,以预防为主。

严格防疫消毒制度,加强日常管理。

采用聚乙烯氮戊环酮碘剂(PVP)拌饲投喂,可降低死亡率,用量为每千克鱼每天用 1.64~1.91 克有效碘量,连喂 15 天。

严格执行检疫制度,要求水源、引入饲养的鱼卵和鱼体不带病毒。一经发现患病,必须销毁所有受感染及疑似受感染的鱼,对养鱼设施进行彻底消毒。

第十章　软体动物病(8种)

第一节　包纳米虫病

包纳米虫病由牡蛎包纳米虫寄生感染所致。

一、病原及流行病学特点

牡蛎包纳米虫属怪孢门的新属新种。球形,直径2~3微米,具有嗜碱性的细胞核,细胞质内含球形颗粒的线粒体、一个特殊的单孢子体和一个浓密体。

夏季多发病,发病率可达40%~60%,同时期死亡率达40%~80%。18个月以上的牡蛎多发本病。本病主要流行于美国及欧洲地区。

二、临床症状和病理变化

主要寄生在牡蛎颗粒性血细胞的细胞质内。病牡蛎鳃丝或外套膜上有灰白色的小溃疡,或有较深的穿孔性溃疡。常规切片镜检可见鳃、结缔组织、胃、外套膜中有分散的颗粒性血细胞增殖病灶。鳃和外套膜感染后因褪色呈黄色,大多数感染牡蛎外表正常。

三、诊断与疫情报告

根据临床症状、病理变化及流行特点等进行初步诊断。确诊需取具有白色溃疡的鳃丝或外套膜作组织切片,染色后可检查血细胞内虫体。

本病列入我国三类动物疫病病种名录。发生疫情时,应立即向当地渔业主管部门上报,并逐级上报至国务院渔业行政主管部门。

四、疫苗与防治

尚无疫苗和有效的治疗方法。

发生病害后采取提早收获或将患病牡蛎移到低盐度(20‰以下)海区养殖。

第二节 单孢子虫病

单孢子虫病是由单孢子虫引起牡蛎的一种寄生虫病。

一、病原及流行病学特点

病原为尼氏单孢子虫和沿岸单孢子虫。该虫的孢子呈卵形，长度为 6~10 微米，一端有盖，盖的边缘延伸到孢子壁之外。多核质体的大小很不一致，一般为 4~25 微米，最大的可达 50 微米，有数个至许多核。核内有 1 个偏心的核内体。

发病季节为 5 月中旬到 9 月份，6~7 月份牡蛎的发病明显，1~3 月不发病，主要危害 2~3 龄牡蛎，在盐度高于 25‰以上的海区发生。美洲牡蛎和太平洋牡蛎为主要感染种类。

二、临床症状及病理变化

患病牡蛎消瘦，停止生长，在环境条件较差时会死亡。病牡蛎全身组织都受感染，组织中有白细胞状细胞浸润，组织水肿。严重感染的牡蛎组织细胞萎缩，组织坏死，含有大量的孢子。肝小管中因充满大量的成熟孢子而呈微白色，色素细胞增加。少数病牡蛎坏死的组织和濒死的尼氏单孢子虫沉积在壳内壁上，促使壳基质形成被囊，成为褐色的、大小不一的疱状物。

三、诊断与疫情报告

显微镜检查染色的组织切片，发现组织中有多核质体。全身严重感染的可做血液涂片，用亚甲蓝染色后镜检，病原散布在所有组织的血窦中，即可确诊。

本病未列入我国一、二、三类动物疫病病种名录。发生疫病时，应立即向当地渔业主管部门上报。

四、疫苗与防治

尚无疫苗。

提早收获或将已受感染的牡蛎移到低盐度（15‰以下）海区养殖，可以控制此病。在疾病流行的海区中只养殖牡蛎种苗，从病后幸存的牡蛎中选育抗病力强的作为亲体，其繁殖的后代一般具有抗病力。

第三节　马尔太虫病

马尔太虫病是由折光马尔太虫寄生感染牡蛎所致。

一、病原及流行病学特点

病原为折光马尔太虫，属怪孢门、星孢纲、闭合孢子目、马尔太。多核质体幼小时直径 7~15 微米；成体 15~30 微米，在较老的多核质体中含有特殊的折光的包涵体，具强烈嗜曙红性。

本病主要侵袭法国欧洲牡蛎，2~6 个月感染率为 0%~23%，7~9 个月为 43%~50%，8~10 个月可达 100%。荷兰从法国引进的牡蛎也发生感染。马尔太虫的感染方式和宿主体化生活史还不清楚，估计存在中间宿主。

二、临床症状和病理变化

患病的牡蛎消瘦、能量（糖元）耗尽，消化道变色、停止生长并且死亡。折光马尔太虫主要感染牡蛎消化道上皮细胞，早期感染出现在触须、胃、消化道，还有鳃的上皮。大剂量感染会导致消化腺上皮细胞的破坏。

三、诊断与疫情报告

取胃上皮细胞或消化腺印片或切片，染色后观察为虫体。各期成虫可于消化腺上皮细胞内找到。虫体细胞质嗜碱性、细胞核嗜伊红性。

本病列入我国三类动物疫病病种名录。发生疫情时，应立即向当地渔业主管部门上报，并逐级上报至国务院渔业行政主管部门。

四、疫苗与防治

尚无疫苗和有效的治疗药物。

发生病害后可采取提早收获或将患病牡蛎移到低盐度（20‰以下）海区养殖。

第四节　闭合孢子虫病（小囊虫病）

闭合孢子虫病又称小囊虫病，由马可尼小囊虫和鲁夫莱小囊虫感染牡蛎所致。

一、病原及流行病学特点

病原为马可尼小囊虫和鲁夫莱小囊虫。属顶复体门、派琴虫纲、派琴虫目、派琴虫属。孢子近似球形,细胞质内有一大液泡,偏于一边,液泡内含有大型折光体,卵圆形的胞核位于细胞质较厚部分。

本病主要感染太平洋牡蛎、欧洲牡蛎和青牡蛎。

二、临床症状及病理变化

引起空泡性结缔组织细胞内的感染,血细胞渗透和组织坏死,外套膜产生脓肿和溃疡,闭壳肌上有褐色伤痕。

三、诊断与疫情报告

可用切片、印片法或电子显微镜检查,如在病变部位组织印片,可检查到闭合孢子,即可确诊。

本病未列入我国一、二、三类动物疫病病种名录。发生疫病时,应立即向当地渔业主管部门上报。

四、疫苗与防治

尚无疫苗和有效的治疗药物。

发生病害后可采取提早收获或将患病牡蛎移到盐度为 20‰以下的海区养殖。

第五节　派琴虫病

派琴虫病是由海水派琴虫和奥尔森派琴虫所引起的疾病。

一、病原及流行病学特点

病原为海水派琴虫和奥尔森派琴虫。属顶复体门、派琴虫纲、派琴虫目、派琴虫属。孢子近似球形,直径 3~10 微米,细胞质内有一大液泡,偏于一边,液泡内含大型折光体,卵圆形的胞核位于细胞质较厚部分。

海水派琴虫可造成美洲牡蛎严重的经济损失,该病发现于美洲(包括夏威夷)。奥尔森派琴虫可感染多种鲍,分布于澳大利亚。

二、临床症状及病理变化

奥尔森派琴虫主要感染闭壳肌和外套膜的结缔组织,导致组织破坏和体质衰弱。有时产生化脓性病灶,并引起鲍的死亡。海水派琴虫的感染通常是全身性的,使消化腺发白、贝壳不能闭合、外套膜萎缩、性腺发育受到抑制、生长迟缓,偶尔也会出现脓肿。

三、诊断与疫情报告

做感染组织的切片和将感染组织在液体巯基乙酸培养基中培养。将切片染色后能够清晰地看到原虫。病原的确诊可用电镜。

本病列入我国三类动物疫病病种名录。发生疫情时,应立即向当地渔业主管部门上报,并逐级上报至国务院渔业行政主管部门。

四、疫苗与防治

尚无疫苗和有效的治疗药物。

首先,加强饲养管理,保持良好环境,增强抵抗力,是预防此病的关键措施之一。其次,清除池底过多淤泥,水泥池壁要进行洗刷,然后再用生石灰或漂白粉进行消毒。最后,提早收获,或将患病牡蛎和患病鲍移到低盐度(20‰以下)海区养殖。

第六节　桃拉综合征

桃拉综合征是由桃拉病毒引起南美白对虾的一种严重传染性病毒病。因为身体和尾鳍发红是该病的一个明显特征,故又称为红体病、红尾病等。

一、病原及流行病学特点

病原为桃拉病毒,属微 RNA 病毒科。本病毒粒子为一个 20 面体结构,其衣壳为蛋白质,单股 RNA。病毒位于被感染虾表皮的上皮细胞的细胞质中。

1999 年传入我国台湾、湛江地区也已发现有桃拉综合征流行,发病多在高温季节,主要感染 14~60 日龄仔虾,通常在气温剧变后 1~2 天,特别是水温升至 28℃以后易发病。带毒亲虾和虾苗的运送、水和水中的动物、水鸟粪便、冰冻虾(病毒可在体内存活一年以上)是传染源。本病主要感染南美白对虾。发病病程短,发病迅速。本病主要通过水平传播方式进行。

二、临床症状及病理变化

体型消瘦,甲壳变软,红须、红尾,体色变暗、变红,镜检发现红色素细胞扩散变红,部分病虾甲壳与肌肉容易分离,消化道特别是胃不饱满,肠道发红,并且肿胀。发病初期大部分病虾在水面缓慢游动,且靠边死亡,头胸甲出现明显的白色斑点。死亡率高达 80%~90%。

三、诊断与疫情报告

病虾红体(尾足、尾节、腹肢),镜检发现红色素细胞扩散变红,肝胰腺肿大,变白。根据特征性的症状可作出初步结诊断,确诊需做实验室检查,如用 RT-PCR 试验等。

本病列入我国二类动物疫病病种名录。发生疫情时,应立即向当地渔业主管部门上报,并逐级上报至国务院渔业行政主管部门。

四、疫苗与防治

尚无疫苗,治疗较难。

1. 以预防为主,虾池及池水严格消毒,池水深度要达 2 米以上,使用增氧机,尽量保证水环境良好与稳定;使用高健康苗种。

2. 投喂优质配合饲料,适当添加维生素 C、葡聚糖、肽聚糖等增强对虾的抗病能力。

3. 每 100 千克饵料添加板蓝根 50 克、三黄粉 200 克,内服,连喂 1 周。

4. 外用溴氯海因 0.3 克/立方米~0.5 克/立方米,全池泼洒,第二天停药 1 天,第三天再泼洒 1 次。

第七节 白斑综合征(白斑病)

白斑综合征是由白斑综合征杆状病毒复合体引发对虾的一种综合性病征。

一、病原及流行病学特点

病原为白斑综合征杆状病毒复合体。主要有皮下及造血组织坏死杆状病毒、日本对虾杆状病毒、系统性外胚层和中胚层杆状病毒及白斑杆状病毒等。病毒粒子为杆状,包含双链 DNA。主要感染斑节对虾、日本对虾、中国对虾、南美白对虾等。

白斑病病程急,病死率高。主要是经口感染,水平传播。

二、临床病症及病理变化

病虾一般表现为停止摄食,行动迟钝,体弱,弹跳无力,漫游于水面或伏在池边,或在池底不动,很快死亡。病虾体色往往轻度变红或暗红或红棕色。发病初期可在头、胸甲上见到针尖样大小白色斑点。肠胃充满食物,头胸甲不易剥离。病情严重的虾体较软,白色斑点扩大甚至连成片状。严重者全身都有白斑,肠胃空空,头、胸甲很容易剥离。病虾的肝胰腺肿大,颜色变淡且有糜烂现象,血凝时间长,甚至不会产生血凝。

三、诊断与疫情报告

白斑综合征从外观症状可初步诊断，目前常用的基因核酸探针检查是否携带病毒进行确诊。

本病未列入我国一、二、三类动物疫病病种名录。发生病害时，应立即向当地渔业主管部门上报。

四、疫苗与防治

目前尚无商业化疫苗。

白斑病毒的来势较快，感染率较高，死亡率较大。因此，对白斑病的预防工作尤为重要。

1. 要做好养殖池塘的清淤、消毒及培水工作：养殖过程中一般采用益水宝、高能氧、亚硝酸盐降解灵等。

2. 放养：要选择健康无病毒的虾池进行放养。

3. 饲养管理过程中要注意水质及各种理化因子的变化，保持水体的相对稳定：采用二溴海因、强克101等进行池塘消毒，杀灭抑制水体中病原微生物的繁殖。

4. 投喂营养全面的颗粒饲料：饲料中添加维生素C、免疫多糖、生物酶添加剂等提高虾体的免疫力，改善肠胃的微循环；同时添加对虾病毒净、中鱼尼考等抗菌药物控制虾体内病原微生物的繁殖。

5. 坚持巡塘，定期检查，正确诊断，积极治疗。对发病虾池的控制方法可采用高能氧全池泼洒，其用量为0.1~0.2ppm，2小时后采用强克101进行全池泼洒，共用量为0.2ppm；第二天再次泼洒强克101，用量同前；第三天泼洒二溴海因，其用量为0.2ppm(注意：每次泼洒消毒剂需开动增氧机，尤其是泼洒强克101后更须如此)；第六天起全池泼洒益水宝，用量为0.5ppm，在外用药物的同时，须在饲料中添加部分药品及添加剂，通常每千克饲料添加中鱼尼考1.5克、维生素C 2克、免疫多糖4克、水产用利巴韦林0.5克及生物酶2克，须连续投喂5~7天。

第八节　黄头病

黄头病是由被称为黄头病毒的杆状病毒感染引起斑节对虾和南美白对虾等的疾病。主要症状表现为体色发白，鳃和肝脏、胰脏呈淡黄色。

一、病原及流行病学特点

病原为一种杆形的 RNA 病毒,即黄头病毒。感染途径为水平感染,主要为经口食入含病毒污染的食物、水或感染的组织。垂直感染亦会发生。

二、临床症状及病理变化

病虾活力低下,食欲减退,不规则地流动于水面,头、胸甲呈黄色或发白,膨大,鳃变成淡黄色或棕色,肝、胰腺变成淡黄色。

三、诊断与疫情报告

通过临死虾的鳃、皮下组织压片、组织切片的 HE 染色可以见到大量圆形嗜碱性细胞质中的包涵体,利用核酸探针可得到确诊。对虾黄头病检测检疫结果为黄头病毒感染引起。

本病列入我国二类动物疫病病种名录。发生疫情时,应立即向当地渔业主管部门上报,并逐级上报至国务院渔业行政主管部门。

四、疫苗与防治

尚无疫苗,主要采取以下防治措施:

1. 亲虾检疫,确认不带黄头病毒方可引种;孵化设施用聚维酮碘、二氯异氰尿酸钠、二氧化氯消毒处理。

2. 虾苗用聚维酮碘消毒处理。

3. 发现带黄头病毒种群及时隔离、扑杀;用二氯异氰尿酸钠、三氯异氰尿酸消毒处理。

4. 控制养殖密度,使用微生物制剂和水质改良剂,保持良好的养殖环境和较高的溶解氧。

5. 选用优质饲料,添加维生素 C 和矿物质,保持对虾健壮体质。

6. 流行季节用聚维酮碘、双链季胺盐结合碘、二氯异氰尿酸钠、二氧化氯消毒。

7. 发病初期用维生素 C 泼洒,结合碘制剂消毒。

第十一章　其他动物病（2种）

第一节　利什曼虫病

利什曼虫病是由利什曼原虫寄生在人、犬中的一种严重的人畜共患病。以皮肤或内脏器官的严重损害、坏死为特征。

一、病原及流行病学特点

利什曼原虫，属锥体科利什曼属。有16个种和亚种具有致病性，犬利什曼病多由杜氏利什曼原虫引起。

利什曼按其生活史的共同特点有前鞭毛体和无鞭毛体两个时期。前鞭毛体呈柳叶形，体形狭长，大小为(15~20)微米×(1.5~3.5)微米。虫体内有一较大的圆胞核和棒状动基体，动基体在核的前端，并由此伸出一条鞭毛作为运动器官，可见于传播者白蛉的消化道内。无鞭毛体呈卵圆形或圆形，大小为(1.5~3)微米×(2.5~6.5)微米。无鞭毛体多见于感染动物的巨噬细胞内，且常因巨噬细胞破裂而游离于细胞外，有时可散落于细胞上。

本病的流行发生与气候环境关系密切。利什曼原虫最初感染野生动物，尤其是啮齿类。内脏型利什曼原虫贮藏在家犬体内，再由犬类传给人类，成为人畜（兽）共患寄生虫病。利什曼原虫的传播媒介是白蛉属（东半球）和罗蛉属（西半球）的吸血昆虫。

二、临床症状及病理变化

本病的潜伏期为3~5个月或更长时间。

犬内脏利什曼病早期没有明显症状，晚期主要表现为脱毛、皮脂外溢的鳞屑脱落、结节和溃疡，以头部尤其是耳、鼻、脸面和眼睛周围最为显著，并伴有食欲不振,精神萎靡,嗓音嘶哑,消瘦等症状。有些病犬出现鼻出血、眼炎和慢性肾功能不良的症状。

内脏利什曼病可见动物体严重消瘦,脾、肝脏及淋巴结肿胀,广泛性的溃烂性皮炎,各种黏膜和浆膜苍白并出现出血性瘀斑。一些病例还可能出现肝脏、脾脏和肾脏的淀粉样变性。

皮肤利什曼病引起皮肤病变,不侵害内脏。

三、诊断与疫情报告

根据临床症状和病理变化可作出初步诊断,确诊需取病变处皮肤进行涂片或刮片进行虫体检查,或通过淋巴结、骨髓穿刺检查虫体。

本病为我国三类动物疫病。发生疫情时,应立即向当地兽医主管部门、动物卫生监督机构或动物疫病预防控制机构报告,并逐级上报至国务院畜牧兽医行政主管部门。县级以上兽医主管部门通报同级卫生主管部门。

四、疫苗与防治

尚无疫苗。

防范昆虫媒介传播利什曼病,尤其是在白蛉生长旺盛的季节,用药物扑杀白蛉,可在住屋、畜舍、厕所等白蛉易出现的场所喷洒杀虫剂。患利什曼病的动物应采取扑杀、销毁处理。

第二节 骆驼痘

骆驼痘是由骆驼痘病毒引起的一种病毒性传染病。以在体表少毛部位产生痘疹为特征。

一、病原及流行病学特点

自然病例仅发生于骆驼,病驼是唯一的传染源。具有高度的传染性,主要是通过接触传染或通过飞沫吸入传染。通常由健畜与病畜直接接触传播,但也可以通过饲养员、污染的用具和牧场而间接传播。

本病传播甚广,在大量饲养骆驼的地区,几乎都有骆驼痘的存在,特别是在中东以及东非和北非,经常在夏秋季节出现暴发。

二、临床症状及病理变化

本病的潜伏期为 4~5 天,痘疱最先出现于唇和鼻部,随后向其他部分的皮肤扩展。病驼可能发生角膜炎，角膜混浊。在骆驼群中发生温和型驼痘，发病率10%，没有死亡病例。

病变常限于嘴唇和颏部皮肤，起先出现丘疹、水痘、脓疱，之后结痂。

三、诊断与疫情报告

根据典型临床症状和病理变化可作出初步诊断，确诊需进一步做实验室诊断。

在国际贸易中，尚无指定诊断方法，替代诊断方法为病毒中和试验。

骆驼痘病毒在鸡胚绒毛尿囊膜上形成痘斑，痘斑中心常有小出血点。最适孵育温度为39℃。13日龄鸡胚最适于培养骆驼痘病毒，鸡胚本身不死亡，但产毒量很高，且在绒毛尿囊膜的外胚层细胞内可见到胞浆内包涵体。

本病未列入我国一、二、三类动物疫病病种名录。目前，我国尚无此病，一旦发现病畜，立即向上报告疫情。

四、疫苗与防治

尚无商品化疫苗。可用天花病毒给骆驼接种，使其产生对骆驼痘的完全保护力。

用病驼的痂皮粗制成疫苗，划痕涂擦于易感幼驼的唇部；或用牛痘疮制剂接种，如初种不成应复种。注意：人用痘苗不能用于本病的防疫。

防治措施首先是隔离病驼，冲洗患部，涂抹抗生素或磺胺软膏等。

第二编

DIERBIAN

DIERBIAN

其他重要动物疫病（83 种）

第一章　多种动物共患病(9种)

第一节　魏氏梭菌病

魏氏梭菌病是由魏氏梭菌引起的,可感染多种动物,并且是以引发犊牛肠毒血症、绵羊羔痢疾、仔猪坏死性肠炎、兔肠炎等为主要特征的一种人兽共患传染病。本菌通常感染2~10月龄且膘情较好的牛、羊,在其消化道产生大量原毒素,进入血液引发疾病与家畜"猝死症"有密切联系。

一、病原及流行病学物占

本菌可产生多种外毒素及酶类。根据魏氏梭菌所合成分泌的主要毒素,可以将其分为A、B、C、D、E型,其中A型能够感染到人,形成气肿疽,死亡率不一,B、C、D型特别与动物的肠道感染关系密切。

本菌两端钝圆,无鞭毛,不能运动。在动物机体里或含血液的培养基中可形成荚膜,无芽孢,革兰氏阳性。

牛乳培养基中"暴烈发酵",即接种培养8~10小时后牛乳被酸凝,同时产生大量的气体,并凝结成多孔的海绵状(严重时被冲成数段甚至喷出试管外)。

厌氧菌,对营养要求、厌氧要求不高。部分菌可使牛肉块变成为粉红色。在普通培养基上均易生长,在葡萄糖血琼脂上的菌落特征:圆形、光滑、隆起、淡黄色、直径2~4毫米、有的形成圆盘形,边缘成锯齿状。多次传代后,表面有辐射状条纹的"勋章"样且菌落周围有棕色溶血区。有时为双环溶血,内环透明,外环淡绿色。

本病多数在秋末冬初尤其在气候变化异常、阴雨潮湿的条件下流行,且本病不分年龄、性别、品种均可发病。在仔猪和种猪中的发生率高于育肥猪,仔猪可暴发流行,常整窝发病,病死率为20%~70%。种猪和育肥猪呈零星散发,中猪和成猪常突然发病,病程极短,如救治不及时很快死亡,也有无任何先兆症状突然死亡的。

本病常见于1~3日仔猪,1周龄以上仔猪发病率要减少,育肥猪、成年猪多发于90~180日龄,很多病例来不及治疗而死亡,且猪场一旦发生本病不易清除。

牛以零星散发为主,多发于7月龄至4岁龄,孕母牛发病率高。

二、临床症状及病理变化

体温升高到39℃~40.5℃,呼吸60次/分钟~80次/分钟,脉搏90次/分钟~110次/分钟。病程短、死亡快,发病后一般在几分钟、几十分钟或几小时内死亡。腹部膨胀明显,耳尖,蹄部、鼻唇部发绀,食欲减少,废绝,精神沉郁。

本病表现症状为乱冲乱撞、转圈、倒地、口流白沫或红色泡沫、四肢划动、全身肌肉颤抖、抽搐、怪叫、呻吟、呼吸困难,也有不具任何先兆症状者突然死亡。

粪便呈深绿色或褐色。有时见有血便,并有特殊恶臭味,污染肛门周围、后肢、尾部皮毛。仔猪表现为红色下痢,与大肠杆菌合并感染时拉黄色、黄红色、土灰色稀粪,脱水消瘦,部分猪呕吐,体质弱。

以全身实质器官出血为突出特征,反刍动物以瓣胃、肠管最为明显,尤以空肠段最为显著;腹股沟、肠系膜淋巴结出血,呈大理石样,水肿多汁;胸腹腔积液且呈黄色;心肌变软变薄,心肌表面有树枝状充血,心包积液,心内外膜、心耳充血;肠腔充气,特别是小肠膨气,肠壁松弛,使肠黏膜变得薄而透明,浆膜有出血斑,空肠与回肠充满胶冻状液体,部分黏膜坏死形成溃疡;盲肠黏膜有出血斑点,内有稀粪且有气体;胃充满内容物及气体,胃黏膜脱落,胃浆黏膜血管充血;肝肿大,质地脆易碎,病程长者呈土黄色;胆囊肿大,充满胆汁;脾肿大2~3倍,甚至肿大破裂,周边也有出血点;肾瘀血,有的有白斑。肺充血、出血,气管环充血,且气管或支气管中常带有白色或红色泡沫。

三、诊断与疫情报告

根据临床症状及病变即可初步诊断,确诊应做细菌学检查。

1. 镜检:取病料涂片,用革兰氏法染色后镜检,如见有革兰氏阳性粗大杆菌,菌端钝圆,有荚膜,中心或偏端形成芽孢,再结合临床症状即可作出初步诊断。

2. 分离培养:粪便用灭菌生理盐水稀释后,加热到80℃,约10分钟后取上清液,接种于厌氧肝肉汤培养基中,如分离到此阳性杆菌,再转移到血琼脂平板上进行厌氧培养。

3. 动物试验:取厌氧肝肉汤培养基 0.7 毫升接种豚鼠、幼兔,如果均在 24 小时内死亡,剖检病变与自然死亡基本相同,可诊断为阳性。

4. 将被检材料接种肉肝汤培养基及紫奶培养基,置 37℃温箱厌氧培养经 6~8 小时,肉肝汤变得混浊并产生大量气体。紫奶培养基中牛乳凝结成多孔的海绵状凝块,即"暴力发酵"。

此外,也可用中和试验、对流免疫电泳等血清学方法诊断本病。

本病为我国二类动物疫病。发生疫情时,应立即向当地兽医主管部门、动物卫生监督机构或动物疫病预防控制机构报告,并逐级上报至国务院畜牧兽医行政主管部门。县级以上兽医主管部门通报同级卫生主管部门。

四、疫苗与防治

目前已有多价魏氏梭菌灭活苗。魏氏梭菌、巴氏杆菌二联苗等疫苗,可选择使用。

1. 肉毒梭菌中毒症(C 型)干粉灭活疫苗:用于预防牛、羊、骆驼及水貂的 C 型肉毒梭菌中毒症。每瓶加含量为 20%氢氧化铝胶盐水 100 毫升,完全溶解后,绵羊皮下注射 1 毫升,牛皮下注射 2.5 毫升,骆驼皮下注射 5 毫升,水貂皮下注射 0.5 毫升。免疫期为 12 个月。于 2℃~8℃保存,有效期为 24 个月。

2. 肉毒梭菌中毒症(C 型)灭活疫苗:用于预防牛、羊、骆驼及水貂的 C 型肉毒梭菌中毒症。可给绵羊皮下注射 4 毫升,牛皮下注射 10 毫升,骆驼皮下注射 20 毫升,水貂皮下注射 2 毫升。免疫期为 24 个月。于 2℃~8℃保存,有效期为 36 个月。

3. 羊快疫、猝狙(羔羊痢疾)、肠毒血症三联四防干粉灭活疫苗:预防羊快疫、猝狙(羔羊痢疾)、肠毒血症。不论羊只年龄大小,均肌肉或皮下注射 1 毫升,免疫持续期为 12 个月。于 2℃~8℃保存,有效期为 24~60 个月。

4. 羊快疫、猝狙(羔羊痢疾)、肠毒血症三联灭活疫苗:预防羊快疫、猝狙、肠毒血症。不论羊只年龄大小,均肌肉或皮下注射 5 毫升,预防羊快疫、猝狙、免疫期为 12 个月;预防羊肠毒血症,免疫期为 6 个月。于 2℃~8℃保存,有效期为 24 个月。

5. 羊梭菌病多联干粉灭活疫苗:用于预防绵羊或山羊羔羊痢疾、羊快疫、猝狙、肠毒血症、黑疫、肉毒梭菌中毒症和破伤风。免疫期为 12 个月。可给羊进行肌

肉或皮下注射,不论羊只年龄大小,每只羊均接种1毫升。于2℃~8℃保存,有效期为24个月。

6. 仔猪红痢灭菌疫苗:用于免疫妊娠后期的母猪,新生仔猪通过吮食初乳而获得被动免疫,预防仔猪红痢。母猪在分娩前30日和15日肌肉注射5~10毫升。于2℃~8℃保存,有效期为18个月。

由于猝死,该病往往得不到救治。即使发病较缓,因其主要是毒素作用造成的损害,也很难治疗。只有早期发现,及早使用魏氏梭菌抗毒素血清才有治愈可能。对本病的防治应以预防为主。一旦在当地确诊有该病的发生,应使用疫苗进行预防。加强饲养管理,消除诱发因素,精料不宜过多饲喂。严格执行各项兽医卫生防疫措施。发现疫情立即封锁,处理病畜,严禁尸体乱扔。烧毁垃圾、彻底消毒可完全控制本病的流行。

第二节 弓形虫病

弓形虫病是由刚地弓形虫引起多种哺乳动物和人共患的寄生虫病。主要表现为发热,腹泻,呼吸困难和中枢神经系统疾病,怀孕母猪可能流产、产弱胎或产死胎,剖检以肺间质、淋巴结水肿为特征。

一、病原及流行病学特点

刚地弓形虫属真球虫目、弓形虫科、弓形虫属。

弓形虫发育需以猫及其他猫科动物为终末宿主。人、畜、禽以及许多野生动物为中间宿主。中间宿主吃下包囊、滋养体或卵囊均可感染本病,虫体进入宿主有核细胞内进行无性繁殖,急性者在腹水中常可见到游离的滋养体。

弓形虫发育阶段不同而形态各异。滋养体(又称速殖子)和包囊(或称组织囊)存在于中间宿主体内;裂殖子、配子体和卵囊存在于终末宿主(猫)体内。其中最常见的是速殖子和卵囊。

速殖子呈月牙形、弓形或香蕉形,主要出现于急性病例的腹水中。卵囊呈椭圆形,大小为(11~14)微米×(7~11)微米,多见于猫科动物(家猫、野猫及某些野生猫科动物)中。

猫是各种易感动物的主要传染源。6个月以下的猫排卵囊最多。猫粪便中的卵囊可保持感染力达数月之久。卵囊污染饲料、饮水、蔬菜或其他食品并被动物或人摄食时即造成感染。带有速殖子包囊的肉尸、内脏和血液也是重要的传染源。孕畜或孕妇感染后可以经胎盘传给后代,哺乳期可通过乳汁感染幼畜,输血和脏器移植也可传播本病。食粪甲虫、蟑螂、蝇和蚯蚓可能机械性地传播卵囊。吸血昆虫和蜱等有可能传播本病。实验动物中,小鼠、豚鼠和家兔均易感。在自然界,猫科动物和鼠之间的传播循环是重要的天然疫源。

二、临床症状及病理变化

1. 猪:常表现为急性型,体温升高达 40℃~42℃,呈稽留热,精神沉郁,食欲减退或废绝,便秘,有时下痢,呕吐,呼吸困难,咳嗽。有的四肢和全身肌肉强直。体表淋巴结,尤其腹股沟淋巴结明显肿大。身体下部及耳部有瘀血斑,或有大面积发绀。有的后躯麻痹,运动障碍、斜颈、癫痫样痉挛等症状。病程为 10~15 天。

2. 成年绵羊:呈隐性感染,妊娠羊发生流产。有神经症状,表现为转圈运动、呼吸困难,有鼻液。

3. 牛:犊牛呈现呼吸困难,咳嗽,发热,精神沉郁,腹泻,排黏性血便,虚弱,常于 2~6 天死亡。母牛的症状表现不一,有的只发生流产;有的出现发热,呼吸困难,虚弱,乳房炎,腹泻和神经症状;有的无任何症状,可在其乳中发现弓形虫。

4. 犬:表现发热、厌食、精神委顿,呼吸困难,咳嗽,黏膜苍白,妊娠母犬可能早产或流产。

猫肠外感染速殖子时与犬相似。急性病例主要表现肺炎症状,持续高热,呼吸急促和咳嗽等,也有的出现脑炎症状和早产、流产的病例。

全身淋巴结肿大,充血、出血;肺出血,间质水肿;肝有点状出血和坏死灶;脾有丘状出血点;胃底部出血,有溃疡;肾有出血点和坏死灶;大小肠均有出血点。心包、胸腹腔积水;体表出现紫斑。

三、诊断与疫情报告

根据临床症状和病理变化可作出初步诊断,确诊需进一步做实验室诊断。

1. 病原检查:

(1)触片镜检法。采取发病动物血、脑脊液、尿以及淋巴结穿刺液或死后采取心血、心脏、肝脏、脾脏、肺、脑、淋巴结以及胸腹水等病料涂片,得自然干燥后,用甲醛固定 2~3 分钟,姬姆萨染色 20~30 分钟(或瑞氏液直接染色 3~5 分钟),水洗干燥后镜检,如发现月牙形速殖子即可确诊。

(2)集虫检查法。如脏器涂片未发现虫体,可取病料 3~5 克,研碎后加 10 倍

生理盐水混匀，再用两层纱布过滤，经 500 转/分钟离心 3 分钟，取上清液，经 2000 转/分钟离心 10 分钟后取其沉淀做压滴标本或涂片染色检查。

（3）动物接种法。小鼠对弓形虫有高度的易感性，取可疑病料研碎后做成混悬液，每只小鼠腹腔接种 0.5~1.0 毫升，连续观察 20 天，如小鼠出现背毛逆立，呼吸促迫或发生死亡，应立即采集腹腔液或脏器做压滴标本检查或涂片染色检查。

2. 血清学检查：弓形虫病生前诊断和流行病学调查的方法有染色试验、补体结合试验、间接血凝试验、中和试验或荧光抗体试验等，其中应用最广的为间接血凝试验，染色试验为弓形虫病特有的血清学诊断方法。

3. 药物诊断性治疗：磺胺类药物对弓形虫有高度的敏感性。在没有特殊诊断条件的基层，对于疑为弓形虫病，可用磺胺类药物和抗菌增效剂治疗。如疗效明显，在排除细菌性疾病的情况下，可考虑弓形虫病。

本病为我国二类动物疫病。发生疫情时，应立即向当地兽医主管部门、动物卫生监督机构或动物疫病预防控制机构报告，并逐级上报至国务院畜牧兽医行政主管部门。县级以上兽医主管部门通报同级卫生主管部门。

四、疫苗与防治

已有免疫增效弓形虫灭活疫苗。我国弓形虫病核酸疫苗研究进展较快，许多实验室已将研制的疫苗用于动物试验，显示了一定的免疫效果。但由于弓形虫单价抗原的免疫活性较弱，制备的单基因疫苗免疫动物后产生的免疫效果不够理想。因此，制备弓形虫复合基因疫苗已成为目前和今后的研究重点。通过寻找表达产物抗原性更强的候选基因和适宜的表达载体，构建多价、高效的复合基因疫苗，或含有基因佐剂的混合基因疫苗，提高弓形虫核酸的疫苗免疫保护效果。

畜舍应经常保持清洁，定期消毒。严格控制猫及其排泄物对畜舍、饲料和饮水等的污染。家畜流产的胎儿及其一切排泄物，包括流产现场均须严格处置；对死于本病和可疑的畜尸按《畜禽病害肉尸及其产品无害化处理规程》处理，防止污染环境。不准用上述物品饲喂猫及其他肉食动物。消灭鼠类。发病初期可用磺胺类药物治疗。

1. 磺胺甲氧吡嗪+甲氧苄胺嘧啶：用量分别为 30 毫克/千克、10 毫克/千克，口服，每天 1 次。

2. 12%复方磺胺甲氧吡嗪注射液：用量为 50 毫克/千克~60 毫克/千克，肌肉注射，每天 1 次。

3. 磺胺–6–甲氧嘧啶：用量为 60 毫克/千克~100 毫克/千克，或配合甲氧苄胺嘧啶 14 毫克/千克，口服，每天 1 次，可迅速改善临床症状，并可有效地阻抑速殖子在体内形成包囊。

4. 磺胺嘧啶+甲氧苄胺嘧啶（或乙胺嘧啶）：用量为 70 毫克/千克、14 毫克/千克（乙胺嘧啶为6 毫克/千克），口服，每天 2 次。

第三节　大肠杆菌病

大肠杆菌病是由致病性大肠杆菌引起的多种动物不同疾病或病型的统称，包括动物的局部性或全身性大肠杆菌感染、大肠杆菌腹泻、败血症和毒血症等。主要侵害幼畜、雏禽和幼儿。

一、病原及流行病学特点

病原为大肠杆菌，革兰氏阴性，中等大小杆菌，有鞭毛，能运动，不形成芽孢，在普通琼脂培养基上生长良好。大肠杆菌为埃希氏菌属，代表菌是人和动物肠道中的常寄生菌，绝大多数血清型不致病，少数血清型引起人、动物致病。大肠杆菌的抗原构造由菌体抗原（O）、鞭毛抗原（H）和微荚膜抗原（K）组成，已发现的 O 抗原有 170 多种，H 抗原有 50 多种，K 抗原有 100 多种，这三种抗原相互组合可构成几千个血清型。

本菌于 60℃加热 15 分钟仍有部分细菌存活，在自然界的水中可存活数周至数月，常用的消毒药有含量为 2%~3%的氢氧化钠溶液、含量为 0.5%的新洁尔灭等均易将其杀死。对磺胺类、链霉素、氯霉素、庆大霉素等药物敏感，但极易产生耐药菌株。

病畜（禽）和带菌者是本病的主要传染源，通过粪便排出病菌，当仔畜吮乳、舔舐或饮食时，经消化道而感染。此外，牛也可以经子宫内或脐带感染，鸡也可经呼吸道感染或病菌侵入孵种蛋裂隙使胚胎发生感染。

二、临床症状及病理变化

致病性大肠杆菌引起禽大肠杆菌病和仔猪肠道传染病（仔猪肠道杆菌病包括仔猪黄痢、仔猪白痢和仔猪水肿病 3 种）。

1. 禽大肠杆菌病：本病的潜伏期为数小时至 3 天，病禽急性发病表现为呆立一旁，缩颈嗜眠，口、眼、鼻孔处常附黏性分泌物，排黄白色或黄绿色稀粪，呼吸困难,食欲下降或废绝,病死率为 5%~10%。本病的慢性表现为长时间的下痢,病程达 10 余天。本病有以下 7 种病变类型。

(1)急性败血型。常见病型,病变为肠浆膜、心外膜、心内膜有明显小出血点;肠壁黏膜有大量黏液,脾脏肿大数倍,心包腔有大量浆液。

(2)气囊炎型。气囊增厚,表面有纤维素性渗出物被覆,呈灰白色,由此继发心包炎和肝周炎,心包膜和肝被膜上附有纤维素性伪膜;心包膜增厚,心包液增量、混浊;肝肿大,被膜增厚,被膜下面有大小不等的出血点和坏死灶。

(3)滑膜炎型。多见于肩、膝关节,关节明显肿大,滑膜囊内有不等量的灰白色或淡红色渗出物,关节周围组织充血水肿。

(4)全眼球炎型。眼结膜充血、出血,眼房液混浊。

(5)卵泡炎、输卵管炎和腹膜炎型。产蛋期的鸡感染本菌后,卵泡坏死、破裂,输卵管增厚,有畸形卵阻滞,卵破裂溢于腹腔内;有大量干酪样物,腹腔液增多、混浊,腹膜有灰白色渗出物。

(6)脐炎型。幼雏脐部受感染时,脐带口发炎,多见于蛋内或刚孵化后感染。

(7)肉芽肿型。生前无特征性症状,主要以肝、十二指肠、盲肠系膜上出现典型的针头至核桃大小的肉芽肿为特征,其组织学变化与结核病的肉芽肿相似。

2.仔猪肠道传染病:

(1)仔猪黄痢。本病的潜伏期 8~24 小时。仔猪出生数小时突然发病死亡,其他仔猪相继发病。主症为拉黄色水样粪便,内含凝乳小片,迅速消瘦、脱水、昏迷死亡。

仔猪黄痢病变:尸体严重脱水。胃黏膜红肿,胃充满乳汁,内有凝乳块。肠壁变薄,黏膜肿胀、充血、出血。肠系膜淋巴结有弥漫性小点状出血,肝、肾有小的凝固性坏死灶。

(2)仔猪白痢:以 10~30 日龄仔猪排乳白或灰白色带有腥臭的糨糊状粪便为特征。病猪突然发生腹泻,排出乳白色的浆状、糊状粪便,腥臭、黏腻。病程 2~7 天,能自行康复,死亡少。

仔猪白痢病变:尸体外表苍白、消瘦、脱水,胃肠道有卡他性炎症。

(3)猪水肿病:以全身或局部麻痹、共济失调和眼睑部水肿为主要特征。发病突然,体温无明显变化,摇摆、共济失调,有的病猪做圆圈运动或盲目乱叫,突然前冲;因各种刺激或捕捉时,叫声嘶哑,倒地时四肢乱动呈游泳状;常见眼睑、结膜、齿龈水肿,有时水肿波及颈、腹皮下;病程为数小时至 7 天,致死率 90%。

猪水肿病病变:胃大弯和贲门部胃壁水肿,切开水肿部呈胶冻样;上、下眼睑,结肠系膜及淋巴结水肿;心包、胸腔、腹腔有较多积液,暴露空气后形成胶冻状。

三、诊断及疫情报告

根据临诊特征可作出初步诊断,确诊需进行细菌学和血清学诊断。但应注意,在正常动物的消化道中存在大肠杆菌,而且在动物死亡后容易侵入组织,故从动物个别组织、尤其是肠内容物中分离出大肠杆菌尚不能作出诊断,仍需结合其他情况,必要时还需进一步鉴定分离出大肠杆菌的血清型,综合判断。

本病为我国三类动物疫病。发生疫情时,应立即向当地兽医主管部门、动物卫生监督机构或动物疫病预防控制机构报告,并逐级上报至国务院畜牧兽医行政主管部门。县级以上兽医主管部门通报同级卫生主管部门。

四、疫苗与防治

目前对该病的预防多采用多价灭活疫苗或弱毒疫苗。由于致病性大肠埃希氏菌具有多种血清型,因而难以获得对各血清型都具保护力的疫苗。可应用相应血清型的菌株制备疫苗,能起到预防和控制本地区大肠杆菌病的作用。

1. 仔猪大肠杆菌病三价灭活疫苗:用于预防大肠杆菌引起的新生仔猪腹泻(仔猪黄痢)。接种妊娠后期母猪,新生仔猪通过初乳而获得被动免疫,预防仔猪黄痢。母猪在分娩前 40 日和 15 日肌肉注射 5 毫升。于 2℃~8℃保存,有效期为 12 个月。

2. 仔猪大肠杆菌病 K88、K99 双价基因工程灭活疫苗:用于预防仔猪黄痢。接种妊娠后期母猪,新生仔猪通过初乳而获得预防仔猪黄痢的母源抗体。在母猪临产前 21 日左右,可在其耳根皮下注射 3 毫升。于 2℃~8℃保存,有效期为 12 个月。

为做好综合预防工作,应加强饲养管理,平时做好圈舍的环境卫生和消毒隔离工作,保持圈舍清洁;母猪临产前 7~10 天内在母猪饲料中添加磺胺类或喹诺酮类等药物进行预防;注意产房的卫生消毒工作和临产猪猪体、乳房、阴部等部位的消毒。禽首先加强饲养管理,降低饲养密度,注意控制温、湿度和通风,减少空气中细菌污染,禽舍和用具经常清洗消毒,种禽场应加强种蛋收集、存放和整个孵化过程的卫生消毒管理,减少各种应激因素,避免诱发大肠杆菌病的发生与流行。免疫预防和药物预防有重要意义。

由于本病的病程很短，发病后常来不及治疗。如能发现1头猪（在一窝内）发病，应立即对全窝作预防性药物治疗，可减少损失。对本菌有效的药物有庆大霉素、黄连素、奇异霉素、左旋霉素、磺胺二甲基嘧啶与甲氧苄氨嘧啶合用等，但只能起到暂时减少损失的作用，且本菌易产生抗药菌株，须随时注意更换敏感药品。以上药物按体重规定剂量，最好口服，连用4~5天，每天2~3次。

第四节　李氏杆菌病

李氏杆菌病是由产单核细胞李氏杆菌引起的一种人兽共患传染病。在家畜中，羊的李氏杆菌病最为常见，本病也发生于猪和家兔，其次为牛、家禽、犬和猫，马极为少见。人可感染发病。许多野兽、野禽和啮齿动物尤其是鼠类都易感染，且常为本菌的贮存宿主。饲喂青贮饲料偶可引起本病。

一、病原及流行病学特点

产单核细胞李氏杆菌是一种革兰氏阳性小杆菌，长1~3微米，宽约0.5微米。在抹片中单个散在、两个并列或排列成"V"形。本菌对pH5.0以下缺乏耐受性，对食盐和热耐受性强，巴氏消毒法不能杀灭，但一般消毒药易使其灭活。

各种动物均可感染本菌，兔对本病的易感性较高。患病和带菌动物是主要的传染源。患病动物的粪、尿、乳汁、精液以及眼、鼻、生殖道分泌物，均可分离到李氏杆菌。本病可通过消化道、呼吸道、眼结膜和破损的皮肤感染。污染的水和饲料是主要传播媒介。本病多为散发，有时呈地方流行性。冬季缺乏青饲料，天气骤变，内寄生虫等均可成为致病因素。

二、症状及病理变化

自然感染的本病的潜伏期约为2~3周，有的感染后不表现出明显症状，有的短期轻热和全身不适。一般幼龄动物以败血症为主，年龄较大的动物多呈脑炎症状，成年动物症状多不明显，妊娠动物常发生流产。

1. 羊：体温升高，行动缓慢，精神沉郁、呆立，咀嚼吞咽迟缓。眼球突出，视力减弱至丧失。结膜炎，流泪，头颈偏于一侧，走动时向一侧转圈，有时呈角弓反张。后期，病羊昏迷，倒地不起，一般经3~7天死亡，成年羊症状不明显，妊娠母羊常发生流产，小羔羊常发生急性败血症而死亡。

2. 牛：以神经症状为主，有轻热、流鼻液、不安等症状。头部由一侧性麻痹转向对侧,做圆圈运动,病牛昏迷至死,妊娠母牛症状不明显,但常发生流产。

3. 猪:发病时体温正常,主要表现为生产意识障碍,运动失常,做圆圈运动,肌肉震颤、强硬,颈部尤为明显。症状表现:有的阵发性痉挛,有的四肢发生麻痹不能起立,一般经 1~4 天衰竭而死。妊娠母猪常无明显症状而发生流产,仔猪多发生败血症,也有的表现为全身衰弱,僵硬,咳嗽,腹泻,呼吸困难及神经症状等。

4. 马:主要表现为脑脊髓炎症状。

5. 家禽:一般没有特殊症状(主要为败血症)表现精神沉郁,停食,下痢,短时间内死亡。病程较长的可能有神经症状。

有神经症状的病畜,脑膜和脑有充血、炎症或水肿,脑脊髓液增加,稍浑浊,含较多细胞,脑干变软,有小脓灶,血管周围有以单核白细胞为主的细胞浸润,肝可能有小病灶、小坏死灶或广泛坏死。表现败血症的病畜,有败血症变化。流产的母畜可见到子宫内膜充血以至广泛性坏死,胎盘子叶常见有出血和坏死。

三、诊断与疫情报告

脑炎型李氏杆菌病,可根据典型的病理组织变化作出诊断。败血型李氏杆菌病的诊断,必须从病变脏器取材、培养、检查细菌。子宫炎型的诊断,只有在胎儿和胎膜中找到细菌,才能确诊。李氏杆菌病时脑脊液中的淋巴细胞明显增多,据此,可与其他中枢神经系统疾病相鉴别。病料涂片用丙酮固定后,作荧光抗体直接法染色。李氏菌呈现具有荧光的球菌与双球菌形态特征。

本病为我国三类动物疫病。发生疫情时,应立即向当地兽医主管部门、动物卫生监督机构或动物疫病预防控制机构报告,并逐级上报至国务院畜牧兽医行政主管部门。县级以上兽医主管部门通报同级卫生主管部门。

四、疫苗与防治

尚无可适用的疫苗。

严格防疫制度。不从有病地区引入羊、牛或其他家畜。驱除鼠类和其他啮齿动物。由于本病可感染人,故畜牧兽医人员应注意保护。

对发病畜禽要隔离治疗,消毒场地、用具,消除传染源,防止病菌传播。本病的治疗可用链霉素,病初也可大剂量应用广谱抗生素。

对病牛用磺胺甲基嘧啶治疗,每日用量为 0.15 克/千克~0.2 克/千克,疗效良好。

第五节　类鼻疽病

类鼻疽又称伪鼻疽，是由类鼻疽假单胞菌引起的一种热带、亚热带地区人畜共患传染病。以受侵害器官化脓性炎症和特征性肉芽肿结节为特征。

一、病原及流行病学特点

病原为类鼻疽杆菌，革兰氏染色阴性，两极着染，一端有鞭毛，能运动，不形成芽孢和荚膜。在形态上与鼻疽杆菌有共同抗原。对多种抗生素有天然抗药性，但对四环素、强力霉素、卡那霉素、头孢甲羧酚、磺胺和甲氧苄胺嘧啶（TMP）敏感。在自然环境如水和土壤中可以存活 1 年以上，在个别水样可存活 20 个月，在自来水中也可存活 28~44 天。

啮齿动物对本病最为易感，马、骡、绵羊、山羊、牛、猪、狗、猫、猴和猩猩等均可感染，人也易感。主要通过消化道、皮肤及呼吸道感染。本菌在自然界中有较强的生存力。本病流行有明显的地区性和一定的季节性，主要发生于东南亚、澳大利亚北部、新几内亚、西非、马达加斯加、中美洲和西印度群岛。尤其是高温多雨季节多发本病。

二、临床症状及病理变化

动物自然感染本病的潜伏期不清。

1. 猪：常呈暴发或地方流行。病猪发热、咳嗽，共济失调，关节肿胀，鼻眼流脓性分泌物，公猪睾丸肿胀。仔猪呈急性经过，病死率高；成年猪多取慢性经过。

2. 羊：山羊和绵羊均表现发热、咳嗽、呼吸困难，眼鼻有分泌物和神经症状。有的绵羊表现跛行，或后躯麻痹，呈犬坐姿势。山羊多呈慢性经过，常在鼻黏膜上发生结节，流黏脓性鼻液。公山羊的睾丸、母山羊的乳房常出现顽固性结节。

3. 马和骡：常取慢性或隐性经过，无明显临床症状。急性病例表现为高热、呼吸困难，有的呈肺炎型（咳嗽、听诊浊音或罗音），有的呈肠炎型（腹泻、腹痛及虚脱），有的呈脑炎型（痉挛、震颤、角弓反张等神经症状）。慢性病例表现为鼻黏膜出现结节和溃疡，有的体表出现结节，破溃后形成溃疡。

4. 牛：多无明显症状。当脊髓（胸、腰部）形成化脓灶和坏死时，可出现偏瘫或截瘫等症状。

5. 犬和猫：病犬常有高热、阴囊肿、睾丸炎、附睾炎、跛行，伴有腹泻和黄疸。

猫表现呕吐和下痢。

以受侵害器官化脓性炎症和结节为特征。急性感染，可在体内各部位发现小脓肿和坏死灶；亚急性和慢性感染病变限于局部，常见于肺脏，其次是肝脏、脾脏、淋巴结、肾脏、皮肤，其他如骨骼肌、关节、骨髓、睾丸、前列腺、肾上腺、脑和心肌也可见到病变。

三、诊断与疫苗报告

根据临床症状和病理变化可作出疑似诊断，确诊需进一步做实验室诊断。

1. 病原检查：采取病料，用含头孢霉素和多黏菌素的选择培养基培养分离，或通过接种中国仓鼠或豚鼠来分离病菌。对培养出的可疑菌用抗鼻疽阳性血清进行凝集试验，或用类鼻疽单克隆抗体做间接酶联免疫吸附试验或免疫荧光抗体试验。

2. 血清学检查：凝集试验、间接血凝试验、补体结合试验、免疫电泳。

对感染群体检测可采用鼻疽菌素、类鼻疽菌素同时点眼，并用鼻疽抗原同时进行上述血清学检查。

本病为我国三类动物疫病。发生疫情时，应立即向当地兽医主管部门、动物卫生监督机构或动物疫病预防控制机构报告，并逐级上报至国务院畜牧兽医行政主管部门。县级以上兽医主管部门通报同级卫生主管部门。

四、疫苗与防治

目前尚无预防本病的有效疫苗。

加强饲料及水源管理，做好畜舍及环境卫生工作，消灭啮齿动物。流行地区应查清本病的地理分布和流行规律，制订相应的防控措施。非疫区要加强检疫，严防引入疫畜，一旦发生疫情，应严格扑杀，并进行无害化处理。被污染的场所、用具等应彻底消毒。

治疗可选用四环素、强力霉素、新生霉素或磺胺二甲基嘧啶与甲氧苄氨嘧啶合用等，可用到临床上容许的最大剂量。

第六节　放线菌病

放线菌病是由各种放线菌引起的牛、猪及其他动物以及人的一种非接触性慢性传染病。以特异性肉芽肿和慢性化脓灶，脓汁中含有特殊菌块（称"硫磺颗粒"）为特征。

一、病原及流行病学特点

病原有牛放线菌、伊氏放线菌、林氏放线菌和猪放线菌等。

牛放线菌是牛、猪放线菌病的主要病菌，主要侵害牛的骨骼和猪的乳房。伊氏放线菌是人放线菌病的主要病菌。猪放线菌主要对猪、牛、马易感。林氏放线杆菌主要侵害牛、羊的软组织。

病菌在病灶脓汁中呈特殊结构，形成肉眼可见的针头大、黄色小菌块（称菌芝，或"硫磺颗粒"）。组织压片经革兰氏染色，其中心菌体为紫色，周围放射状菌丝呈红色。

本菌对外界的抵抗力较低，一般消毒药均可迅速将其杀灭。放线菌对青霉素、链霉素、四环素、林可霉素和磺胺类等药物敏感。

各种放线菌寄生于动物口腔、消化道及皮肤上，也存在于被污染的饲料和土壤中。本病通过内源性或外源性经伤口（咬伤、刺伤等）传播。

本病主要感染牛、羊、猪。10岁以下的青壮年牛，尤其是2~5岁的牛最易感，常发生于换牙期。马和一些野生反刍动物也可发病。家兔、豚鼠等可人工感染致病。偶尔可引起人发病。

本病以散发为主，偶尔呈地方流行。

二、临床症状及病理变化

以形成肉芽肿、瘘管和流出一种含灰黄色干酪状颗粒的脓液为特征。

1. 牛：多发生颌骨、唇、舌、咽、齿龈、头部的皮肤和皮下组织。以颌骨放线菌病最多见，常在第3、第4颗臼齿处发生肿块，坚硬、界限明显，初期疼痛，后期无痛，破溃后形成瘘管，长久不愈。头、颈、颌下等部软组织也常发生硬结，不热不痛。舌感染放线菌通常称为"木舌病"，可见舌高度肿大，常垂于口外，并可波及咽喉部位，病牛流涎，咀嚼、吞咽困难。乳房患病时，呈弥漫性肿大或有局灶性硬结，乳汁黏稠，混有脓汁。

2. 羊：绵羊和山羊常于舌、唇、下颌骨、肺和乳房出现损害。有单个或多发的坚硬结节，从许多瘘管中排出脓汁。

3. 猪：多见乳房肿大、化脓和畸形，也可见到颚骨肿、项肿等。

4. 马：多发鬐甲肿或鬐甲瘘等。

在受害器官出现豌豆粒大的结节样生成物，这些小结节集聚形成大结节，最后变为脓肿。

脓肿中有放线菌。当细菌侵入骨骼,因骨质稀疏和再生性增生结果而形成蜂窝状。口腔黏膜上有时可见溃烂或呈蘑菇状生成物,圆形,质地柔软呈褐黄色。病期长久的病例,肿块有钙化的可能。

三、诊断与疫情报告

本病症状特异,诊断不难。进一步确诊,可取脓汁少许,用水稀释,找出硫磺颗粒,在水内洗净,置载玻片上用力挤压,然后加入 1 滴含量为 15% 的氢氧化钾溶液,覆以盖玻片镜检。如欲判别为何种菌,则可用革兰氏染色后检查判定,牛放线菌中心呈紫色,周围辐射状菌丝呈红色;林氏放线菌呈均匀的红色。

本病为我国三类动物疫病。发生疫情时,应立即向当地兽医主管部门、动物卫生监督机构或动物疫病预防控制机构报告,并逐级上报至国务院畜牧兽医行政主管部门。

四、疫苗与防治

目前,我国尚无适用的疫苗。意大利的田间试验表明,给猪接种预防胸膜肺炎放线杆菌疫苗非常有效,即使在因该菌造成的猪只死亡率较低时仍能起到有效的免疫预防作用。

应避免在灌木丛和低湿地放牧,防止皮肤和黏膜发生损伤。治疗可采取局部和全身性疗法,手术和用药相结合。硬结可外科切除、内服碘化钾,或结合应用链霉素治疗。

1. 硬结可用外科手术切除:若有瘘管形成,要连同瘘管彻底切除,切除后的新创腔,用碘酊纱布填塞,24~48 小时更换一次。伤口周围注射含量为 10% 的碘仿乙醚或含量为 2% 的鲁戈氏液。

2. 内服碘化钾溶液:成年牛每天用药 5~10 克,犊牛每天用药 2~4 克。可连用 2~4 周。重症者可静脉注射含量为 10% 的碘化钾,牛每天用药 50~100 毫升,隔日 1 次,共 3~5 天。

3. 抗生素治疗:将青、链霉素注射于患部周围,每天 1 次,连用 5 天为一个疗程。

第七节 肝片吸虫病

肝片吸虫病是由肝片吸虫寄生于动物肝脏、胆管所引起的一种人畜共患寄生虫病。肝片吸虫主要寄生在黄牛、水牛、绵羊、山羊、鹿和其他反刍动物的肝脏、胆管中,猪、马、家兔和其他野生动物也可见到。肝片吸虫会引起急性或慢性肝炎、胆管炎。

一、病原及流行病学特点

肝片吸虫为大型吸虫,长 20~35 毫米,宽 5~13 毫米,柳叶状,腹背扁平。

成虫在肝脏的胆管中产卵,随胆汁进入肠道并随粪便排出体外,在水中孵化出毛蚴,毛蚴钻入中间宿主——椎实螺体内,经胞蚴、母雷蚴、子雷蚴,最后发育成尾蚴,尾蚴从螺体逸出,附着在水草上形成感染性囊蚴。动物吃了带有感染性囊蚴的草而被感染。童虫在小肠内脱囊而出,穿过肠壁进入腹腔,然后穿过肝包膜、肝实质进入胆管后发育为成虫。从感染到发育为成虫需 3~4 个月,成虫可寄生 3~5 年。

肝片吸虫的传染来源为病畜和带虫者。水和水温为虫卵发育的重要条件,虫卵发育最适温度为 25℃~30℃。毛蚴对外界的抵抗力较弱,在水中找不到适宜的中间宿主,经过一昼夜时间大部分可死亡。在螺体内发育的各期幼虫可以伴随螺的存活而转移,也随螺的越冬而越冬。囊蚴的生命力较强,在潮湿的自然环境条件下,能保持相当久的感染能力,囊蚴对干燥和阳光直射比较敏感。对低温抵抗力较强。

多雨年份、低洼潮湿牧场有利于虫卵、毛蚴、尾蚴及囊蚴发育,能促进本病的流行,而干燥牧场则不利于本病的发生。

二、临床症状及病理变化

动物体内寄生虫体较多时会出现明显的临床症状。一般分急性型和慢性型 2 种。

1. 急性型:开始有体温升高,突然发病,精神沉郁,贫血,腹痛,腹泻,黄疸,很快死亡。

2. 慢性型:主要是消化紊乱,便秘,腹泻交替,进行性消瘦,严重贫血,颌下、眼睑、胸下水肿明显,经 1~2 个月死于恶病质。

尸体剖检的主要变化为可视黏膜苍白,肝脏肿大和充血,呈急性肝炎病变。腹腔内有大量出血和幼小虫体。尸体剖检主要变化为肝脏变硬,体积缩小,为慢性肝炎病变。胆管壁由于结缔组织增生而变得肥厚、坚硬、钙化。胸、腹腔及心包含有大量的透明渗出液。

三、诊断与疫苗报告

根据进行性消瘦、贫血、水肿、消化紊乱等症状,结合流行病学调查,可初步怀疑本病。粪便检查到虫卵或剖检在肝脏胆管中查到大量的虫体即可确诊。

本病列入我国三类动物疫病病种名录。发生疫情时,应立即向当地兽医主管部门、动物卫生监督机构或动物疫病预防控制机构报告,并逐级上报至国务院畜牧兽医行政主管部门。县级以上兽医主管部门通报同级卫生主管部门。

四、疫苗与防治

尚无可用疫苗。

防止牛羊到低洼潮湿及多水的牧场上放牧饮水,避免感染囊蚴。要有计划采取轮牧、消灭中间宿主。灭螺的方法可采取化学药物灭螺、生物灭螺和改良土壤灭螺。

治疗和预防的驱虫药物有以下 4 种。

1. 蛭得净(溴酚磷):本品对童虫、成虫均有效。用量为 10 毫克/千克~15 毫克/千克,口服 1 次。

2. 丙硫咪唑:本品对成虫有效,童虫作用较差。用量为 15 毫克/千克~20 毫克/千克,口服 1 次。

3. 碘醚柳胺:本品对童虫和成虫均有效,用量参照药品说明书。

4. 硝氯酚:本品用量为 3 毫克/千克~5 毫克/千克,口服。

第八节　丝虫病

丝虫病系丝状线虫寄生于牛、羊、野生反刍类、马、驴等动物腹腔内引起的寄生虫病,又称腹腔丝虫病。寄生于腹腔的成虫致病性不强而有些幼虫可寄生于非固有宿主的某些器官,引起如脑脊髓丝虫病和浑睛虫病等一些危害严重的疾病,给畜牧业造成一定的损失。

一、病原及流行病学特点

在我国主要为马丝状线虫、指形丝状线虫和鹿丝状线虫又称唇乳突丝状线虫,为丝虫目、丝状科、丝状属之线虫。

马丝状线虫雄虫长 40~80 毫米;雌虫长 70~150 毫米,尾端呈圆锥形;微丝蚴长 190~256 微米。鹿丝状线虫雄虫长 40~60 毫米;雌虫长 60~120 毫米,尾端为

一球形的纽扣状膨大，表面有小刺；微丝蚴有鞘，长 240~260 微米。指形丝状线虫雄虫长 40~50 毫米；雌虫长 60~80 毫米，尾末为一小的球形膨大，其表面光滑或稍粗糙；微丝蚴大小与鹿丝状线相似。

成虫寄生于腹腔，所产微丝蚴进入宿主的血液循环。微丝蚴周期性地出现在畜体外周血液中。外周血液中的马丝状线虫微丝蚴的数量高峰出现在黄昏时分；外周血液的指形丝状线虫微丝蚴的密度以早晨 6 时、中午 12 时、晚 6 时和 9 时较高。中间宿主为吸血昆虫：马丝状线虫为埃及伊蚊、奔巴伊蚊及淡色库蚊；指形丝状线虫为中华按蚊、雷氏按蚊、骚扰阿蚊、东乡伊蚊和淡色库蚊；鹿丝状线虫可能是厩螫蝇或一些蚊类。当中间宿主刺吸终末宿主血液时，微丝蚴随血液进入中间宿主——蚊虫的体内，在那里约经 15 天发育为感染性幼虫，并移至蚊的口器内。当这种蚊再次刺吸终末宿主的血液时，感染性幼虫即进入终末宿主体内，经 8~10 个月发育为成虫。

当携带有指形丝状线虫之感染性幼虫的蚊刺吸非固有宿主——马或羊的血液时，幼虫即进入马或羊体内，它们常沿环淋巴或血液进入脑脊髓或眼前房，停留于童虫阶段，引起马或羊的脑脊髓丝虫病或马浑睛虫病。

二、临床症状及病理变化

寄生于马、牛等动物腹腔内的成虫致病性不强，一般无明显临床症状。

指形丝状线虫或鹿丝状线虫的童虫迷路进入马、骡等眼前房时，引起角膜炎、虹彩炎和白内障，称浑睛虫病。采用角膜穿刺法可取出虫体，长约 1~5 厘米。

指形丝状线虫童虫，间或鹿丝状线虫童虫迷路进入马、绵羊脑脊髓系统时，可引起运动无力，共济失调，跛行，眼睑低垂，耳朵耷拉，腰部麻痹（称腰痿病）。

病理变化为整个中枢神经系统的轴索和髓鞘质发生灶性软化和变性，所见虫体长约 1.6~5.8 厘米。

三、诊断与疫情报告

早期诊断须用指形丝状线虫提纯抗原，进行皮内反应试验。

本病列入我国三类动物疫病病种名录。发生疫情时，应立即向当地兽医主管部门、动物卫生监督机构或动物疫病预防控制机构报告，并逐级上报至国务院畜牧兽医行政主管部门。

四、疫苗与防治

尚无疫苗。

控制传染源,马厩应建在干燥通风处,并远离牛舍。蚊虫出现季节,应尽量避免马、骡与牛接触。普查牛只,对带微丝蚴的牛,应用药物治疗,消灭病原。

阻断传播途径,搞好环境卫生,消灭蚊虫孳生地;用药物驱蚊灭蚊。

药物预防,新引进马,用 20%海群生进行预防注射,每月 1 次,连用 4 个月。腰痿病治疗须在皮内反应呈阳性、尚无症状或症状轻微时,才能收到较好效果。常用药物为海群生,口服和注射配合使用。浑睛虫病的根本疗法是采用角膜穿刺法取出虫体,再用硼酸液清洗和抗菌素眼药水点眼。

第九节 附红细胞体病

附红细胞体病是由附红细胞体在动物血液里附着在红细胞表面或游离在血浆中而引起的一种人畜共患传染病。临床以发热、贫血或黄疸等症状为主要特征。

一、病原及流行病学特点

附红细胞体是一种多形态生物体,呈环形、球形、卵圆形、逗点形或杆状等形态。大小为(0.3~1.3)微米×(0.5~2.6)微米。附红细胞体不受红细胞溶解的影响,对干燥和化学药品比较敏感,对低温的抵抗力较强。本菌在含量为 0.05%的石炭酸中(37℃、3 个小时)可被杀死;在冰冻凝固的血液中存活 31 天;-30℃时,本菌在加入 15%的甘油的血液中,能保持感染力 80 天。

患畜可长期携带病原体,为感染源。感染动物的种类较多,但致病性只有猪、绵羊、鼠、牛、人等。不同年龄和品种的易感动物均可感染,但幼龄动物,新引进品种以及体弱动物发病较多。

传播方式及途径有接触性传播、血源性传播、垂直传播及媒介昆虫传播等。

二、临床症状及病理变化

各种感染动物的本病的潜伏期各不相同,牛 9~40 天、绵羊 4~15 天、猪 2~8 天。

临床主要表现为发热、食欲不振、精神沉郁、毛焦无光、黏膜黄染,不同程度的贫血、消瘦、淋巴结肿大、呼吸迫促,有的腹泻,有的粪便带血,繁殖力下降。除此症状外,猪在临床上表现以"红皮"为特征,猪只皮肤发红,尤以耳、鼻、臀部明显;马属动物及牛有眼结膜炎、流泪,个别动物还有角膜浑浊,视力减退,甚至失明;牛前胃弛缓,鼻镜干燥,口腔黏液较多,奶牛产奶量下降;患鸡羽毛蓬乱,肛门

羽毛有黄色稀粪,发生零星死亡,蛋鸡产蛋率可由产蛋高峰期的 80%降至 20%。

动物尸体剖检可见病畜血液稀薄或变化不明显,皮下水肿,黏膜、浆膜、腹腔内的脂肪、肝脏等不同程度的黄染。全身淋巴结肿大,肺脏水肿,心包积液,肝脾肿大,胆囊肿大,胆汁充盈。肾脏或有出血点或表现为贫血,腹水增多,有的病例出现出血性肠炎。

三、诊断与疫情报告

家畜附红细胞体病多见于温暖季节,临床上以贫血、黄疸、高热和红细胞压积降低等为主要特点。血液涂片镜检发现病原体后即可诊断,当感染率低时,可用浓集法处理后供涂片检查,此法检出率高。为了确诊,可采用血清学试验可作为定性依据。主要方法有补体结合试验、荧光抗体试验、间接血凝试验、酶联免疫吸附试验。

本病为我国三类动物疫病。发生疫情时,应立即向当地兽医主管部门、动物卫生监督机构或动物疫病预防控制机构报告,并逐级上报至国务院畜牧兽医行政主管部门。县级以上兽医主管部门通报同级卫生主管部门。

四、疫苗与防治

该病目前尚无疫苗预防,只能采取综合性预防措施。要注意搞好畜禽舍和饲养用具的卫生,定期消毒;夏秋季经常喷撒杀虫药物,防止昆虫叮咬;驱除畜禽体内外寄生虫;搞好饲养管理,积极预防其他疫病发生,提高畜禽抵抗力;防止各种应激因素的影响;仔猪、犊牛、幼驹定期喂服四环素族抗生素;母畜产前注射土霉素或喂服四环素族抗生素,可防止母畜发病,并对幼畜起防病作用。较有效的治疗药物有新胂凡纳明、对氨基苯砷酸钠、土霉素、四环素等。

1. 土霉素、四环素:用量为 3 毫克/千克~5 毫克/千克,每天 2 次;

2. 新胂凡纳明:用量为 15 毫克/千克~45 毫克/千克,每天 2 次;

3. 金霉素:每天 48 克添加到饲料或 50 毫克/升饮水中,供猪饲用或饮水,可防治本病。

第二章 牛病(3种)

第一节 日本血吸虫病

本病是由日本血吸虫引起的人和多种动物感染的共患寄生虫病。它的终末宿主是人和哺乳类动物,中间宿主为钉螺。成虫寄生于终末宿主门静脉或肠系膜静脉中,引起血吸虫病。发病动物出现发热、消瘦、腹泻和黏稠血便等症状,使动物机体衰弱,生产性能下降。

一、病原及流行病学特点

1. 成虫:血吸虫成虫系雌雄异体,外观呈圆筒状。雄虫较短粗,大小为(10~22)毫米×(0.5~0.55)毫米,乳白色或灰白色,体前端具有口吸盘和腹吸盘。在腹吸盘后的体两侧向腹面弯曲,形成一条沟状构造,称为抱雌沟,雌虫居于其中。雌虫比雄虫细而长,大小为(15~26)毫米×(0.1~0.3)毫米,其生殖系统包括:卵巢、输卵管、卵黄腺、卵黄管、子宫,卵巢位于体中段,长椭圆形,产生卵细胞。卵黄腺分布于卵巢之后直至虫体尾端。

2. 卵:淡黄色,无盖,略呈椭圆形,有一短小的侧沟。

迄今,已报告有40多种家畜和野生动物(除人外)自然感染日本血吸虫。钉螺是水陆两栖动物,是日本血吸虫的中间宿主。感染血吸虫病并排出虫卵的人、畜及野生动物,均是血吸虫病的传染源。血吸虫病的传播,与居民生活习惯和生产方式有关,任何人都可感染血吸虫病,接触疫水越多者,感染率也高。在动物血吸虫病中,黄牛的感染率和感染度一般高于水牛。

血吸虫病的地理分布与钉螺的地理分布基本一致,具有地方性。血吸虫病病人的分布与当地的水系分布基本一致。我国日本血吸虫病流行历史悠久,分布广泛,造成后果严重。

二、临床症状及病理变化

病畜表现食欲不振、精神委顿、消瘦、腹泻和排出黏血便、体温升高、黏膜苍白,常衰竭而死。母畜流产或不孕,产奶量下降。对牛而言,一般是黄牛比水牛症状明显,小牛比大牛症状明显。母畜妊娠感染本病时,生出的胎儿多死亡。

可见皮炎、荨麻疹。内脏变化主要在肝脏、肠管。肝脏早期瘀血,炎性细胞浸润及肝细胞核的异常变化,色泽暗红,表面和切面出现粟粒样结节。严重的肝呈暗褐色,肝表面有大小不等的结节,质地坚硬。肠黏膜充血水肿,有粟样结节和浅表溃疡,在黏膜溃疡边缘有灶性增生,并形成息肉,肠壁增厚。

三、诊断与疫情报告

血吸虫病的诊断以实验室实验为主。

1. 病原诊断:检查受检对象的粪便或直肠组织中有无虫卵。若在粪便中找到虫卵、毛蚴或在直肠黏膜中找到活卵、近期变性卵即可确诊。

2. 血清免疫检查:测定被检对象体液中有无特异性抗体或抗原。

本病为我国二类动物疫病。发生疫情时,应立即向当地兽医主管部门、动物卫生监督机构或动物疫病预防控制机构报告,并逐级上报至国务院畜牧兽医行政主管部门。县级以上兽医主管部门通报同级卫生主管部门。

四、疫苗与防治

尚无适用疫苗。

我国已控制本病的流行。主要采取对患畜治疗、消灭钉螺、加强粪便管理,保护水源等综合防治措施。

治疗药物有:六氯对二甲苯(血防),牛用药剂量为 100 毫克/千克 ,7 日为一个疗程;硝硫氰(7505),黄牛用药剂量为 2 毫克/千克,水牛用药剂量为 1.5 毫克/千克,配成含量为 2%的水悬液,耳静脉或鼻静脉注射,还可按 40 毫克/千克~60 毫克/千克一次性口服;没食子酸锑钠(锑 273)注射剂,黄牛用药剂量为 12 毫克/千克,水牛用药剂量为 15 毫克/千克,分 5~8 日于颈部肌肉注射。

第二节 牛流行热

牛流行热又称三日热或暂时热,是由牛流行热病毒引起牛和水牛的一种急性热性传染病。以突发高热,呼吸促迫,伴有消化道机能和四肢关节障碍为特征。

一、病原及流行病学特点

牛流行热病毒属弹状病毒科、水疱性病毒属,病毒粒子像子弹形或锥形。病毒的核酸结构为核糖核酸。病毒存在于病牛血液中,鼻液、粪便及其他分泌物和排泄物中均未证实有病毒存在。病毒对氯仿、乙醚敏感,在37℃加热8小时,在56℃下经20分钟死亡。紫外线照射、酸、碱都可杀灭本病毒。反复冻融对病毒无明显影响,病毒滴度不下降。

本病主侵牛,黄牛、乳牛、水牛感染发病,野生动物中南非大羚羊、猬羚可感染并产生中和抗体,但无临床症状。本病的发生有明显的季节性,主要于蚊蝇多的季节流行,北方于8~10月发生,南方可提前发生。多雨、潮湿容易流行本病。传染源为病牛。自然条件下传播媒介为吸血昆虫。

二、临床症状及病理变化

本病的潜伏期3~7天,发病前可见寒战。因病牛只有轻度失调,不易发现。突然发高热40℃以上,维持2~3天,病牛精神委顿,鼻镜干而热,反刍停止,乳产量急剧下降,有的可停乳,待体温下降到正常后再逐渐恢复。病牛不爱活动,行走时,步态不稳,尤其后肢抬不起来,常擦地而行。病牛喜卧,不愿行动,严重的甚至卧地不能起立。四肢关节可有轻度肿胀与疼痛,以致发生跛行。

呼吸系统变化也很明显,在发热的同时,呼吸促迫,呼吸次数每分钟可达80次以上,肺部听诊肺泡音高亢,支气管音粗厉。病畜发出苦闷的呻吟声。

眼结膜充血,流泪,畏光。流鼻液,口炎,流涎。口角有泡沫。大多数病牛鼻腔于高热期可见有透明黏稠分泌物流出,成线状,同时亦常有流涎现象,口边黏有泡沫,口角流出线形黏液。有便秘或腹泻。发热期尿量减少,病牛排出暗褐色混浊尿。妊娠母牛患病可发生流产、死胎。

本病大部分病例为良性经过,死亡率一般在1%以下,部分病例可因四肢关节疼痛,长期不能起立而被淘汰。

在单纯性急性病例的高热期及体温恢复正常不久扑杀动物检查时,见不到特征性的病变。只有淋巴结有不同程度的肿胀,有时肺间质有小区域气肿。急性死亡的自然病例,可见有明显的肺间质气肿。还有一些牛可有肺充血与肺水肿。肺气肿的肺高度隆起,间质增宽,内有气泡,压迫肺呈捻发音。肺水肿病例胸腔积有大量暗紫红色液,肺肿胀,间质增宽,内为胶冻样浸润,肺切面流出大量暗紫红色液体,气管内积有大量泡沫状黏液。

三、诊断与疫情报告

根据临床症状和病理变化可作出初步诊断,确诊需进一步做实验室诊断。

1. 病原学检查:动物接种试验,将病牛发热初期血液接种于 24 小时以内的乳鼠、乳仓鼠或乳大鼠脑内,观察 3 周。从致死鼠脑组织分离病毒,与已知的牛流行热血清做中和试验进行鉴定。另外,也可将上述表现异常的乳鼠脑组织接种于乳仓鼠肾、乳仓鼠肺或绿猴肾细胞进行培养,接种后 4~5 天出现细胞病变,容易分离出病毒。

2. 血清学检查:主要是利用乳仓鼠肺或绿猴肾细胞培养,进行细胞中和试验和补体结合试验。

应与茨城病、牛传染性鼻气管炎、牛副流行性感冒、牛呼吸道合胞体病毒感染、牛鼻病毒感染相区别。

本病为我国三类动物疫病。发生疫情时,应立即向当地兽医主管部门、动物卫生监督机构或动物疫病预防控制机构报告,并逐级上报至国务院畜牧兽医行政主管部门。

四、疫苗与防治

牛流行热灭活疫苗,颈部皮下注射 2 次,每次注射 4 毫升,间隔 21 日;6 月龄以下的犊牛,注射剂量减半。适用于不同年龄、不同性别的奶牛、黄牛和妊娠牛。

本病是由吸血昆虫为媒介而引起的疫病。因此,消灭吸血昆虫,防止吸血昆虫的叮咬,是预防本病的首要措施。同时要严格执行综合性防疫措施,有条件时在流行季节到来之前进行免疫接种。

发生本病后,应立即隔离病牛并进行治疗。对假定健康牛及附近受威胁地区的牛群,可用疫苗或高免血清进行紧急预防接种。

第三节　牛皮蝇蛆病

牛皮蝇蛆病是由皮蝇属的牛皮蝇和纹皮蝇的幼虫寄生在牛的背部皮下组织而引起的一种慢性寄生虫病。由于皮蝇幼虫寄生,可引起患牛消瘦,产奶量下降,幼畜发育不良,特别会使皮革受损,质量下降。

一、病原及流行病学特点

病原属双翅目、皮蝇科、皮蝇属，主要有牛皮蝇和纹皮蝇。成蝇外形似蜜蜂，被浅黄色至黑色的毛，长 13~15 毫米。纹皮蝇较小，胸部背面有四条黑色的纵纹，牛皮蝇稍大、腹末为橙黄色。口器均退化。

在夏季晴朗的白天飞翔、交配并追牛只产卵。卵长圆形，长不到 1 毫米，浅黄色，有一小柄附于牛被毛上，牛皮蝇的卵一根毛上只有一个，多在体侧及腹部等，纹皮蝇的卵一根毛上多个成排，多在四肢下部。每一雌虫一生产卵 400~800 个，存活仅 5~6 天，产完卵后死亡。雄虫交配后死亡。卵经 4~7 天孵出第一期幼虫，沿毛孔钻入皮下，在组织内移行发育，蜕化长大成第二期幼虫；到第二年春季来临时，所有的幼虫逐渐向背部皮下集中，停留发育，并蜕化成第三期幼虫，体积增大，长可达 28 毫米，体表有许多结节及小刺，色泽因成熟程度的不同由浅棕色至深褐色不等，末端有两个深色肾形的后气孔。此时寄生部的皮肤呈现一个个肿胀隆起，直径可达 30 毫米，隆起中央有一小孔。2~3 个月后，幼虫成熟后自小孔蹦出，落于地面，爬行到松土下或隐蔽处化为黑色的蛹，经过 1~2 个月的蛹期，破蛹化为蝇飞出。一年完成整个生活周期，幼虫在牛体内寄生约 10 个月。

二、临床症状及病理变化

成蝇飞翔季节，可引起牛只惊恐不安，严重影响牛的采食和休息。牛只恐惧"跑蜂"时可造成外伤或流产。

幼虫钻入皮肤，引起痒觉、牛不安及患部疼痛。幼虫在皮下组织移行时，引起组织损伤。幼虫分泌的代谢产物及毒素，对患畜的血液及血管壁均有不良作用，可造成贫血，严重的可使患畜消瘦，肉品质下降，乳牛产奶量降低。

当幼虫移行到背部皮下时，在寄生的局部引起血肿及蜂窝组织浸润。皮肤稍隆起，粗糙不平。当皮肤穿孔，病原菌侵入可引起化脓，形成瘘管。常见有浓液流出。幼虫成熟落地后，瘘管愈合形成瘢痕，严重影响皮革的质量。

三、诊断与疫情报告

幼虫移行到背部皮下时，用手可触摸到长圆形硬结，一段时间后皮肤上形成瘤肿，当幼虫穿过皮孔时，见到幼虫即可确诊。

本病为我国三类动物疫病。发生疫情时，应立即向当地兽医主管部门、动物卫生监督机构或动物疫病预防控制机构报告，并逐级上报至国务院畜牧兽医行政主管部门。

四、疫苗与防治

尚无疫苗进行预防。

消灭幼虫是防治牛皮蝇蛆病的主要方法。

1. 阿维菌素、伊维菌素系列药品（厂家较多，商品名称较多）：按有效成分 0.2 毫克/千克口服或注射。结合线虫病、疥癣病、虱病等的防治，可按下列程序进行：每年 10 月份开始用本药驱治，以后每隔 20~25 天用药 1 次，连用 3 次。

2. 碘硝酚注射液用量：为 0.5 毫升/10 千克~0.75 毫升/10 千克，皮下分点注射。

3. 佳灵三特注射液：用量为 10 毫升/千克~15 毫克/千克，肌肉或皮下注射。

4. 倍硫磷浇泼剂：用量为 10 毫升/100 千克，沿牛背部中线由前向后浇泼。

以上药物都比较安全可靠，很少出现中毒。倍硫磷浇泼剂如出现中毒，可按有机磷中毒解救。特效解毒药品有阿托品、解磷定等，对症解救药品有消气灵、葡萄糖盐水、强心剂等。

第三章　羊病(5种)

第一节　肺腺瘤病

肺腺瘤病是由病毒引起成年绵羊的一种慢性、肺脏肿瘤性传染病。其特征是肺泡和支气管上皮进行性腺瘤增生,引起呼吸困难,伴有咳嗽,流涕,消瘦,最后死亡。

一、病原及流行病学特点

本病毒属疱疹病毒科,核酸为 RNA。在 56℃下经 30 分钟灭活,对氯仿和酸性环境都很敏感,能在病羊自身的肺细胞和绵羊胎肺细胞中增殖,并产生核内包涵体。在-20℃下,病肺细胞里的病毒可存活数年。

病羊是本病的传染源。经呼吸道传播,也可经胎盘而使羔羊发病。本病仅感染绵羊,不同品种、年龄、性别的绵羊均可发病,但以美利奴绵羊的易感性最高。成年绵羊,特别是 3~5 岁的绵羊发病较多;母绵羊比公绵羊发病多。同群的山羊偶可感染。

本病以散发为主,有时也能大批发生。冬季寒冷的气候或拥挤的场所可促使本病的发生和流行。

二、临床症状及病理变化

自然感染本病的潜伏期 2 个月至 2 年,人工感染为 3~7 个月。

病羊持续、进行性虚弱,消瘦和呼吸困难,同时伴有体温升高。后期病羊发生咳嗽,从鼻孔流出大量分泌物,食欲减退,消瘦,贫血,最终死亡。

病变局限于肺和心脏。早期肺尖叶、心叶、膈叶前缘出现弥散性灰白色肿瘤样结节,如大小粟粒、枣核,稍突出于肺表面。许多结节融合成肿块,使病变部位

变硬,失去原有的色泽和弹性,像煮过的肉或呈紫肝色。

三、诊断与疫情报告

一般根据典型症状和病变情况即可作出诊断。在有本病流行的地区,病羊呼吸困难逐渐加剧,低头时从鼻孔流出鼻液;剖检时,全肺有灰白色结节状肿块;组织学检查肺腺瘤变化即可确诊。

应与梅迪病(不流鼻液、干咳)、巴氏杆菌病(发热、败血症状、大叶性肺炎、多呈急性经过,镜检可见两端浓染的巴氏杆菌)区别。

本病为我国三类动物疫病。发生疫情时,应立即向当地兽医主管部门、动物卫生监督机构或动物疫病预防控制机构报告,并逐级上报至国务院畜牧兽医行政主管部门。

四、疫苗与防治

本病尚无疫苗。

严禁从有本病的国家、地区引进羊只。进口绵羊时,加强口岸检疫工作,引进羊应严格隔离观察,证明无病后方可混入大群饲养。

本病目前尚无有效的治疗方法,也无特异性的预防制剂可供使用。羊群一经传入本病,很难清除,故须全群淘汰,以消除病原,并通过建立无绵羊肺腺瘤病的健康羊群,逐步消灭本病。

第二节 传染性脓疱

传染性脓疱病又称羊传染性脓疱性皮炎,俗称羊口疮,是由口疮病毒引起的山羊和绵羊的一种急性、接触性传染病。其特征是患羊口唇等处皮肤和黏膜形成红斑、丘疹、脓疱、溃疡和结成疣状厚痂。羔羊最易患病,多为群发。

一、病原及流行病学特点

羊口疮病毒属痘病毒科、副痘病毒属中的传染性脓疱病毒。病毒粒子呈砖形或椭圆形的线团状,其表面呈绳索结构,上下以若干“8”字形交织排列,颗粒外面有一层膜。本病毒可在牛、绵羊、山羊的肾细胞以及犊牛和羔羊的睾丸细胞上生长,并产生细胞病变。其对外界环境的抵抗力较强。干痂在夏季阳光下暴露30~60天才丧失传染性,散落于地面经秋、冬、春三季仍有传染性。干燥的病料在低温冷冻条件下可存活数年之久,在室温中可存活5年。本病毒对热敏感,但必须达到一定的温度,如在 60℃(30 分钟)和 64℃(2 分钟)可灭活,而在 55℃下(20~30 分钟)却不能杀死病毒。对乙醚有抵抗力,而对氯仿敏感。常用的消毒药有含量为 2%的氢氧化钠溶液、含量为 10%的石灰乳、含量为 20%的热草木灰。

本病只危害山羊和绵羊,以 3~6 月龄的羔羊和幼羊最为易感,常呈群发性流行,羔羊发病率高达 100%;成年羊发病较少,多为散发。人和猫也可感染发病。病羊和带毒羊是主要传染源,特别是病羊的痂皮带毒时间较长。病毒主要通过接触传染,健康羊常因皮肤、黏膜擦伤处接触到病源而感染发病。本病无明显的季节性,但以春、夏季发病较多。由于病毒的抵抗力强,羊群一旦被感染,本病毒不易彻底清除,可持续危害羊群多年。

二、临床症状及病理变化

本病的潜伏期为 2~7 天。

绵羊主要发生在羔羊,而山羊则无明显的年龄限制。主要在口唇周围、口角及鼻部特别严重。亦可发生在蹄部和乳房等皮肤部位。病灶开始出现稍高起的斑点,随后变成丘疹、水泡及脓疱三个阶段,并形成痂块,痂块呈红棕色,以后变为黑褐色,非常坚硬。除去硬痂后露出凸凹不平锯齿状的肉芽组织,很容易出血,有的形成瘘管,压之有脓汁排出。病变发生在硬腭和齿龈时容易溃烂成片,痂块往往 24 小时后脱落,长出新的皮肤,并不留任何瘢痕。

主要在口唇周围、口角及鼻部形成痂块,痂块呈红棕色,以后变为黑褐色,非常坚硬。除去硬痂后露出凸凹不平锯齿状的肉芽组织,形如桑椹。

三、诊断与疫情报告

根据流行病学和临床症状不难作出诊断。确诊需做实验室诊断。

可用病羊的脓泡、痂皮制成乳剂作为抗原,与其阳性血清进行琼脂扩散和补体结合试验,以检查其抗原性。

主要与羊痘相区别。羊痘的痘疹多为全身性,病羊体温升高,全身反应严重,痘疹结节呈圆形,突出于皮肤表面,界限明显,似脐状。另外要与坏死杆菌病相鉴别。坏死杆菌病一般不发生水泡和化脓,主要表现为组织和皮肤的坏死。

本病为我国三类动物疫病。发生疫情时,应立即向当地兽医主管部门、动物卫生监督机构或动物疫病预防控制机构报告,并逐级上报至国务院畜牧兽医行政主管部门。

四、疫苗与防治

用于本病的疫苗有两种：一种是痂皮强毒苗，另一种是细胞弱毒苗。痂皮强毒苗成本低，制备简便，免疫期约为 7~8 个月，但免疫力产生慢，需 21 天左右，且接种后有数天发病期，容易散毒，有可能在羊体内产生坚强免疫力前造成疫病的暴发和流行，而最终接种局部还要结痂，痂皮脱落又可污染场地，故此疫苗仅限于疫区使用。紧急进行疫苗接种，常用皮肤划痕接种羊口疮细胞苗和牛睾丸细胞苗。

保护皮肤、黏膜以防发生创伤引起感染。禁止从疫区引进羊只，如引进须进行严格的隔离检疫。发生本病时，对全部羊只进行检疫。病羊须隔离饲养进行治疗，并用含量为 2%的氢氧化钠、含量为 10%的石灰乳或 20%的草木灰彻底消毒用具和羊只。此病传播迅速，一旦发生，隔离往往收不到理想的效果。轻症一般无需治疗可自愈，重症每天涂抹 2%~3%碘酊和3%的龙胆紫。同时对圈舍进行彻底消毒。

第三节 羊肠毒血症

羊肠毒血症又称"软肾病"或"类快疫"，是由 D 型魏氏梭菌在羊肠道内大量繁殖产生毒素引起的，主要发生于绵羊身上的一种急性毒血症。本病以急性死亡、死后肾组织易于软化为特征。

一、病原及流行病学

本病的病原是魏氏梭菌，又称产气荚膜杆菌。本菌可产生多种毒素，以毒素特性可将魏氏梭菌分为 A、B、C、D、E5 个毒素型，羊肠毒血症由 D 型魏氏梭菌引起。

发病以绵羊为多，山羊较少。通常以 2~12 月龄、膘情较好的羊只为主。魏氏梭菌为土壤常存菌，也存在于污水中，通常羊只采食被芽孢污染的饲草或饮水，芽孢随之进入消化道，一般情况下并不引起发病。当饲料突然改变，特别是从吃干草改为采食大量谷类或青嫩多汁、富含蛋白质的草料之后，导致羊的抵抗力下降和消化功能紊乱，D 型魏氏梭菌在肠道迅速繁殖，产生大量毒素，毒素进入血液，引起全身毒血症，致使羊休克而死。本病的发生常表现为一定的季节性，牧区以春夏之交及抢青时的秋季牧草结籽后的一段时间发病为多；农区则多见于收割抢茬季节或采食大量富含蛋白质饲料时。一般呈散发性流行。

二、临床症状及病理变化

本病的症状可见两种类型：一类以抽搐为特征，羊在倒毙前，四肢强烈划动，肌肉颤搐,眼球转动,磨牙,于 2~4 小时内死亡;另一类以昏迷和静静死亡为特征,可见病羊步态不稳,以后卧地,并有感觉过敏,流涎,上下颌"咯咯"作响,继而昏迷,角膜反射消失,有的可见腹泻,于 3~4 小时内静静地死去。

主要变化是肾软化和肠出血。肾脏表面充血,实质松软如泥,稍压即碎烂,色灰暗,黑红如酱,用水冲洗可冲去肾实质。小肠充血、出血,甚至整个肠壁呈血红色或溃疡。心包积液,含有絮状纤维素,心内膜可见出血点。

三、诊断与疫情报告

由于病程短促,生前确诊较难。确诊应作实验室检验,证明其肠内容物中是否有毒素存在。

1. 病料采取:采取回肠一段(约 6~10 厘米),两端结扎,保留肠内容物于其中。由于此病可能与炭疽、巴氏杆菌病、大肠菌病等混淆,同时也要取肝和脾做细菌学检查。

2. 毒素检查: 先将肠内容物倒出, 用生理盐水稀释 1~3 倍, 离心 5 分钟(3000 转/分),取上清液,最好经细菌滤器过滤后注射动物以检查其中有无肠毒素。实验动物用兔(静注 2~4 毫升)或小白鼠(静注 0.2 毫升)。先做少量注射,注射后半小时如无反应可用较大剂量注射同一动物或另一动物。如肠毒素含量高、少量注射即能使动物于 10 分钟内死亡。如肠毒素含量低,动物也可能于注射后 0.5~1 小时倒下,呈轻度昏迷,呼吸加快,经 1 小时可恢复。正常的肠内容物不会引起任何反应。

3. 中和试验:为了确定菌型,用标准产气荚膜梭菌抗毒素与肠内容物滤液做中和试验。其方法如下:取灭菌试管 4 支,每管装入上述对兔(鼠)两倍致死量的上清液,再在各管中分别加入等量 B、C、D 型抗毒素(血清),但第四管只加生理盐水作为对照。将 4 管同时放置 37℃温箱中,40 分钟后再注射兔、鼠各 2 只,观察死亡情况作出诊断。

本病为我国三类动物疫病。发生疫情时,应立即向当地兽医主管部门、动物卫生监督机构或动物疫病预防控制机构报告,并逐级上报至国务院畜牧兽医行政主管部门。

四、疫苗与防治

常发地区,每年在发病季节定期接种羊肠毒血症菌苗或三联苗(羊快疫、猝狙、肠毒血症)或五联苗(羊快疫、猝狙、肠毒血症、羔羊痢疾、黑疫),详见魏氏梭菌病。

本病虽然是散发性的疾病,但由于其分布相当广泛,因而引起的损失仍然不小。同时在某些地区,有时大量发病,造成羊只的大批死亡。因此,应注意搞好防制工作。

发病羊群应迅速倒场到干燥地带放牧,加强饲养管理,避免羊啃食嫩草,必要时饲喂干草,应防止混入泥沙。应经常饲喂食盐及人工盐或给每只大羊灌服含量为 0.5%的高锰酸钾 250 毫升。

第四节 干酪样淋巴结炎

干酪样淋巴结炎是由假(伪)结核棒状杆菌引起的一种慢性传染病。其特征为淋巴结、肝、肺、脾、肾等器官发生大小不同的结节,内含淡黄色干酪样物质,在眼观上与结核病的结节相似,所以又叫假(伪)结核病。

一、病原及流行病学特点

病原体为假结核棒状杆菌,不形成芽孢,抵抗力很弱,容易被杀死,故在土壤中不会长期存在下去。本菌对干燥有抵抗力,在自然环境中能存活很长时间,对热和多种消毒剂敏感。

养羊的圈舍是本菌繁殖的良好环境,所以大的牧场羊群易患本病,传染途径主要经伤口传染,如剪毛、去势、断尾、脐带以及其他伤口。消化道也可感染本菌。细毛羊比粗毛羊及杂种羊发病率都高。

二、临床症状及病理变化

病羊淋巴结肿大,多出现在颜面、颈及肩部,躯体前半部较多见,腹部及背部也有发生。全身出现脓疮几个至几十个,大小不等,小的如玉米粒大,大的约 3~4 厘米。病灶切面坚硬,内含淡蓝、淡绿或黄色脓液,脓液黏稠,有的发干如干酪样。病灶界限明显,当脓液排出后,病灶呈规整的圆腔。本病不仅侵害体表淋巴结,也侵害内脏淋巴结,常见胸腔、腹腔、肠系膜、肝、肺及乳房的淋巴结。当未侵害内脏淋巴结时不显任何症状,当侵及内脏时则体温升高,食欲减退,日渐消瘦、衰弱而死亡。

外观体表及内脏的淋巴结有大小不等许多脓肿灶,病灶切开内含有色脓液,被囊增厚,病灶界限清楚。

三、诊断与疫情报告

根据特殊的病灶即可作出诊断。脓汁涂片染色镜检可发现典型的假结核棒状杆菌,必要时以无菌手术采取未破溃的淋巴结中的脓汁,送实验室进行细菌分离鉴定。用酶联免疫吸附试验,对内脏患病羊有较高检出率。

本病为我国三类动物疫病。发生疫情时,应立即向当地兽医主管部门、动物卫生监督机构或动物疫病预防控制机构报告,并逐级上报至国务院畜牧兽医行政主管部门。

四、疫苗与防治

尚无疫苗。

预防本病只有注意消毒,避免羊体受伤,尤其当剪毛、去势、刻耳、断尾及各种手术出现的伤口,要及时用含量为5%的碘酒消毒。处置脓肿时要慎重,不能随意排脓于地面,脓液要收集并彻底消毒,防止扩散。

绵羊体表毛密处脓疮不易发现,所以有本病流行的地区要经常触摸体表,发现结节切开排净脓液后,向病灶内塞入含量为5%的碘配棉球。术部切开排脓消毒要及时,防止病菌入血,而引起身体其他部分发生脓肿,引起感染扩大。患部涂碘酒1次即可治愈,严重的涂2次。对侵害内脏的病羊,可用抗菌素治疗。

本菌对青霉素高度敏感,因脓肿有厚包囊,疗效不好。早期用含量为0.5%的黄色素10毫升静脉注射,与青霉素并用,可提高疗效。

第五节 绵羊疥癣病

绵羊疥癣病俗称癞,学名螨病。它是绵羊常见的一种接触性传染病,慢性的寄生虫性皮肤病。本病多发生于冬、春季节,疥癣病对绵羊的危害较为严重,如果防治不及时,会造成个别病羊死亡。

一、病原及流行病学特点

本病的病原有疥螨、痒螨和足螨3种。

疥螨是一种小寄生虫,肉眼看不见,呈灰白色或略带黄色,近于圆形,长0.2~0.5毫米,有足4对,很短,2对向前,向后的2对在腹下,末端不露于体外。虫体较大,椭圆形,长0.5~0.8毫米,虫卵呈灰白色、透明、椭圆形,卵内含有不均匀的卵胚或已成形的幼虫。螨类的生长发育均在宿主身上,经过卵、幼虫、若虫和成虫4个阶段,从卵发育为成虫约2个星期。

疥螨在皮肤角质层下进行发育和繁殖,并以表皮细胞和淋巴液为营养寄生

在皮肤表面吸吮皮下的淋巴液和血液。足螨也寄生在皮肤表面,采食脱落的上皮细胞,如皮屑、痂皮等。

传染源为患病动物与外界的活螨。主要由于健畜与病畜直接接触或通过被螨及其卵污染的厩舍、用具等接触引起感染。另外,也可由饲养人员或兽医人员的衣服及手传播病原。螨病主要发生于冬季和秋末春初。

二、临床症状及病理变化

剧痒是本病的主要症状。病势越重,痒觉越剧烈。患畜感染初期局部皮肤上出现小结节,继而发生小水疱,有痒感(尤以在夜间温暖厩舍中更明显)以致摩擦和啃咬患部,局部脱毛,皮肤损伤破裂,流出淋巴液,形成痂皮,皮肤变厚,皱褶、皲裂,病区逐渐扩大。

由于炎症的浆液性浸润,形成小结节和痂皮,表皮角质化,失去弹性,变厚,毛囊汗腺破坏发生脱毛。虫体代谢产物被吸收入血,动物发生代谢障碍、贫血,白细胞增加,血色素减少。

三、诊断与疫情报告

对有明显症状的,根据发病季节、剧痒及患病部位皮肤的变化确诊并不困难。但症状不明显时,需进一步做实验室诊断。

选病变部与健康部的边缘,用刮勺蘸取甘油水,刮取皮屑及皮肤组织适量,加入含量为10%的苛性钠,在酒精灯上煮沸使痂皮与被毛溶解后自然沉淀,吸取沉渣镜检,发现螨虫即可确诊。

本病为我国三类动物疫病。发生疫情时,应立即向当地兽医主管部门、动物卫生监督机构或动物疫病预防控制机构报告,并逐级上报至国务院畜牧兽医行政主管部门。

四、疫苗与防治

尚无疫苗。

定期检疫动物,在剪毛后和秋季各药浴1次,并对圈舍、场地、用具经常进行消毒,保持圈舍清洁、干燥、通风。

一旦发现病羊,要立即进行隔离,对症治疗,并对病羊用过的圈舍、器具等进行严格消毒,以防止和控制疥癣病的蔓延。

药浴用药可选用林丹乳油、螨净等药物,也可用口服或肌注灭虫丁、伊维菌素进行预防和治疗。

第四章　马病(3 种)

第一节　马流行性淋巴管炎

流行性淋巴管炎又称假性皮疽,是由皮疽组织胞浆菌引起马属动物(偶尔也感染骆驼)的一种慢性传染病。以皮下淋巴管及其临近淋巴结发炎、脓肿、溃疡和肉芽肿结节为特征。

一、病原及流行病学特点

皮疽组织胞浆菌属半知菌亚门、丝孢菌目、丛梗孢科、组织胞浆菌属。

皮疽组织胞浆菌对外界因素抵抗力顽强。病变部位的病原菌在直射阳光的作用下能耐受 5 天,并于 60℃时存活 30 分钟;在 80℃仅几分钟即可杀死。0.2%升汞要 60 分钟杀死,5%石炭酸 1~5 小时死亡。在含量为 0.25%的石炭酸、含量为 0.1%的盐酸溶液中能存活数周。在 1 个大气压的热压消毒器中 10 分钟被杀死。病畜厩舍污染本菌经 6 个月仍能存活。

患畜病灶的排出物是主要传染源,含有本菌的泥土也是传染源。病畜脓性分泌物直接或间接通过受伤的皮肤和黏膜等途径传染本病,也可通过昆虫机械传播,或通过受污染的物体传播本病。本病不能经消化道传染。

马、驴、骡易感,骆驼和水牛也可偶然感染。

本病无明显季节性,但以秋末及冬初多发。潮湿地区、洪水泛滥后多发本病。以 2~6 岁的马属动物多发。

二、临床症状及病理变化

本病的潜伏期长短不一,一般为 30~40 天。人工感染为 30~60 天。

本病主要表现为皮肤、皮下组织及黏膜发生结节、脓肿、溃疡和淋巴管索状

肿及串珠状结节。

皮肤(皮下组织)结节、脓肿和溃疡：常见于四肢、头部(尤其是唇部)，其次为颈、背、腰、尻、胸侧和腹侧。初为硬性无痛结节，随之软化形成脓肿，破溃后流出黄白色混有血液的脓汁，形成溃疡。继而愈合或形成瘘管。

1. 黏膜结节：常侵害鼻腔黏膜，可见鼻腔有少量黏液脓性鼻液，鼻黏膜上有大小不等黄白色结节，结节逐渐破溃形成溃疡，颌下淋巴结也多同时肿大。口唇、眼结膜及生殖道黏膜，公畜的包皮、阴囊、阴茎和母畜的阴唇、会阴、乳房等处也可发生结节和溃疡。

2. 淋巴管索状肿及串珠状结节：病菌引起淋巴管内膜炎和淋巴管周围炎，使之变粗变硬呈索状。因淋巴管瓣膜栓塞，在索状肿胀的淋巴管上形成许多串珠状结节，呈长时间硬肿，之后变软化脓，破溃后流出黄白色或淡红色脓液，形成蘑菇状溃疡。

本病常呈慢性经过，体温一般不升高，全身症状不明显。

三、诊断与疫情报告

一般根据病畜体表淋巴管的索状(肿状)、串珠状结节、蘑菇状溃疡和全身症状不明显等，结合流行情况即可确诊。为了和类似疾病的鉴别，可进行细菌学与变态反应诊断。

1. 细菌学诊断：采取病变部的脓汁或分泌物，放于载玻片上，加生理盐水稀释，盖上盖玻片，用弱光油浸镜头检查，发现囊球菌即可确诊。

2. 变态反应诊断：流行性淋巴管炎变态反应原为囊球菌素和浓缩囊球菌素。变态反应诊断法不仅特异性强，检出率高，而且还可早期检出尚未出现临床症状的本病的潜伏期病畜。

本病应与鼻疽、溃疡性淋巴管炎鉴别。

本病为我国二类动物疫病。发生疫情时，应立即向当地兽医主管部门、动物卫生监督机构或动物疫病预防控制机构报告，并逐级上报至国务院畜牧兽医行政主管部门。

四、疫苗与防治

对本病的免疫预防一直没有得到较好的解决。苏联曾研制成福尔马林灭活苗。我国兰州兽医研究所 1973 年开始研究本病，并于 1981 年研制出弗氏不完全佐剂灭活苗，于 1985 年培育出 T21~T71 弱毒菌苗。

1. 弗氏不完全佐剂灭活苗:以 4 毫升菌苗间隔 10 天颈部皮下 2 次免疫接种,其免疫力可达 60%~65%。

2. T21~71 弱毒菌苗:一次颈部皮下注射 4 毫升菌苗,保护率为 84%。

经常刷拭马体,消除各种可能发生外伤的因素。发生外伤后,及时治疗。对久治不愈的创伤或瘘管,应采取脓汁做进一步检查。对新购进的马骡,应做细致的体表检查,注意有无结节和脓肿,防止带入病马。

发生本病后,应按《中华人民共和国动物防疫法》规定,采取严格控制、扑灭措施,防止扩散病马应及时隔离、治疗。患病严重的病马予以扑杀。病死马尸体应深埋或焚烧。

被污染的厩舍、系马场以及饲养管理用具,应以含量为 10%的热氢氧化钠含量为或含量为 20%的漂白粉液消毒,每 10~15 天一次。刷拭用具及鞍具等应以含量为 5%的甲醛液消毒。粪便经发酵处理。治愈马应继续隔离观察个半月后,方可混群。

可用"九一四"或黄色素治疗,静脉注射,也可肌肉注射土霉素。

第二节　马腺疫

马腺疫是由马链球菌马亚种引起马属动物的一种急性接触性传染病。以发热、上呼吸道黏膜发炎、颌下淋巴结肿胀化脓为特征。

一、病原及流行病学特点

马链球菌马亚种旧称马腺疫链球菌,为链球菌属 C 群成员。菌体呈球形或椭圆形,革兰氏染色阳性,无运动性,不形成芽孢,但能形成荚膜。在病灶中呈长链,几十个甚至几百个菌体相互连接呈串珠状;在培养物和鼻液中的为短链,短的只有两个菌体相连。

本菌对外界环境抵抗力较强,在水中可存活 6~9 天,脓汁中的细菌在干燥条件下可生存数周。但菌体对热的抵抗力不强,煮沸则立即死亡。对一般消毒药敏感。

传染源为病畜和病愈后的带菌动物。主要经消化道和呼吸道感染。也可通过创伤和交配感染。

易感动物为马属动物,以马最易感,骡和驴次之。4 个月至 4 岁的马最易感,

尤其 1~2 岁马发病最多,1~2 个月的幼驹和 5 岁以上的马感染性较低。

本病多发生于春、秋季节,一般是从 9 月份开始,至次年三四月,其他季节多呈散发。

二、临床症状及病理变化

本病的潜伏期为 1~8 天。

临床常见有一过型腺疫、典型腺疫和恶性腺疫 3 种。

1. 一过型腺疫:鼻黏膜炎性卡他,流浆液性或黏液性鼻汁,体温稍高,颌下淋巴结肿胀。多见于流行后期。

2. 典型腺疫:以发热、鼻黏膜急性卡他和颌下淋巴结急性炎性肿胀、化脓为特征。表现病畜体温突然升高(39℃~41℃),鼻黏膜潮红、干燥、发热,流水样浆液性鼻汁,后变为黄白色脓性鼻液。颌下淋巴结急性炎性肿胀,起初较硬,触之有热痛感,之后化脓变软,破溃后流出大量黄白色黏稠脓汁。病程 2~3 周,愈后一般良好。

3. 恶性腺疫:病原菌由颌下淋巴结的化脓灶经淋巴管或血液转移到其他淋巴结及内脏器官,造成全身性脓毒败血症,致使动物死亡。比较常见的有喉性卡他、额窦性卡他、咽部淋巴结化脓、颈部淋巴结化脓、纵隔淋巴结化脓、肠系膜淋巴结化脓。

鼻、咽黏膜有出血斑点和黏液脓性分泌物。颌下淋巴结显著肿大和炎性充血,后期形成核桃至拳头大的脓肿。有时可见到化脓性心包炎、胸膜炎、腹膜炎及在肝、肾、脾、脑、脊髓、乳房、睾丸、骨骼肌及心肌等有大小不等的化脓灶和出血点。

三、诊断及疫情报告

幼驹和幼马发生急性化脓性淋巴结炎(主要是颌下淋巴结)和鼻咽黏膜卡他性化脓性炎症时,应首先考虑马腺疫,确诊需进一步以脓汁涂片染色镜检,发现链球菌时,结合病史,可以确诊。

本病为我国三类动物疫病。发生疫情时,应立即向当地兽医主管部门、动物卫生监督机构或动物疫病预防控制机构报告,并逐级上报至国务院畜牧兽医行政主管部门。

四、疫苗与防治

一般可用马腺疫灭活苗或毒素注射预防。用当地新分离的菌株制成多价菌苗效果较好。在普通肉汤中加入含量为2%的葡萄糖和含量为3%的灭活马血清(60℃、1小时),而后接种马腺疫链球菌,于37℃培养48小时,加入含量为0.5%的石炭酸,于37℃放置24小时,将各菌株的培养物等量混合,即为灭活菌苗。再用小鼠作安全试验和效力试验,合格后方准使用。用法为皮下注射2次,间隔1周,第1次注射5毫升,第2次注射10毫升,免疫期半年。

发生本病时,病马应隔离治疗。被污染的厩舍、运动场及用具等必须彻底消毒。

1. 炎性肿胀期的治疗:发病不久,可用樟脑酒精、复方醋酸铅加磺胺类药物或青霉素,直至恢复体温正常。

2. 化脓期的治疗:如炎性肿胀很大,且坚硬无波动,局部涂擦10%~20%的松节油软膏。待脓肿成熟,触诊柔软波动,可选波动最明显的地方切开后排出脓汁。按一般化脓疮处理。化脓期病例,如体温不超过39.5℃,则一般不用抑菌消炎药。如果全身状况不好,应立即应用磺胺、青霉素治疗,防止发生脓毒败血症。

3. 并发症的治疗:当发生炎症波及到喉部,而使喉部、面部等处发生肿胀时,可外敷复方醋酸铅散。发生咽喉炎时,可按咽喉类处理。有窒息危险时应及时施行气管切开术,同时必要的护理也很重要。

第三节　溃疡性淋巴管炎

溃疡性淋巴管炎是由伪结核棒状杆菌引起马属动物的一种慢性传染病。以淋巴管发炎、结节和溃疡为特征。

一、病原及流行病学特点

伪结核棒状杆菌属棒状杆菌属。本菌不能运动,不形成芽孢,无荚膜,是一种多形性杆状菌,革兰氏阳性而非抗酸性。它通常栖居于肥料、土壤和肠道内,存在于皮肤上,以及感染器官(特别是淋巴结)中。在局部化脓灶中的细菌呈球杆状及纤细丝状,着色不均匀,在固体培养基上,可见细小的球杆状集合丛,在老培养基内常呈多形性。在血清琼脂平皿或鲜血琼脂平皿上生长良好,呈现针尖大小、透明、隆起的小菌落,菌落呈乳白色、干燥、扁平,本菌对热敏感,60℃时被很快杀死,普通消毒药可迅速杀死本菌。

病畜是本病的传染源,病菌存在于污染的肥料、土壤及垫草内,还存在于病畜的皮肤以及感染器官(特别是淋巴结)中。本病通过皮肤伤口感染,一般不直接

传染。感染动物为马属动物，多发生于马、骡、驴，羊、骆驼等也可感染。本病多呈散发,病程缓慢,一般呈良性经过,而在热带,感染的驴多呈恶性经过。

二、临床症状及病理变化

流行性淋巴管炎的特征性症状是在皮肤、皮下组织及黏膜上发生结节、脓肿和溃疡。皮下淋巴管发炎肿大,并有串珠状结节。患肢疼痛,有跛行。非重症病马(骡),其体温、食欲及精神无明显变化。

受侵害的淋巴管变粗变硬,如索状(索肿),并沿肿胀的淋巴管形成数个结节,呈串珠状排列(串珠状结节),最终破溃形成蘑菇状溃疡。局部淋巴结肿大化脓。

三、诊断与疫苗报告

根据特征性临床症状和病理变化可作出诊断,如需要可进行实验室诊断。

采取未溃脓肿的脓汁,做微生物学检查。但有时还可检出葡萄球菌、链球菌等其他细菌,诊断时应注意与皮肤鼻疽、流行性淋巴管炎的区别。皮肤鼻疽的淋巴管呈现串珠状索肿和淋巴结的硬固、脓肿,溃疡呈喷火口状,溃疡底部湿润呈猪油状,并有黏稠的脓汁。溃疡性淋巴管炎的溃疡容易愈合,分泌物为脓性,不黏稠,当用鼻疽菌素点眼时,不出现反应。

本病为我国三类动物疫病。发生疫情时,应立即向当地兽医主管部门、动物卫生监督机构或动物疫病预防控制机构报告,并逐级上报至国务院畜牧兽医行政主管部门。

四、疫苗与防治

尚无疫苗进行预防。

加强饲养管理,搞好厩舍卫生,防止外伤。发生外伤时,及时治疗。轻症病例,用手术疗法常可收到良好的疗效。对结节、溃疡在清洗消毒后,可涂碘酊或其他消毒药,并配合应用青霉素等全身治疗,可提高疗效。在治疗过程中,应加强饲养管理,保持病畜的安静与休息。

平时要做好系马场、厩舍的清洁卫生,防止外伤。

第五章　猪病(13 种)

第一节　高致病性猪蓝耳病

高致病性猪蓝耳病是由猪繁殖与呼吸障碍综合征病毒引起，以成年猪生殖障碍、早产、流产和死胎，以及仔猪呼吸异常为特征的传染病，是一种免疫抑制病，常常继发其他病原感染。该病毒不感染人。

一、病原及流行病学特点

猪繁殖和呼吸障碍综合征病毒为单股正链 RNA 病毒，属套式病毒目、动脉炎病毒科、动脉炎病毒属。不凝集哺乳动物或禽类红细胞，有严格的宿主专一性，对巨噬细胞有专嗜性。病毒的增殖具有抗体依赖性增强作用，好在中和抗体水平存在的情况下，在细胞上的复制能力反而得到增强。

本病是一种高度接触性传染病，呈地方流行性，只感染猪，各种品种、不同年龄和用途的猪均可感染，尤以妊娠母猪和 1 月龄以内的仔猪易感。患病猪和带毒猪是本病的重要传染源。本病的主要传播途径是接触感染、空气传播和精液传播，也可通过胎盘垂直传播。易感猪可经口、鼻腔、肌肉、腹腔、静脉及子宫内接种等多种途径而感染病毒，猪感染病毒后 2~14 周均可通过接触将病毒传播给其他易感猪。从病猪的鼻腔、粪便及尿中均可检测到病毒。易感猪与带毒猪直接接触或与被猪繁殖和呼吸障碍综合征病毒污染的运输工具、器械接触均可受到感染。感染猪的流动也是本病的重要传播方式。

猪繁殖和呼吸障碍综合征病毒可在感染猪体内存在很长时间。

二、临床症状及病理变化

本病的潜伏期差异较大，最短为 3 天，最长为 37 天。本病的临诊症状变化很大,且受病毒株、免疫状态及饲养管理因素和环境条件的影响。低毒株可引起猪群无临诊症状的流行,而强毒株能够引起严重的临诊疾病,临诊上可分为急性型、慢性型、亚临诊型等。

1. 急性型:发病母猪主要表现为精神沉郁、食欲减少或废绝、发热,出现不同程度的呼吸困难。妊娠后期(105~107 天),母猪发生流产、早产、死胎、木乃伊胎、弱仔。母猪流产率可达 50%~70%,死产率可达 35%以上,木乃伊可达 25%,部分新生仔猪出现呼吸困难,运动失调及轻度瘫痪等症状,产后 1 周内死亡率明显增高(40%~80%)。少数母猪表现为产后无乳、胎衣停滞及阴道分泌物增多。

1 月龄仔猪表现出典型的呼吸道症状,呼吸困难,有时呈腹式呼吸,食欲减退或废绝,体温升高到 40℃以上,腹泻,被毛粗乱,共济失调,渐进性消瘦,眼睑水肿。少部分仔猪可见耳部、体表皮肤发紫,断奶前仔猪死亡率可达 80%~100%,断奶后仔猪的增重降低,日增重可下降 50%~75%,死亡率为 10%~25%。耐过猪生长缓慢,易继发其他疾病。

生长猪和育肥猪表现出轻度的临诊症状,有不同程序的呼吸系统症状,少数病例可表现出咳嗽及双耳背面、腹部及尾部皮肤出现深紫色。感染猪易发生继发感染,并出现相应症状。

种公猪的发病率较低,主要表现为一般性的临诊症状,但公猪的精液品质下降,精子出现畸形,精液带毒。

2. 慢性型:主要表现为猪群的生产性能下降,生长缓慢,母猪群的繁殖性能下降,猪群免疫功能下降,易继发感染其他细菌性和病毒性疾病。猪群的呼吸道疾病(如支原体感染、传染性胸膜肺炎、链球菌病、附红细胞体病)发病率上升。

3. 亚临诊型:感染猪不发病,表现为持续性感染,猪群的血清学抗体呈阳性,阳性率一般在 10%~88%。

无继发感染的病例除有淋巴结轻度或中度水肿外,肉眼变化不明显,呼吸道的病理变化为温和到严重的间质型肺炎,有时有卡他性肺炎,若有继发感染,则可出现相应的病理变化,如心包炎、胸膜炎、腹膜炎及脑膜炎等。

三、诊断与疫情报告

根据临床症状和病理变化可判定为疑似高致病性猪蓝耳病。与普通猪蓝耳病相比,高致病性猪蓝耳病表现为发病率和死亡率高,母猪流产率更高。育肥猪也可发病,病猪体温升高时达 41℃以上,眼结膜炎、眼睑水肿,后肢无力等。确诊必须经实验室检测,病毒分离鉴定阳性或 RT-PCR 检测阳性,可确诊为高致病性猪蓝耳病。本病应与伪狂犬病、猪圆环病毒病、猪细小病毒病、猪瘟、猪流行性乙型脑炎、猪呼吸道冠状病毒病、猪脑心肌炎、猪血凝性脊髓炎以及其他细菌性疾病进行区分。

本病为我国二类动物疫病。发生疫情时,应立即向当地兽医主管部门、动物卫生监督机构或动物疫病预防控制机构报告,并逐级上报至国务院畜牧兽医行政主管部门。

四、疫苗与防治

有商品化疫苗,疫苗免疫是目前控制高致病性猪蓝耳病的最有效措施。

猪繁殖与呼吸综合征灭活疫苗(NVDC-JXA1 株)。疫苗仅用于健康猪群,高致病性猪蓝耳病发病猪禁用,屠宰前 21 日内禁用。耳后部肌肉注射,仔猪断奶后首次免疫,剂量为 2 毫升。在高致病性猪蓝耳病流行地区,可根据实际情况在首免后一个月采用相同剂量加强免疫 1 次。后备母猪 70 日龄前接种程序同商品仔猪;以后每次于怀孕母猪分娩 1 个月前进行 1 次加强免疫,剂量为 4 毫升。种公猪 70 日龄前接种程序同商品仔猪;以后每隔 6 个月加强免疫 1 次,剂量为 4 毫升。接种疫苗后 21~28 天肌体可产生免疫力,免疫期为 4 个月。于 2℃~8℃保存,有效期为 12 个月。

综合防控措施是:

1. 加强饲养管理:养猪应采用全进全出的饲养方式,在高温季节,做好猪舍的通风和防暑降温,冬天既要注意猪舍的保暖,又要注意通风。保证充足营养,增强猪群抗病能力,杜绝猪、鸡、鸭等动物混养。

2. 科学免疫:免疫是预防各种疫病的有效手段,特别是目前需要免疫的疫苗种类很多,一定要按动物卫生监督管理部门的建议制定合理的免疫程序,适时做好高致病性猪蓝耳病等动物疫病的免疫。

3. 药物预防:在兽医技术人员的指导下,选择适当的预防抗菌药物,并制定合理的用药方案,预防猪群的细菌性感染,提高健康水平。

4. 严格消毒:搞好环境卫生,及时清除猪舍粪便及排泄物,对各种污染物品进行无害化处理,对饲养场猪舍内及周边环境增加消毒次数。

5. 规范补栏:要选择从没有疫情的地方购进仔猪。

6. 发现病猪要报告:发现病猪后,要立即对病猪进行隔离,并立即报告当地动物卫生监督管理部门,要在兽医技术人员的指导下按有关规定处理。对病死猪及其粪便、垫料等要深埋。有条件的地方,将病死猪及其污染物集中进行无害化处理。

7. 不宰、不食病死猪:按照《中华人民共和国动物防疫法》和国家有关规定,严禁贩卖病死猪,不能屠宰病死猪自食,坚决做到对病死猪不流通、不宰杀、不食用。

第二节　猪乙型脑炎

猪乙型脑炎又称流行性乙型脑炎、日本脑炎,是由流行性乙型脑炎病毒引起的一种急性、人畜共患的自然疫源性传染病。猪以流产、死胎和睾丸炎为本病的主要特征。

一、病原及流行病学特点

流行性乙型脑炎病毒属黄病毒科、黄病毒属。病毒在动物血液中繁殖,并引起病毒血症。病毒不耐脂溶剂,最稳定的 pH 值为 7.4,pH 值大于 10.0 或 pH 值小于 5.0 都能使病毒迅速灭活。本病毒对热敏感,能耐低温和干燥。用冰冻干燥法在 4℃可保存数年。

常用的消毒药物均有良好的消毒效果,如氢氧化钠、来苏水。

传染源为带毒动物。其中猪和马是最重要的动物宿主和传染源。小马是病毒的天然宿主,猪是最主要的扩散宿主。由于猪的饲养数量大、分布广、更新快,每年都能生产出大批易感性高的仔猪,猪感染乙脑病毒后,产生病毒血症,血液中病毒量较多,通过蚊—猪—蚊循环,使乙脑病毒不断扩散。所以猪是乙脑病毒最主要的增殖宿主和传染源。

本病毒主要通过蚊虫(库蚊、伊蚊、按蚊等)叮咬传播,其中最主要的是三带喙库蚊。越冬蚊虫可以隔年传播病毒,病毒还可经蚊虫卵传递至下一代。病毒的传播循环是在越冬动物及易感动物间通过蚊虫叮咬反复进行的。猪还可经胎盘垂直传播给胎儿。

马属动物、猪、牛、羊、鸡和野鸟都可感染。马最易感,猪不分品种和性别均易感染。人也易感。

本病发生有明显季节性,多发生于 7~9 月蚊虫孳生繁殖和猖狂活动季节。在热带地区,可长年发生。本病在猪群中的流行特征为感染率高,发病率低。绝大多数在病愈后不再复发(成为带毒猪)。

二、临床症状及病理变化

本病的潜伏期一般为 3~4 天。体温升高至 40℃~41℃,呈稽留热。精神沉郁,食欲减少,饮欲增加。结膜潮红,有的视力障碍。病猪后肢呈轻度麻痹,关节肿大,后肢麻痹,倒地不起而死亡。

妊娠母猪患病时常突然发生流产、产死胎或木乃伊。流产多发生在妊娠后期,流产时乳房胀大,流出乳汁,常见胎衣停滞,自阴道流出红褐色或灰褐色黏液。流产胎儿有的已呈木乃伊化,有的死亡不久且全身水肿,有的仔猪出生后几天内发生痉挛症状而死亡。

公猪发病后表现为睾丸炎,高热后一侧或两侧睾丸肿胀、阴囊发热,指压睾丸有痛感。数日后睾丸肿胀消退,逐渐萎缩变硬。

本病主要表现为脑膜和脊髓膜充血,脑脊髓液增量。睾丸肿大,有许多小颗粒状坏死灶,有的睾丸萎缩硬化。肝、肾肿大,有坏死灶。后躯皮下水肿,全身肌肉褪色。胸腔、心包积液,实质脏器浊肿,有散在小出血点。出生后不久而死亡的仔猪,常有脑水肿或头盖骨异常肥厚、脑萎缩变化。组织学检查为非化脓性脑炎。

三、诊断与疫情报告

根据临床症状和病理变化可作出初步诊断,确诊需进一步做实验室诊断。

1. 病原分离与鉴定:采集病程不超过 2~3 天死亡或濒死迫杀病例的血液或脑脊髓液或脑组织,接种于乳鼠或敏感细胞进行病毒分离。检测病毒的方法是观察接种动物(或鸡胚)发病情况(麻痹、死亡)或细胞病变(细胞变圆或破坏),分离的病毒可通过血清中和试验进行鉴定。

2. 血清学检查:在血清诊断中,血凝抑制试验、中和试验和补体结合试验是常用的实验室诊断方法。此外,还有荧光抗体法及酶联免疫吸附试验等。

本病为我国二类动物疫病。发生疫情时,应立即向当地兽医主管部门、动物卫生监督机构或动物疫病预防控制机构报告,并逐级上报至国务院畜牧兽医行政主管部门。县级以上兽医主管部门通报同级卫生主管部门。

四、疫苗与防治

在乙脑流行季节前 1~2 个月对猪群接种乙脑弱毒疫苗进行预防。6~7 个月龄后备种猪,配种前 20~30 日肌肉注射 1 毫升,以后每年春季加强免疫 1 次;经产母猪及成年种公猪,每年春季免疫 1 次注射疫苗 1 毫升。注射疫苗后中和抗体

阳性率为 90%~100%。免疫期为 12 个月。于-15℃以下保存,有效期为 18 个月。

控制传染源及传播媒介。做好灭蚊、防蚊工作,切断传播途径,减少疫病发生。

发生乙脑疫病时,按《中华人民共和国动物防疫法》及有关规定,采取严格控制、扑灭措施,防止疫病扩散。患病动物予以扑杀并进行无害化处理。死猪、流产胎儿、胎衣、羊水等,均须进行无害化处理。污染场所及用具应彻底消毒。

本病无特效疗法,应积极采取对症疗法和支持疗法。

第三节　猪细小病毒感染

猪细小病毒可引起猪的繁殖失能,以胚胎和胎儿感染及死亡为特征,通常母体本身无明显症状。

一、病原及流行病学特点

猪细小病毒广泛存在于世界各地,病毒对热、消毒药和酶的耐受力很强。在猪体内很多组织器官(尤其是淋巴组织)中均可发现有病毒存在。在原代和继代的胚胎肾或仔猪肾细胞中可培养,受感染细胞呈现变圆、固缩和裂解等病变,并可用免疫荧光技术查出胞浆中的病毒。

易感母猪在怀孕前期发生感染,第三天至第七天开始排毒,以后不规则排毒,胎儿可通过胎盘感染。污染的猪舍可能是病毒的主要储存所。在急性感染时病毒可经多种途径排出。精液可能通过外界污染,也可能通过生殖器官(睾丸阴囊淋巴结等)污染,而传播本病。

二、临床症状及病理变化

仔猪和母猪的急性感染通常都表现为亚临床病例。

感染的母猪可能重新发情而不分娩,或只产出少数仔猪,或产出木乃伊胎。猪细小病毒感染对公猪的受精率或性欲没有明显的影响。

眼观病变可见母猪子宫内膜有轻度的炎症反应,胎盘部分钙化,胎儿在子宫内有被溶解吸收的现象。受感染胎儿表现不同程度的发育障碍和生长不良,有时胎重减轻,出现木乃伊、畸形、骨质溶解的腐败黑化胎儿等。胎儿可见充血、水肿、出血、体腔积液、脱水(木乃伊胎)及死亡等症状。

三、诊断与疫情报告

如果发生流产、死胎、胎儿发育异常等情况而母猪没有明显的临床症状,并有其他证据可认为是一种传染病时,应考虑本病的可能性。但最终确诊必须依靠实验室检验。可将一些木乃伊化胎儿或这些胎儿的肺送实验室进行诊断。大于70日龄的木乃伊胎、死产仔猪和初生仔猪则不宜送检,因其中可能含有干扰检验的抗体。检验方法可进行病毒的细胞培养和鉴定,也可以进行血凝试验或荧光抗体染色试验。用荧光抗体检查病毒抗原是一种可靠和敏感的诊断方法。

在血清学诊断方法中,血清中和试验、血凝抑制试验、酶联免疫吸附试验、琼脂扩散试验和补体结合试验等,都可用于检测本病毒的体液抗体。其中最常用的是血凝抑制试验。病料可采取母猪血清,也可用70日龄以上感染胎儿的心血或组织浸出液。被检血清先经56℃、30分钟灭活,加入50%的豚鼠红细胞(最终浓度)和等量的高岭土,摇匀后置于室温15分钟,经2000转/分钟离心10分钟取上清液,以除掉血清中的非特异性凝集素和抑制因素。抗原用4个血凝单位的标准血凝素,红细胞用0.5%的豚鼠红细胞悬液。

本病应注意与猪伪狂犬病、猪乙型脑炎和猪布鲁氏菌病等鉴别诊断。

本病为我国二类动物疫病。发生疫情时,应立即向当地兽医主管部门、动物卫生监督机构或动物疫病预防控制机构报告,并逐级上报至国务院畜牧兽医行政主管部门。

四、疫苗与防治

目前,有效预防本病的主要手段是使用猪细小病毒疫苗进行免疫预防。猪细小病毒疫苗主要分为灭活疫苗、弱毒疫苗、基因工程亚单位疫苗、基因工程活病毒载体疫苗、基因疫苗等。

猪细小病毒灭活疫苗,适用于预防由猪细小病毒引起的母猪繁殖障碍病。可进行深部肌肉注射,用量为每头注射2毫升,免疫期为6个月。本疫苗在疫区和非疫区均可使用,不受季节限制。于2℃~8℃保存,有效期为12个月。

对本病尚无有效的治疗方法。可采用自繁自养,不从有病地区引进猪只。对新引进的猪只必须采取隔离饲养及血清学检查等综合性措施,至产仔时如无可疑,才可以混群饲养。公猪是重要的传染源,应进行血清学检查或精液的病毒学检查,如为阳性应立即淘汰。

发生疫情时,首先应隔离疑似发病动物,尽快确诊,划定疫区,进行封锁,制定扑灭措施。做好全场特别是污染猪舍的彻底消毒和清洗,病死动物的尸体、粪便及其他废弃物应进行深埋或高温消毒处理。

第四节　猪丹毒

猪丹毒是由猪丹毒杆菌引起的猪的一种急性败血症，或慢性皮肤疹块性传染病。主要侵害架子猪。猪丹毒广泛流行于世界各地，对养猪业危害很大。

一、病原及流行病学特点

猪丹毒杆菌为纤细小杆菌。在动物组织里呈短的断头发状，菌体平直或稍弯曲。经人工培养基培养后为细小杆菌，老龄培养物呈细长弯曲丝状。本菌不运动，不产生芽孢，无鞭毛和夹膜，革兰氏染色呈阳性。在血清琼脂培养基上长出露滴状、透明小菌落。在普通琼脂培养基上生长不良，肉汤培养基中呈轻度浑浊，管底有少许黏稠沉淀物。明胶穿刺培养呈试管刷状生长，不液化。用猪丹毒杆菌选择培养基作培养。

实验动物以小白鼠和鸽最敏感，兔的易感性低，豚鼠的抵抗力很强。

本病主要发生于猪，其他家畜如牛、羊、狗、马和禽类等也有病例报告、人也可以感染本病，称为类丹毒，取良性经过。

病猪和带菌猪是本病的传染源。病猪的粪尿和口、鼻、眼的分泌物均含有丹毒杆菌。猪丹毒杆菌主要存在于带菌猪的扁桃体、胆囊、回百瓣的腺体处和骨髓里。本病主要经消化道传染。本病也可以通过损伤皮肤及蚊、蝇、虱等吸血昆虫传播。屠宰场、加工场的废料、废水及腌制熏制的肉品等常常引起本病的发生。

二、临床症状及病理变化

本病的潜伏期短的 1 天，长的 7 天。

1. 急性型：常见精神不振、体温 42℃~43℃不退，以突然爆发，死亡高。不食、呕吐，结膜充血，粪便干硬，附有黏液，小猪后期下痢。耳、颈、背皮肤潮红、发紫。临死前腋下、股内、腹内有不规则鲜红色斑块，指压褪色后再次融合。常于 3~4 天死亡。

急性型猪丹毒肠黏膜发生炎性水肿，胃底、幽门部严重，小肠、十二指肠、回肠黏膜上有小出血点，体表皮肤出现红斑，淋巴结肿大、充血，脾肿大呈樱桃红色或紫红色，质松软，包膜紧张，边缘纯圆，切面外翻，脾小梁和滤胞的结构模糊。肾脏表面、切面可见针尖状出血点，肿大。心包积水，心肌炎症变化，肝充血，红棕色。肺充血肿大。

2. 亚急性型(疹块型):病较轻,1~2 天在身体不同部位,尤其胸侧、背部、颈部至全身出现界限明显,圆形、四边形,有热感的疹块,俗称"打火印",指压退色。疹块突出皮肤 2~3 毫米,大小约 1 至数厘米,从几个到几十个不等,干枯后形成棕色痂皮。口渴、便秘、呕吐、体温高,也有不少病猪在发病过程中,症状恶化而转变为败血型而死。病程约 1~2 周。

疹块型以皮肤疹块为特殊变化。

3. 慢性型:是由急性型或亚急性型转变而来,也有原发性。常见关节炎,关节肿大、变形、疼痛、跛行、僵直。溃疡性或椰菜样疣状赘生性心内膜炎。心律不齐、呼吸困难、贫血。病程数周至数月。

慢性型为溃疡性心内膜炎,增生,二尖瓣上有灰白色菜花赘生物,瓣膜变厚,肺充血,肾梗塞,关节肿大,变形。

三、诊断与疫情报告

可根据流行病学、临床症状及尸体检查进行综合诊断,必要时进行病原学检查。

1. 病原学诊断:采血直接涂片镜检,如发现革兰氏染色阳性纤细杆菌,散布于组织间隙,有时在白细胞内成丛排列,可作出初步诊断。可进行分离培养,取病料培养于鲜血琼脂,培养 48 小时后,长出针尖大的小菌落,表面光滑,边缘整齐,发微蓝色,菌落周围形成狭窄的绿色溶血环。动物试验,将病料(或培养物)用生理盐水制成 1:5~1:10 的乳剂,分别接种于小鼠(皮下 0.2 毫升)、鸽子(胸肌内 1 毫升)和豚鼠(皮下 1 毫升)。如病料中有本菌,小鼠、鸽子于 2~5 天死亡,尸体内可检出大量革兰氏染色阳性纤细杆菌,而豚鼠则无反应。

2. 血清学诊断:取病猪耳尖血 1 滴或病死猪肝、脾、心血等少许,接种于猪丹毒血清抗生素诊断液中,于 37℃培养 14~24 小时,进行血清培养凝集试验。管底出现凝集颗粒或团快时即为阳性反应。或用异硫氰酸荧光黄标记猪丹毒免疫球蛋白制成的荧光抗体试验,可与病料抹片中的本菌发生特异结合,在荧光显微镜下观察,可见呈亮绿色的菌体。

猪丹毒病应注意与其他疾病特别是与猪瘟、猪肺疫、猪流行性感冒、猪弓形虫病、李氏杆菌病区别诊断。

本病为我国二类动物疫病。发生疫情时,应立即向当地兽医主管部门、动物卫生监督机构或动物疫病预防控制机构报告,并逐级上报至国务院畜牧兽医行政主管部门。

四、疫苗与防治

在猪丹毒常发地区,每年春、秋季应定期进行预防注射。目前使用的菌苗有两种,即猪丹毒弱毒菌苗、猪丹毒氢氧化铝甲醛菌苗或猪丹毒 GC 系弱毒菌苗。口服、注射均可。

1. 猪丹毒活疫苗:用于预防猪丹毒,供断乳后的猪使用。皮下注射,每头 1 毫升;口服,每头 2 毫升。注射本苗 7 天后,对猪丹毒可产生较强的免疫力,免疫期为 6 个月。–20℃以下避光保存,有效期为 18 个月。

2. 猪丹毒、猪肺疫二联活疫苗:用于预防猪丹毒、猪多杀性巴氏杆菌病(猪肺疫)。断乳半个月以上的猪,一律每头肌肉注射 1 毫升,免疫期为 6 个月。免疫前 7 日和免疫后 10 日内均不能用抗生素。于–15℃以下保存,有效期为 12 个月;于 2℃~8℃保存,有效期为 6 个月。

3. 猪瘟、猪丹毒、猪多杀性巴氏杆菌病三联活疫苗:用于预防猪瘟、猪丹毒、猪肺疫,猪丹毒免疫期为 6 个月。用法、用量、保存期详见猪瘟。

4. 猪瘟、猪丹毒二联弱毒活疫苗:用于预防猪瘟、猪丹毒,猪丹毒免疫期为 6 个月。用法、用量、保存期详见猪瘟。

青霉素治疗效果最好。猪群中发生猪丹毒时,立即采取严格措施扑杀发病猪并进行无害化处理,猪圈、运动场、饲槽及用具等要彻底消毒。与病猪同群的未发病猪,用中等治疗量的青霉素注射,每日 2 次,连续注射 3~4 天。停药后,立即进行全群大消毒和注射疫苗。在免疫力产生之前,加强防疫管理。

第五节 猪肺疫

猪肺疫是由多种杀伤性巴氏杆菌所引起的一种急性传染病(猪巴氏杆菌病),俗称"锁喉风""肿脖瘟"。本病呈急性或慢性经过,当本病为急性发作时呈败血症变化,咽喉部肿胀,高度呼吸困难。

一、病原及流行病学特点

多杀性巴氏杆菌属巴氏杆菌科、巴氏杆菌属,为革兰氏阴性,两端钝圆,中央微凸的球杆菌或短杆菌。本菌不形成芽孢,无鞭毛,不能运动,所分离的强毒菌株有荚膜。用病料组织或体液涂片,以瑞氏、姬母萨或美蓝染色时,菌体多呈卵圆形,两极着色深,似两个并列的球菌。本菌为需氧及兼性厌氧菌。在血清琼脂上生长的菌落,呈蓝绿色带金光,边缘有窄的红黄光带,称为 Fg 型,菌落呈橘红色带金光,边缘或有乳白色带,称为 Fo 型;不带荧光的菌落为 Nf 型。本菌对直射日光、干燥、热和常用消毒药的抵抗力均不强,但在腐败的尸体中可生存 1~3 个月。

本病传染源为病猪及健康带菌猪。病菌存在于急性或慢性病猪的肺脏病灶、最急性型病猪的各个器官以及某些健康猪的呼吸道和肠管中,可经分泌物及排泄物排出。

传播途径主要经呼吸道、消化道传染,也可经损伤的皮肤而传染。此外,健康带菌猪因某些因素特别是上呼吸道黏膜受到刺激而使机体抵抗力降低时,也可发生内源性传染。

各年龄的猪均对本病易感,尤以中猪、小猪易感性更大。其他畜禽也可感染本病。

最急性型猪肺疫,常呈地方流行性;急性型和慢性型猪肺疫多呈散发性,并且常与猪瘟、猪支原体肺炎等混合感染继发。

二、临床症状及病理变化

本病的潜伏期 1~5 天,一般为 2 天左右。

1. 最急性型:多见于流行初期,常突然死亡。病程稍长者,表现高热达 41℃~42℃,结膜充血、发绀。耳根、颈部、腹侧及下腹部等处皮肤发生红斑,指压不全褪色。最典型症状是咽喉红、肿、热、痛,急性炎症,严重者局部肿胀可扩展到耳根及颈部。呼吸极度困难,口鼻流血样泡沫,多经 1~2 天窒息而死。

最急性型病变以黏膜、浆膜及实质器官皮肤小点出血和肺水肿、淋巴结水肿、肾炎、咽喉部及周围结缔组织的出血性浆液性浸润为特征。脾出血,胃肠出血性炎症,皮肤有红斑。

2. 急性型:为常见病型。主要呈现纤维素性胸膜肺炎。除败血症状外,病初体温升高达 40℃~41℃,痉挛性干咳,有鼻液和脓性结膜炎,病初便秘,之后腹泻,呼吸困难,常做犬坐姿势,胸部触诊有痛感,听诊有罗音和摩擦音。一般多因窒息死亡,病程 4~6 天。

急性型病变除了全身黏膜、实质器官、淋巴结的出血性病变外,特征性的病变是纤维素性肺炎,有不同程度肝变区。胸膜与肺黏连,肺切面呈大理石纹,胸腔、心包积液,气管、支气管黏膜发炎有泡沫状黏液。

3. 慢性型：主要呈现慢性肺炎或慢性胃肠炎。病猪持续咳嗽，呼吸困难，鼻流黏性或脓性分泌物，胸部听诊有罗音和摩擦音。关节肿胀。时发腹泻，呈进行性营养不良，极度消瘦，最后多因衰竭致死，病程 2~4 周。

慢性型病变主要表现为肺肝变区扩大，有灰黄色或灰色坏死，内有干酪样物质，有的形成空洞，高度消瘦，贫血，皮下组织见有坏死灶。

三、诊断与疫情报告

本病的最急性型病例常突然死亡，而慢性病例的症状、病变都不典型，并常与其他疾病混合感染，单靠流行病学、临床症状、病理变化诊断难以确诊。

1. 临床诊断：本病发病急、高热，呼吸高度困难，口鼻流出泡沫，咽喉部炎性水肿或呈现纤维素性胸膜肺炎。剖解咽喉部、颈部有炎性水肿和出血变化，气管有大量泡沫，肺和胸膜有炎症变化，淋巴结肿大，切面红色，脾无明显病变，再结合流行病学，可作出初步诊断。

2. 病原诊断：取静脉血（生前）、心血各种渗出液和各实质脏器涂片染色镜检。如见有大量革兰氏阴性、两极着色的小杆菌，即可作出诊断。

3. 鉴别诊断：应注意与急性猪瘟、咽型猪炭疽、猪气喘病、传染性胸膜肺炎、猪丹毒、猪弓形虫等病相区别。猪肺疫可以单独发生，也可以与猪瘟或其他传染病混合感染，采取病料做动物试验，培养分离病源进行确诊。

本病为我国二类动物疫病。发生疫情时，应立即向当地兽医主管部门、动物卫生监督机构或动物疫病预防控制机构报告，并逐级上报至国务院畜牧兽医行政主管部门。

四、疫苗与防治

进行预防接种，是预防本病的重要措施，每年定期进行有计划免疫注射。目前生产的猪肺疫菌苗有猪肺疫灭活菌苗、猪肺疫弱毒菌苗。

1. 猪多种杀伤性巴氏杆菌病活疫苗（猪肺疫 I）：预防猪多种杀伤性巴氏杆菌病（猪肺疫），免疫持续期为 10 个月。本苗只能口服，严禁注射。不论猪只大小，一律口服每头 1 份。口服疫苗前后 2 小时，禁止吃酒糟和抗生素滤渣发酵饲料。于 2℃~8℃保存，有效期为 12 个月。

2. 猪多种杀伤性巴氏杆菌病活疫苗（猪肺疫 II）：预防猪多种杀伤性巴氏杆菌病（猪肺疫），免疫持续期为 6 个月。可进行皮下或肌肉注射，每头注射疫苗 1 毫升。–15℃以下保存，有效期为 12 个月；于 2℃~8℃保存，有效期为 12 个月。

3. 猪多种杀伤性巴氏杆菌病活疫苗(猪肺疫 III):预防猪多种杀伤性巴氏杆菌病(猪肺疫),免疫持续期为 6 个月。本苗只能口服,严禁注射。不论猪只大小,一律口服每头 1 份。口服疫苗前后 2 小时禁止吃酒糟和抗生素滤渣发酵饲料。于 2℃~8℃保存,有效期为 12 个月。

4. 猪丹毒、猪肺疫二联活疫苗:用于预防猪丹毒、猪多杀性巴氏杆菌病(猪肺疫)。用法、用量、保存期详见猪丹毒。

5. 猪瘟、猪丹毒、猪多杀性巴氏杆菌病三联活疫苗:用于预防猪瘟、猪丹毒、猪肺疫,猪丹毒免疫期为 6 个月。用法、用量、保存期详见猪瘟。

根据本病的传播特点,防制首先应增强机体的抗病力。加强饲养管理,消除可能降低抗病能力因素和致病诱因如圈舍拥挤、通风采光差、潮湿、受寒等。圈舍、环境定期消毒。新引进猪隔离观察 1 个月后健康方可合群。

发生本病时,应将病猪隔离、封锁、严密消毒。同栏的猪,用血清或用疫苗紧急预防。对散发病猪应隔离治疗,消毒猪舍。

新购入的猪只经隔离观察 1 个月后无异常变化方可合群饲养。治疗可采用以下药物:

(1)可进行肌肉注射青霉素 80 万~240 万,同时用含量为 10%的磺胺嘧啶 10~20 毫升加注射用水 5~10 毫升肌注,每 12 小时 1 次,连用 3 天。

(2)45 千克以上猪用氯霉素 2500 毫克、链霉素 3000 毫克、10%的氨基比林 20 毫升肌肉注射,6 小时 1 次,连用 2 次。

(3)肌肉注射庆大霉素的用量为 1 毫克/千克~2 毫克/千克,四环素的用量为 7 毫克/千克~15 毫克/千克,每日 2 次,直到体温下降为止。

第六节　猪链球菌病

猪链球菌病是由链球菌属中致病性链球菌所引起的一种人畜共患的急性、热性传染病。临床上表现为急性出血性败血症、心内膜炎、脑膜炎、关节炎、哺乳仔猪下痢和孕猪流产等,本病传播快,死亡率高,对养猪业的威胁逐渐增大。

一、病原及流行病学特点

病原是一种圆形或卵圆形的球状细菌,呈链状排列,链的长短不一。本菌不形成芽孢,无鞭毛,不运动。有的种类在动物组织内或在含血清培养基上形成荚膜,革兰氏染色阳性,常用血液琼脂进行培养,观察溶血现象,本菌为兼性厌氧菌。

各种年龄、品种及性别的猪均易感染。患病猪和带菌猪是本病的主要传染源,病猪的鼻液、唾液、尿、血液、肌肉、内脏、肿胀的关节内均可检出病原体。一般经咽部黏膜而感染,其淋巴肿脓多发生于架子猪,而链球菌性败血症多发生于仔猪,死亡率高达60%。成年猪也有发病,但死亡率较低。

本病一年四季均可发生,但以夏、秋季节多发。

二、临床症状及病理变化

本病的潜伏期长短不一,多为2~4天。

1. 败血症型:一般发生在流行初期,突然发病,往往昨天晚上未见任何症状,次日凌晨已死亡;体温升到41℃~42℃或以上,在数小时至1天内死亡;精神委顿,腹下有紫红斑。急性病例,常见精神沉郁,体温41℃左右,呈稽留热,减食或不食,食欲废绝,心跳加快,眼结膜潮红,流泪,有浆液性鼻液,呼吸快。部分病猪(在发病的后期)耳尖、四肢下端、腹下可见有紫红色或出血性红斑,有跛行,病程为2~4天。

2. 脑膜脑炎型:多发生于哺乳仔猪和保育仔猪,与水肿病的症状相似。发病初期患猪体温升高,食欲废绝,便秘,有浆液性或黏液性鼻液,继而出现神经症状,转圈,空嚼,磨牙,直至后躯麻痹,共济失调,侧卧于地,四肢作游泳状,颈部强直,角弓反张,甚至昏迷死亡。部分猪出现多发性关节炎、关节肿大,病程为1~2天。

3. 关节炎型:患猪体温升高,被毛粗乱,呈现关节炎症状,表现为一肢或几肢关节肿胀,高度跛行,甚至不能起立。病程为2~3周。部分哺乳仔猪也可发生,常常因抢不上吃奶而逐渐消瘦。

4. 化脓性淋巴结炎型:病猪淋巴结肿胀,坚硬,有热痛感,采食、咀嚼、吞咽和呼吸较为困难,多见于颌下淋巴结化脓性炎症,咽、耳下、颈部等淋巴结也可发生。一般不引起死亡,病程为3~5周,病猪经治疗后肿胀部位中央变软,皮肤坏死,破溃流脓,并逐渐痊愈。

本病主要表现为:在患猪耳后、颈侧、胸腹和四肢内侧有紫斑和出血点。可见败血症变化,各器官充血、出血明显,心包积液,脾脏肿大。鼻黏膜紫红色、充血及出血。喉头、气管充血,有大量泡沫、肺充血肿胀。血液凝固不全,脑、脑膜及脊、心、肾和所有浆膜有点状或片状出血。全身淋巴结肿大,呈黑紫色。关节周围肿胀、充血,滑液浑浊,重者关节软骨坏死,关节周围组织有多发性化脓灶。

三、诊断与疫情报告

根据临床症状和剖检可作出初步诊断,确诊需进一步做实验室诊断。

1. 病料涂片检查:病猪的肝脏、脾脏、血液、淋巴液、脑、关节液等,均可作涂片染色镜检,可见革兰氏阳性,成对、单个、短链、偶见数十个长链的球菌。

2. 分离培养:应用鲜血琼脂培养基,大多数为 β 型溶血的链球菌,如有必要可进行血清学、生化反应和培养特性的鉴别。

3. 试验动物:用病料(肝、腮、脑或血液)按 1:10 试液或培养物给兔进行皮下或腹腔接种,在兔 12~30 小时死亡。也可在小鼠皮下接种,15~56 小时死亡。基实质脏器及血液中有大量链球菌存在。

本病应该注意与猪瘟、猪丹毒和猪肺疫相区别。临床上猪链球菌常与附红细胞体病、副猪嗜血杆菌、猪瘟、水肿病、毛首线虫等疾病发生混合感染或继发感染。

本病为我国二类动物疫病。发生疫情时,应立即向当地兽医主管部门、动物卫生监督机构或动物疫病预防控制机构报告,并逐级上报至国务院畜牧兽医行政主管部门。县级以上兽医主管部门通报同级卫生主管部门。

四、疫苗与防治

使用猪败血性链球菌病弱毒疫苗进行免疫预防,注射 14 天后产生免疫力;发病猪场可用猪链球菌 ST171 弱毒冻干苗对 10 日龄仔猪进行首次免疫,60 日龄进行第二次免疫。

在本病流行季节,可用药物预防,以控制本病的发展。可在每吨饲料中加入金霉素或四环素 600~800 克,连喂 2 周。发病猪场有病例发生时,可在每吨饲料中添加"加康"400 克和阿莫西林 150 克,连用 7~14 天,不但可防治链球菌病,而且对其他细菌感染所引起的肺炎以及猪痢疾、回肠炎均有较好的疗效。

当发现本病爆发时,应立即隔离猪群,对病死猪进行无害化处理。猪舍及环境等用复合醛(1:200 倍稀释)进行消毒。粪便应采取堆积发酵处理。主要采取以控制传染源(病、死猪等家畜)、切断人与病(死)猪等家畜接触为主的综合性防治措施。

将病猪及时隔离并进行治疗。对关节炎幼猪可用头孢噻呋或林可霉素进行治疗,按每千克体重 10 万单位加地塞米松 2 毫克肌肉注射,每日 2 次。对败血症及脑膜炎,应在发病早期使用大剂量的抗生素或磺胺类药物进行治疗,较敏感的药物有氨苄青霉素、青霉素、链霉素、磺胺噻唑钠等。对发病严重、出现高热症状的病猪可用较大剂量的头孢噻呋或阿莫西林加氨基比林稀释后肌肉注射。按 10

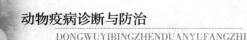

毫克/千克剂量进行肌肉注射,每天 2 次,连用 3~5 天。对淋巴结脓肿,待脓肿成熟变软后,及时切开,排除脓汁,用含量为 0.1%的高锰酸钾液冲洗后,涂上碘酊,可配合肌肉注射青霉素等抗菌素药品,短期内尽量避免用水冲洗,以防感染。

第七节　猪传染性萎缩性鼻炎

猪传染性萎缩性鼻炎是由支气管败血波氏杆菌和产毒多杀性巴氏杆菌引起的猪的一种慢性接触性、渐进性及消耗性疾病。病猪以鼻甲骨萎缩,鼻部和颜面扭曲变形,慢性鼻炎和生长发育迟缓或受阻为特征。

一、病原及流行病学特点

病原为支气管败血波特氏杆菌和多杀性巴氏杆菌。

支气管败血波特氏杆菌为球状杆菌,是两极染色,革兰氏染色阴性,散在或成对排列,偶呈短链。本菌不产生芽孢,有的有荚膜。需氧,最适培养温度为37℃。培养基中加入血液或血清可助其生长。不发酵碳水化合物,能利用枸橼酸盐,还原硝酸盐。可使石蕊牛乳变碱,但不凝固。本菌对外界环境抵抗力弱,常规消毒药即可达到消毒目的。

多杀性巴氏杆菌为革兰氏染色阴性,具两极染色的特点。不形成芽孢,无边毛,不能运动,所分离的强毒菌株有荚膜,并产生毒素。本菌抵抗力不强,一般消毒药均可使其致死。

病猪和带菌猪是主要传染源。传染途径为呼吸道感染,主要通过飞沫或气溶胶经口、鼻感染猪,也可通过呼吸道分泌物、污染的媒介物接触传播。

任何年龄的猪都可感染本病,但以幼猪的易感性最大。初生几天到几周内的仔猪感染本菌发生鼻炎后,多能引起鼻甲骨萎缩。如在断奶后才发生感染,则在鼻炎消退后,多不发生或只发生轻度的鼻甲骨萎缩。因此,在出生后不久受到感染的猪,重症病例居多;1 个月龄以后的感染猪,多为较轻的病例;3 个月龄以后的感染猪,只有组织学方法才能观察到萎缩性鼻炎病变的轻症经过,一般成为带菌猪,但也有少数成为显著病变的病例。

本病死亡率低,或只有轻微临床症状,人们对其危害性往往认识不足,容易造成不良的后果。有的养猪场中,可能已有本病潜伏,但不被认识,也许一胎或数胎后,发病程度就可能逐渐增强,蔓延和扩大。

二、临床症状及病理变化

病猪首先发生喷嚏、吸气困难和发鼾声。喷嚏呈连续或断续性,特别在饲喂或运动时更为明显。喷嚏之后,鼻孔排出少量溶液或黏性脓液,个别病例因鼻黏膜破裂而出血。有的病猪鼻炎症状经过数周消失,而不出现明显的鼻甲骨萎缩,但大多数病猪鼻甲骨逐渐萎缩,鼻子缩短或扭歪,皮肤发生皱褶。病猪常伴有结膜炎、眼泪和眼屎。病猪体温正常,甚至出现明显症状时也不升高。经检验,病猪的白细胞增多,红细胞及血红蛋白减少。血钙、血磷降低。同时,有的病猪可出现肺炎、脑炎,从而更延长该病的病程。

一般病变限于鼻腔和邻近组织,特征性病变是鼻腔的软骨和鼻甲骨的软化和萎缩,特别是下鼻甲骨的下卷曲最为常见。组织学变化初期为鼻黏膜变性,上皮细胞脱落,变性的黏膜有淋巴细胞浸润。因此,黏膜水肿,管泡状腺体增加,腺管内含有细胞碎屑。在骨组织中,骨膜细胞较肥大。

三、诊断与疫情报告

依据发病情况、临床症状、剖检变化作出初步诊断,确诊需进行鼻腔分泌物的病原学检查。

1. 病原分离与鉴定:用灭菌鼻拭子或棉拭伸入鼻腔的 1/2 深处,小心转动蘸取分泌物,接种于改良麦康凯培养基,于 37℃培养 48 小时,然后取可疑菌落获得纯培养,再作生化鉴定。

2. 血清学诊断:凝集反应(玻片法或试管法)对本病的诊断有一定的价值,可以用来鉴定所分离的菌株。本菌的幼龄培养物能凝集绵羊红细胞。

应注意与传染性坏死性鼻炎和骨软病相区别。传染性坏死性鼻炎由坏死杆菌所致,主要发生于外伤后感染引起软组织坏死、腐臭,并形成溃疡或瘘管。骨软病表现为头部肿大变形,但无喷嚏和流泪症状,有骨质疏松变化,鼻甲骨不萎缩。

本病为我国二类动物疫病。发生疫情时,应立即向当地兽医主管部门、动物卫生监督机构或动物疫病预防控制机构报告,并逐级上报至国务院畜牧兽医行政主管部门。

四、疫苗与防治

现有支气管败血波氏杆菌灭活油剂苗和支气管败血波氏杆菌-产毒多杀性巴氏杆菌灭活油剂二联苗。本疫苗可分别用于母猪产仔前 2 个月及 1 个月接种,以提高母体抗体滴度;也可给 1~3 周龄仔猪进行免疫,间隔 1 周进行第二次免疫收效良好。

以预防为主，不从疫区引进猪只。即使从疫区引进猪，也须隔离检疫，确定是健康猪后方可混群饲养。产仔断奶和育肥各阶段均采用全进全出饲养制度，降低猪群饲养密度，严格卫生防疫制度，减少空气中病原体、尘埃与有害气体，改善通风条件，空猪舍严格消毒，保持猪舍清洁、干燥，减少各种应激，新购猪只必须隔离检疫。因此，建立严格而全面的生物安全防御体系，对于预防本病的发生，是极其重要的。若发现病猪应淘汰处理。

大多数菌株只对卡那霉素、庆大霉素、新霉素敏感，可供药物治疗时参考。若用大剂量磺胺类药物（454 克/1000 千克~908 克/1000 千克），应拌入饲料连服30~45 天。

第八节　猪支原体肺炎

猪支原体肺炎又称猪气喘病、猪地方流行性肺炎、猪霉形体肺炎，是由猪肺炎支原体引起猪的一种慢性呼吸道传染病。主要症状为咳嗽和气喘，病变的特征是融合性支气管肺炎，于尖叶、心叶、中间叶和隔叶呈"肉样"或"虾肉样"实变。

一、病原及流行病学特点

猪肺炎支原体属于支原体科、支原体属，存在于病猪的呼吸道（咽喉、气管、肺组织）、肺门淋巴结和纵隔淋巴结中，具有多形性，其中常见的有球状、环状、椭圆形。姬母萨或瑞氏染色，常呈两端浓染。本菌对温热、日光、腐败和消毒剂的抵抗力不强。一般常用的化学消毒剂和常用的消毒方法均能达到消毒的目的。

病猪和隐性感染猪是本病的主要传染源。病菌存在于病猪的呼吸器官内，随咳嗽、气喘和喷嚏排出，形成飞沫浮游于空气中被健康猪吸入后经呼吸道传染。

本病的自然病例仅见于猪，不同年龄、性别、品种和用途的猪均可感染。其他家畜和动物未见发病。本病一年四季均可发生，但以冬春寒冷季节发生较多，新发病猪群常取急性经过；老疫区多为慢性经过。在自然感染情况下，继发感染是引起病势加剧和病猪死亡的重要原因之一，最常见的继发性病原体有巴氏杆菌、肺炎球菌、沙门氏杆菌、嗜血杆菌及各种化脓性细菌等。

二、临床症状及病理变化

本病的潜伏期一般为 11~16 天，最短的本病的潜伏期为 3~5 天，最长可达 1

个月以上。

本病的主要临床症状为咳嗽与喘气。根据病的经过大致可分为急性型、慢性型和隐性型3种。

1. 急性型:病猪常无前驱期症状,突然精神不振,头下垂,站立一隅,呼吸次数剧增,呼吸困难,呈腹式呼吸。此时病猪前肢撑开,站立或犬坐式,不愿卧地。一般咳嗽次数少而低沉。有时也会发生痉挛性阵咳。体温一般正常,但如有继发感染,则常可升至40℃以上。病死率较高。

2. 慢性型:主要症状表现为咳嗽,用力咳嗽多次,严重时呈连续的痉挛性咳嗽。随着病程的发展,常出现不同程度的呼吸困难。患病初期食欲变化不大,病势严重时减食或完全不食。病期较长的小猪,身体消瘦而衰弱,生长发育停滞。体温一般不高。病程延长,可拖延两三个月,甚至长达半年以上。

3. 隐性型:可从急性或慢性型转变而成,有的猪只在较好的饲养管理条件下,被感染后无发病症状,但用X线检查或剖检时可以发现肺炎病变。

本病的主要病变在肺、肺门淋巴结和纵隔淋巴结。急性死亡见肺有不同程度的水肿和气肿。病变的颜色多为淡灰红色或灰红色,半透明状病变部界限明显,像鲜嫩的肌肉样,俗称"肉变"。随着病程延长或病情加重,病变部的颜色变深,半透明状的程度减轻,坚韧度增加。恢复期病例,肺小叶间结缔组织增生硬化,表面下陷,其周围肺组织膨胀不全。肺门淋巴结和纵隔淋巴结显著肿大,呈灰白色,有时边缘轻度充血。

三、诊断与疫情报告

依据典型临床症状和剖检变化作出初步诊断,确诊需结合实验室检查。

1. X线检查:对本病的诊断有重要价值。在疫区中对隐性和可疑患猪通过X线透视阳性者可以作出诊断。阴性者必须间隔一定时间(2~3周)后复检才能作出诊断。检查病猪在肺野的内侧区以及心膈角区呈现不规则的云絮状渗出性阴影,密度中等,边缘模糊,肺野的外周区无明显变化。

2. 血清学检查:微粒凝集试验、间接红细胞凝集试验。

3. 鉴别诊断:本病应与猪流行性感冒、猪肺疫、猪肺丝虫病和猪蛔虫病鉴别。

本病为我国二类动物疫病。发生疫情时,应立即向当地兽医主管部门、动物卫生监督机构或动物疫病预防控制机构报告,并逐级上报至国务院畜牧兽医行政主管部门。

四、疫苗与防治

已有猪支原体肺炎疫苗,流行地区可制定免疫计划进行预防。

我国已制成两种弱毒菌苗:一种是猪气喘病冻干兔化弱毒菌苗;另一种是猪气喘病 168 株弱毒菌苗。两种菌苗只适于在疫区使用,但是免疫力产生的时间缓慢,约在 60 天以后才能产生坚强的免疫力。荷兰英特威、美国辉瑞公司生产的灭活疫苗已在国内使用,用于肌肉注射,使用方便,而且效果也好。

未发病地区或猪场,应坚持自繁自养,不从有病地区引进猪只,如必须从外地引入种猪时,应在严密隔离条件下,在 3 个月内用 X 线透视 2~3 次,证明确无本病方可混群。结合本地实际,制订切合本地实际的免疫计划和综合防治措施。

如发现本病,应按《中华人民共和国动物防疫法》和有关规定,采取严格控制、扑灭措施、防止扩散。发现有咳嗽、气喘可疑病猪,立即隔离,用 X 光检查确诊,病猪应淘汰处理。

治疗方法很多,多数只有临床治愈效果,不易根除病原。各种方法的疗效,与病情轻重、猪的抵抗力、饲养管理条件、气候等因素有密切关系。常用盐酸土霉素、泰乐菌素、硫酸卡那霉素、洁霉素、土霉素碱油剂和金霉素等药物,大剂量,连续用药 5~7 天治疗,均有较好的治疗效果。

第九节 猪圆环病毒病

猪圆环病毒病是一种新的传染病,其主要特征为猪的体质下降,消瘦,腹泻,呼吸困难,咳喘,贫血,黄疸。

一、病原及流行病学特点

病原体属于圆环病毒科、圆环病毒属。猪圆环病毒为 20 面对称体,无囊膜,单股环状 DNA,粒子直径 14~25 微米。根据猪圆环病毒的治病性、抗原性以及核苷酸序列分为猪圆环病毒 I 和猪圆环病毒 II 两个型,均有感染性。猪圆环病毒对外界抵抗力强,在 pH 值为 3 的环境中可存较长时间,对氯仿不敏感,在 56℃~70℃处理一段时间不被灭活。在诱发因子的作用下可出现明显的临床症状。

易感动物是猪,各种年龄、类型、品种的猪和胎猪均可被感染,人、牛和鼠也可被感染。传染源主要是感染猪圆环病毒的猪,猪圆环病毒也可感染鼠,但是否排毒尚待证实,可能有宿主或传播媒介的潜在危险。感染猪自鼻液、粪便、精液等排泄物排毒,经口腔、呼吸道和生殖器官水平传播感染;也可经胎盘垂直传播感染仔猪。猪圆环病毒血清抗体检测阳性率达 16.5%~95%。发病率和死亡率因混合感染的病毒或细菌的不同有一定的诧异。断奶仔猪多系统衰竭综合征,发病率为 4%~25%,死亡率达 90%以上。

二、临床症状及病理变化

与圆环病毒 II 型感染有关的疾病主要有 5 种,其临床表现如下:

1. 仔猪断奶后多系统衰竭综合征:病猪表现精神萎靡,食欲不振,发热,被毛粗乱,进行性消瘦,生长迟缓,呼吸困难,咳嗽,喘气,贫血,皮肤苍白,体表淋巴结肿大。有的皮肤与可视黏膜发黄,腹泻,胃溃疡,嗜睡。临床上约有 20%的病猪呈现贫血与黄胆症状,具有诊断意义。

2. 猪皮炎和肾病综合征:病猪发热,不食,消瘦,苍白,跛行,结膜炎,腹泻等。特征性症状是会阴部、四肢、胸腹部及耳朵等处的皮肤上出现圆形或不规则形的红紫色病变斑点或斑块,有时这些斑块相互融合成条带状,不易消失。

3. 母猪繁殖障碍:发病母猪主要表现为体温升高达 41℃~42℃,食欲减退,出现流产、产死胎、弱仔、木乃伊胎。病后母猪受胎率低或不孕,断奶前仔猪死亡率上升达 11%。

4. 猪间质性肺炎:临床上主要表现为猪呼吸道病综合征,多见于保育期和育肥期的猪,主要表现为咳嗽,流鼻液,呼吸加快,精神沉郁,食欲不振,生长缓慢。

5. 传染性先天性震颤:发病仔猪站立时震颤,由轻变重,卧下或睡觉时震颤消失,受外界刺激(如突然发生的噪音或寒冷等)时可以引发或加重震颤,严重时影响吃奶,甚至死亡。如精心护理,多数仔猪 3 周内即可恢复。除外,在临床上还能见到与圆环病毒 II 型相关的中枢神经系统疾病、肠炎和关节炎等。这些情况多见于蓝耳病阳性猪场继发感染所致。实践证明圆环病毒病与蓝耳病同时流行的猪场,其哺乳仔猪和育肥猪的死亡率明显高于单个感染猪场。

体表浅在性和内脏淋巴结高度肿大,肠系膜淋巴结肿大呈串珠状,腹股沟淋巴结肿大 4~5 倍;脾脏肿大,肺脏膨大、表面散在大小不一的褐色病灶,肾脏肿大、苍白、被膜下点状出血和坏死灶;脑组织充血出血;其他脏器也可见不同程度的病变。

三、诊断与疫情报告

本病的诊断必须将临床症状、病理变化和实验室的病原或抗体检测相结合才能得到可靠的结论,最可靠的方法为病毒分离与鉴定。

1. 间接免疫荧光法(IIF):检测细胞培养物中的猪圆环病毒(PCV),用组织病料以盖玻片在 PK-15 细胞培养,丙酮固定,用兔抗 PCV 猪圆环病毒 高免血清与细胞培养物中的 PCV 反应,可对 PCV 进行检测和分型。

2. 酶联免疫吸附试验(ELISA)法:检测血清中的猪圆环病毒抗体,检出率99%以上,主要用于猪圆环病毒抗体的大规模检测。

3. 聚合酶链式反应(PCR)法:简单、快速、特异的检测法。采用 PCV2 特异的或群特异的引物从病猪的组织、鼻腔分泌物和粪便进行基因扩增,根据扩增产物的限制酶切图谱和碱基序列,确认 PCV 感染。

4. 核酸探针杂交及原位杂交试验(ISH):用于(猪圆环病毒)在机体组织器官中的精确定位。可用于检测临诊病料和病理分析。

本病为我国二类动物疫病。发生疫情时,应立即向当地兽医主管部门、动物卫生监督机构或动物疫病预防控制机构报告,并逐级上报至国务院畜牧兽医行政主管部门。县级以上兽医主管部门通报同级卫生主管部门。

四、疫苗与防治

到目前为止,尚无商品疫苗供应,现有圆环病毒-蓝耳病病毒二联苗中试产品,效果和安全性有待评价。

购入种猪要严格检疫,隔离观察。必须按全进全出的饲养方式进行,落实生物安全各项措施。定期消毒,杀灭病原体、切断传播途径。发生该病时要清除病猪,进行全群检疫,淘汰阳性猪。添加药物,控制疫情。全面消毒,改善饲养环境和温度,减少各种应激因素,加强营养和饲养管理,防止继发其他疫病的发生。

针对目前圆环病毒病的发病特点以及在实际生产中因本病而产生的免疫抑制的不良后果,很容易造成其他疫苗的免疫失败及并发一些细菌性疾病,从而增加疾病治疗的难度,并且伴随较高,建议采用以下方案防治。

1. 采用抗菌药物:如氟苯尼考、丁胺卡那霉素、庆大小诺霉素、克林霉素、磺胺类药物等进行相应的内科治疗,减少并发感染,同时应用促进肾脏排泄和缓解类药物进行肾脏的回复治疗。

2. 采用其他药物:可用黄芪多糖注射液并配合维生素 B_1+B_{12}+维生素 C 肌肉注射,也可以使用佳维素或者氨基金维他饮水或者拌料,增进和调整病猪的免疫器官的功能,增强病猪的体质,以使病猪快速恢复。

3. 选用新型的抗病毒制剂如干扰素、白细胞介导素、免疫球蛋白、转移因子等进行治疗,同时配合中草药抗病毒制剂会取得非常明显的治疗效果。

第十节 副猪嗜血杆菌病

副猪嗜血杆菌病是由副猪嗜血杆菌引起的一种接触性细菌性传染病,临床上主要以关节肿胀,跛行,呼吸困难及胸膜,心包,腹膜、脑膜和四肢关节浆膜纤维性炎症为特征。

一、病原及流行病学特点

病原体属嗜血杆菌属,为革兰氏阴性菌,通常有夹膜。目前有 15 个血清型,其中 1、5、10、12、13、14 型毒力最强,感染后,患猪多死亡;2、4、8、15 型为中等毒力,死亡率低,但可以出现败血症,导致生长停滞;猪感染血清 3、6、7、9、11 型,后无明显临床症状。

本菌为需氧或兼性厌氧,最适生长温度为 37℃,ph 值为 7.6~7.8 时,对外界的抵抗力不强,干燥环境中容易死亡,于 60℃时、经 5~20 分钟可被杀死,在 4℃下可存活 7~10 天。对消毒剂敏感,常用的消毒药即可将其杀死。对磺胺类药物、阿莫西林、阿米卡星、卡那霉素和青霉素等敏感。

本病主要通过空气、猪与猪之间的接触及排泄物进行传播,主要传染源为病猪或带菌猪。通常只感染猪,有较强的宿主特异性。母猪和育肥猪是副猪嗜血杆菌的携带者。感染高峰为 4~6 周龄的猪。发病率在 10%~15%,严重时病死率可达50%。

本病常于四季发生,但以早春和深秋时发生为多,还可继发猪的一些消化道及胃肠道的疾病。

二、临床症状及病理变化

本病以咳嗽,呼吸困难,消瘦,跛行,被毛粗乱为主要临床表现。早期体温41℃~42℃,食欲下降,呼吸困难,关节肿大,跛行和行走不协调,皮肤发绀,常于发病后 2~3 天死亡。多数病呈亚急性或慢性经过。患畜精神沉郁、食欲不振、中度发热(39.6℃~40℃)、呼吸浅表,病猪常呈犬卧样姿势喘息,四肢末端及耳尖多发蓝紫。耐过猪被毛粗乱,咳嗽,喘气,生长发育缓慢,有时可见到猝死病例(由败血症休克致死)。

剖检可见有胸膜炎、心包炎和关节炎等多发性炎症,有纤维素性渗出,胸水、

腹水增多，肺脏肿胀，出血，瘀血，肺脏与胸腔发生粘连，关节囊内有黄色渗出物。

三、诊断与疫情报告

本病可根据病史、临床症状和特征性病变作出初步诊断，确诊需进行副猪嗜血杆菌的分离培养。样品选用未经治疗的病猪，采样时保持严格的无菌条件，样品采集后应立即培养或低温运送到的实验室。细菌生长需要 NAD（烟酰胺腺嘌呤二苷酸，含量为 0.025%），采用巧克力琼脂、葡萄球菌划线或添加 NAD 的血平板琼脂以及 PPLO（类胸膜肺炎微生物，支原体）琼脂，37℃有氧或微氧（二氧化碳，含量为 5%）培养 24~48 小时后，在 NAD 源周围呈"卫星状"生长，形成较小的非溶性透明菌落，分离的细菌应进一步进行生化鉴定，该菌脲酶阴性、氧化酶阴性，可发酵葡萄糖、蔗糖、果糖、半乳糖、D-核糖和麦芽糖等，以区别其他依赖 NAD 的细菌。另外，血清学检查方法，如间接血球凝集、琼脂扩散、对流免疫电泳、荧光抗体、酶联免疫吸附和补体结合反应等试验，也是确诊本病的常用方法。

在鉴别诊断上应注意与猪支原体性多发性浆膜炎-关节炎、猪丹毒、猪链球菌等相区别。

本病为我国二类动物疫病。发生疫情时，应立即向当地兽医主管部门、动物卫生监督机构或动物疫病预防控制机构报告，并逐级上报至国务院畜牧兽医行政主管部门。

四、疫苗与防治

疫苗可以选用自家苗或商品疫苗。因副猪嗜血杆菌病血清型太多，而使得疫苗的研制工作受到一定程度的制约。

目前，商品疫苗有副猪嗜血杆菌病灭活疫苗和猪副猪嗜血杆菌病灭活疫苗。

1. 副猪嗜血杆菌病灭活疫苗：用于预防副猪嗜血杆菌病，免疫期为 6 个月。颈部肌肉注射。不论猪只大小，肌肉注射每头 1 份（2 毫升）。种公猪每半年接种一次；后备母猪在产前 8~9 周首次免疫，3 周后进行第二次免疫，以后每胎产前 4~5 周免疫一次；仔猪在 2 周龄首次免疫，3 周后第进行二次免疫。本疫苗切勿冻结，长时间暴露在高温下会影响疫苗活力。禁止和其他疫苗合用，接种同时不影响其他抗病毒类、抗生素类药物的使用。于 2℃~8℃避光保存，有效期为 12 个月。

2. 猪副猪嗜血杆菌病灭活疫苗：用于预防由副猪嗜血杆菌引起的副猪嗜血杆菌病。颈部肌肉注射每头 2 毫升。母猪免疫后，需在 3 周后再次免疫。以后每隔 6 个月加强免疫一次。3~4 周龄小猪及断奶仔猪进行首次免疫，并在 3 周后再次免疫。在敏感个体上有时会出现过敏性反应,应及时进行合理的治疗。在怀孕和哺乳期内都可以进行免疫。于 2℃~8℃保存,有效期为 24 个月。

加强饲养管理,严格执行养殖场动物卫生消毒制度,避免和减少应激因素的发生,防止饲养条件的突然改变和其他病原微生物的感染。新引进种猪时,应先隔离饲养,之后种猪再进场。

发病时隔离病猪,淘汰无饲养价值的严重病猪;将猪舍冲洗干净,严格消毒,改善猪舍通风条件,降低饲养密度。

采用氟苯尼考和头孢噻呋治疗效果较好。

第十一节 猪流行性感冒

猪流行性感冒简称"猪流感",是由 A 型猪流感病毒引起的一种急性、热性、高度接触性传染病。临床表现为咳嗽、流鼻液、精神沉郁等症状。

一、病原及流行病学特点

流感病毒,属甲型流感病毒。引起猪流感的主要是 H_1N_1 和 H_3N_2 亚型流感病毒,前者在人猪之间可以互相传染,后者从人传染给猪,因而人、猪流感有时先后发生或同时流行。

初次流行时不同年龄的猪群都可感染发病。

本病是经呼吸道传播。传染源是病猪和携带病毒猪,从它们呼出的飞沫排出病毒,扩散在空气中,扩散范围广,健康猪吸入后即受到传染。爆发流行,传播快,在 2~3 天内几乎全场所有猪发病,经 7~10 天左右疫情平息,死亡率低。本病一般在深秋至早春季节流行。

二、临床病状及病理变化

本病的发病率高,本病的潜伏期为 2~7 天,病程 1 周左右。发病初期,病猪突然发热,精神不振,食欲减退或废绝,常横卧在一起,不愿活动,呼吸困难,激烈咳嗽,眼鼻流出黏液。如果在发病期治疗不及时,则易并发支气管炎、肺炎和胸膜炎等,增加猪的病死率。

病猪体温升高达 40℃~41.5℃,精神沉郁,食欲减退或不食,肌肉疼痛,不愿站立,眼和鼻有黏性液体流出,眼结膜充血。个别病猪呼吸困难,喘气,咳嗽,呈腹式呼吸,有犬坐姿势,夜里可听到病猪哼喘声。有的病猪关节疼痛,尤其是膘情较

好的猪发病较严重。

猪流感的病理变化主要在呼吸器官。鼻、咽、喉、气管和支气管的黏膜充血、肿胀,表面覆有黏稠的液体,小支气管和细支气管内充满泡沫样渗出液。胸腔、心包腔蓄积大量混有纤维素的浆液。肺脏的病变常发生于尖叶、心叶、叶间叶、膈叶的背部与基底部,与周围组织有明显的界限,颜色由红至紫,塌陷、坚实,韧度似皮革,脾脏肿大,颈部淋巴结、纵膈淋巴结、支气管淋巴结肿大多汁。

三、诊断与疫情报告

根据本病流行的特点、发生的季节、临床症状及病理变化特点,可作出初步诊断。当某猪群大部分或全部猪暴发急性呼吸道病,特别是在寒冷的冬春季节时,可怀疑猪流感,但要与猪的许多呼吸道病进行区别。确诊尚需进行分离病毒及血清学试验。

1. 分离病毒:最好从活体采集鼻黏膜拭子样品,发热期比退热后更容易在鼻腔和咽部分泌物中分离出病毒。也可从死亡或急性期剖杀的猪肺组织中分离病毒,培养时将肺组织磨碎(剪碎),悬浮在盐水中。将病料接种于 10 龄鸡胚,在 35℃孵化 72 小时后收集尿囊液(流感病毒通常不致死鸡胚),测定其凝集鸡红细胞的能力,证明流感病毒的存在。

2. 血清学试验:猪流感血清学诊断需采双份血清样品,一份在急性发病期采集,另一份在此后的 3~4 周采集,如果抗体水平升高则为阳性。用血凝抑制(HI)检测抗体是最常用的方法。此外,检测病毒、病毒抗原、特异性抗体的方法还有肺组织直接免疫荧光技术、鼻腔上皮细胞间接免疫荧光技术、细支气管肺泡冲洗物免疫荧光显微镜技术、固定组织的免疫组化检测技术、酶联免疫吸附试验(ELISA)、多聚酶链式反应(PCR)。

本病为我国三类动物疫病。发生疫情时,应立即向当地兽医主管部门、动物卫生监督机构或动物疫病预防控制机构报告,并逐级上报至国务院畜牧兽医行政主管部门。县级以上兽医主管部门通报同级卫生主管部门。

四、疫苗与防治

目前还无效果好的疫苗。有人用活病毒做疫苗,经皮下或肌肉注射使猪产生免疫,但仍不够安全。因此,要加强饲养管理,保持畜舍清洁卫生,增强畜禽的抵抗力。特别要精心护理,提供舒适避风的猪舍和清洁、干燥、无尘土的垫草。为避免其他的应激,在猪的急性发病期内不应移动或运输猪只。由于多数病猪发热,故应保持供给新鲜的洁净水。病期内食欲明显下降,但随症状的改善很快恢复。通常在饮水中使用祛痰药进行群体治疗。为控制并发或继发的细菌感染,可用抗生素和其他抗微生物制剂进行治疗。加强消毒,但不能用有挥发刺激性的药物给猪消毒,最好选用卫康、特灭杀给猪消毒。

本病无特效疗法,主要采取对症疗法,同时用抗生素或磺胺类药物预防和控制继发感染。

第十二节　猪副伤寒

猪副伤寒又称猪沙门氏菌病,是由沙门氏菌引起的一种仔猪肠道传染病。临床以急性败血症,慢性坏死性肠炎,有时以卡他性肠炎或干酪性肺炎为特征。本病主要发生于 1~4 月龄仔猪,成年猪很少发病。

一、病原及流行病学特点

病原主要是猪霍乱沙门氏菌和猪伤寒沙门氏菌。鼠伤寒沙门氏菌、德尔俾沙门氏菌和肠炎沙门氏菌等也常引起本病。

沙门氏菌为革兰氏染色阴性、两端钝圆、卵圆形小杆菌,不形成芽孢,有鞭毛,能运动。

本菌对干燥、腐败、日光等环境因素有较强的抵抗力,在水中能存活 2~3 周,在粪便中能存活 1~2 个月,在冰冻的土壤中可存活过冬,在潮湿温暖处虽只能存活 4~6 周,但在干燥处则可保持 8~20 周的活力。本菌对热的抵抗力不强,在 60℃时、经 15 分钟即可被杀灭。对各种化学消毒剂的抵抗力也不强,常规消毒药及其常用浓度均能达到消毒的目的。

病猪和带菌猪是主要传染源,可从粪、尿、乳汁以及流产的胎儿、胎衣和羊水排菌。本病主要经消化道感染。交配或人工授精也可感染。在子宫内也可能感染。健康畜带菌(特别是鼠伤寒沙门氏菌)相当普遍,当受外界不良因素影响以及动物抵抗力下降时,常导致内源性感染。

本病主要侵害 6 月龄以下仔猪,尤以 1~4 月龄仔猪多发。6 月龄以上仔猪很少发病。本病一年四季均可发生,但阴雨潮湿季节多发。

二、临床症状及病理变化

本病的潜伏期为数天或长达数月,与猪体抵抗力及细菌的数量、毒力有关。

临床上分急性型、亚急性型和慢性型 3 种。

1. 急性型：又称败血型，多发生于断乳前后的仔猪，常突然死亡。病程稍长者，表现体温升高（41℃~42℃），腹痛，下痢，呼吸困难，耳根、胸前和腹下皮肤有紫斑，最终死亡。病程为 1~4 天。

急性型以败血症变化为特征。尸体膘度正常，耳、腹、肋等部皮肤有时可见瘀血或出血，并有黄疸。全身浆膜、黏膜（喉头、膀胱等）有出血斑。脾脏肿大，坚硬似橡皮，切面呈蓝紫色。肠系膜淋巴结索状肿大，全身其他淋巴结也不同程度肿大，切面呈大理石样。肝、肾脏肿大、充血和出血，胃肠黏膜卡他性炎症。

2. 亚急性型和慢性型：为常见病型。表现体温升高，眼结膜发炎，有脓性分泌物。初便秘后腹泻，排灰白色或黄绿色恶臭粪便。病猪消瘦，皮肤有痂状湿疹。病程持续可达数周，终至死亡或成为僵猪。

亚急性型和慢性型以坏死性肠炎为特征，多见盲肠、结肠，有时波及回肠后段。肠黏膜上覆有一层灰黄色腐乳状物，强行剥离则露出溃疡面。如滤泡周围黏膜坏死，常形成同心轮状溃疡面。肠系膜淋巴索状肿，有的呈干酪样坏死。脾脏稍肿大，肝脏可见灰黄色坏死灶。有时肺发生慢性卡他性炎症，并有黄色干酪样结节。

三、诊断与疫情报告

根据流行病学、临床症状和病理变化可作出初步诊断，确诊需进一步做实验室细菌分离与鉴定。

1. 病原检查：病原分离鉴定（预增菌和增菌培养基、选择性培养基培养，用特异抗血清进行平板凝集试验和生化试验鉴定）。

2. 血清学检查：凝集试验、酶联免疫吸附试验。

样品采集：采取病畜的脾脏、肝脏、心血或骨髓样品。

本病为我国三类动物疫病。发生疫情时，应立即向当地兽医主管部门、动物卫生监督机构或动物疫病预防控制机构报告，并逐级上报至国务院畜牧兽医行政主管部门。

四、疫苗与防治

仔猪副伤寒弱毒菌苗，系用免疫原性良好的猪霍乱沙门氏菌弱毒株，接种于适宜培养基培养后，收获培养物，加入适宜稳定剂，经冷冻真空干燥制成。适用于 1 月龄以上的哺乳动物或断乳健康仔猪，用于预防仔猪副伤寒沙门氏菌病。口服，每头 5~10 毫升，或在猪耳后浅层肌肉注射 1 毫升，对仔猪实施免疫。于 2℃~8℃

保存,有效期为 9 个月;于-15℃以下保存,有效期为 24 个月。

平时注意自繁自养,严防传染源传入。饮水、饲料等均严格动物卫生管理。发生本病后,病猪隔离治疗,同群未发病猪紧急预防注射。病死猪无害化处理,不可食用以防止食物中毒。

对本病有治疗作用的药物很多,但在多次使用一种药物后,易出现抗药菌株。应先作药敏试验,以选择最有效的药物。治疗时应注意及早治疗,并按规定连续用药。土霉素、卡那霉素、庆大霉素、新霉素等均有较好疗效。抗菌增效剂与磺胺类药物以 1:5 混合使用或用抗生素合用,可使抗菌效力提高数十倍。

第十三节 猪密螺旋体痢疾

猪密螺旋体痢疾又称"血痢"或"黑痢",是猪的一种肠道传染病,其特征为大肠黏膜发生黏液性、渗出性、出血性及坏死性炎症,有的发展为纤维素性坏死。

一、病原及流行病学特点

本病的主要病原是猪痢疾密螺旋体,革兰氏阴性,苯胺染料着色良好的螺旋体,多为 4~6 个呈螺旋弯曲,两端尖锐,形如雁双翼状,能自由运动。在 5℃的粪便中能存活 61 天,在土壤中存活 18 天。病原体对一般消毒药如来苏水、含量为 1%的火碱及高温、氧、干燥等敏感。

病猪和带菌猪是主要的传染源,随着粪便排出大量病原,污染饲料、饮水、食槽、周围环境,仔猪通过消化道感染,在断奶前后发病。不同品种、年龄的猪均可感染,尤以 2~3 月龄幼猪发生居多。一年四季均可发生。本病流行较缓慢,持续较长,且可反复发作。

二、临床症状及病理变化

1. 最急性型:发病表现突然死亡,发病的猪出现不同程度的腹泻。粪便变软,渐渐变为黄色稀粪,表面附带有黏液和血液。病情严重时所排粪便呈红色糊状,内有大量黏液、血块及脓性分泌物,有的拉灰色、褐色甚至绿色粪,有时有很多小气泡,并混有黏液及纤维素伪膜。

2. 慢性型:病例症状轻,粪中有较多黏液和坏死组织碎片,血液较少,病期较长。猪只表现进行性消瘦,生长缓慢。

本病的特征是大肠有病变,而小肠没有。急性期表现为,大肠壁和肠系膜充血、水肿,肠系膜淋巴结肿大。黏膜上有黏液、血液和组织碎片。随着病程延长,水肿减轻,黏膜表面坏死,形成假膜,有时黏膜附着纤维性渗出物。

三、诊断与疫情报告

一般根据流行病学、临床症状和病理变化作出初步诊断,确诊需要病原镜检和血清学检验。本病主要侵害 2~3 月龄的仔猪,而且小猪的发病率和死亡率高于大猪。本病无明显的季节性。体温正常,临床上以拉血痢为主要症状,病猪用药后症状减轻,停药后又出现。

1. 剖检:急性病例为大肠黏液性和出血性炎症;慢性病例为坏死性大肠炎。

2. 病原学诊断:取病猪新鲜粪便或大肠黏膜涂片,用姬母萨、草酸铵结晶紫或复红染色液染色。镜检,高倍镜下每个视野见 3 个以上具有 3~4 个弯曲的较大螺旋体,即可怀疑此病。需氧条件下进行分离培养。

3. 血清学诊断:有凝集试验、免疫荧光试验、间接血凝试验、酶联免疫吸附试验等。

本病为我国三类动物疫病。发生疫情时,应立即向当地兽医主管部门、动物卫生监督机构或动物疫病预防控制机构报告,并逐级上报至国务院畜牧兽医行政主管部门。

四、疫苗与防治

预防本病尚无疫苗,应防止从病猪场购入带菌种猪,引进种猪实行隔离检疫,健康者方可并群饲养。做好猪舍环境的清洁卫生和消毒工作,处理好粪便,病猪最好全部淘汰,以除祸患。坚持药物、管理和卫生相结合的净化措施,可收到较好的效果。当发现本病时可根据情况进行隔离消毒,采用药物进行防治。

1. 隔离病猪、消毒猪舍,病猪可用痢菌净按 2.5 毫克/千克拌入早晚饲料中,连喂 7 天,停药 3 天后再喂 7 天,或用含量为 0.5%的痢菌净注射液 0.5 毫升进行肌肉注射,连用 7 天;再用喹乙醇拌料(每吨饲料加纯粉 60 克),连用 15 天。

2. 猪舍用含量为 2%的氢氧化钠消毒,每日 1 次,连用 3 周。同时做好灭鼠、灭蝇工作。

3. 预防可用痢菌净、喹乙醇、泰乐菌素、北里霉素、泰牧菌素等药物在饲料中长期饲喂。

第六章 禽、兔病(13 种)

第一节 产蛋下降综合征

产蛋下降综合征是由腺病毒引起蛋鸡的一种传染病。其特征为产蛋下降,产畸形蛋,产薄壳、软壳或无壳蛋。本病是近年来又一种严重危害我国养鸡业发展的主要疫病之一。

一、病原及流行病学特点

病原是腺病毒属的病毒。该病毒有红细胞凝集活性,能凝集鸡、鸭、鹅、火鸡、鸽的红细胞,可在 10~12 日龄鸭胚尿囊腔内繁殖,产生血凝集。

对氯仿和在 pH 值为 3~10 时的处理表现稳定,在 60℃时、经 30 分钟可灭活,而在 56℃时、经 3 小时仍可存活。经含量为 0.5% 的甲醛或含量为 0.5% 的戊二醛处理可灭活病毒。

本病主要发生于 24~36 周龄的鸡群。鸭、鹅、火鸡、珍珠鸡等也存在该病毒抗体。病鸡和带毒鸡是主要的传染源。本病主要传播方式是经受精卵垂直传播,也可水平传播。各种年龄的鸡均可感染本病毒,但幼龄鸡不表现临床症状。不同品系的鸡对本病的易感性存在差异,产褐壳蛋的母鸡最易感,产白壳蛋的母鸡发病率较低。

本病一年四季均可发生。

二、临床症状及病理变化

感染鸡群以突然发生群体性产蛋下降为特征。开始发病时有或没有一般性的下痢、食欲下降和精神委顿,随后蛋壳褪色,接着出现软壳蛋、薄壳蛋。薄壳蛋的外表粗糙,一端常呈细颗粒状如砂纸样。产蛋下降通常发生于 24~36 周龄,产

蛋率降低 20%~30%,甚至 50%,产无色蛋、薄壳蛋、软壳蛋、无壳蛋、畸形蛋等异常蛋,褐壳蛋蛋壳表面粗糙,褪色如白灰、灰黄粉样,蛋白呈水样,蛋黄色淡,有时蛋白中混有血液、异物等,种蛋孵化率降低,出壳后弱雏增多,产蛋下降持续 4~10 周后一般可恢复正常。

无明显特征性病变,在自然发病鸡群常可见卵巢静止不发育和输卵管萎缩。在产无壳蛋或异常蛋的鸡,可见其输卵管及子宫黏膜肥厚,子宫皱褶水肿,腔内有白色渗出物或干酪样物,有时可见卵泡软化。其他脏器无明显变化。

三、诊断与疫情报告

根据流行特点和临床症状(如出现产蛋率突然下降,异常蛋增多,尤其是褐壳蛋品种鸡在产蛋下降前一、二天出现蛋壳褪色、变薄、变脆等)可作出初步诊断,确诊尚需进一步做病毒分离和血清学检查。

采集病鸡的直肠内容物(粪便)、输卵管上皮细胞或白细胞,经处理后,接种鸡胚成纤维细胞,分离病毒。血清学检查主要是血凝抑制试验、琼脂扩散试验、中和试验。

本病为我国二类动物疫病。发生疫情时,应立即向当地兽医主管部门、动物卫生监督机构或动物疫病预防控制机构报告,并逐级上报至国务院畜牧兽医行政主管部门。

四、疫苗与防治

国内外已研制出产蛋下降综合征油乳剂灭活疫苗,也有与鸡新城疫、传染性支气管炎、传染性法氏囊病等组成的联合疫苗。在开产前 2~4 周注射,可以有效地防止本病的发生。

1. 鸡产蛋下降综合征灭活苗:适用于健康种鸡和蛋鸡群免疫接种,以预防鸡产蛋下降综合征。在鸡群开产前 2~4 周进行免疫,在每只鸡颈背部下 1/3 处进行皮下或肌肉注射 0.5 毫升。于 2℃~8℃保存,有效期为 12 个月。

2. 鸡新城疫、产蛋下降综合征二联灭活苗:适用于健康种鸡和蛋鸡群免疫接种,以预防鸡新城疫和产蛋下降综合征。

3. 鸡新城疫、产蛋下降综合征、传染性支气管炎三联灭活苗:适用于健康种鸡和蛋鸡群免疫接种,以预防鸡新城疫和产蛋下降综合征及呼吸型和肾型传染性支气管炎。在鸡群开产前 2~4 周进行免疫,在每只鸡颈背部下 1/3 处进行皮下或肌肉注射 0.5 毫升。于 2℃~8℃保存,有效期为 12 个月。

4. 鸡新城疫、产蛋下降综合征、传染性支气管炎、传染性囊病四联灭活苗:适用于健康种鸡和蛋鸡群免疫接种，以预防鸡新城疫和产蛋下降综合征及呼吸型和肾型传染性支气管炎、传染性囊病。在鸡群开产前 2~4 周进行免疫,在每只鸡颈背部下 1/3 处进行皮下或肌肉注射 0.5 毫升。于 2℃~8℃保存，有效期为 12 个月。

本病尚无有效的治疗方法,只能从加强饲养管理,定期消毒、免疫、淘汰病鸡等多方面防制。在发病时,可使用抗菌素,以防混合感染。

第二节 禽白血病

禽白血病是由禽 C 型反录病毒群的病毒引起的禽类(主要是鸡)多种肿瘤性疾病的统称,主要引起淋巴细胞性白血病、成红细胞性白血病、成髓细胞性白血病。此外还可引起骨髓细胞瘤、结缔组织瘤、上皮肿瘤、内皮肿瘤等。大多数肿瘤侵害造血系统,少数侵害其他组织。

一、病原及流行病学特点

禽白血病的病原病毒为 RNA 肿瘤病毒,属于反转录病毒科、肿瘤病毒亚科禽 C 型肿瘤病毒群,本病毒对乙醇和氯仿敏感,对热的抵抗力弱。于–60℃以下保存数年而不丧失感染性。pH 值在 5~9 时较为稳定。

传染源是病鸡和带毒鸡。本病可以通过粪便和唾液水平传播,更重要的是病毒通过鸡卵传播和出生雏鸡传染。

本病在世界范围内流行,自然条件下只能感染鸡,临诊病例的发生率很低,一般为散发,偶尔大量发生。

二、临床症状及病理变化

淋巴白血病自然发生的白血病多数为淋巴白血病。母鸡比公鸡多发,2 月龄以上、特别是 6~8 月龄时发病最多。本病的本病的潜伏期长,很少呈流行性发生。几乎所有的鸡都不出现症状而死亡,但产卵鸡往往可出现产卵异常或停产、食欲不振、下痢或消瘦等一般症状。重症鸡有时从外观上也能判定肝脏肿大,本病作名叫做"大肝病"。

成红细胞白血病主要发生在成鸡,散发,发病率较低。取急性经过时,病鸡多呈现倦怠,且鸡冠稍苍白或发绀,但其中也有存活几个月的,此时病鸡呈现明显的贫血和消瘦。

成髓细胞白血病主要见于成年鸡,很少自然发生,症状与成红细胞白血病相似。骨化石病见于有成鸡的公鸡,散发,发病率很低。本病的特征是长骨特别是脚部(尤其是拓骨)肥大。出现异样步,消瘦。

淋巴细胞白血病表现为肝脏肿大,腔上囊、脾脏、生殖腺或肾脏等器官有肿瘤。肿瘤形态是多种多样的,有时整个肝脏变为灰色。病鸡血相无明显变化,注意与马立克氏病鉴别。

病理组织学具有特征性,即病变是由血管外性增生的淋巴母细胞所构成,分为弥漫性浸润型和结节状增殖而形成大小不等的孤立性结节型。构成这些肿瘤的大部分细胞属于淋巴系统。

成红细胞白血病肝、脾、肾肿大,肝、脾、骨髓出现弥漫性的变色(有光泽的樱桃色),有不同程度的贫血,骨髓出现增生,并且末梢血也可见到肿瘤化。在组织切片、血液或骨髓的涂抹片上见到许多未成熟的红细胞。

成髓细胞白血病脾、肝呈弥漫性肿大,有肿瘤,尤其是肝呈颗粒状、灰黄色。结节状的肿瘤病变见于肝、脾、肾以及其他脏器等,并有倾向发生于肋骨、胸骨或骨盆的内侧表面。末梢血可见到肿瘤化。在组织切片血液或骨髓的涂片上见到许多肿瘤化的成骨髓细胞或骨髓细胞。但见不到未成熟的红细胞。本病是真正的白血病,外周血液中成髓细胞可达 200 万个/立方毫米,它们可占血液细胞的 75%,把病鸡血离心时,白细胞层明显增厚。

骨化石病骨皮质硬化、肥大,常引起骨髓腔的闭塞。骨膜下和骨内膜的成骨髓细胞显著增生。这些病变通常在两侧出现。这样的骨骼病理变化在其他型的白血病看不到。本病一般见不到末梢血的肿瘤化,但有时见有中等度或重度的淋巴细胞病。

三、诊断与疫情报告

本病的诊断主要依据病理学及血液学检查,病原分离和血清学检查意义不大。根据血液学检查和病理学特征结合病原和抗体的检查来确诊。成红细胞性白血病在外周血液、肝脏及骨髓涂片,可见大量的成红细胞,肝脏和骨髓呈樱桃红色。成髓细胞性白血病在血管内外均有成髓细胞积聚,肝脏呈淡红色,骨髓呈白色。淋巴细胞性白血病应注意与马立克氏病鉴别。病原的分离和抗体的检测是建立无白血病鸡群的重要手段。

本病为我国二类动物疫病。发生疫情时,应立即向当地兽医主管部门、动物卫生监督机构或动物疫病预防控制机构报告,并逐级上报至国务院畜牧兽医行政主管部门。

四、疫苗与防治

尚无有效的疫苗。对本病的防制主要预防病毒从外部侵入和培育无白血病鸡群。

本病主要为垂直传播,病毒型间交叉免疫力很低,雏鸡免疫耐受,对疫苗不产生免疫应答,所以对本病的控制尚无切实可行的方法。

发生本病时,应按《中华人民共和国动物防疫法》和《禽白血病防治技术规范》的规定,采取严格控制、扑灭措施。对发病禽群进行扑杀和无害化处理,对禽舍和周围环境进行消毒。

第三节 禽痘

禽痘是由痘病毒引起禽类的一种急性、热性、高度接触性传染病。其临床特征是在无毛或少毛的皮肤上发生结节性痘疹病变(皮肤型),或在口腔、咽喉部黏膜形成纤维素性坏死性假膜(白喉型)。

一、病原及流行病学特点

禽痘病毒为痘病毒科,禽痘病毒属的成员。本病毒对乙醚有抵抗力,在乙醚中可存活数月或数年。含量为 1%的氢氧化钾溶液可使其灭活。50℃、30 分钟或60℃、8 分钟即可杀灭病毒。病毒在感染细胞的胞浆中增殖并形成包涵体。

家禽中以鸡和火鸡最易感,在鸡不分年龄、性别和品种均可感染,但雏鸡最常发病,引起大批死亡。

禽痘的传播通常由健禽与病禽接触,由脱落和碎散的带毒痘疹在空气中散布经受损伤的皮肤和黏膜而感染,吸血昆虫和体表寄生虫可传播病毒。人工授精也可传播病毒。

本病一年四季均可发生,以春秋两季蚊子活动旺季最易流行,鸡体表寄生虫的存在和鸡只拥挤、维生素缺乏等可使本病加重。

二、临床症状及病理变化

本病的潜伏期 4~10 天,根据侵害部位不同分为皮肤型、白喉型和混合型

3种。

1. 皮肤型:以头部、腿、翅、泄殖腔周围皮肤,特别是在鸡冠、肉髯、眼睑和口角等处,出现灰白色的小结节,之后成为红色的小丘疹,很快增大呈灰黄色干硬结节,有的痘疹相互融合,形成棕褐色较大结痂,结痂经 3~4 周后逐渐脱落,留下一个平滑的灰白色疤痕。

2. 黏膜型:多发生于小鸡和青年鸡,初发时在口腔和咽喉部黏膜上发生一种灰白色小结节,以后结节迅速增大并互相融合,表面形成一层黄白色干酪样的假膜;随着病情的发展,假膜逐渐扩大和增厚,阻塞口腔和咽喉部位,引起病禽呼吸困难和吞咽困难。

3. 混合型:皮肤和口腔黏膜同时发生病变,病情较为严重,死亡率高。

当病毒侵害皮肤或黏膜后,首先在上皮细胞中增殖,并引起细胞增生肿胀,而后形成结节,结节中的上皮细胞产生空泡变性和水肿,此时病毒在胞浆中形成约大于细胞核的圆形嗜酸性包涵体。

三、诊断与疫情报告

禽痘的典型皮肤病变可以作为诊断的依据,但如表现为黏膜型或混合型感染时,则须进行实验室诊断。

1. 病原分离鉴定:

(1)鸡胚接种。采取痘疹痂皮,制成 1:3 悬液,接种于 11~12 日龄鸡胚绒毛尿囊膜,72~96 小时检查有无痘斑形成。

(2)易感动物接种。将病料作鸡冠划痕、翅刺和毛囊接种。如有病毒存在,接种处在 5~7 天内出现典型的痘疹。

细胞培养:禽痘病毒能在鸡胚原代细胞、鸡胚肾、鸡胚皮肤等细胞上生长繁殖,4~6 天产生细胞病变,感染细胞可见细胞浆中包涵体。

2. 血清学方法:常用红细胞凝集抑制试验、血清中和试验、琼脂扩散试验、免疫荧光试验等方法进行确诊。

本病为我国二类动物疫病。发生疫情时,应立即向当地兽医主管部门、动物卫生监督机构或动物疫病预防控制机构报告,并逐级上报至国务院畜牧兽医行政主管部门。

四、疫苗与防治

接种疫苗预防禽痘,经多年实践证明有效。高效鸡痘弱毒活疫苗多采用翼翅刺种法进行免疫。第一次免疫在 10~20 日龄左右,第二次免疫在产蛋前 1~2 个月进行。在禽痘高发的地区和季节。可重复免疫接种。于接种后 7~10 天观察禽群有无"出痘"现象,以确定免疫的效果。一般于接种后 10~14 天产生免疫力。成鸡免疫期为 5 个月,初生雏鸡为 2 个月,后备种鸡可于雏鸡免疫后 60 天再免疫 1 次。于−15℃以下保存,有效期为 18 个月。

加强饲养管理,保持良好的环境卫生,定期作好鸡舍和用具的清洁消毒,及时扑灭驱赶蚊、蠓等吸血昆虫,可取得较好的预防效果。对病鸡的治疗无特效药物,只能采取对症疗法。黏膜型的用消毒的镊子剥离假膜后涂碘甘油(碘酊 1 份、甘油 3 份混合)。

一旦发生本病,应隔离病鸡(重症者要淘汰)死鸡应深埋或焚烧。鸡舍和运动场以及各种用具应严格消毒,对未发病的鸡要紧急接种。

第四节 鸭瘟

鸭瘟是由鸭瘟病毒引起鸭的一种急性败血性传染病。其特征为病鸭体温升高,两脚发软无力,下痢、流泪和部分鸭头部肿大,食道黏膜有灰黄色坏死假膜或溃疡,泄殖腔黏膜充血、出血、水肿和坏死。

一、病原及流行病学特点

鸭瘟病毒属于疱疹病毒,能在 9~12 日龄鸭胚中生长繁殖和继代,也能在发育的鸭胚、鹅胚和鸡胚细胞培养物上生长繁殖,引起细胞病理变化。在 56℃时、经 10 分钟即可杀灭病毒,对常用消毒药抵抗力不大,在含量为 0.1%的汞中 10~20 分钟、在含量为 75%的酒精中 5~30 分钟、在含量为 0.5%漂白粉中 30 分钟失去活性,在 pH 值为 3、pH 值为 11 时病毒迅速死亡。

鸭瘟的传染源主要是病鸭,包括本病的潜伏期的感染鸭,某些野禽也可保存或传播病毒。病毒经消化道侵入体内而感染。此外,病毒还可以通过交配、眼结膜和呼吸道传染,吸血昆虫也可能成为本病的传染媒介。

不同年龄和不同品种的鸭均可感染。人工接种感染时,小鸭较大鸭易感,并且死亡率更高,但自然发病多见于大鸭,尤其是产卵的母鸭。鹅也能感染本病,而鸡对鸭瘟病毒抵抗力强,数日龄的雏鸡可经人工感染发病。鸭瘟一年四季都可流行,一般以春夏之际较为严重。

二、临床症状及病理变化

本病的潜伏期为 2~4 天。最明显的症状是体温升高至 43℃以上,精神不振,头颈缩起,食欲减少或废绝,渴欲增加,羽毛松乱无光泽。翅膀下垂,两脚发软无力,不愿走动,体重迅速减轻,流泪,眼睑水肿,鼻腔流出稀薄或黏稠的分泌物,呼吸困难。部分病鸭头颈部有不同程度水肿,故有"大头瘟"之称。

病鸭下痢,排出绿色或灰白色稀粪,腥臭,泄殖腔黏膜充血、出血、水肿,严重者黏膜外翻。

剖检时可见全身出血性素质。全身皮肤黏膜和浆膜出血,皮下组织弥漫性的炎性水肿,实质器官严重变性,特别是消化道的黏膜出现有特征性的出血、炎症和坏死,具有诊断意义。

头颈部肿大的病鸭皮肤被切开时流出淡黄色的透明液体。口腔、咽部和上腭部黏膜常有淡黄褐色的假膜覆盖,刮落后即露出鲜红色,外形不规则的出血性溃疡。食道和泄殖腔黏膜表面散在覆盖着灰黄色或草黄色的斑块状或条索状假膜,整个肠道发生急性卡他性炎症,以十二指肠、盲肠和直肠最严重。腔上囊黏膜充血,囊腔中充满白色凝固的渗出物。

肝脏表面和切面上可以看到针头至小米大的灰白色坏死斑点,胆囊肿胀,充满浓稠墨绿色胆汁。脾质地松软,颜色变深,表面和切面也有大小不等的灰黄色或灰白色坏死点,胸腔、腹腔的浆膜均见有黄色胶样浸润液,心包内有少量黄色液,产蛋母鸭的卵巢有明显病变,卵泡发生充血或出血,有时部分卵泡破裂而导致腹膜炎。

三、诊断与疫情报告

根据流行病学、临床症状和病理变化进行综合分析,一般即可作出诊断。必要时进行病毒分离鉴定和中和试验加以确诊。

1. 病毒分离鉴定:采取病鸭的肝、脾或脑组织,按常规方法接种于鸭胚或雏鸭,如在 3~5 天死亡,并具有典型鸭蛋瘟病变,即可确认。之后,可利用标准血清进行中和试验或保护试验鉴定病毒。

2. 鉴别诊断:主要注意与鸭巴氏杆菌病(鸭出败)相区别。鸭出败一般发病急,病程短,能使鸡、鸭、鹅等多种家禽发病,而鸭瘟自然感染时仅仅造成鸭、鹅发病。鸭出败不会造成头颈肿胀,食道和泄殖腔黏膜上也不会形成假膜,肝脏上的坏死点仅针尖大,且大小一致。取病死鸭的心、血或肝作抹片,经瑞氏染色镜检,可见两极着色的小杆菌。采用磺胺类药物或抗生素治疗等有较好疗效的方法,通常可加以鉴别诊断。

本病为我国二类动物疫病。发生疫情时,应立即向当地兽医主管部门、动物卫生监督机构或动物疫病预防控制机构报告,并逐级上报至国务院畜牧兽医行政主管部门。

四、疫苗与防治

鸭瘟活疫苗,系用鸭瘟鸡胚化弱毒株经易感鸡胚或鸡胚成纤维细胞培养,收集感染病毒组织或细胞培养液,加入适当稳定剂,经冷冻真空干燥制成。可对2个月以上的各种健康鸭进行肌肉注射1毫升,以预防鸭瘟,免疫期为9个月。于-15℃以下保存,有效期为24个月;于4℃~8℃保存,有效期为8个月。

对受威胁的鸭群要注射鸭瘟疫苗,一周内可产生坚强的免疫力,一旦发病,立即用鸭瘟弱毒苗进行紧急预防接种,可降低发病与死亡,对病鸭实行紧急宰,作好消毒,防止病毒传播。

本病无有效治疗药物,发病初期每只病鸭可肌肉注射抗鸭瘟高免血清0.5毫升,有一定疗效,也可用聚肌胞(一种内源性干扰素)治疗鸭瘟,成年鸭每次肌注1毫升,3日1次,连续2~3次有良好效果。

避免从疫区引进种鸭,禁止健康鸭在疫区水域或野禽出发的水域放牧、平时加强饲养管理,对鸭舍、运动场、饲养管理用具、运输工具执行严格的消毒制度。

第五节 鸭浆膜炎

鸭浆膜炎又名鸭疫巴氏杆菌病、新鸭病或鸭败血病,是由鸭疫巴氏杆菌引起的侵害雏鸭的一种慢性或急性败血性传染病。其特征是引起雏鸭纤维素心包炎、肝周炎、气囊炎和关节炎。本病会导致鸭体重减轻,甚至死亡。这样,给养鸭业造成巨大的经济损失。

一、病原及流行病学特点

鸭疫巴氏杆菌又名鸭疫里杆菌,为革兰氏阴性小杆菌,无芽孢,不能运动,纯培养菌落涂片可见到菌体呈单个、成对或呈丝状,菌体大小不一,瑞氏染色菌体两端浓染,墨汁负染可见有荚膜。最适合的培养基是巧克力琼脂平板培养基、鲜血(绵羊)琼脂平板、胰酶化酪蛋白大豆琼脂培养基等。本菌根据琼脂扩散试验分为

8个血清型,彼此间无交叉免疫保护性。本菌对外界抵抗力不强,一般消毒剂有效。

本病主要感染鸭,火鸡、鸡、鹅及某些野禽也可感染。在自然情况下,2~8周龄雏鸭易感,其中以2~3周龄鸭最易感。1周龄内和8周龄以上不易感染发病。在污染鸭群中,感染率很高,可达90%以上,死亡率在5%~80%之间。育雏舍鸭群密度过大,空气不流通,地面潮湿,卫生条件不好,饲料中蛋白质水平过低,维生素和微量元素缺乏以及其他应激因素等均可促使本病的发生和流行。

本病主要经呼吸道或皮肤伤口感染,被细菌污染的空气是重要的传播途径,经蛋传递可能是远距离传播的主要原因。本病无明显季节性,一年四季均可发生,春冬季节较为多发。

二、临床症状及病理变化

本病的潜伏期为1~3天,有时可达1周。最急性病例常无任何症状突然死亡。急性病例的临床表现有精神沉郁,缩颈,嗜眠,嘴拱地,腿软,不愿走动,行动迟缓,共济失调,食欲减退或不思饮食。眼有浆液性或黏液性分泌物,常使两眼周围羽毛黏连脱落。鼻孔中也有分泌物,粪便稀薄,呈绿色或黄绿色,部分雏鸭腹胀。死前有痉挛、摇头、背脖和伸腿呈角弓反张,抽搐而死。病程一般为1~2天。而4~7周龄的雏鸭,病程可达1周以上,呈急性或慢性经过,主要表现精神沉郁,食欲减少,肢软卧地,不愿走动,常呈犬坐姿势,进而出现共济失调,痉挛性点头或摇头摆尾,前仰后翻,呈仰卧姿态,有的可见头颈歪斜,转圈,后退行走,病鸭消瘦,呼吸困难,最后衰竭死亡。

特征性病理变化是浆膜面上有纤维素性炎性渗出物,以心包膜、肝被膜和气囊壁的炎症为主。心包膜被覆着淡黄色或干酪样纤维素性渗出物,心包囊内充满黄色絮状物和淡黄色渗出液。肝脏表面覆盖一层灰白色或灰黄色纤维素性膜。气囊混浊增厚,气囊壁上附有纤维素性渗出物。脾脏肿大或肿大不明显,表面附有纤维素性薄膜,有的病例脾脏明显肿大,呈红灰色斑驳状。脑膜及脑实质血管扩张、瘀血。慢性病例常见胫跗关节及跗关节肿胀,切开后可见关节液增多。少数输卵管内有干酪样渗出物。

三、诊断与疫情报告

根据流行病学特点、临床病理特征可以对本病作出初步诊断,确诊时还必须进行实验诊断。

1. 直接涂片镜检:革兰氏染色发现有阴性小杆菌,无芽孢;瑞氏染色可见两极着染的杆菌。

2. 鉴定培养基培养:无菌采取解剖鸭的肝、脾、肺组织及渗出物作为培养此菌的来源。在巧克力琼脂平板培养基上进行培养,置于二氧化碳培养箱,于 37℃培养 24~72 小时后出现直径为 1~5 毫米、凸起、透明、奶油状的菌落。取上述菌落进行涂片镜检可见革兰氏染色阴性小杆菌,无芽孢,不能运动,单个或成对出现。瑞氏染色呈两极浓染的杆菌。

由于鸭疫巴氏杆菌病在临床表现上与鸭大肠杆菌病和鸭沙门氏菌病容易混淆,因为三者引起的病变十分相似,均可引起浆膜性渗出性炎症。因此,将病料接种于麦康凯琼脂培养基上,在厌氧状态下经 37℃培养 24~72 小时,无菌落生长(而大肠杆菌在该培养基上呈红色菌落,沙门氏杆菌为透明无色菌落)。

3. 生化鉴定:48 小时厌氧培养,基本不分解葡萄糖、蔗糖(多杀性巴氏杆菌产酸不产气)。

本病为我国二类动物疫病。发生疫情时,应立即向当地兽医主管部门、动物卫生监督机构或动物疫病预防控制机构报告,并逐级上报至国务院畜牧兽医行政主管部门。

四、疫苗与防治

用于预防接种本病的疫苗,目前国内外主要有灭活油乳剂苗和弱毒活苗 2 种。给 1 周龄雏鸭接种福尔马林灭活苗(接种 2 次),其保护率可达 86%以上,具有较好的防治效果。加强饲养管理,应注意鸭舍的通风、干燥及卫生状态,经常消毒,必须采用全进全出的饲养方式。

土霉素、多黏菌素 B 及磺胺类药物等对本病有良好的防治效果。在雏鸭易感日龄,于饮水中添加含量为 0.2%~0.25%的磺胺二甲基嘧啶或饲料中加入含量为 0.025%~0.05%的磺胺喹恶啉进行预防性用药,可预防本病或降低本病的死亡率;或将土霉素按 0.04%混入饲料连喂 3~5 天,能有效地控制发病和死亡。治疗时可用林肯霉素与青霉素联合进行皮下注射,用药前最好能做一下药物敏感试验。

第六节 小鹅瘟

小鹅瘟又称鹅细小病毒感染,是由鹅细小病毒引起雏鹅的一种高度接触性、急性败血性传染病。本病主要侵害 4~20 日龄的雏鹅,以严重下痢和渗出性肠炎为特征。

一、病原及流行病学特点

鹅细小病毒属细小病毒科、细小病毒属。本病毒对鹅有偏嗜性，对其他的动物没有致病性。病毒存在于病雏鹅的肠道、脑、脾、肾、血液等脏器及组织中。

本病毒对不良环境的抵抗力极强，在冰冻状态下至少存活两年多，能抵抗氧仿、乙醚、胰酶等，在56℃、3小时仍保持感染性。但病毒对含量为2%~5%的烧碱、含量为10%~20%的石灰乳敏感。

本病仅发生于鹅和番鸭，本病即可垂直传播，也可水平传播。成年鹅感染后，可成为带毒者。病雏的排泄物和分泌物会污染饲料、用具、草地和环境等，并通过消化道感染，很快波及全群。

发病日龄一般从4~5日龄开始，其易感性随日龄的增加而逐渐下降。10日龄以内的雏鹅发病率和死亡率可高达95%~100%，在每年要全部更新种鹅的地区，本病的爆发与流行具有明显的周期性，在大流行后的一二年内不再流行。

二、临床症状及病理变化

自然感染本病的潜伏期为3~5天。临床上可分最急性型、急性型、亚急性型3种。

1. 最急性型：多见于流行初期和1周龄内雏鹅，发病突然，快速死亡。

2. 急性型：多发生于1~2周龄雏鹅，或由最急性转化而来。具典型的消化系统紊乱和神经症状特征，主要表现为离群、嗜睡、两肢麻痹或抽搐，下痢，排灰白色或淡黄绿色、浑浊稀便，眼和鼻有多量分泌物，病鹅不时甩头，食道膨大有多量气体和液体。病程为1~2天，多取死亡转归。

3. 亚急性型：多见于2周龄以上雏鹅或流行后期发病的雏鹅，病程3~7天，部分能自愈。

特征病变在消化道，尤其是小肠急性浆液性–纤维素性炎症。剖检可见肠黏膜发炎、坏死，呈片状或带状脱落，与大量纤维素性渗出物凝固，形成栓子，质地坚实似香肠样。最急性型仅见小肠黏膜肿胀充血，上覆有大量淡黄色黏液。亚急性病例还可见肝、脾、胰脏肿大充血。

三、诊断及疫情报告

根据临床症状和病理变化可作出初步诊断，确诊需进一步做实验室诊断。

1. 病原分离与鉴定：以无菌操作采取病雏的脾、肝、胰脏等组织磨碎后，加入灭菌生理盐水制成悬液,离心后再加双抗处理,然后接种于12~14日龄鹅胚中,如在接种后5~7天死亡的胚胎,见绒毛尿囊膜水肿,胎体充血、出血及水肿,心肌变性呈瓷白色,肝脏出现变性或坏死灶等即可诊断。如再用特异抗血清作中和试验,便可确诊。

2. 血清学检查:可用中和试验、荧光抗体试验、反向间接血凝试验等。

本病为我国二类动物疫病。发生疫情时,应立即向当地兽医主管部门、动物卫生监督机构或动物疫病预防控制机构报告,并逐级上报至国务院畜牧兽医行政主管部门。

四、疫苗与防治

用小鹅瘟疫苗免疫种鹅,是预防雏鹅不得小鹅瘟病的最好方法。种鹅接种疫苗的时间十分重要,最好在产蛋前一个月进行。

1. 小鹅瘟活疫苗:每只鹅注射疫苗1毫升,母鹅免疫后在21~270天内所产的种蛋孵化的小鹅具有抵抗小鹅瘟的免疫力。本疫苗禁止雏鹅使用。于-15℃以下保存,有效期为12个月。

2. 小鹅瘟(雏鹅)活疫苗:无母源抗体雏鹅免疫后3天可产生免疫力。成年母鹅免疫后半个月到一年内所产的种蛋孵化的雏鹅具有一定抵抗小鹅瘟的免疫力。1月龄以下雏鹅每只皮下或肌肉注射疫苗0.2毫升,1月龄以上的鹅每只注射疫苗0.5毫升,成年鹅每只注射疫苗1毫升。雏鹅和成鹅分别以2~3倍剂量饮水免疫。于-15℃以下保存,有效期为12个月;于0℃~4℃保存,有效期为6个月。

预防本病,种蛋、种鹅苗及种鹅均应购自无病地区。种蛋入孵前必须经过严格的消毒,以防病毒污染。孵化场必须定期用含量为0.5%~1%的复合酚消毒剂进行场地和用具器械等的消毒,特别是每批雏鹅出壳后。母鹅群在产蛋前一个月应进行一次预防注射。

发现本病,应按《中华人民共和国动物防疫法》规定,采取严格控制,扑灭措施,防止扩散。扑杀病鹅和同群鹅,并深埋或焚烧。受威胁区的雏鹅可注射抗血清预防。污染的场地、用具等应彻底消毒。发病地区的雏鹅,禁止外调或出售。

第七节　鸡球虫病

鸡球虫病是鸡球虫寄生于鸡肠道黏膜上皮细胞内引起的一种最常见的原虫

病，是鸡的常见且严重的疾病之一。该病主要发生于雏鸡，发病率与死亡率很高。

一、病原及流行病学特点

寄生在家禽体内的主要是艾美耳属球虫。现在已经发现的就有 9 种以上，其中有两种对鸡的致病作用最严重：一种是盲肠艾美耳球虫，寄生在雏鸡的盲肠黏膜中，一般所指的盲肠球虫病；另一种是寄生在小肠黏膜的球虫，雏鸡和青年鸡均能感染。

各个品种的鸡均有易感性，15~50 日龄的鸡发病率和致死率都较高，成年鸡对球虫有一定的抵抗力。病鸡是主要传染源，凡被带虫鸡污染过的饲料、饮水、土壤和用具等，都有卵囊存在。鸡感染球虫的途径主要是吃了感染性卵囊。人及其衣服、用具等以及某些昆虫都可成为机械传播者。

饲养管理条件不良，鸡舍潮湿、拥挤，卫生条件恶劣时，最易发病。在潮湿多雨、气温较高的梅雨季节易爆发球虫病。

球虫虫卵的抵抗力较强，在外界环境中一般的消毒剂不易破坏，在土壤中可保持生活力达 4~9 个月，在有树阴的地方可达 15~18 个月。卵囊对高温和干燥的抵抗力较弱。当相对湿度为 21%~33% 时，柔嫩艾美耳球虫的卵囊在 18℃~40℃时，经 1~5 天死亡。

二、临床症状及病理变化

病鸡精神沉郁，羽毛蓬松，头卷缩，食欲减退，嗉囊内充满液体，鸡冠和可视黏膜贫血、苍白，逐渐消瘦，病鸡常排红色葫萝卜样粪便，若感染柔嫩艾美耳球虫，开始时粪便为咖啡色，以后变为完全的血粪，如不及时采取措施，致死率可达 50% 以上。若多种球虫混合感染，粪便中带血液，并含有大量脱落的肠黏膜。

病鸡消瘦，鸡冠与黏膜苍白，内脏变化主要发生在肠管，病变部位和程度与球虫的种别有关。

柔嫩艾美耳球虫主要侵害盲肠，两支盲肠显著肿大，可为正常的 3~5 倍，肠腔中充满凝固的或新鲜的暗红色血液，盲肠上皮变厚，有严重的糜烂。

毒害艾美耳球虫损害小肠中段，使肠壁扩张、增厚，有严重的坏死。在裂殖体繁殖的部位有明显的淡白色斑点，黏膜上有许多小出血点。肠管中有凝固的血液或有胡萝卜色胶冻状的内容物。

巨型艾美耳球虫损害小肠中段，可使肠管扩张，肠壁增厚；内容物黏稠，呈淡灰色、淡褐色或淡红色。

堆型艾美耳球虫多在上皮表层发育，并且同一发育阶段的虫体常聚集在一起，在被损害的肠段出现大量淡白色斑点。

哈氏艾美耳球虫损害小肠前段，肠壁上出现针头大的出血点，黏膜有严重的出血。

若多种球虫混合感染，则肠管粗大，肠黏膜上有大量的出血点，肠管中有大量的带有脱落的肠上皮细胞的紫黑色血液。

三、诊断与疫情报告

生前用饱和盐水漂浮法或粪便涂片查到球虫卵囊。死后取肠黏膜触片或刮取肠黏膜涂片查到裂殖体、裂殖子或配子体，均可确诊为球虫感染，由于鸡的带虫现象极为普遍。因此，是不是由球虫引起的发病和死亡，应根据临诊症状、流行病学资料、病理剖检情况和病原检查结果进行综合判断。

本病为我国二类动物疫病。发生疫情时，应立即向当地兽医主管部门、动物卫生监督机构或动物疫病预防控制机构报告，并逐级上报至国务院畜牧兽医行政主管部门。

四、疫苗与防治

使用疫苗防治球虫病可解决抗药性问题，恢复球虫对已产生抗药性药物敏感性，减少药物残留，并可提高肉鸡的生产性能；对于蛋鸡和种鸡，经球虫免疫后不但能使体重和产蛋达标，还可提高鸡群均匀度，既降低成本又提高了产蛋率，顺应了绿色食品的潮流。

目前，世界上已注册的球虫苗有4种：美国的中熟系强毒活苗、加拿大的中熟系强毒活苗、英国的早熟系弱毒活苗和捷克的早熟系强毒活苗。我国使用的鸡球虫病三价活疫苗，系用柔嫩艾美耳球虫、毒素害艾美耳球虫和巨型艾美耳球虫的孢子化卵囊通过化学、物理方法双重量处理致弱后，按适当比例混合制成。用于预防雏鸡球虫病，接种后14天产生免疫力，免疫期为12个月。经拌料或饮水免疫。于2℃~8℃保存，有效期为9个月。

药物预防是当今切实可行的方法，可用的药物有：氯苯胍、克球粉、氨丙啉、球痢灵、麦杜拉霉素等。要勤打扫鸡舍，勤换垫草，保持通风干燥，鸡群不可过度拥挤，在球虫病流行季节，可以适当用药物预防。发现病鸡立即隔离，采取定期消毒等综合性防制措施（病死的鸡必须焚烧或深埋）。

1. 氯苯胍：剂量为33ppm，混入饲料给药，在急性球虫病暴发时可用66ppm

剂量,1~2 周后改用 33ppm。在鸡屠宰前 5~7 天停药。

2. 氨丙啉:采用配合制剂(含 20%的盐酸氨丙啉、12%的磺胺喹□啉、1%的乙氧酰胺苯甲脂),预防剂量为每吨干饲料加 500 克合剂(即含氨丙啉 100 ppm、磺胺喹□啉 60ppm、乙氧酰胺苯甲脂 5 ppm),连续饲喂。治疗剂量加倍连喂 2 周,再用半量喂 2 周。

3. 球痢灵:预防剂量为 125ppm,治疗剂量为 250ppm。

第八节　禽网状内皮细胞增殖症

网状内皮组织增殖症是由逆转录病毒引起的鸭、火鸡、鸡和其他鸟类的一种以淋巴网状细胞增生为特征的肿瘤性疾病。本病发病率和死亡率均较低,但病毒污染疫苗后导致的免疫抑制可加重并发症的严重程度。

一、病原及流行病学特点

逆转录病毒,它可以在-70℃长期保存而不降低活性。在 4℃下病毒比较稳定,在 37℃下、20 分钟后传染力丧失 50%,1 小时后传染力丧失 99%。感染的细胞加入二甲基砜后可以在-196℃下长期存在。

本病毒主要侵害鸭、火鸡和鸡等禽类。本病的传染源为患病鸭,可从其口、眼分泌物及粪便排出病毒,通过水平传播使易感禽感染,也可发生垂直传播。雏鸭较成鸭易感。

二、临床症状及病理变化

本病可分为急性和慢性两类。急性病例死亡很快,除精神委靡外很少出现明显的临床症状就发生死亡。慢性病例体质较弱,生长迟缓或停顿,羽毛稀少,全身性贫血。个别鸡的表现症状为运动失调,肢体麻痹等。

本病毒群可引起的病变有内脏增生型、神经增生型和坏死病变型 3 种。

1. 内脏增生型:发生在肝脏、脾脏和肠道。肝脏肿大,表面有斑驳状白色的增生性病变。脾脏肿大显著,表面也有增生性病变,有时有坏死性病变。肠道病变主要是肠壁增生性变厚,有网状细胞性浸润区和坏死性病变。

2. 神经增生型:在肝脏细胞浸润区,经常见到浸润细胞沿神经纤维排列,有的神经水肿,并发生分离现象。

3. 坏死病变型:常见于脾脏(还有大区域性出血)或肠道上皮组织坏死,上皮细胞脱落,并残留有溃疡灶,有时延伸到肌层。

三、诊断与疫情报告

根据临床症状和病理变化可作出初步诊断,确诊需进一步做实验室诊断。

1. 病毒的分离与鉴定:分离病毒时可将组织悬液、全血、血浆或其他接种物接种到易感的组织培养物上。一般说来,细胞性接种物优于无细胞接种物,因为前者通常比后者含有较高的病毒滴度。用这种方法分离到的病毒可在实验动物上复制出典型疾病或进一步做包括中和试验在内的血清学分析鉴定。只要能排除白血病/肉瘤群或淋巴组织增殖症病毒的感染,接种的培养物上产生 C 型病毒颗粒和存在逆转录酶也有诊断价值。

2. 血清学诊断:可用含有抗体的参考血清作琼脂筋胶沉淀素扩散试验测定待检血清中的病毒抗原。抗体试验对于查明鸡群,包括作为无特定病原而饲养的鸡群是否接触过病毒是非常有用的。

本病为我国二类动物疫病。发生疫情时,应立即向当地兽医主管部门、动物卫生监督机构或动物疫病预防控制机构报告,并逐级上报至国务院畜牧兽医行政主管部门。

四、疫苗与防治

没有疫苗预防本病。目前尚无有效治疗方法,只有采取一般性的防疫消毒和卫生管理措施。

注意将雏鸭、成年鸭、老龄鸭分开饲养。尽量圈养,如需放养,应注意驱赶野鸭,不要让家鸭和野鸭接触,避免鸭、鸡混群。发现病禽应及时采取隔离、扑杀措施,烧毁或深埋。对污染的禽舍要进行彻底清洗消毒。

第九节　鸡病毒性关节炎

鸡病毒性关节炎又称病毒性腱鞘炎,是由禽呼肠孤病毒引起鸡的一种传染病。本病以关节炎、腱鞘炎、腓肠肌腱断裂为特征。

一、病原及流行病学特点

禽呼肠孤病毒属呼肠孤病毒科、禽呼肠孤病毒属,有 11 个血清型,有的有致病性。本病毒对热稳定,对乙醚不敏感,对氯仿轻度敏感,对含量为 2% 的来苏水、3 % 的甲醛溶液有抵抗力,而含量为 70% 的乙醇、0.5% 的有机碘可灭活病毒。

病鸡和带毒禽（病毒在鸡体内持续生存至少289天，并长期通过肠道排出）是重要传染源。病毒存在于病鸡和带毒禽的消化道和呼吸道中。病毒经消化道或呼吸道侵入机体，并在消化道、呼吸道复制，经血液向各组织器官扩散。病鸡在鸡群中既能经水平传染，又能经蛋垂直传播。鸡与鸡之间的直接或间接接触均可发生水平传播，排毒途径主要经消化道，病毒通过粪便污染饲料、饮水，或污染孵化用的种蛋而传播。在生殖器官中有病毒存在，可经蛋垂直传播。

本病仅见于鸡，主要发生于肉鸡和肉蛋兼用鸡。各日龄的鸡均可发生本病，但临床上多见4~16周龄的鸡，尤其是4~6周龄期间。本病一年四季均可发生，以冬季为多发，一般呈散发或地方性流行。

二、临床症状及病理变化

人工感染的本病的潜伏期在1~11天，自然接触感染的本病的潜伏期约为2周。

临床特征为趾曲肌腱和跖伸肌腱肿胀，在跗关节上部进行触诊或拔去羽毛观察均能发现。跗关节或肘关节腔中常有少量草黄色或带血色的渗出液。病鸡跛行，步样蹒跚。病性转为慢性时，腱鞘硬化和黏连，关节不能活动。

在跗关节、趾关节、跖屈肌腱及趾伸肌腱常可见到明显的病变。在病的急性期，可见关节囊及腱鞘水肿、充血或点状出血，关节腔内含有少量淡黄色或带血色的渗出物。慢性病例的关节腔内渗出物较少，关节硬固，不能将跗关节伸直到正常状态，关节软骨糜烂，滑膜出血，肌腱断裂、出血、坏死，腱和腱鞘黏连等。有时还可见到心外膜、肝脏、脾脏和心肌上有细小的坏死灶。

三、诊断与疫情报告

根据典型临床症状和病理变化可作出初步诊断，确诊需进一步做实验室诊断。

1. 病原分离与鉴定：可选用肿胀的腱鞘、跗关节或胫骨关节液、气管和支气管及肠内容物、脾脏等病料接种于5~7日龄鸡胚分离病毒；细胞培养，病毒能在原代鸡胚细胞、肾、肝、肺、巨噬细胞、绿猴肾、兔肾等多种细胞上生长，尤以2~6周龄原代鸡肾细胞或肝细胞培养物最合适，感染细胞可观察到包涵体；在进行动物试验时，由于病毒普遍存在于禽体内，因此需用分离到的病毒给1日龄或2周龄易感雏鸡做足垫内接种试验，以此证明分离物具有致病力。

2. 血清学检查：最常用的有琼脂扩散试验、酶联免疫吸附试验（ELISA）方法。

可将有水肿的滑膜用营养肉汤或细胞培养液制成10%的悬液，或可取脾脏制备悬液，把处理好的病料放−20℃保存备用。

本病为我国三类动物疫病。发生疫情时,应立即向当地兽医主管部门、动物卫生监督机构或动物疫病预防控制机构报告,并逐级上报至国务院畜牧兽医行政主管部门。

四、疫苗与防治

疫病常发地区可采用疫苗(活苗或灭活苗)免疫接种,因为活疫苗会干扰马立克病疫苗的免疫,所以应制订正确的免疫程序。对于种鸡群,一般于1~7日龄、4周龄时各接种1次弱毒疫苗,开产前接种1次灭活疫苗。对于肉鸡群,多在1日龄时接种1次弱毒疫苗。弱毒疫苗多经饮水免疫,灭活疫苗的接种则经肌肉注射。在未确定当地病毒的血清型之前,一般可选用抗原性较为宽广的二价疫苗。

对本病尚无有效的特异性治疗方法。必须采用全进全出的饲养方式。可用含量为0.5%的有机碘进行环境消毒。杜绝从疫区购进种雏苗、种蛋,同时加强饲养管理,尤其是对幼鸡的饲养管理。一旦发病,应淘汰病鸡群,对场地进行彻底清洁、消毒,空置2~3周后再引进新的鸡群。

第十节 禽传染性脑脊髓炎

禽传染性脑脊髓炎又称流行性震颤,是由禽脑脊髓炎病毒引起的一种主要侵害雏鸡中枢神经系统的传染病。本病主要以共济失调,头颈振颤和两肢麻痹、瘫痪为特征。产蛋鸡表现为产蛋下降,蛋重减轻。

一、病原及流行病学特点

禽脑脊髓炎病毒属微RNA病毒科、肠病毒属。病毒对乙醚、氯仿、胰酶、酸有抵抗力。

本病传染源为病鸡及带毒鸡。本病经消化道或通过种蛋垂直传播。感染动物为鸡,各种日龄鸡均可感染,但以2~3周龄鸡多发。雉鸡、鹌鹑和火鸡也可感染。本病一年四季均可发生。

二、临床症状及病理变化

经胚胎感染的雏鸡的潜伏期为1~7天,自然感染的潜伏期为11天以上。本病主要以嗜睡,头颈振颤,共济失调,肢体麻痹或瘫痪为特征。病鸡不愿走动,强行驱赶时常以两翅拍地或以跗关节和胫关节着地行走。有的病鸡出现一侧或两侧眼球晶状体混浊或褪色,失明。产蛋鸡表现为产蛋量下降,蛋重减轻。病鸡采食、

饮水以及蛋壳硬度、颜色正常。病死雏鸡一般无明显剖检病变,有时可见脑部轻度充血。

病理组织学病变特征表现为中枢神经系统非化脓性脑脊髓炎,出现大量由小淋巴细胞浸润形成的血管套,神经胶质细胞增生。神经细胞变性坏死,中央染色质溶解,并出现轴突型变性。外周神经系统无病变。腺胃肌层和胰腺间质内淋巴滤泡呈灶状增生。

三、诊断与疫情报告

根据临床症状和病理变化可作出初步诊断,确诊需进一步做实验室诊断。

1. 病原检查:将病死鸡脑组织经研磨和双抗处理制成脑组织悬液后,通过卵囊接种于5~7日龄易感鸡胚,继续孵化出雏,观察雏鸡发病症状及其脑、胃等组织是否有特征性病变。感染的雏鸡可产生用病毒中和试验或间接免疫荧光试验测出的免疫应答。

2. 血清学检查:琼脂扩散试验(检查群特异性沉淀抗原,可用于本病普查,对耐过型病鸡用本法也可检出)、中和试验、荧光抗体试验(可检出受感染组织中的抗原)。

本病为我国三类动物疫病。发生疫情时,应立即向当地兽医主管部门、动物卫生监督机构或动物疫病预防控制机构报告,并逐级上报至国务院畜牧兽医行政主管部门。

四、疫苗与防治

本疫苗系用脑脊髓炎病毒 AE 弱毒株接种鸡胚培养繁殖,取感染的鸡胚液加保护剂,经冷冻真空干燥制成。常发地区可考虑采用疫苗免疫,接种疫苗的鸡可产生较强的抵抗力,并可将抵抗力通过卵黄传给子代。

把好引进种蛋关,不从疫区引进种蛋,患病母鸡所下蛋不得留作种用。本病目前尚无有效疗法。鸡群一旦发病,立即扑杀并进行无害化处理,鸡舍、场地、用具应经常消毒,净化2周后才能引进新鸡。

第十一节　传染性鼻炎

传染性鼻炎是由副鸡嗜血杆菌引起的鸡的一种急性呼吸道传染病,以鼻腔和窦发炎、喷嚏和脸部肿胀为主要特征。

一、病原及流行病学特点

副鸡嗜血杆菌是一种革兰氏阴性，两极浓染，没有运动性，容易形成丝状的小杆菌。分离培养需用鲜血琼脂培养基或巧克力琼脂培养基。本菌对外界环境理化因素的抵抗力很弱，在自然环境中数小时即可死亡。常用的消毒剂即可杀死本菌。

本病主要发生于蛋鸡（肉种鸡和育成鸡也可发病）主要经过污染的饮水和饲料传播本病。此病在鸡场发生，具有来势猛、传播快的特点。多发生于秋冬和早春季节，鸡群饲养密度过大，鸡舍寒冷潮湿，通风不良，维生素缺乏等都是造成该病发生的诱因。

二、临床症状及病理变化

本病的潜伏期 1~4 天。主要的症状是食欲明显下降，流鼻液，病鸡甩头，颜面浮肿，下痢，蛋鸡产蛋率明显下降。

主要病变是上呼吸道的急性卡他性炎症，鼻腔及窦黏膜充血、水肿、黏膜肥大细胞浸润。

三、诊断与疫情报告

根据病鸡的流行病学特点和临床病理特征，可作出初步诊断。本病与慢性呼吸道病、慢性鸡霍乱、禽痘以及维生素缺乏症等的症状相类似，需进一步作出鉴别诊断。确诊需进一步做实验室检验。

1. 病原分离鉴定：最好是采集扑杀 2~3 只处于急性阶段的病鸡，以无菌操作，用棉试子插入眼下窦腔内，然后涂布在培养基上。本病在普通培养基上不能生长，其生长发育必须有血液成分参与，常用的培养基有巧克力琼脂、鸡血清鸡肉汤琼脂等，在分离培养时还必须要求 5%~10% 的 CO_2 环境。本菌在固体培养基上生长，初期培养物具有较强的荧光性菌体，有荚膜，为短小杆菌，两端钝圆，但后期荧光和荚膜消失，菌体呈多形性。

2. 血清学试验：常用的有平板凝集试验和琼脂扩散试验。检查血清中的相应抗体。

本病为我国三类动物疫病。发生疫情时，应立即向当地兽医主管部门、动物卫生监督机构或动物疫病预防控制机构报告，并逐级上报至国务院畜牧兽医行政主管部门。

四、疫苗与防治

目前我国已研制出鸡传染性鼻炎油佐剂灭活苗，经实验和现场应用对本病

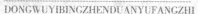

流行严重地区的鸡群有较好的保护作用。可根据本地区情况自行选用。

鸡场在平时应加强饲养管理，改善鸡舍通风条件，做好鸡舍内外的动物卫生消毒工作，以及病毒性呼吸道疾病的防制工作，提高鸡只抵抗力对防治本病有重要意义。

鸡场内每栋鸡舍应采用全进全出的饲料方式，禁止不同日龄的鸡混养。清舍之后要彻底进行消毒，空舍一定的时间后方可让新鸡群进入。

副鸡嗜血杆菌对磺胺类药物非常敏感，是治疗本病的首选药物；可选用磺胺噻唑按 0.5% 拌料的用量，或磺胺二甲基嘧嗪按 0.5% 的用量饮水，连用 1 周；还可选用复方新诺明，用量为 30 毫克/千克，连服 7 天。

第十二节　禽结核病

禽结核病是由禽型结核杆菌引起禽的一种慢性传染病。以消瘦，贫血，受侵器官组织结核性结节为特征。

一、病原及流行病学特点

禽型结核杆菌为短而小，呈多形性的革兰氏阳性菌。本菌不产生芽胞和荚膜，不能运动，齐–尼氏抗酸染色，该菌呈红色，为严格需氧菌，本菌对热抵抗力差，在含量为 70% 的酒精、40% 的漂白粉中很快死亡。病菌对外界环境的抵抗力很强，在干燥的分泌物中能够数月不死。本菌对磺胺类药物、青霉素不敏感，而对链霉素、异烟肼等药敏感。

本病传染源为病禽及带菌动物。主要经消化道和呼吸道感染。鸡、火鸡、鸭、鹅、孔雀、鸽、捕获的鸟类和野鸟均可感染。其中鸡尤以成年鸡最易感。牛、猪和人也可感染。

二、临床症状及病理变化

本病的潜伏期约两个月至一年不等。

本病以渐进性消瘦和贫血为特征。病鸡表现胸肌萎缩、胸骨突出或变形，鸡冠、肉髯苍白。如果关节和骨髓发生结核，可见关节肿大、跛行，肠结核可引起严重腹泻。

病变部位有大小不等、灰黄色或灰白色结核结节，常见于肝脏、脾脏、肠和骨髓等处。肠壁、腹膜、卵巢、胸腺等处也可见到结核结节。

三、诊断与疫情报告

根据临床症状和典型的结核病理变化可作出初步诊断，应注意与肿瘤、伤寒、霍乱相鉴别。结核病最重要的特征是在病变组织中可检出大量的抗酸杆菌，而在其他任何已知的禽病中都不出现抗酸杆菌。确诊需进一步做实验室诊断。

1. 病原分离鉴定：取结核结节制成涂片，发现抗酸染色的细菌，即可确认本病。

2. 血清学方法：常用禽结核菌素皮下注射或点眼法来确诊，还可用平板凝集试验。

本病为我国三类动物疫病。发生疫情时，应立即向当地兽医主管部门、动物卫生监督机构或动物疫病预防控制机构报告，并逐级上报至国务院畜牧兽医行政主管部门。县级以上兽医主管部门通报同级卫生主管部门。

四、疫苗与防治

已有报道用疫苗预防接种来预防禽结核病，但目前还未做临床应用。

预防和控制本病应采取综合性防制措施。经结核菌素试验为阳性反应的鸡应扑杀或烧毁，并对场地和环境用含量为5%的石炭酸液或含量为10%的漂白粉进行多次消毒。引进健康无传染病的鸡群，加强饲养管理，做好环境卫生消毒，重复检疫2~3次，确认无传染病时，才能继续饲养。动物要分开隔离饲养，鸡和其他动物要单独圈舍。防止鼠类或鸟类进入鸡舍带病原。

链霉素、异烟肼、利福平(甲哌力复霉素)等对本菌有抑杀作用。

第十三节 兔球虫病

兔球虫病是艾美耳属的多种球虫寄生于兔的小肠或胆管上皮细胞内引起家兔最常见且危害严重的一种原虫病，对养兔业的危害极大。

一、病原及流行病学特点

兔球虫均属艾美耳属，共有16个种，除斯氏艾美耳球虫寄生于胆管上皮细胞内之外，其余各种都寄生于肠黏膜上皮细胞内，常混合感染。目前在我国已发现7种。

兔艾美耳球虫的发育需要经过裂殖生殖、配子生殖和孢子生殖3个阶段。前面两个阶段是在胆管上皮细胞(斯氏艾美耳球虫)或肠上皮细胞(小肠和大肠寄生的各种球虫)内进行的，后一发育阶段是在外界环境中进行的。兔球虫卵囊在温度20℃,湿度55%~75%的外界环境中,经2~3天即可发育成为感染性卵囊。卵囊对化学消毒药物及低温的抵抗力很强,大多数卵囊可以越冬。但对日光和干燥很敏感,直射阳光在数小时内能杀死卵囊。

各品种的家兔对球虫均易感,12周龄的幼兔感染更为严重,死亡率高,成年兔多为带虫者。主要经口吞食成熟卵囊而引起。此外,恶劣的饲养环境也可促成本病的发生和传播。

发病季节多在春暖多雨时期,如兔舍内经常保持在10℃以上,随时可能发病。

二、临床症状及病理变化

病兔食欲减退或废绝,精神沉郁,眼分泌物增多,贫血,下痢,幼兔生长停滞。可出现神经症状,四肢痉挛,麻痹,多因过度衰竭而死亡。死亡率一般在50%~60%,有时可达80%以上。

本病主要表现为肝表面和实质内有许多白色或淡黄色结节,呈圆形。病程长时,肠黏膜呈浅灰色,有许多小的白色硬结和小的化脓性、坏死性病灶。

三、诊断与疫情报告

可根据症状、流行病学情况、病理变化及镜检确诊(注意不能单靠粪检发现虫卵进行确诊)。可用直接涂片法和饱和盐水漂浮法来检查卵囊。

本病为我国二类动物疫病。发生疫情时,应立即向当地兽医主管部门、动物卫生监督机构或动物疫病预防控制机构报告,并逐级上报至国务院畜牧兽医行政主管部门。

四、疫苗与防治

目前尚无疫苗。

可用一种兔球虫病专用药物"疫苗",将抗球虫药物与缓释剂混合后利用纳米技术喷制成极小的颗粒,这些细小的颗粒注射到兔体内后,经缓慢吸收后释放药物,使兔体内始终保持较高的血药浓度,可持续2个月以上(即在注射本品后2个月内无需再用同类抗球虫药物),如同兔体内产生了高浓度的抗球虫抗体。

应加强兔场管理,将成年兔和小兔分开饲养,断乳后的幼兔要立即分群,单独饲养。要保证饲料新鲜及清洁卫生,饲料应避免被粪便污染,每天清扫兔笼及运动场上的粪便,要定期消毒。

如发现病兔应按《中华人民共和国动物防疫法》规定,采取严格控制、扑灭措施,防止扩散。病兔应隔离、治疗或扑杀,病死兔的尸体、内脏等应深埋或焚烧。兔笼、用具等应严格消毒，兔粪堆积发酵。消灭兔场内的鼠类、蝇类及其他昆虫。

在本病流行季节可在饮料中添加药物预防：

1. 氯苯胍：以精料为主的断乳仔兔，按剂量为 150ppm 混入饲料给药，连续 45 天，可收到良好的预防效果。以青为主的断乳仔的用药剂量为 6 毫克/千克。本病暴发时可用 300ppm 剂量混入饲料给药作紧急治疗，1 周后改用 150ppm 混饲。

2. 磺胺二甲氧嘧啶：按 75 毫克/千克剂量（日量）混饲，连用 3 天停药 1 周。以此方式在 1 月内 3 次循环用药，能有效地控制本病。

3. 磺胺氯吡嗪：按 30 毫克/千克剂量（日量）饲喂，连用 10 天，必要时停药 1 周再用 10 天，也可按 300 ppm 混入饲料或按 200 ppm 加入饮水，连续喂饮 1 个月。

4. 磺胺二甲嘧啶：按 1000ppm 混入饲料或按 2000ppm 加入饮水，连续喂饮 2~4 周。

5. 在精料中经常拌入切碎的洋葱、大蒜、韭菜有利于预防球虫病。在梅雨季节给兔喂食蒲公英、紫花地丁、青蒿、车前草、鱼腥草、铁苋菜、鸭跖草，有消炎、利湿、排毒的作用，对预防球虫病有一定的效果。

第七章　蚕、蜂病(4种)

第一节　蚕型多角体病

蚕型多角体病分质型多角体病和核型多角体病两种。

一、质型多角体病

质型多角体病又称中肠型脓病,俗称干白肚,是由质多角体病毒寄生于蚕中肠圆筒形细胞,并在细胞质内形成多角体的一种传染病。

1. 病原及流行病学特点:质型多角体病毒属呼肠孤病毒科、质型多角体病毒属。病毒的稳定性与病毒存在环境条件等有关,游离态病毒对外界环境抵抗力弱,而多角体抵抗力较强。质型多角体在干燥状态下保持1年后还有相当的活力,但遇高温易失去活性。在普通的蚕室中本病毒的致病力至少可保持3~4年。在用含量为2%的甲醛、石灰水饱和溶液浸渍20分钟,用含量为0.3%的有效氯的漂白粉溶液浸泡3分钟,用含量为1%的石灰水浸泡5分钟;在100℃的湿热中经过3分钟或日光曝晒10小时,都能使之失去活力。

病蚕是主要传染源。野外患本病的昆虫也可成为传染源。本病主要经口感染,也可能经伤口感染。病毒存在于病蚕体内,随粪和吐出的消化液排出体外,污染蚕室、蚕具、贮桑室及桑叶,健康蚕食入被污染的桑叶或接触污染的蚕具及环境即可感染。

桑蚕、樗蚕、蓖麻蚕均可感染,尤以桑蚕最易感。桑螟、美国白蛾、赤腹舞蛾等野外昆虫也可感染。

蚕的发病率与品种、蚕龄、季节有关。杂交一代比其亲本抵抗力强,杂交品种中夏秋蚕比春蚕抵抗力强;盛食期蚕比起蚕、眠眠期蚕抵抗力强;春季因温度、桑叶质量等条件较好，蚕抵抗力强，发病率相对较低；夏秋季因气温高、桑叶失水萎凋、蚕室高温、蚕座潮湿蒸热等可致使发病率升高。

2. 临床症状和病理变化：本病的潜伏期较长，一般为1~2龄期。

本病以空头、起缩和腹泻为特征。

本病发病初期症状不明显，随病势的进展，蚕食欲减退，群体发育不齐，蚕体大小悬殊。体色失去光泽，呈白陶土色，胸部半透明呈"空头状"，行动迟缓。病情加剧后，常呆伏于蚕座四周，排出白色的粒粪，死时吐出胃液。起蚕得病，皮肤多皱，体色灰黄，食桑逐渐停止，起缩下痢。

蚕群体发育不齐，病蚕常排乳白色黏粪。当挤压蚕胸部或尾部时，流出的肠液呈米汤状，黏粪带乳白色。轻度病蚕，在第8环节背面撕开体壁，中肠后部有乳白横皱纹。后期，则解剖后中肠部位呈乳白色脓肿现象。

3. 诊断与疫情报告：根据群体发育不齐，病蚕常排乳白色黏粪。当挤压蚕胸部或尾部时，流出的肠液呈米汤状，黏粪带乳白色。轻度病蚕，在第8环节背面撕开体壁，中肠后部有乳白横皱纹，可作出初步诊断，确诊需进一步做实验室诊断。

（1）病原检查。取中肠后部组织一小块，置于显微镜下观察，见到大量折光性强、大小不等的六角形或四角形多角体即可确诊。

（2）血清学检查。双向扩散法和对流免疫电泳法。

质型多角体病为我国三类动物疫病。发生疫情时，应立即向当地兽医主管部门、动物卫生监督机构或动物疫病预防控制机构报告，并逐级上报至国务院畜牧兽医行政主管部门。

4. 疫苗与防治：目前尚无疫苗。

应彻底消灭病原，养蚕前要用含量为1%的有效氯漂白粉液或含量为0.5%的新鲜石灰浆，将蚕室、蚕具等彻底消毒。

防止病原体扩散传染，蚕期饲育过程要严格捉青、分批、防止混批饲育。及时淘汰弱小蚕。发现病蚕要马上使用蚕座消毒剂及时处理蚕沙，防止病毒蔓延。饲育过程应按养蚕技术要点进行，促使蚕体发育，严格控制蚕期的温、湿度。

二、核型多角体病

核型多角体病又称血液型脓病或体腔型脓病，欧洲称黄疸病或脂肪病，是核型多角体病毒寄生、繁殖于寄主血细胞及体腔内各组织细胞核内而引起蚕的一种传染病。

1. 病原流行病学特点：核型多角体病毒为杆状毒科、多角体病毒属。本病毒在细胞核内形成一种特异的核型多角体(一种结晶蛋白质)，其中包含着许多病毒粒子。病毒粒子由多角体蛋白质保护，对不良环境有较强的抵抗力。但被碱性溶液溶解而释放出来的病毒和游离在多角体之外的游离病毒，对环境的抵抗力是很弱的。

游离态的病毒在 37.5℃中，经过 1 天左右就失去致病力，并且在含量为 1% 的甲醛溶液里、0.3% 的漂白粉溶液中分别于 3 分钟、1 分钟失去致病力。核型多角体内的病毒，在常温下保存 2~3 年仍有致病能力。在夏季日光下曝晒 2 天以上，用含量为 2% 的甲醛溶液消毒 15 分钟，含量为 0.3% 的有效氯的漂白粉溶液或含量为 1% 的石灰浆消毒 3 分钟，都能杀死多角体内的病毒。

病蚕是主要传染源。患本病的野外昆虫也是传染源。本病主要经口感染，也可经体表伤口接触感染。病蚕流出的脓性体液及病昆虫的排泄物污染蚕室、蚕具及桑叶，被健康蚕食入或接触即可感染发病。

家蚕、野蚕、樗蚕、蓖麻蚕、桑蟥等均易感。各龄期蚕均易感染，蚕龄越小易感性越强，同一龄期以起蚕最易感。

2. 临床症状和病理变化：以狂躁爬行，体色乳白，躯体肿胀易破、流出血液呈乳白色脓汁状，泄脓后蚕体萎缩、死亡为特征。稚蚕一般 3~4 天发病死亡，壮蚕 4~6 天发病死亡。

根据发育阶段不同，其症状表现有以下 6 种类型。

（1）不眠蚕型。发生于各龄蚕的催眠期。表现体壁绷紧发亮、呈乳白色，不吃且狂躁爬行，不能入眠。

（2）起缩蚕型。多见于各龄起蚕。表现体壁松弛皱缩、呈乳白色，体型缩小，不吃且狂躁爬行，最后皮破流脓死亡。

（3）高节蚕型。发生于 4~5 龄盛食期。病蚕体皮宽松，环节之间的节间膜肿胀、隆起呈竹节状。隆起部和腹足、有时在气门附近体壁呈明显乳白色，最后皮破流脓而死。

（4）脓蚕型。主要发生于 5 龄后期至上簇前。表现环节中央隆起呈算珠状，体色乳白，皮肤破裂流脓而死或结薄皮茧死亡。

（5）黑斑型。多发于 3~5 龄蚕。病蚕左右腹脚呈对称性焦黑色，成焦足蚕。有的在气门周围出现黑褐色环状病斑。

（6）蚕蛹型。一般见于 5 龄后期,有的感染蚕发病迟缓,虽能营茧化蛹,但蛹体呈暗黄色,极易破裂,一经震动即可流出脓液而死。

3. 诊断与疫情报告:患核型多角体病的蚕,大多数出现在迟眠蚕中,所以养蚕时要特别注意对不眠蚕(青头蚕)的处理。根据临床症状和病理变化可作出初步诊断,确诊需进一步做实验室诊断。

病原检查:取病蚕体液或组织块制成涂片,在 600 倍显微镜下检查,如发现有整齐的六角体或四角体即可确诊。

本病为我国三类动物疫病。发生疫情时,应立即向当地兽医主管部门、动物卫生监督机构或动物疫病预防控制机构报告,并逐级上报至国务院畜牧兽医行政主管部门。

4. 疫苗与防治:无疫苗。

蚕室、蚕具彻底消灭病原。其方法有两种:

（1）漂白粉消毒。对蚕室、蚕具进行漂白粉液喷雾消毒。消毒时间在养蚕前 3~4 天。喷药后保持湿润半小时以上。

（2）福尔马林消毒。蚕室用喷雾法,蚕具用喷雾或浸渍法消毒。一般于养蚕前 7 天左右消毒,消毒后封闭蚕室,温度保持在 23℃以上,经 24 小时后打开门窗,待药味散发后方可养蚕。

严格蚕期卫生制度,及时消灭室内外的污染源。严格分批捉青,淘汰弱小蚕,蚕座经常撒药。选拔培育抗病的蚕品种。

第二节　蚕白僵病

蚕白僵病是由白僵菌侵入蚕体引起,以病死蚕尸体干涸硬化并被白色分生孢子覆盖为特征。

一、病原及流行病学特点

蚕僵病种类很多,分别由不同科、不同属真菌寄生蚕体引起死亡,死亡后因蚕尸体硬化不易腐败而称为僵病或硬化病。通常以僵化尸体上大量分生孢子的颜色来命名,如白僵病、绿僵病、黄僵病、赤僵病、灰僵病、草僵病等。其中以白僵病最常见。

白僵菌属丛梗孢科白僵菌属,其生长周期为分生孢子、营养菌丝、芽生孢子和气生菌丝。

覆盖于白僵蚕尸体上白色的分生孢子是传染源。

本病的传播途径为直接接触或经伤口感染。分生孢子随风飞散，落入蚕座并附于蚕体壁后，在适宜的温湿度下经 6~8 小时发芽，并穿透体壁进入体内寄生。

蚕和野生昆虫均易感染，蛹和蛾也可感染。本病在各养蚕季节均可发生，但以温暖潮湿季节和地区多发。

二、临床症状和病理变化

病蚕体表散在暗褐色油渍状病斑，死前呕吐且排软便，死后尸体逐渐硬化，有的从尾部开始呈现桃红色或全身酱红色。死后 1~2 天，自硬化尸体的气门、口器及节间膜等处先长出气生菌丝，继而布满全身。最后在菌丝上生出无数分生孢子，状似白粉。

三、诊断与疫情报告

初死时，蚕体伸展，头胸部突出，稍吐液。蚕的体色灰白，手触软而有弹性。有时可见到淡褐色或油渍状针尖大小的病斑，或在气门处出现 1~2 个圆形的大病斑，血液浑浊，尸体逐渐变硬，有时呈桃红色，最后被覆白色粉被，可作出初步诊断，确诊需进一步做实验室诊断。

病原检查：可取蚕血液在显微镜下检查，如有圆筒形成卵圆形的短菌丝及营养菌丝即确诊。

本病为我国三类动物疫病。发生疫情时，应立即向当地兽医主管部门、动物卫生监督机构或动物疫病预防控制机构报告，并逐级上报至国务院畜牧兽医行政主管部门。

四、疫苗与防治

目前尚无疫苗。

在生产过程中，应严格进行蚕室、蚕具、蚕卵及环境的消毒工作。发生白僵病后，要隔离病蚕，严格处理白僵病的尸体及蚕鞘、蚕粪等。

驱除桑园虫害，防止患病的害虫及其尸体、排泄物等附在桑叶上混入蚕室。饲养中控制好蚕室的温、湿度，特别是湿度，要控制在 75% 以下，以抑制白僵菌分生孢子发芽。

加强蚕体、蚕座消毒。目前使用的防僵药剂有漂白粉、灭菌丹、防僵粉等。这些防僵药剂可以抑制杀灭附在蚕体皮肤上的白僵菌孢子。

做好蛹期防僵工作。可适当推迟削茧鉴蛹的时期,在削茧鉴别蛹时进行蛹体消毒。另外,在裸蛹保护过程中,可用硫磺熏烟消毒。

第三节 蜜蜂孢子虫病

蜜蜂孢子虫病又名微粒子病,是由蜜蜂微孢子虫引起的一种成年蜂消化道传染病。本病主要以下痢,中肠膨大无弹性、呈灰白色为特征。

一、病原及流行病学特点

蜜蜂微孢子虫系单细胞原生动物,属原生动物门孢子虫纲、微孢子目、微孢子虫科、微孢子虫属。在蜜蜂体外以孢子形态存活,孢子长 4~6 微米,宽 2~3 微米,长椭圆形。

孢子对外界环境有很强的抵抗力。在蜜蜂尸体内可存活 5 年,在干燥的蜂粪中能存活 2 年,在蜂蜜中可存活 10~11 个月,在水中可存活 100 多天,在巢房里可存活 2 年。孢子对化学药剂的抵抗力也很强,在含量为 4% 的甲醛溶液中能存活约 1 小时,在含量为 10% 的漂白粉溶液里存活 10~12 小时,在含量为 1% 的石炭酸溶液中能存活 1 分钟。高温的水蒸气只要 1 分钟就能杀死孢子,直射阳光需要 15~32 小时才能杀死孢子。

本病的传染源为病蜂。每只病蜂体内有数百万个微孢子虫孢子,可通过粪便排出污染蜂箱、巢脾、蜂蜜、花粉、水等。经蜜蜂口器感染,孢子虫进入蜜蜂的中肠内增殖。迷巢蜂、盗蜂或换箱、换脾、合并蜂群可造成蜂间传染。

蜜蜂成蜂易感,幼虫和蛹不感染。雌性蜂比雄性蜂,尤其是蜂王易感。

本病一年四季都可发生,但以早春多发,晚秋次之,夏季和秋季少发。在我国广东、广西、云南、四川以 2~3 月,江浙一带以 3~4 月,华北、西北、东北以 5~6 月为发病高峰,7~8 月份急剧下降,秋冬寒冷季节降到最低程度。

二、临床症状和病理变化

《陆生动物卫生法典》规定本病的潜伏期为 60 天。

本病以下痢,中肠膨大失去光泽、弹性,呈灰白色或乳白色为特征。病蜂萎靡、衰弱,行动迟缓,翅膀发抖,飞翔无力,常被健蜂追咬,多趴在框梁、箱底板上或蜂箱前的草地上,不久即死亡。

三、诊断与疫情报告

根据流行病学、临床症状和病理变化可作出初步诊断,确诊需进一步做实验室诊断。

采取壮年可疑病蜂 20 只左右,放入乳钵内研碎后,加灭菌水 10 毫升,制成悬浮液。取悬浮液 1 滴放于载玻片上,加上盖玻片,在 400~600 倍显微镜下检查,如发现多量椭圆形具有蓝色折光的孢子时,即可确诊。

本病为我国三类动物疫病。发生疫情时,应立即向当地兽医主管部门、动物卫生监督机构或动物疫病预防控制机构报告,并逐级上报至国务院畜牧兽医行政主管部门。

四、疫苗与防治

目前尚无疫苗。

蜂群越冬饲料要用不含甘露蜜的成熟蜜。要把蜂群放在向阳、高燥的地点,保持环境安静。越冬室温要保持在 2℃~4℃,并注意通风良好和干燥。

病群的蜂王或病王及时处理、更换。在早春,选择室外温度不低于 10℃ 的晴天,让病蜂群做排泄飞行。

每年春季对所有的蜂箱、巢脾、巢框以及蜂具等进行一次彻底消毒。

可用 4% 的福尔马林溶浸泡空巢脾或喷脾,然后将其消毒过的巢脾放入空蜂箱内密闭,20℃ 室温下置放 4 小时以上;可用福尔马林蒸汽消毒,或用 80% 的醋酸蒸汽消毒,或用火焰喷灯灼烧蜂箱及其他木制、竹制的蜂具;也可用 2% 烧碱刷洗蜂箱对其他木制、竹制的蜂具进行消毒。

第四节　白垩病

白垩病又叫石灰质病,是由蜂球囊菌寄生引起蜜蜂幼虫死亡的一种真菌性传染病。

一、病原及流行病学特点

蜂球囊菌为一种真菌,只侵袭蜜蜂幼虫。蜂球囊菌是单性菌丝体,为白色棉絮状,有隔膜,雌雄菌丝仅在交配时形态才有不同,为雌雄异株性真菌,单性菌丝不形成厚膜孢子或无性分生孢子,两性菌丝交配后产生黑色子实体,孢子在暗褐绿色的孢子囊里形成,呈球状聚集,孢子囊的直径为 47~140 微米,单个孢子球形,大小为(3.0~4.0)微米×(1.4~2.0)微米,它具有很强的生命力,在自然界中保存15年以上仍然有感染力。

病死幼虫和被污染的饲料、巢脾等是本病传染源。主要通过孢子囊孢子和子囊孢子传播。蜜蜂幼虫食入污染的饲料,孢子在肠内萌发,长出菌丝并可穿透肠壁。大量菌丝使幼虫后肠破裂而死,并在死亡虫体表形成孢子囊。

感染动物为蜜蜂幼虫,尤以雄蜂幼虫最易感。成蜂不感染。

孢子囊增殖和形成的最适温度是30℃左右,蜂巢温度从35℃下降至30℃时,幼虫最易感染。因此,在蜂群大量繁殖时,由于保温不良或哺乳蜂不足,造成巢内幼虫受冷时最易发生。每年4~10月发生,4~6月为高峰期。潮湿、过度的分蜂、饲喂陈旧发霉的花粉、应用过多的抗生素以至改变蜜蜂肠道内微生物区系、蜂群较弱等都可诱发本病。

二、临床症状和病理变化

白垩病主要使老熟幼虫或封盖幼虫死亡。幼虫死亡后,初呈苍白色,以后成灰色或黑色。幼虫尸体干枯后成为质地疏松的白垩状物,体表布满白色菌丝。

三、诊断与疫情报告

从病死僵化的幼虫体表面挑取少量幼虫尸体表层物进行镜检,发现有白色棉絮菌丝和充满孢子的子囊时,结合临床特征可确诊为本病。

本病为我国三类动物疫病。发生疫情时,应立即向当地兽医主管部门、动物卫生监督机构或动物疫病预防控制机构报告,并逐级上报至国务院畜牧兽医行政主管部门。

四、疫苗与防治

目前尚无疫苗。

把蜂群放在高燥地方,保持巢内清洁、干燥。不喂发霉变质的饲料,不用陈旧发霉的老脾。在发生本病后,首先撤出病群内全部患病幼虫脾和发霉的粉蜜脾,并更换清洁无病的巢脾供蜂王产卵。更换下来的巢脾用二氧化硫烟薰(密闭)消毒4小时以上,硫磺用量按10框巢3~5克计算。

经换脾、换箱的蜂群,要及时饲喂含量为0.5%的麝香草酚糖浆,以后每隔3天喂1次,连续喂3~4次,麝香草酚要先用适量的含量为95%的酒精溶解后加入糖浆内。

第八章 犬猫等动物病(6 种)

第一节 水貂阿留申病

水貂阿留申病又称貂浆细胞增多症，是由阿留申病毒引起貂的一种慢性进行性传染病。本病主要以侵害网状内皮系统致使血清丙种球蛋白、浆细胞增多和终生病毒血症为特征，并伴有动脉炎、肾小球肾炎、肝炎、卵巢炎或睾丸炎等。

一、病原及流行病学特点

貂阿留申病毒属细小病毒科、细小病毒属。本病毒对乙醚、氯仿、含量为0.4%的甲醛和清洁剂有抵抗力，但对含量为 1%的甲醛和含量为 1%~1.5%氢氧化钠的敏感。本病毒对热的抵抗力也很强，在加热 80℃、10 分钟或 100℃、3 分钟时才被灭活。在 pH 值为 2.8~10 范围内仍保持活力。

传染源为病貂和带毒貂。通过唾液、粪、尿等分泌物和排泄物排毒，污染饲料、饮水、用具和环境，经消化道、呼吸道感染。病母貂可经胎盘感染仔貂。蚊子可传播此病。

各种水貂均可感染，但以阿留申基因型貂最易感。本病一年四季均可发生，但多发生于秋冬季节。气候寒冷、潮湿常促使病情加剧。

二、临床症状及病理变化

自然情况下，本病的潜伏期平均为 2~3 个月，长的达 7~9 个月甚至 1 年以上。人工接种感染为 21~30 天。

本病以口渴、贫血、衰竭、血液检查浆细胞增多和血清丙种球蛋白增高 4~5倍为特征。病貂口渴，食欲下降，进行性消瘦。可视黏膜苍白，口腔黏膜及齿龈出血或溃疡。粪便呈煤焦油样。神经系统受到侵害时，则出现抽搐，痉挛，共济失调，后肢麻痹症状。病的后期出现拒食、狂饮、死亡。

病变主要表现在肾脏、脾脏、淋巴结、骨髓和肝脏,尤其以肾脏病变最显著。病初肾肿大 2~3 倍,呈灰色或淡黄色,表面有黄白色小病灶或点状出血;后期肾萎缩,呈灰白色。肝初期肿大,呈暗褐色,后期不肿大,呈黄褐色或土黄色。如发病,急性经过时脾肿大,呈暗红色;慢性经过时脾脏萎缩,呈髓样肿胀。

三、诊断与疫情报告

根据临床症状和病理变化可作出初步诊断,确诊需进一步做实验室诊断。

可用碘凝试验和对流免疫电泳检查。目前多采用对流免疫电泳法检查,即在貂感染阿留申病后第九天,产生沉淀性抗体,能持续 190 天。本法的阳性检出率达 100%,具有很高的特异性。

本病为我国三类动物疫病。发生疫情时,应立即向当地兽医主管部门、动物卫生监督机构或动物疫病预防控制机构报告,并逐级上报至国务院畜牧兽医行政主管部门。

四、疫苗与防治

尚无商品疫苗。

中国农业科学院特产研究所研制的中试产品水貂阿留申病灭活疫苗对水貂具有较好的免疫保护作用。

没有特异性的预防和治疗方法。为控制和消灭本病,必须采取综合性的防制措施。引进种貂要严格检疫。对污染貂群,以对流免疫电泳方法,通常在每年 11 月选留种时和 2 月配种前进行 2 次检疫。淘汰阳性貂,选留阴性貂做种用。如此连续检疫处理 3 年, 就有可能培育成无阿留申病貂的健康群。对被感染貂的粪便、尿、唾液等污染的器具、场舍等进行彻底消毒是有效的防制措施。

第二节 水貂病毒性肠炎

水貂病毒性肠炎是由水貂细小病毒引起的高度接触性、急性传染病。其特征是胃肠黏膜发炎、腹泻,粪便中含有大量黏液和灰白色脱落的肠黏膜,有时还排出灰白色圆柱状肠黏膜套管。

一、病原及流行病学特点

病毒属细小病毒科、细小病毒属的小 DNA 病毒,不具有囊膜。对乙醚、氯仿、酸、热有抵抗力。本病毒在猫、貂、雪貂的肾、脾、心等培养细胞上生长良好，将这些感染细胞不加任何处置进行观察，不易认出细胞病变，但经染色后，可检出明显的核内包涵体。

本病传染源是患病动物和带毒动物，带毒母貂是最危险的传染源。病后康复动物的排毒期可在 1 年以上。病毒经患病动物和带毒动物的粪便、尿、精液、唾液等排出体外，污染饲料、饮水及用具，经消化道和呼吸道感染。猫科、犬科以及貂科等动物均有易感性，水貂最为易感，尤其幼龄水貂更易感。本病常呈地方流行性和周期性流行，传播迅速，全年均能发生。但以夏季发生较多。发病率达 60%，病死率达 15% 以上，其中幼龄仔貂的病死率更高。

二、临床症状及病理变化

本病的潜伏期为 4~8 天。可分以下 3 种病程。

1. 最急性型：突然发病，见不到典型症状，经 12~24 小时很快死亡。

2. 急性型：精神沉郁，食欲废绝，但渴欲增加，喜卧于室内，体温升高达 40.5℃以上。有时出现呕吐，常有严重下痢，在稀便内经常混有粉红色或淡黄色的纤维蛋白。重症病例还能出现因肠黏膜脱落而形成圆柱状灰白色套管。患病动物高度脱水，消瘦，经 7~14 天死亡。

3. 亚急性型：与急性型相似。腹泻后期，往往出现褐色、绿色稀便或红色血便，甚至煤焦油样便。患病动物高度脱水，消瘦。经 14~18 天死亡。

少数病例耐过后逐渐恢复食欲而康复，但可长期排毒而散播病源。

剖检可见小肠肠壁显著弛缓而充血，内容物水样并有恶臭，也可见肠系膜淋巴结肿胀，脾肿胀。

三、诊断与疫情报告

根据临床症状和病理变化可作出初步诊断，确诊需进一步做实验室诊断。

1. 碘凝集试验：采取病貂 1 滴血清置载玻片上，滴加 1 滴新配制的碘液（碘化钾 4 克，用少量蒸馏水溶解，然后加入碘 2 克，最后加蒸馏水到 30 毫升，充分混合溶解，置棕色瓶中放暗处备用），轻摇混合，1~2 分钟后判定，出现暗褐色絮状凝集物者为阳性。

2. 对流免疫电泳法：在血清和抗原之间形成一条清晰白色沉淀线，稍偏向血清孔为阳性。

本病为我国三类动物疫病。发生疫情时，应立即向当地兽医主管部门、动物卫生监督机构或动物疫病预防控制机构报告，并逐级上报至国务院畜牧兽医行政主管部门。

四、疫苗与防治

可用水貂病毒性肠炎灭活疫苗进行皮下注射。49~56 日龄水貂，每只注射 1 毫升；种貂可在配种前 20 日，每只再注射 1 毫升。免疫期为 6 个月。

国内新研制出水貂病毒性肠炎、犬瘟热、肉毒中毒三联疫苗，免疫效果很好。

严格的卫生管理和疫苗接种是本病的有效防制措施。一般对繁殖用母貂，每年在配种前数月或分娩后数月进行疫苗接种；有母源抗体的仔貂，当其抗体消失时或没有母源抗体的仔貂在离乳后，立即接种。采取科学饲养管理，严格检疫隔离，加强防疫消毒等综合性防疫措施。

尚无特效疗法，对发病水貂，为控制细菌性并发症的发生，减轻症状和死亡，可根据临床表现，酌情使用抗生素或磺胺类药物以及必要的对症治疗。注射青霉素、维生素 B_{12}、多核苷酸及给予肝制剂等，也是临时的解救办法，只能改善病貂的自身状况，不能达到治愈的目的。

第三节　犬瘟热

犬瘟热是由犬瘟热病毒引起的犬、狐、貂等皮毛动物的一种急性、热性、高度接触性传染病。其特征是鼻炎，严重的消化道障碍和呼吸道炎症，少数病例发生脑炎。

一、病原及流行病学特点

犬瘟热病毒属副黏病毒科、麻疹病毒属。为 RNA 型，对乙醚敏感。–70℃或冻干可存活一周，本病毒对碱性敏感，所以用含量为 3%的烧碱消毒效果良好。本病毒可在鸡胚绒毛尿囊膜、鸡胚成纤维细胞、犬肾原代细胞中增殖。在犬肾原代细胞上培养除出现巨嗜细胞和包涵体，在鸡胚成纤维细胞除出现细胞病变外，也可出现蚀斑。

犬为最易感动物，无年龄、性别和品种的差异。死亡率平均为 20%，神经型为 90%。在自然界狼、水貂和狐狸等均可感染。感染源主要为患病动物。可通过消化道、呼吸道和阴道分泌物感染。本病一般每隔 3 年流行一次，多发生于 10~12 月间，3 月龄至 1 岁的幼犬多发。

二、临床症状及病理变化

病犬体温为双相热型(即病初体温高达40℃左右,持续1~2天后降至正常,经2~3天后,体温再次升高,第二次体温升高时(少数病犬死亡),出现呼吸道症状、化脓性结膜炎症状,后期发生角膜溃疡。皮肤上出现米粒状大小的红点、水肿、化脓性丘疹,之后发生下痢。

感染病毒后出现轻度的支气管炎,初期可见散在的小灶状支气管肺炎,其他无特征性病变。

三、诊断与疫情报告

根据流行病学和典型临床症状可以作出诊断。如果采取典型病例的病料作病理组织学检查,见到胞浆和胞核内的嗜酸性包涵体,即可确诊。但为了与类似疾病区别,必需进一步做实验室检查。

1. 电镜及免疫电镜检查:采取病死动物的肠黏膜刮取物、粪便、肝和脾等,经处理后,进行电镜及免疫电镜检查,如发现具有多形有囊膜的副粘病毒颗粒,即可确诊。

2. 荧光抗体染色检查:采取发病初期的眼结膜,或采集白细胞悬液,亦可用肝脏、脾脏切面制成涂片,以特异性荧光抗体染色后镜检,如发现荧光细胞,即可确诊。

3. 生物学试验:一般采取急性濒死动物的病料,经处理后给分窝后15天以上尚未进行预防接种的幼龄犬、幼龄貂皮下或肌肉注射疫苗5~8毫升,待实验动物发病死亡后,再用荧光抗体染色检查。

本病为我国三类动物疫病。发生疫情时,应立即向当地兽医主管部门、动物卫生监督机构或动物疫病预防控制机构报告,并逐级上报至国务院畜牧兽医行政主管部门。

四、疫苗与防治

目前国产犬三联、五联或七联疫苗均可用来预防犬瘟热等常见多种疾病。推荐的免疫程序为:幼犬于7~9周龄时开始接种,然后以2~3周的间隔连续接种2~3次,以后每年加强免疫1~2次。进口疫苗较多使用荷兰英特威国际有限公司犬系列疫苗,对7周龄犬首免的血清学应答率可达90%,对9周龄以上犬免疫的血清学应答率可达100%,预防保护性确实,鉴于当前幼犬发病率很高,推荐犬于4~6周龄时注射小犬二联苗,8~9周龄时注射犬五联和犬钩体苗,12周龄时重复注射,并同时注射狂犬苗。以后每年加强免疫1次。

本病有效的防制措施是犬瘟热疫苗接种和严格的卫生管理。新生动物于分窝后 2~3 周进行皮下注射,水貂为 1 毫升,狐、貉、幼犬均注射 3 毫升,成龄犬注射 5 毫升。其后每年注射 2 次。

发生本病后,应迅速隔离或淘汰。污染场所彻底消毒。病死犬应深埋或焚烧处理。

一般治疗多使用有效的抗生素和磺胺制剂等,死亡率明显降低,同时还要注意其他对症治疗,防止继发感染。

第四节 犬细小病毒病

犬细小病毒病是犬的一种具有高度接触性传染的烈性传染病。临床上以急性出血性肠炎和心肌炎为特征。

一、病原及流行病学特点

犬细小病毒属细小病毒科、细小病毒属,具有与其他细小病毒相同的理化学特性。犬细小病毒的抵抗力较强,在 pH 值为 3~9 时较稳定,在 56℃时、经 60 分钟对其无大的影响,并对脂溶剂有抵抗力。对甲醛溶液、氧化剂和紫外线敏感。混于有机物中的病毒,其抵抗力明显增高。

犬细小病毒对犬具有高度的接触性传染性,各种年龄的犬均可感染。但以刚断乳至 90 日龄的犬发病较多,病情也较严重。幼犬有的可呈现心肌炎症状而突然死亡。纯种犬及外来犬比土种犬发病率高。本病一年四季均可发生,但以天气寒冷的冬春季多发。病犬的粪便中含毒量最高。

二、临床症状及病理变化

被细小病毒感染后的犬,在临床上可分为肠炎型和心肌炎型 2 种。

1. 肠炎型:自然感染的本病的潜伏期为 7~14 天,病初表现发热(40℃以上),病犬表现为精神沉郁,不食,呕吐,发病 1 天左右开始腹泻(病初粪便呈稀状,随病状发展,粪便呈咖啡色或番茄酱色样的血便)以后次数增加、里急后重,血便带有特殊的腥臭气味。血便数小时后病犬表现严重脱水症状,眼球下陷,鼻境干燥,皮肤弹力高度下降,体重明显减轻。对于肠道出血严重的病例,由于肠内容物腐败可造成内毒素中毒和弥散性血管内凝血,使机体休克、昏迷死亡。

2. 心肌炎型:多见于 40 日龄左右的犬,病犬先兆性症状不明显。有的突然呼吸困难,心力衰弱,短时间内死亡;有的犬可见有轻度腹泻后而死亡。

出血性肠炎病犬的剖检变化为十二指肠和空肠充血、水肿,浆膜出血,肠腔内有红色水样物。回肠也有类似的变化。淋巴结和胸腺充血、出血。心肌炎病犬的剖检变化为肺严重水肿,浆膜出血。心肌和心内膜上有坏死灶,心肌纤维弹力降低、水肿,并伴有出血斑纹。心肌病变细胞内有核内包涵体。

三、诊断与疫情报告

根据临床症状和病理变化可作出初步诊断,确诊需进一步做实验室诊断。

1. 电镜及免疫电镜检查:采集典型病死动物带有脱落肠黏膜的粪便 1 份,加入 5 份蒸馏水,充分混匀,经 3000 转/分钟离心 20 分钟,吸取上清液,加入等量的氯仿,充分振荡混合,再按上述方法离心沉淀后,做电镜透射法或免疫电镜检查,如发现细少病毒颗粒,即可确诊。

2. 血清学诊断:应用血凝和血凝抑制试验,是一种临床上常用的特异、简便的诊断方法,既可用于病犬脏器和粪便中的病毒抗原检测,又可用于病犬血清中的血凝抑制抗体的检查。

在诊断时应注意与犬的其他病毒病如犬瘟热、犬传染性肝炎、犬冠状病毒病、犬轮状病毒病等相区别。

本病为我国三类动物疫病。发生疫情时,应立即向当地兽医主管部门、动物卫生监督机构或动物疫病预防控制机构报告,并逐级上报至国务院畜牧兽医行政主管部门。

四、疫苗与防治

定期注射疫苗,可注射犬细小病毒灭活疫苗或弱毒苗。免疫程序为成年犬每年 1 次,仔幼犬在第 7~8 周龄及第 10~12 周龄接种 2 次。目前多使用细小病毒性肠炎等五联苗,其使用方法,可按照疫苗说明书进行。

发现本病应立即进行隔离饲养。防止病犬和病犬饲养人员与健康犬接触,对犬舍及场地用含量为 2% 的火碱水或含量为 10%~20% 的漂白粉等反复消毒。

犬细小病毒病早期应用犬细小病毒高免血清治疗。目前我国已可生产本疫苗,临床应用有一定的治疗效果。可采取补液对症疗法,用等渗的葡萄糖盐水加入含量为 5% 的碳酸氢钠注射液给予静脉注射。可根据脱水的程度决定补液量的多少。如须消炎、止血、止吐,可用庆大霉素 1 万单位/千克、地塞米松 0.5 毫克/千克进行混合肌肉注射,或卡那霉素 5 万单位/千克、地塞米松进行混合肌肉注射。胃复安的用量为 2 毫克/千克。

第五节 犬传染性肝炎

犬传染性肝炎是由犬传染性肝炎病毒所引起的犬及其他犬科动物的一种急性败血性传染病,该病的特征是循环障碍、肝小叶中心坏死、肝实质细胞和内皮细胞的核内出现包涵体。

一、病原及流行病学特点

犬传染性肝炎病毒属腺病毒科、哺乳动物腺病毒属。本病毒抵抗力很强,冻干后能长期存活,在含量为0.2%的福尔马林液体中24小时灭活,在50℃时、经150分钟或在60℃时、经3~5分钟后灭活,对乙醚和氯仿有耐受性。在室温下pH值为3~9的环境中可存活。对含量为95%的乙醇有很强的抵抗力。

本病主要发生在1岁以内的幼犬,成年犬很少发生且多为隐性感染,即使发病也多能耐过。病犬和带毒犬是主要传染源。病犬的分泌物、排泄物均含有病毒,康复带毒犬可自尿中长时间排毒。该病主要经消化道感染,也可经胎盘感染。呼吸型病例经呼吸道感染。体外寄生虫可成为传播媒介。本病发生无明显季节性,以冬季多发,幼犬的发病率和病死率均较高。

二、临床症状及病理变化

犬传染性肝炎在临床上一般分为肝炎型和呼吸型2种。

1. 肝炎型:初生犬及1岁以内的犬发病多为最急性型。体温升高达41℃,腹痛、呕吐、腹泻,粪便中带血,多在24小时内死亡。病程稍长的病例,除上述症状外可见精神沉郁,流水样鼻液,结膜发炎,流泪,口腔及齿龈出血或见出血点,比较特殊的症状是头、颈、眼睑及腹部皮下水肿,可视黏膜轻度黄染。较轻的病例仅见食欲不振、体温稍高、流鼻液等症状,一般持续2~3天。

2. 呼吸型:病犬体温升高,呼吸加快,心跳快,节律不齐。咳嗽,流有浆性或脓性鼻液。有的病犬呕吐或排稀便。有的病犬扁桃体肿大伴有咽喉炎。

病死犬肝炎型可见腹腔积有大量浆性或血样液体。肝脏肿大,有出血点或斑。胃肠道可见有出血。全身淋巴结肿大、出血。呼吸型病例可见肺膨大、充血,支气管淋巴结出血,扁桃体肿大、出血等变化。

三、诊断与疫情报告

根据流行病学、临床症状和病理解剖作出初步诊断,突然发病和出血时间延

长是犬传染性肝炎的暗示,确诊尚依赖于特异性诊断。

1. 病毒分离:采取生前发热期病犬血液,或用棉笺粘取扁桃体;采取死后病犬全身各脏器及腹腔液,特别是肝或脾最为适宜,将病料接种犬肾原代细胞或幼犬眼前房中(角膜浑浊产生包涵体),可出现腺病毒所具有的特征性细胞病变,并可检出核内包涵体。

2. 血凝抑制反应:利用传染性肝炎病毒能凝集人的 O 型红细胞、鸡红细胞的特性,进行血凝抑制试验。

3. 皮内变态反应:将感染的脏器制成乳剂,进行离心沉淀,取其上清液用福尔马林处理后作为变态反应原。将这种变态反应原接种于皮内,然后观察接种部位有无红、肿、热、痛现象,若有为阳性,反之为阴性。

4. 与犬瘟热的鉴别诊断:肝炎病例易出血,且出血后凝血时间延长,而犬瘟热没有这种现象;肝炎型病例解剖时有特征性的肝和胆囊病变以及腹腔中的血样渗出液,而犬瘟热无此现象;肝炎病毒感染后在感染组织中发现核内包涵体,而犬瘟热主要为胞质内包涵体;肝炎病毒人工感染能使犬、狐发病,而不能使雪貂发病,则犬瘟热极易使雪貂发病,且死亡率高达 100%。

本病为我国三类动物疫病。发生疫情时,应立即向当地兽医主管部门、动物卫生监督机构或动物疫病预防控制机构报告,并逐级上报至国务院畜牧兽医行政主管部门。

四、疫苗与防治

平时应加强饲养管理,严格动物卫生综合防制措施。定期进行免疫接种。常用的疫苗有犬传染性肝炎弱毒疫苗,犬传染性肝炎与犬细小病毒性肠炎二联苗和犬五联苗(狂犬病、犬瘟热、副流感、传染性肝炎、细小病毒性肠炎)。对 30~90 日龄的犬接种 3 次,90 日龄以上的犬接种 2 次,每次间隔 2~4 周。每次注射用量:五联苗为 2 毫升,二联苗为 1 毫升,可获 1 年的免疫期。

当犬发病后为了缓解病情,控制感染可应用犬传染性肝炎高免血清。为防止继发感染可用广谱抗生素进行治疗。针对病犬症状可采取适当的对症疗法和全身疗法也是非常必要的,如保肝利胆可口服肝泰乐片,为改善全身状况和提高机体抵抗力可输液,给予多种维生素制剂。对无治愈可能的犬应立即扑杀、淘汰,进行无害化处理。对污染的环境可用含量为 3% 的福尔马林、火碱水、次氯酸钠或含量为 0.3% 的过氧乙酸进行消毒。

第六节 猫泛白细胞减少症

猫泛白细胞减少症又称猫瘟热或猫传染性肠炎，是由猫泛白细胞减少症病毒引起的猫及猫科动物的一种急性、高度接触性、致死性传染病。临床表现为患猫突发高热、呕吐、腹泻、脱水等循环血液中白细胞减少为特征。

一、病原及流行病学特点

猫泛白细胞减少症病毒属细小病毒科、细小病毒属。本病毒在核内增殖，可在猫肾、肺原代细胞上良好生长，且产生细胞病变及伴有核内包涵体。本病毒对外界因素具有极强的抵抗力，能耐56℃(30分钟)的加热处理，当pH值为3~9时本病毒具有一定的耐受力。有机物内的病毒，在室温下能存活1年。对含量为70%的酒精、有机碘化物、酚制剂和季胺溶液也具有较高的抵抗力。

各种年龄的猫均可感染，由于种群的免疫情况不同，发病率和死亡率的变化相当大。1岁以下的幼猫多发，感染率可达70%，死亡率为50%~60%，最高达90%。成年猫也可感染，但常无临床症状。

自然条件下可通过直接接触及间接接触而传播。处于病毒血症期的感染动物，可从粪、尿、呕吐物及各种分泌物排出大量病毒，污染饮食、器具及周围环境。康复猫可长期排毒1年之久。妊娠母猫还可通过胎盘垂直传播给胎儿。

本病流行特点为冬末至春季多发，尤以3月份发病率最高。

二、临床症状及病理变化

本病的潜伏期为2~9天，通常在4~5天。临床上表现为最急性型、急性型和亚急性型。

1. 最急性型：病猫在无明显临床症状而突然死亡，往往误认为是中毒。

2. 急性型：病猫的病程进展迅速，在精神沉郁后24小时内发生昏迷或死亡。急性型病例的死亡率为25%~90%。

3. 亚急性型：病程一般在7天左右。第一次发热时体温40℃左右，随后体温降至常温，2~3天后体温再次升高，呈双相热型。病猫精神不振，被毛粗乱，厌食，呕吐，出血性肠炎和脱水症状明显，眼、鼻流出脓性分泌物。妊娠母猫感染猫瘟热后可造成流产和死胎。由于猫瘟热对处于分裂旺盛期细胞具有亲和性，可严重侵害胎猫脑组织。因此，所生胎儿小脑发育不全。

本病以出血性肠炎为特征,主要表现为胃肠道空虚,整个胃肠道的黏膜面均有不同程度的充血、出血、水肿及钎维素性渗出物覆盖,其中空肠和回肠的病变尤为突出,肠壁严重充血、出血及水肿,致肠壁增厚似乳胶管样,肠腔内有灰红或黄绿色的钎维素性坏死性假膜或钎维素条索。肠系膜淋巴结肿大,切面湿润,呈红、灰、白相间的大理石样花纹或呈一致的鲜红或暗红色;肝脏肿大,呈红褐色;胆囊充盈,胆汁黏稠;脾脏出血;肺脏充血、出血和水肿;长骨骨髓变成液状,完全失去正常硬度。

三、诊断与疫苗报告

猫泛白细胞减少症的临床表现特征非常明显,根据流行病学、临床双相热型、骨髓多脂状、胶冻样及小肠黏膜上皮内的病毒包涵体等病理变化及血液白细胞大量减少即可作出初步诊断。确诊需做病毒的细胞培养和病毒分离。

1. 病毒分离及动物接种:用易感的断乳仔猫作人工感染,或将病料接种于仔猫肾原代或传代细胞上培养,以观察发病情况、核内包含体和细胞病变,以及血凝特性等,确认病毒。

2. 中和试验:用猫肾或猫肺原代细胞培养中和试验,根据核内包涵体和细胞病变的有无作出判断。

3. 血凝及血凝抑制试验:利用本病毒能凝集猪红细胞的特性,对粪便、细胞培养物或血清标本作血凝及血凝抑制试验。

4. 免疫荧光试验:用以检查感染猫脏器组织或感染细胞内的病毒抗原(包含体)。

四、疫苗与防治

我国研制成一种猫源毒细胞培养灭活疫苗,免疫程序为在6周龄断奶后进行第1次免疫接种,间隔3~4周(9~13周龄)进行第2次免疫注射,以后每年进行1次预防注射。

定期接种疫苗可有效预防本病,但应注意弱毒疫苗不能用于孕猫,也不能用于小于4周龄的仔猫,因为这可能导致脑性共济失调。

平时应搞好猫舍及其周围环境的卫生,病死猫和中后期病猫扑杀后均应深埋或焚烧。用含量为1%的福尔马林溶液彻底消毒污染的料、水、用具和环境,以切断传播途径,控制疫情发展。

尚无特效药物用于治疗,用抗生素防止混合或继发性的细菌感染,同时输入液体等支持疗法,以减少死亡。免疫血清几乎无效。

第九章 鱼类病(16种)

第一节 白斑综合征

白斑综合征是由白斑综合征杆状病毒复合体引发对虾的一种综合性病症。白斑综合征杆状病毒复合体主要对虾体的造血组织、结缔组织、前后肠的上皮、血细胞、鳃等系统进行感染破坏。

一、病原及流行病学特点

白斑综合征杆状病毒复合体主要有皮下及造血组织坏死杆状病毒、日本对虾杆状病毒、系统性外胚层和中胚层杆状病毒及白斑杆状病毒等。病毒粒子为杆状,包含双链DNA。斑节对虾、日本对虾、中国对虾、南美白对虾等都能因感染而患病,甚至造成死亡。

白斑病主要是水平传播,经口感染,即病虾把带毒的粪便排入水体中,污染了水体或饵料,健康的虾吞食后也被感染,或健康的虾吞食病虾、死虾后感染,或使用发病池塘排出的污水而被感染等。白斑综合征病程急,一般虾池发病后2~3天,最多也不过7天可使全池虾死亡。病虾小者体长4厘米,大者7~8厘米以上。因此,对虾早期白斑病的确切诊断至关重要。

白斑病也常引发弧菌病,使病虾死亡更加迅速,死亡率也更大。发病前期水体理化因子变化较大(pH值在一天中的变化甚至超过0.5),水体的透明度较小,有机物的耗氧量较大。

二、临床症状及病理变化

患白斑综合杆状病毒的病虾一般表现为停止摄食,行动迟钝,体弱,弹跳无力,漫游于水面或伏在池边,或在池底不动,很快死亡。病虾体色轻度变红(或暗红,或红棕色),部分虾体的体色也不会改变。发病初期可在头胸甲上见到针尖样大小白色斑点,数量不是很多,需注意观察才能见到,并且可见对虾肠胃还充满食物,头胸甲不易剥离。病情严重的虾体较软,白色斑点扩大甚至连成片状。有严重者全身都有白斑,有部分虾伴肌肉发白,肠胃也没有食物,空空的,用手挤压甚至能挤出黄色液体,头胸甲很容易剥离。

病虾的肝、胰脏肿大,颜色变淡且有糜烂现象,血凝时间长,甚至不会产生血凝。

三、诊断与疫情报告

白斑病的诊断从外观症状即可初步确诊,也可通过目前常用的基因核酸探针的方法进行诊断是否携带病毒。做到尽早预防或采取正确的防治处理方法。

本病列入我国一类动物疫病病种名录。发生疫情时,应立即向当地渔业主管部门上报,并逐级上报至国务院渔业行政主管部门。

四、疫苗与防治

目前尚无商品疫苗。马来西亚大学一位教授研发出了对虾白斑综合征病毒疫苗,正在做商业化前的最后鉴定。国内目前有关对虾白斑综合征病毒亚单位疫苗的研究大多围绕诱导产生高效免疫应答能力的囊膜蛋白进行免疫接种方式来展开。

由于白斑病毒的来势较快,感染率较高,死亡率较大,因而对白斑病的预防工作尤为重要。第一,要做好养殖池塘的清淤、消毒及培水工作。第二,要选择健康无病毒的虾池进行放养。第三,饲养管理过程中要注意水质及各种理化因子的变化。保持水体的相对稳定。第四,投喂营养全面的颗粒饲料。第五,坚持巡塘,定期检查,正确诊断,积极治疗。养殖过程中一般采用益水宝、高能氧、亚硝酸盐降解灵等。保持水体的相对稳定,采用二溴海因、强克101等进行池塘消毒,杀灭抑制水体中病原微生物的繁殖。饲料中添加维C、免疫多糖、生物酶添加剂等提高虾体的免疫力,改善肠胃的微循环;同时,添加对虾病毒净、中鱼尼考等抗菌药物控制虾体内病原微生物的繁殖。

发病虾池的控制方法。采用高能氧全池泼洒,其用量为千万分之一至千万分之二小时后采用强克101进行全池泼洒,共用量为千万分之二,第二天再次泼洒强克101,用量同前。第三天泼洒二溴海因,其用量为千万分之二(注意:每次泼洒消毒剂需开动增氧机,尤其是泼洒强克101后更须如此)。第六天起全池泼洒益水宝,用量为千万分之五,在外用药物的同时,须在饲料中添加部分药品及添加剂,通常每千克饲料添加中鱼尼考 1.5 克、维生素 C 2 克、免疫多糖 4 克、水产用利巴韦林 0.5 克及生物酶 2 克,须连续投喂 5~7 天。

第二节　草鱼出血病

草鱼出血病是由呼肠弧病毒引起当年草鱼鱼种的一种传染性疾病。这是一种流行广,流行季节长,发病率高,死亡率极高的一种疾病。对草鱼鱼种的生产造成严重损失。

一、病原及流行病学特点

病毒的个体极小,呈颗粒状,须在电子显微镜下才能看清。病毒为 20 面体结构的球形颗粒,直径为 65~72 纳米,具双层衣壳,无囊膜,为双链 RNA 类型病毒。这种病毒寄生在鱼体组织细胞中,具有很强的抗药性,所以难以用药物治疗。

人工感染健康的草鱼,从感染到发病死亡,约需 4~15 天,一般是 7~10 天。

从 2.5~15 厘米大小的草鱼都可发病,有时大草鱼也患病。本病发病率高,死亡率达 70%~80%,往往造成大批或整体草鱼鱼种死亡。青鱼也可感染。鲢鱼、鳙鱼、鲤鱼种,无论在鱼池内与草鱼鱼种混养或在人工感染条件下,都未发现患出血病的情况。

一般从 6 月下旬到 10 月上旬仍有流行,长的可持续于整个鱼种培育阶段,8 月份为流行高峰季节。

水温在 20℃~30℃时发生流行,最适流行水温为 27℃~30℃。在浅水塘,高密度草鱼,单养池发病常为急性型,来势猛快,发病后 2~3 天内即出现大批死亡,10 天左右出现死亡高峰,2~3 周后,池中草鱼有部分死亡。在稀养的大规格鱼种池或混养池中发病常为慢性型。一般病情发展缓和,每天死亡数量并不明显,但病程较长,常可持续到 10 月份。此病如遇到恶劣天气,大多为急性型。

二、临床症状及病理变化

患病初期,病鱼食欲减退,体色发黑,其头部先发黑,有时可见尾鳍边缘褪色,好似镶了白边,有时背部两侧会出现一条线白色带,随后病鱼即表现出不同部位的出血症状。口腔、上下颌、头顶部、眼眶周围、鳃盖、鳃及鳍条基部充血,有时眼球突出。病鱼体色发暗,微带红色。主要有红肌肉型、红鳍红鳃盖型、肠炎型 3 种。

1. 红肌肉型:撕开病鱼的皮肤或对准阳光或灯光透视鱼体,可见皮下肌肉充

血现象,有全身充血和点状充血;

2. 红鳍红鳃盖型:病鱼鳍基、鳃盖充血,常伴有口腔充血;

3. 肠炎型:病鱼肠道充血,常伴随松鳞、肌肉充血。

剥除鱼的皮肤,可见肌肉呈点状或斑块状充血、出血,严重时会全身肌肉呈鲜红色,这是鳃带贫血,发白而呈"白鳃";肠壁充血、出血而呈鲜红色,肠内无食物;肠系膜及其周围脂肪、鳔、胆囊、肝脏、脾脏、肾脏也有出血点或"白丝";个别情况下,鳔及胆囊呈紫红色,当肌肉出血严重时,肝脏、脾脏、肾脏的颜色常变淡。

三、诊断与疫情报告

根据临诊症状及流行情况进行初步诊断,但要注意以肠出血为主,草鱼出血病和细菌性肠炎病的区别。活检时出血病的肠壁弹性较好,肠壁内黏液较少,严重时肠腔内有大量细菌细胞及成片脱落的上皮细胞;而肠炎的肠壁弹性较差,肠腔内黏液较多,严重时肠腔内有大量黏液和坏死脱落的上皮细胞,红细胞较少。酶联免疫吸附试验,灵敏、准确、特异,可用于早期诊断。

本病列入我国二类动物疫病病种名录。发生疫情时,应立即向当地渔业主管部门上报,并逐级上报至国务院渔业行政主管部门。

四、疫苗与防治

可用疫苗为草鱼出血病灭活疫苗。对草鱼进行腹腔注射免疫。当年鱼种注射时间是 6 月中下旬,当鱼种规格在 6~6.6 厘米时即可注射。每尾注射疫苗 0.2 毫升,一冬龄鱼种每尾注射 1 毫升左右。经注射免疫后的鱼种,其免疫保护力可达 14 个月以上。同时还可用浸泡疫苗进行浸泡免疫。

草鱼出血病的病毒可以通过水来传播,患病的鱼和死鱼不断释放病毒,病毒的抗药性强而造成药物治疗的困难。目前比较有效的药物预防方法:

1. 每 100 千克鱼用克列奥-鱼复康 50 克拌饲料投喂,1 天 1 次,连喂 3~5 天。在发病季节(7~9 月)还可每月用该药 2 个疗程,每个疗程连用 3 天,对预防出血病有效。

2. 在发病季节,每次用 15 千克生石灰溶水全池(每 667 平方米水面,水深 1 米)泼洒,每隔 15~20 天泼洒 1 次,也有一定预防效果。

第三节 传染性脾肾坏死病

传染性脾肾坏死病是由传染性脾肾坏死病毒引起养殖鳜鱼大量死亡的一种传染性疾病。

一、病原及流行病学特点

病原为传染性脾肾坏死病毒。它属于虹彩病毒科的病毒。病毒颗粒直径约125~145 微米,有包膜,切面为六角形、20 面体结构。成熟病毒核壳体为 85~95 微米,包膜厚度为 15~21 微米,核壳体与包膜间的非电子致密区为 25~29 微米。病毒基因组为双链 DNA。

本病主要危害鳜鱼,流行季节是 5~10 月,7~9 月为发病高峰期。气候突变和气温升高、水环境恶化是诱发该病大规模流行的主要因素,本病在水温25℃~34℃发生流行,最适流行温度为 28℃~30℃,20℃以下呈隐性感染。危害各种大小的鳜鱼,不仅可以水平传播,还可垂直传播,鳜在 10 天内死亡率高达 90%。

二、临床症状及病理变化

本病主要症状表现为病鱼嘴张大,呼吸加快加深,失去平衡;部分病鱼体变黑,有时有抽筋样颤动。病鳜体表、口、鳃盖等部位充血;大部分鱼鳃贫血,鳃呈苍白色。

常伴有腹水,肝脏肿大出血,胆囊肿胀,脾脏、肾脏坏死;肠内充满黄色黏稠物;心脏淡红色。

三、诊断与疫情报告

根据症状结合流行情况可初步诊断,确诊须将病变组织进行超薄切片,电镜检查到有大量六角形的病毒颗粒。

本病列入我国二类动物疫病病种名录。发生疫情时,应立即向当地渔业主管部门上报,并逐级上报至国务院渔业行政主管部门。

四、疫苗与防治

尚无商品疫苗。广东中山大学公开了一种鱼类传染性脾肾坏死病毒基因工程疫苗及其制备方法,该疫苗是一种重组蛋白疫苗,可以抑制传染性脾肾坏死病毒对鱼体的感染,使水产鱼类可以健康生长,以减少水产业的损失,增加水产产量和效益,同时避免 DNA 疫苗所存在的弊端。

预防在于严格执行检疫制度。平时加强饲养管理，健康养殖，保持水质优良，提高鱼体抗病力。还可注射多联灭活细胞苗。

本病尚无特效疗法，防治主要是加强平时的消毒工作，流行季节注意控制放养密度，适当稀养，投喂适口饵料鱼，增强鱼体抗病能力。

第四节　锦鲤疱疹病毒病

锦鲤疱疹病毒病是由疱疹病毒引起的一种传染性疾病。

由于该病毒造成病鱼的死亡率极高，疫情难以控制，已引起各国的高度关注，为需要向 OIE 申报的病毒之一。

一、病原及流行病学特点

本病由疱疹病毒（KHV）引起。本病毒属于疱疹病毒科，是双链 DNA 病毒，有囊膜，与其同科的 CHV、CCV 之间有免疫交叉反应。

仅感染鲤和锦鲤，并导致 80%~100% 的死亡率。金鱼、草鱼等混养的鱼不感染。发病高峰水温为 22℃~28℃。病鱼感染后发病快，在 1~2 天内死亡。本病毒的最适培养温度是 21℃，只对锦鲤细胞系敏感，能够产生细胞病变。

二、临床症状

病鱼停止游泳，皮肤上出现苍白的块斑与水泡，鳃出血并产生大量黏液或组织坏死，鳞片有血丝，鱼眼凹陷。患病鱼在 1~2 天内就会死亡。临床症状同许多普通细菌与寄生虫感染的症状相似，所以要特别注意。

三、诊断与疫情报告

由于该病是近年来新发现的一种疾病，目前尚无标准的检测方法。可以用聚合酶链式反应（PCR）方法结合临床症状加以初步诊断。

本病列入我国二类动物疫病病种名录。发生疫情时，应立即向当地渔业主管部门上报，并逐级上报至国务院渔业行政主管部门。

四、疫苗与防治

目前还没有疫苗和有效的治疗方法。

禁止养殖走私苗种，加强锦鲤进口的检验、检疫，发现疑似病例要及时向渔业主管部门上报，并进行样品送检，在送检的过程中做好各项消毒工作，防止病原扩散。杜绝发病池塘和其他水体进行水交换，可以适量进水，禁止排水，防止病原扩散。对于人员、车辆及器具出入场进行严格管制,做好养殖区域人员和工具的消毒工作,用"金维碘"进行消毒。

在鱼类发病期,投喂适当药物,用"金维碘"进行全池消毒。用"净水宝"进行水质改良,降低环境对鱼体的刺激。

对已发病的池塘或地区首先进行封锁,在上级渔业主管部门的指导和监督下,全部进行扑杀。对发病死亡的鱼进行及时深埋等无害化处理,控制和消灭病原体,切断传播途径。

应注意池内的养殖动物不向其他池塘和地区转移,不排放池水,工具未经消毒不在其他池由使用。禁止排水,做好养殖区域人员和工具的消毒,防止病原扩散。

第五节　刺激隐核虫病

刺激隐核虫病是海水鱼类养殖中的常发病害,特别是在养殖密度大、养殖品种单一、水质环境差、鱼的免疫功能下降的情况下,容易暴发刺激隐核虫病。该病一旦暴发,就极难控制,常常造成大规模的死亡和损失,对海水养殖业造成了巨大的危害。

一、病原及流行病学特点

刺激隐核虫又叫海水小瓜虫,是一种隶属隐核虫属、纤毛虫种的刺激隐核虫,寄生于海水硬骨鱼类的皮肤、鳃的上皮下,可引起鱼类的传染性疾病。

刺激隐核虫病是工厂化海水鱼类养殖中的常发病害。本病对海水鱼类养殖危害性较大,大菱鲆、牙鲆、石斑鱼、□鱼、尖吻鱼、红笛鲷、黑鲷、胡椒鲷、斑石鲷等常见经济鱼类均易感染发病,患病初期较难发现,故对该病的防治往往被养殖者忽视,而一旦得病后,病情发展迅速,传染速度快,死亡率高。因此,应定期观察和镜检,一旦发现问题应马上采取相应治疗措施。

二、临床症状及病理变化

初期发病苗种的背部、各鳍上先出现少量白色小点,鱼体因受刺激发痒面擦池底、池壁、网衣或在水面上跳跃,中期鱼体体表、鳃、鳍等感染部位出现许多0.5~1毫米的小白点、黏液增多,感染处表皮状充血、鳃组织因贫血而呈粉红色,随后迅速传染,严重时鱼体表皮覆盖一层白色薄膜。体表的这些小白点是虫体在鱼体表皮上钻孔,鱼受刺激分泌大量黏液,且伴随表皮细胞增生白色的小囊包,因虫体的破坏导致细菌的继发性感染;体表发炎溃疡,鳍条缺损、开叉,眼白浊变瞎,鳃上皮增生、鳃静脉性充血或部分鳃组织贫血。病鱼离群环游,反应迟钝,食欲降下,最后因身体消瘦,运动失调衰弱而死。

显微镜下观察可见鳃小片变形,毛细血管充血,呼吸上皮细胞肿胀、坏死;黏液细胞增生,分泌亢进。解剖可见肠道充血并充满白色黏性分泌物。

三、诊断与疫情报告

可在显微镜下观察有无虫体。患病初期取 1 片鱼鳞放在载玻片上,在显微镜下可观察到有虫滋养体,呈黑色圆形或椭圆形团块状,有的还在作旋转运动。患病后期取鱼体表黏液做水浸片,在显微镜下可看到许多旋转运动的虫体;或将有小白点的鳍条剪下放在盛有海水的白磁盘中用解剖针轻轻将白点的膜挑破,如看到有小虫体滚出,在水中游动即可确诊。

诊断上应注意刺激隐核虫病和黏孢子虫病的区别。患刺激隐核虫病的鱼体体表白点为球形,大小基本相等,比油菜籽略小,体表黏液较多,显微镜下可观察到隐核虫游动;相反,患黏孢子虫病的鱼体白点大小不等,有的呈块状,鱼体黏液很少或没有,观察不到虫体游动现象。

本病列入我国二类动物疫病病种名录。发生疫情时,应立即向当地渔业主管部门上报,并逐级上报至国务院渔业行政主管部门。

四、疫苗与防治

目前尚无疫苗。

刺激隐核虫有胞囊保护,对外界不良环境条件的抵抗能力很强,生产中治疗该病比较困难,故平时养殖管理应采取"预防为主、治疗为辅"的防治方针,加强预防措施,具体措施主要包括:

鱼苗放养前,养殖池要用高锰酸钾或漂白粉严格消毒,彻底杀灭池中残存刺激性隐核虫的胞囊;放养密度不宜太大,根据养殖鱼类生长情况,及时合理分池防止病害水平传播;高温发病季节注意加大水交换量,定期泼洒消毒剂,保证水质清洁、溶氧充足;在养殖过程中应定期洗刷养殖池、坚持认真清扫池底,保证池底整洁。养殖用具如刷子和捞网等应定期消菌,专池专用;投喂高质量全价饲料、定期补加维生素 E、维生素 C,加强营养提高鱼体抗病力;进水口安装过滤网,过滤掉杂鱼、虾和水草杂物,以防刺激隐核虫胞囊随之带进养殖池;清池、分池等日常操作应避免鱼体受伤,操作后要用抗生素进行药浴,以防出现伤口被病原菌继发感染;养殖过程中发现死鱼及时捞出,查明原因后及时采取对应措施;高温发病季节来临之前,可进行药浴预防,经常进行镜检,发现此病要及时治疗。

治疗方法:

1. 用 0.25 克/米³~1.0 克/米³ 硫酸铜,浸泡 4~8 天。

2. 用 0.2 克/米³~0.7 克/米³ 硫酸铜和硫酸亚铁(5:2)合剂,浸泡 4~8 天。

3. 用 100 毫升/米³~200 毫升/米³ 福尔马林溶液,浸泡 2 小时,每晚 1 次,连用 4~6 天。

4. 用 40 毫升/米³~60 毫升/米³ 福尔马林溶液结合抗菌素药,浸泡 4~6 天。

5. 用药剂量和时间,要视不同鱼的忍受程度进行调整。通过对刺激隐核虫病的治疗,对其他纤毛虫类和细菌性疾病也起到一定的杀灭和抑制作用。

第六节 淡水鱼细菌性败血病

淡水鱼细菌性败血病又称出血病,是危害淡水鱼种类最多、流行地区最广、流行季节最长、危害养鱼水域类别最多、造成损失最大的一种急性传染病。

一、病原及流行病学特点

主要病原为嗜水气单胞菌、温和气单胞菌、鲁克氏耶尔森氏菌等。

本病是淡水养鱼危害最严重的疾病之一。由于此病的流行范围很广,发病鱼种类较多,特别是多呈急性流行,发病后死亡率高等特点,最初称之为淡水鱼暴发性流行病。本病在全国各地都有流行,主要危害鲢鱼、鳙鱼、鲤鱼、鲫鱼、团头鲂、白鲫鱼、黄尾鲴鱼、鲮鱼。主要危害 1 个月龄以上的鱼,但近年来已扩大到 2 月龄的鱼种。池塘混养中最早发病的是鲫鱼、白鲫鱼或鲢鱼,随后为团头鲂和鳙鱼,以水温在 28℃~32℃为发病高峰。

二、临床症状及病理变化

早期,病鱼的口腔、颌部、鳃盖、眼眶、鳍及鱼体两侧轻度充血。肠道内尚见少量食物。随着病情发展,充血现象加剧,肌肉呈出血症状,眼眶周围充血,眼球突出,腹部膨大,红肿。

腹腔内有腹水,肝脏、脾脏、肾肿大,肠壁充血、充气、无食物。有的呈鳃灰白色,有少量紫色,肿胀,严重时鳃丝末端腐烂。

三、诊断与疫情报告

根据症状及流行情况进行初步诊断,结合剖解病理变化可作出进一步诊断。用点酶法检测嗜水气单胞菌毒素,该方法敏感性高(可检出的嗜水气单胞菌毒素的最低水平为 95 纳克/毫升,比溶血试验的敏感性高出 40 倍),重复性好,具有较强的特异性,可同时检测大量样本,在 3~4 小时内即可得出结果。

本病列入我国二类动物疫病病种名录。发生疫情时,应立即向当地渔业主管部门上报,并逐级上报至国务院渔业行政主管部门。

四、疫苗与防治

苗种用全菌苗或毒素苗进行免疫,确保放养健康鱼苗。具体有:

冬季除去池底过多淤泥或进行晒、冻及翻动底泥,并用生石灰或漂白粉精进行消毒;加强饲养管理,定期泼洒生石灰,及时加注新水,改善水质,尽量做到少投多餐,投喂一些天然饲料及优质饲料,不喂变质、有毒饲料。在食场周围定期泼洒漂白粉精进行消毒,提高鱼体的抗病力;加强巡塘工作,发现病鱼及时捞出深埋。在本病流行季节前,用显微镜检查一次鱼体,杀灭体外寄生虫,做到发现病情及时防治。

防治方法有以下 3 种。

1. 彻底清塘:

(1)生石灰。每亩用生石灰 60~70 千克或用带水清塘水深 1 米,每亩用生石灰 125~150 千克,15 天后放鱼入池。

(2)漂白粉。每亩用漂白粉 13.5~15 千克。三氯异氰尿酸(强氯精),每立方米水用 5~10 克,间隔 1 天后放鱼入池。注意:放苗前先试水。

2. 水体消毒:应全池泼洒。

(1)生石灰。每亩水深 1 米的水面用 15~20 千克。

(2)漂白粉或漂白粉精。每立方米水体用 1 克漂白粉(有效氯 30%)或每立方米水体用 0.4~0.8 克漂白粉精(有效氯 65%)。。

(3)二氯异氰脲酸钠。每立方米水体用 0.3 克二氯异氰脲酸钠(有效氯 84%)。全池泼洒鱼菌清。

3. 内服:

(1)氟哌酸。每天用本品 10 毫克/千克~20 毫克/千克,拌料投喂。

(2)土霉素。每天用本品 50 毫克/千克,拌料投喂,连用 3~5 天。

（3）用药。如"强克"系列药物,拌料投喂 2~4 天,疗效显著。用药量为氨苄西林钠 2 克/千克+黄芪多糖 3 毫升/千克,拌料投喂,每天 1 次,连用 5 天;聚维酮碘（PVP-I）20 毫克/千克+中药粉剂（板蓝根、贯众五倍子等）1.5 克/千克,连用 7 天。

第七节 病毒性神经坏死病

病毒性神经坏死病是由诺达病毒感染而致海水鱼类的一种神经性传染病。患病鱼常表现出游泳异常,身体失去平衡等典型神经性疾病症状。

一、病原及流行病学特点

本病毒属诺达病毒科、β 诺达病毒属。诺达病毒科是一类细小 RNA 病毒,病毒粒子呈 20 面体结构,大小为 25~30 微米,病毒大小常因感染的种类不同而不同,是最小的动物病毒之一。病毒由衣壳和核心两部分组成,无囊膜。

本病毒耐受性极强,对氯仿有相当的耐受性。本病毒在 50℃下热处理 30 分钟仍有活性,而在 60℃失去活性。在自然干燥条件下至少可维持 40 天的活性。在直射阳光下曝晒 8 小时仍有活性。在海水中至少可维持其活性 60 天以上。

仔鱼和稚鱼易受感染,病死率达 90%,成鱼也可受害。本病毒可通过垂直和水平两种途径传播。受感染的鱼类大都是海水鱼类,包括鳗鲡目、鳕形目、鲈形目、鲽形目和纯形目的 5 个目、117 科,共 40 多种鱼类。

在世界很多国家和地区的海水鱼类发现了此病毒。到目前为止,除非洲之外,其他各大洲均有相关报道。

二、临床症状及病理变化

患病鱼的临床症状常表现为游泳不协调,螺旋状游泳或急促游泳等典型神经性疾病症状,还伴有眼和体色异常,食欲下降,生长缓慢等现象。条石鲷和斑石鲷常表现为活力差,漂浮于水面或横转,不摄食,空胃,鳔膨胀。病鱼体弱,顺水漂浮,外观鱼眼发青,数日全部死亡。

脑组织切片在光学显微镜下可见中枢神经系统空泡和坏死,通常前脑损伤程度比后脑和脊髓要严重。交感神经系统的神经节和脊髓神经节的神经元出现空泡。患病鱼最典型的组织坏死特征是脑灰质细胞胞浆内出现空泡。脑细胞胞质中有嗜碱性的包涵体,其大小因不同鱼类有所不同,而点带石斑鱼的包涵体大小不一。

三、诊断与疫情报告

通过观察鱼的摄食情况、活动状态、游泳情况、生长速率及体色变化等进行初步判断。

可依据病理组织检查,取可疑鱼的脑网膜组织细胞或视网膜做组织切片,并进行 H-E 染色,之后观察有无神经组织坏死、大型空泡。或用电子显微镜观察有无病毒包涵体,也可用荧光抗体测试、酶联免疫吸附试验、PCR 检测等方法进行快速诊断。

本病列入我国二类动物疫病病种名录。发生疫情时,应立即向当地渔业主管部门上报,并逐级上报至国务院渔业行政主管部门。

四、疫苗与防治

本病无疫苗和有效治疗方法,主要以预防为主。

1. 选择健康无病毒的亲鱼进行苗种培育,可用 PCR 法检测亲鱼的生殖腺,并检测产卵前亲鱼血浆中的抗体水平。

2. 消毒受精卵可有效地灭活卵表面的病毒,以 20 毫克/升的有效碘处理 15 分钟,或用 50 毫克/升的有效碘处理 5 分钟,也可用臭氧处理过的海水洗卵 3~5 分钟。

3. 对育苗室、育苗池和器具进行消毒处理。因为病毒对干燥和直射光有很强的耐受力,所以推荐使用消毒剂进行消毒处理。对本病毒有效的消毒剂主要有卤素类、乙醇类、碳酸及 pH 为值 12 的强碱溶液,如用次氯酸钠 50 毫克/升处理 10 分钟。

4. 及时捞出死鱼深埋,并进行池水消毒。

第八节　斑点叉尾鮰病毒病

斑点叉尾鮰疱疹病毒病是由疱疹病毒 I 型感染引起的一种鱼病斑点叉尾鮰的鱼苗、鱼种感染病毒后大批死亡,腹部膨大,眼球突出,鳍基、腹部和尾柄处出血。流行于北美地区,是口岸检疫对象之一。

一、病原及流行情况特点

鮰疱疹病毒 I 型属疱疹病毒科,通称斑点叉尾鮰病毒。本病毒粒子呈 20 面体结构,162 个壳微粒,双股脱氧核糖核酸,有囊膜的病毒颗粒,直径为 175~200

纳米，负染的衣壳直径 95~105 纳米，本病毒仅能在云斑叉尾鮰上皮样细胞株（BB）、CCO、KIK 细胞株上复制生长，具宿主细胞特异性。易感细胞产生合胞体，随后核固缩、溶解。本病毒生长温度为 10℃~35℃，最适温度为 25℃~30℃。病毒对乙醚、氯仿、酸、热敏感，在甘油中失去感染力。-20℃冷冻后解冻 3 次，每次将失去 1/4~1/2 侵染力。本病毒在含有 10%血清、pH 值为 7.6~8.0 培养液中，-75℃以下保存时间最长。25℃时，本病毒在池水中能生长 2 天，在曝过气的自来水中生活 11 天。4℃时，本病毒在池水中能存活近 1 个月，在自来水中生活近 2 个月。本病毒在池底淤泥中迅速失去活力。本病毒只有 1 种血清型。

斑点叉尾鮰疱疹病毒病早在 20 世纪 60 年代就在美国流行。自然暴发病仅仅是斑点叉尾鮰的鱼苗和鱼种。人工注射病毒可以使白叉尾鮰、长鳍叉尾鮰、斑点叉尾鮰与长鳍叉尾鮰杂交种患病，口喂及浸浴则不患病，病毒对宿主有很强的选择性。流行适温为 28℃~30℃，在 28℃时 14 天内死亡达 94%，19℃时死亡率仅 14%。人工感染后，肾脏在 24 小时分离到病毒，肝脏及肠则需在 70 小时分离到病毒，脑在 96 小时才分离到病毒。经人工感染的鱼苗，水温为 25℃~30℃时，可在 1 周内出现症状。水温低，则症状出现较慢。斑点叉尾鮰成鱼带有病毒是传播源，带毒鱼可能通过尿排毒，易感鱼可能由鳃感染。

二、临床症状及病理变化

斑点叉尾鮰疱疹病毒病主要危害当年鱼，水温在 25℃以上会突然发生较高的死亡率，7~10 天内大多数鱼发病，本病呈暴发流行属急性型。病鱼中通常有 20%~30%的鱼尾向下、头浮在水面。有些鱼尤在受惊动时常出现痉挛式旋转游动。临死前病鱼反应迟钝，侧卧。病鱼的鳍基部（尤其是腹鳍基部）、腹部和尾柄处出血，腹部膨大，眼球突出，有时肛门突出。鳃苍白，有些病鱼的鳃出血，腹腔内有黄色或淡红色液体，内脏通常贫血，消化道内通常无食物，肠道内有淡黄色黏液样物，脾脏通常肿大变黑，肾脏、肝脏、胃肠道、脾脏、骨骼肌出血或有瘀斑。

三、诊断与疫情报告

根据临床症状及流行情况进行初步诊断。

确诊需采用血清中和试验、荧光抗体技术、脱氧核糖核酸探针技术、酶联免疫吸附试验、聚合酶联反应和逆转录聚合酶联反应等。

本病已列入我国二类动物疫病病种名录。发生疫情时，应立即向当地渔业主管部门上报，并逐级上报至国务院渔业行政主管部门。

四、疫苗与防治

目前尚无商品化疫苗和有效的治疗方法，主要是进行预防。

1. 加强综合预防措施，严格执行检疫制度，严禁在加水时带入野杂鱼。

2. 在发病地区，可养殖对斑点叉尾鮰疱疹病毒病有抵抗力的长鳍叉尾鮰和斑点叉尾鮰杂交种、白叉尾鮰、长鳍及尾鮰等。

3. 将水温降低到20℃以下，可降低感染率和死亡率。

4. 人工免疫。

严格执行检疫制度，要求水源、引入饲养的鱼卵和鱼体不带病毒。一经发现患病，必须销毁所有受感染及疑似受感染的鱼，对养鱼设施进行彻底消毒。鱼池用含氯制剂消毒，每立方米水体用20~50克有效氯。对网具、运输工具等用高浓度消毒液浸泡消毒，防止病毒扩散。

第九节 流行性溃疡综合征

流行性溃疡综合征是流行于野生及养殖的淡水与半咸水鱼的季节性疾病，往往在水温低时和大降雨之后发生，流行于日本、澳大利亚、东南亚、南亚、西亚等国家和地区。

一、病原及流行病学特点

流行性溃疡综合征的病原是丝囊霉菌，但病毒和细菌在继发感染中给病鱼造成进一步的损伤。

本病为野生及养殖的淡水与半咸水鱼类的季节性流行病。本病曾在巴布亚新几内亚、东南亚、南亚、东亚等地区流行。美国的鲱鱼溃疡病与本病非常相似。现已确诊有50多种鱼可感染此病。但罗非鱼、庶目鱼、鲤鱼对此病有抗性。此病大多在低水温期和大降雨后发生。

二、临床症状及病理变化

患病鱼的早期症状是不吃食，鱼体发黑。在鱼的体表、头、鳃盖和尾部可见红斑。在后期会出现浅部溃疡，并常伴有棕色的坏死。大多数鱼在这个阶段就会死亡。

三、诊断与疫情报告

本病主要依据临床症状并通过组织学方法确诊。取有损伤的活鱼或濒死的鱼，把病灶四周感染部位的肌肉压片，可以看到无孢子囊的丝囊霉菌的菌丝。用一般的霉菌染色,可以看到典型的肉芽肿和入侵的菌丝。

本病列入我国二类动物疫病病种名录。发生疫情时,应立即向当地渔业主管部门上报,并逐级上报至国务院渔业行政主管部门。

四、疫苗与防治

此病无疫苗进行预防。主要采取以下措施:

1. 清除病鱼,消毒池塘水,改善水质。

2. 鱼塘经常用生石灰、漂白粉、二氧化氯等含氯类消毒剂进行消毒,调节水质。

3.定期投喂免疫增强剂,不携带病原,尽可能消毒并适量添加复合维生素等。

发病时,采取外消与内服氟苯尼考、氟哌酸、强力霉素等药物同时进行,可收到较好效果。每千克鱼体重用药剂量为 20~40 毫克,拌料投喂。鉴于此病并发症较多,建议使用"博火"等表面活性剂,结合投喂"强克"系列药物,疗效明显。

第十节 鮰类肠道败血症

由鮰爱德华氏细菌引起的肠道败血症又称爱德华氏病,是影响斑点叉尾鮰养殖最大的疾病。

一、病原及流行病学特点

鮰爱德华氏菌属肠杆菌科(兼性厌氧),氧化酶反应阴性,能分解葡萄糖,亚硝酸反应为阴性。本菌为革兰氏阴性菌。

鮰爱德华氏菌只在鱼体内生长、繁殖,在水中只能存活很短一段时间,当水温超出其最适范围时,尤其在寒冷的冬季,病原潜伏于鱼体内;当水温适宜时,细菌开始生长、繁殖,并感染池鱼。

本菌主要危害叉尾鮰,在水温为 18℃~28℃时流行。本病主要发生在(水温 20℃以上)4~9 月份,以(水温 25℃以上)6~7 月份最严重。本病发生在高温季节时,多为急症,发病快、来势猛、死亡率高。病情持续 23 天即成为暴发性病害,大批死亡。

二、临床症状及病理变化

病鱼游动缓慢,有时头朝上,尾朝下呈垂直状漂浮,腹部肿胀,有浅色小血斑,突眼,大部分成鱼和亲鱼头顶部出现一隆起瘤状物,溃破后,露出头骨,甚至形成"头洞",急性时体表出血,颌、眼周围、腹部、体侧或鳍基出血。鳃丝严重贫血。

将病鱼剖腹后,腹腔内有腹水,内脏脂肪组织、肝、肠、体壁有紫斑样出血,全肠充血,肝脏肿大并呈暗红色(或有血斑),有白色坏死病灶,严重时肝脏溃疡出现蜂窝状空洞,脾脏深红色,肾脏肿大并呈暗红色(或有血斑),鳔外壁布有血丝。

三、诊断与疫情报告

根据症状及流行情况可作出初步诊断,确诊主要是细菌的分离鉴定和血清学两类方法。

本病列入我国三类动物疫病病种名录。发生疫情时,应立即向当地渔业主管部门上报,并逐级上报至国务院渔业行政主管部门。

四、疫苗与防治

目前尚无商品疫苗。

防治采取:

1. 食盐水:彻底清塘消毒,鱼种下池前用含量为 1%~3%的食盐水溶液洗澡,至鱼出现浮头时为止。

2. 高锰酸钾:可用 2 毫克/升~3 毫克/升高锰酸钾全池泼洒。

3. 土霉素:可用每 100 千克饲料含 180 克土霉素的药饵喂 10~14 天(患病亲鱼可按每千克体重注射土霉素 55 毫克或红霉素 8 毫克但食用鱼不宜采用)。

第十一节　迟缓爱德华氏菌病

爱德华氏菌病又称肝肾病,是由爱德华氏菌感染鳗鲡、罗非鱼、斑点叉尾鮰、加州鲈、红鳍东方鲀、鲻鱼而引起肾脏、肝脏脓疡病灶的疾病。

一、病原及流行病学特点

迟缓爱德华氏菌是一种革兰氏阴性小杆菌,运动活泼,兼性厌氧,没有荚膜,不形成芽孢,不抗酸。

爱德华氏菌病全国各地都有发生,流行于高水温期,自晚春至秋季均有发生,夏季为流行盛期。加温饲养,水温在 20℃以上,则全年都可流行。通过体表伤口或经口感染。易感鱼类有鳗鲡、罗非鱼、斑点叉尾鮰、加州鲈、红鳍东方鲀等,对鲤鱼、银鲫鱼人工感染也具致病性。严重时可引起鱼大批死亡。

二、临床症状及病理变化

病鱼体色发黑,游泳缓慢,躯干腹侧皮肤及臀鳍因充血、出血而发红;严重时鳃贫血。

1. 肾脏型:肾肿大,形成很多脓疡病灶;肛门严重充血、发红,以肛门为中心,躯干部胀成丘形,如肾脏前面部分发生病变,则外表往往看不出异常。

2. 肝脏型:肝脏肿大,形成很多脓疡病灶;前腹部显著肿胀,严重时前腹部腹壁可有大穿孔,甚至腹部各处皮肤出血,出现软化变色区。斑点叉尾鮰及鳗鱼患病时,皮下形成大肿块。

三、诊断与疫情报告

根据症状及流行情况进行初步诊断。确诊须由实验室进行直接荧光抗体技术检测、间接荧光抗体技术检测和点酶法检测致病性迟缓爱德华氏菌。

在诊断时必须与赤鳍病等区别,因体表症状很相似,所以必须剖开鱼腹,检查肾脏、肝脏是否形成脓疡病灶,现只发现由本病引起病鱼的肾脏、肝脏形成很多脓疡病灶。

本病列入我国三类动物疫病病种名录。发生疫情时,应立即向当地渔业主管部门上报,并逐级上报至国务院渔业行政主管部门。

四、疫苗与防治

注射灭活菌苗。腹腔注射抗迟缓爱德华氏菌单克隆抗体,可以显著提高成活率。经免疫注射过的鱼,以 109 菌/毫升攻毒,保护率达 80%。

1. 预防措施:

(1)对鱼池及工具等进行消毒。

(2)鱼种下池前,在每立方米水中加入 15~20 克高锰酸钾或水产保护神 2~4 毫升,药浴 15~30 分钟。

(3)加强饲养管理,泼洒益生菌以保持水质优良及稳定,投喂营养全面、优质的饲料,增强鱼体抵抗力。

(4)将蚯蚓洗净后,要增加暂养时间,在投喂前在水中加入水产保护神 2~4 毫升,药浴 15~30 分钟。

2. 治疗方法:

(1)外泼水产保护神,在每立方米水种放入水产保护神 0.2 毫升或二氧化氯(需先进行活化)1 克,共泼 2~3 次,每次间隔 1~2 天。

（2）疾病早期，每千克鱼每天用 0.2 克舒鳗 1 号拌饲投喂，连喂 5~7 天。

第十二节　小瓜虫病

小瓜虫病是由小瓜虫寄生引起的鱼病。本病主要危害草鱼、鲤鱼、罗非鱼等。其特点是传染快、流行广、危害大。本病是观赏鱼中最为常见的多发病之一。

一、病原及流行病学特点

本病原属凹口科、小瓜虫属。属原动物中纤毛虫的一种。成虫卵圆形或球形，肉眼可见。虫体很柔软，可任意变形，全身密布短而均匀的纤毛。成虫体内有呈马蹄形或香肠形大核。

小瓜虫寄生在淡水鱼，繁殖适宜水温为 15℃~25℃。危害各种淡水鱼的各年龄段，其中尤以鱼苗、鱼种、观赏性鱼类及越冬后期的鱼种受害严重。在全国养鱼地区都有发生，多在初冬、春末和梅雨季节发生，尤其在缺乏光照、低温、缺乏活饵的情况下容易流行。当水温降至 10℃ 以下或升至 28℃ 以上时，小瓜虫开始死亡。

二、临床症状及病理变化

小瓜虫寄生处形成小白点，又称白点病。当病情严重时，病鱼的躯干、头、鳍、鳃、口腔等处都布满小白点，有时眼角膜上也有小白点，并同时伴有大量黏液，表皮糜烂、脱落，甚至蛀鳍、瞎眼；病鱼体色发黑、消瘦，游动异常，将鱼体与固体物摩擦，表皮损伤就更严重，最后因呼吸困难而死。

严重感染时，病鱼病灶部位组织增生，分泌大量黏液，形成一层白色基膜覆盖于病灶表面。鳞片易脱落，鳍条裂开、腐烂。小瓜虫大量寄生在鳃上时，黏液增多，鳃小片被破坏；虫体寄生于眼角膜时，则使眼变瞎。

三、诊断与疫情报告

根据症状及流行情况进行初步诊断。确诊以显微镜检查虫体的存在，如没有显微镜，则可将有小白点的鳍剪下，放在盛有清水的白磁盘中，在光线好的地方，用 2 枚针轻轻将小白点的膜挑破，连续多挑几个，如看到有小球状的虫滚出在水中游动，即可作出诊断。

小瓜虫病列入我国三类动物疫病病种名录。发生疫情时，应立即向当地渔业主管部门上报，并逐级上报至国务院渔业行政主管部门。

四、疫苗与防治

尚无疫苗和理想的治疗方法。

加强饲养管理,保持良好的水环境,投喂优质饲料,增强鱼体抵抗力,是预防小瓜虫病的关键措施之一。还应清除池底过多瘀泥,水泥池壁要进行洗刷,然后再用生石灰或漂白粉进行消毒。

第十三节　黏孢子虫病

黏孢子虫病是由黏孢子虫侵袭鱼体引起鱼类最常见的寄生虫病。

一、病原及流行病学特点

黏孢子虫属于黏孢子虫门、黏孢子虫纲。海水鱼类的寄生黏孢子虫有几百种,养殖鱼类常见的有库道虫、尾孢子虫、角孢子虫、两极虫、碘泡虫、单囊虫、七囊虫等等。

黏孢子虫病没有明显的季节性,一年四季都可见。各种虫体广泛地寄生于多种海水、淡水和咸淡水中的鱼类。其地理分布很广,遍及世界各地。近年来随着集约化养殖水平的提高和养殖种类的扩大,黏孢子虫病的危害明显地增大。

二、临床病状及病理变化

通常组织寄生种类形成肉眼可见的大小不一的白色包囊。腔道寄生种类一般不形成包囊,当孢子游离在胆囊、膀胱、输尿管(严重感染时,胆囊膨大、充血,胆管发炎)成团的孢子可以堵塞胆管。当孢子寄生在脑颅内的,病鱼游泳异常,体色变黑,身体瘦弱,脊柱弯曲,肝脏萎缩并有瘀血。

三、诊断与疫情报告

根据症状和病变可作出初步诊断,并将胞囊取下压成薄片,在显微镜下查看组织内是否有大量孢子虫存在而确诊。

本病列入我国三类动物疫病病种名录。发生疫情时,应立即向当地渔业主管部门上报,并逐级上报至国务院渔业行政主管部门。

四、疫苗与防治

尚无疫苗和特效药物。

应严格执行检疫制度。必须清除池底过多淤泥,并用生石灰彻底消毒。加强饲养管理,增强鱼体抗病力。发病鱼池的水必须进行消毒后才能向外排放;用过的工具要进行消毒；病死鱼应及时从池中捞出，将鱼煮熟后当做饲料或深埋在远离水源的地方。

第十四节 三代虫病

三代虫病是由三代虫寄生引起的鱼病。

一、病原及流行病学特点

三代虫属单殖吸虫有 1 对头器，没有眼点；后固着器有 1 对中央大钩、8 对边缘小钩、2 根连接片，其中副连接片有延膜；咽由 8 个细胞分 2 部分组成，呈葫芦形；胎生，一般为 3 代同体，所以称三代虫，有时还可以看到第 4 代。交接器卵圆形，由 1 根大而弯曲的大刺和 8 根小刺组成。

本病在我国各养鱼地区都有发生。三代虫的种类较多，有 40 多种。危害鲢鱼、鳙鱼、草鱼、青鱼、鲫鱼、鲤鱼、团头鲂、鲇鱼、金鱼等多种淡水鱼，其中尤其是对鱼苗、鱼种及观赏性鱼类的危害为大，大量寄生时，常引起病鱼大批死亡。当饲养管理不善、水质恶劣时，大鱼因患此病而死。三代虫的繁殖适温为 20℃左右，所以本病主要发生在春秋季及初夏；越冬后期，由于鱼的体质较差，所以也常发生三代虫病引起死亡。

二、临床症状及病理变化

三代虫主要寄生在鳃及皮肤、鳍上，有时在口腔、鼻孔中也有寄生。疾病早期没有明显症状，大量寄生在三代虫的鱼体，皮肤上有一层灰白色的黏液，鱼体失去光泽，病鱼焦躁不安，游动极不正常。食欲减退，鱼体瘦弱，呼吸困难而死亡。

鳃组织及皮肤严重受损，有出血点。

三、诊断与疫情报告

根据症状及流行情况进行初步诊断。确诊必须用显微镜进行检查。如没有显微镜，将病鱼放在盛有清水的培养皿中，仔细观察，可见到蛭状小虫在活动。

本病列入我国三类动物疫病病种名录。发生疫情时，应立即向当地渔业主管部门上报，并逐级上报至国务院渔业行政主管部门。

四、疫苗与防治

目前尚无疫苗。

1. 预防措施：彻底清塘。加强饲养管理，保持优良水质，提高鱼体抵抗力。鱼种下塘前,在每立方米水中放入高锰酸钾 15~20 克,药浴 15~30 分钟。

2. 治疗方法:全池遍洒强效杀虫灵、晶体敌百虫、克虫威等,也可在每千克饲料中加鱼虫清 2~2.5 克,拌匀后制成水中稳定性好的颗粒药饲投喂,连喂 2~3 天。

第十五节　指环虫病

指环虫病是由指环虫属的单殖吸虫寄生于鱼鳃上引起的。指环虫广泛寄生于鱼类,特别是鲤科鱼类的鳃上,主要危害鱼苗、鱼种。

一、病原及流行病学特点

虫体扁平,体长不到 2 毫米。指环虫为雌雄同体,体内有雌、雄性生殖器官。我国发现的指环虫有 300 种以上,对饲养鱼类有致病作用的主要有:鳃片指环虫、鳙指环虫、小鞘提环虫、坏鳃指环虫、鲩指环虫、鲢指环虫和大钩指环虫等。

指环虫病是一种常见的多发性鳃病。它主要以虫卵和幼虫传播,流行于春末夏初,指环虫大量寄生时可使鱼苗鱼种大批死亡。本病对鲢鱼、鳙鱼、草鱼危害最大。

二、临床症状及病理变化

虫体以其锚钩及边缘小钩损伤鳃丝,鳃丝因受分泌大量黏液而妨碍鱼的呼吸,之后鱼体发黑,消瘦,游动缓慢,不食,终致死亡。

三、诊断与疫情报告

剪取鳃丝用显微镜检查虫体。如在低倍镜下,一个视野内有 5~10 个虫体或每片鳃上有 50 个以上的虫体时,即可诊断为本病。

本病列入我国三类动物疫病病种名录。发生疫情时,应立即向当地渔业主管部门上报,并逐级上报至国务院渔业行政主管部门。

四、疫苗与防治

目前尚无疫苗。

鱼塘放养前用生石灰清塘。鱼苗放养前可用百万分之二十的高锰酸钾溶液药浴 15~30 分钟。也可用敌百虫全池泼洒,或用 90%晶体敌百虫全池泼洒,使池水成千万分之二至千万分之三;用含量为 2.5%的敌百虫粉剂全池泼洒,使池水成百万分之一至百分之二。

第十六节 链球菌病

链球菌病是我国近年来新发现的由链球菌感染引起的一种鱼病。本病主要危害鲑鱼、鳟鱼、香鱼、银人麻哈鱼等。

一、病原及流行病学特点

链球菌是一种革兰氏阳性球菌，直径 1 微米左右，在液体培养基中排列成对或链球，没有运动性，非抗酸性，无芽孢。在普通培养基上发育不良，在脑、心脏浸液琼脂培养基、葡萄糖肉汤琼脂培养基及鱼肉汤琼脂培养基上发育良好，于 25℃培养 24 小时形成直径在 0.5 毫米以下、圆形、边缘光滑、微隆的白色小菌落。适宜 pH 值为 7.6~8.4，生长适温为 20℃~37℃。

本病主要经口感染。在病鱼的肝脏、肾脏、脾脏、心脏血液中均可以分离到病原菌。本病主要危害虹鳟、香鱼、银大麻哈鱼、罗非鱼（从当年鱼种至成鱼均受害），流行于夏季，死亡率高。

二、临床症状及病理变化

病鱼游动缓慢，分散于缓流处，浮于水面；或头向上、尾向下、呈悬垂状；临死前，病鱼或间断地狂游，或腹部向上。病鱼体色发黑，鳃贫血，眼球充血、肿大、突出；体表有 1 处或多处隆起，尤以尾部为多见，隆起部位出血或溃疡；肛门红肿；肝脏肿大、出血，或脂肪变性，褪色；幽门垂有出血点，胃肠积水，肠壁充血发炎。香鱼患病时，腹腔内还常积有腹水，腹部膨大。病原菌如侵入脑，还可引起鱼体弯曲。心外膜形成肉芽肿，肉芽肿内的细菌可长期存活。

三、诊断与疫情报告

根据病鱼的突眼和鳃盖内侧出血及肠道发炎等可诊断，确诊应进行细菌的分离、培养和鉴定。

本病列入我国三类动物疫病病种名录。发生疫情时，应立即向当地渔业主管部门上报，并逐级上报至国务院渔业行政主管部门。

四、疫苗与防治

尚无商品化疫苗。广东、广西有科研单位正在研发罗非鱼链球菌病疫苗，目前已经开展了小范围的养殖生产实验，效果明显。由于疫苗产品在进入市场之前，需要先向管理部门申请进行中试，而目前链球菌病疫苗还未正式进入中试阶段,距离正式推向市场尚有较长时间。

清除池底过多淤泥,并进行消毒。严格执行检疫制度。培育健壮鱼种。加强饲养管理,投喂营养全面、优质饲料,保持水质优良、稳定,提高鱼体抵抗力。

治疗方法：

1. 盐酸强力霉素:每天用药剂量为 20 毫克/千克~50 毫克/千克,制成药饵连续投喂 7 天。

2. 红霉素或螺旋霉素:每天用药剂量为 25 毫克/千克~50 毫克/千克,制成药饵,连续投喂 7 天。

3. 土霉素:每天用药剂量为 50 毫克/千克~75 毫克/千克,或每天用磺胺嘧啶 0.2 克/千克,连喂 10 天。

第十章　甲壳类病（6种）

第一节　罗氏沼虾白尾病

罗氏沼虾白尾病是一种发生在罗氏沼虾苗种阶段的流行病，发病虾苗出现肌肉白浊、白斑或白尾症状，死亡率高达60%。

一、病因及流行病学特点

本病的病原是诺达病毒。病毒呈颗粒球形，直径24纳米，无囊膜，是单链核糖核酸病毒，对氯仿抵抗。

本病主要流行于4月份（即大棚暂养期）至7月份（即虾苗放养到大水体后1个月左右），主要危害个体的规格为0.5~5厘米。传播途径以垂直传播为主，但其水平传播也有极强的感染能力。本病主要的传播途径是亲虾携带和传播。

池塘底质条件差，水质差，溶氧不足，温度偏高，苗种运输条件差，易导致该病发生，尤其是上述因子突变，更易发生此病。

二、临床症状及病理变化

病虾体色发白，尤以尾扇部位为甚，之后随着时间的推移逐步向前扩展至除头部以外的部位。所有发白之处，肌肉均坏死，甲壳均变软，死亡前头脑部与腹部分离。轻者影响生长，重者在1周左右的时间内全部死亡。

三、诊断与疫情报告

还没有商品性诊断试剂盒供应。主要根据经验及观察发现疾病，通常在苗种池里发生白尾病的虾苗与池底形成明显的对比而较易发现。但水质、药物及细菌感染也可引起虾苗出现类似的白尾症状，只有确认病毒才能作出诊断。

本病列入我国二类动物疫病病种名录。发生疫情时，应立即向当地渔业主管部门上报,并逐级上报至国务院渔业行政主管部门。

四、疫苗与防治

目前还没有疫苗和有效的药物来预防或治疗本病。采用预防为主,防重于治的综合防治措施。育苗池与育苗工具在使用前后要严格洗净消毒。每次捕虾操作后,用高浓度的高锰酸钾彻底消毒亲虾池。育苗用水在进水时可用200目的纱绢对水源进行过滤。定期对幼体(特别是淡化后的仔虾)进行病毒检测。

防治方法:

第一步,在维持水温差(不超过±1℃)的前提下,尽可能地大量换水。

第二步,对水体进行消毒,以下药物可任选一种,或隔天交叉使用。全池遍洒溴氯海因,使池水成0.3毫克/升~0.35毫克/升浓度;全池遍洒二氧化氯,使池水成0.3毫克/升~0.35毫克/升浓度。

第三步,在遍洒外用药的同时,每1000千克饲料添加1~2千克维生素C或维生素E投喂,1天1次,连喂5~7天;或每1000千克饲料添加1.5千克复方新诺明和0.25千克的增效剂投喂,1天1次,连喂5~7天。

第二节 对虾杆状病毒病

对虾杆状病毒病(国际通用名称为核多角体杆状病毒病)是由斑节对虾杆状病毒及对虾杆状病毒引起的多种对虾的传染病,以虾体变色、肠发炎、肝胰腺肿大及细胞核内出现金字塔状包涵体为特征。

一、病原及流行病学特点

斑节对虾杆状病毒及对虾杆状病毒属杆状病毒科。

病虾和带毒虾是传染源。本病毒传播途径为经口感染,通过消化道侵害肝胰腺和中肠上皮。本病主要危害斑节对虾,长毛对虾也感染本病。桃红虾、褐对虾、白对虾、万氏对虾、蓝对虾、长毛对虾、许氏对虾、缘沟对虾、加州对虾等十几种对虾均可被感染,尤以对桃红对虾、褐对虾、万氏对虾和缘沟对虾危害最大。本病可危害对虾的幼体、仔虾和成虾,以幼体受害最严重,通常表现为急性死亡。随着日龄的增长,感染率和死亡率逐渐降低。

二、临床症状和病理变化

虾体色呈蓝灰色或蓝黑色,胃附近白浊化。病虾浮头,靠岸,厌食,昏睡。鳃上及体表易附着聚缩虫、丝状细菌、藻类及污物,容易并发褐斑病使病虾最终侧卧于池底死亡。解剖后可发现肝胰腺肿大、软化、发炎或萎缩硬化,肠道发炎等。肝、胰腺和中肠上皮细胞核内存在数量不等的金字塔状的包涵体。

三、诊断与疫情报告

根据流行病学、临床症状和病理变化可作出初步诊断,确诊需进一步做实验室诊断。

1. 取病虾鲜肝胰腺组织,加入 1 滴含量为 0.1%的孔雀绿水溶液,压成薄片,用光镜检查。包涵体被染成绿色,颜色比肝、胰腺中其他球形物,如核仁、脂肪滴的颜色深。

2. 按常规方法制备病虾肝胰腺组织切片,在光镜下检查,发现上皮细胞核肥大,核内有一个或多个球形嗜酸性包涵体,核及细胞结构被破坏,坏死的细胞周围有多层细胞围绕。

3. 制备病虾中肠腺的超薄切片,用透射电镜检查,在包涵体和核质中可看到许多杆状病毒颗粒。

本病列入我国二类动物疫病病种名录。发生疫情时,应立即向当地渔业主管部门上报,并逐级上报至国务院渔业行政主管部门。

四、疫苗与防治

目前尚无疫苗。

加强检查,发现携带病毒的对虾要及时销毁,池塘要彻底消毒。加强对幼体的监测,发现病毒感染,立即销毁、消毒。改善水质,合理养殖密度,预防本病发生。

第三节 传染性皮下和造血器官坏死病

传染性皮下和造血器官坏死病是由细小病毒引起的对虾的传染病。

一、病原及流行病学特点

病原属单链 DNA 细小病毒科。本病毒粒子为 20 面体结构,球形,无囊膜,直径 22 纳米,具有一个 4.1Kb 的单链 DNA 基因组和核内复制体。

传染性皮下和造血器官坏死病毒感染世界各地(美洲、东亚、东南亚和中东地区)的养殖对虾。引起红额角对虾 90%的死亡率;但对南美白对虾和斑节对虾则只引起生长缓慢和表皮畸形,不会出现死亡。

二、临床症状及病理变化

患病幼体摄食减少，常浮于水面，甲壳出现白色或淡黄色斑点，濒死对虾体色明显变蓝，腹部肌肉混浊，病虾畸形，会在池中慢慢升起，静止一会儿后翻滚，接着腹面朝上沉入池底，几小时内重复此过程直到精疲力尽死亡或被其他健康虾吃掉。成虾被该病毒感染后一般呈无症状带毒状。

病毒主要感染表皮、前肠和后肠的上皮、性腺、淋巴器官和结缔组织的细胞，很少感染肝胰腺。病虾的皮下组织、造血组织、触角腺、神经组织、淋巴器官等为主要靶组织。细胞核肿胀，胞核内有嗜曙红的呈晶体状排列包涵体，染色质向边缘移动。

三、诊断与疫情报告

用组织学方法观察到上述组织的细胞核内明显有包涵体，带包涵体的细胞核肥大，染色质边缘分布，可以初步诊断对虾感染了传染性皮下和造血器官坏死病毒。可以取血淋巴或取附肢（如腹肢）用 PCR、DNA 探针检测。

本病列入我国二类动物疫病病种名录。发生疫情时，应立即向当地渔业主管部门上报，并逐级上报至国务院渔业行政主管部门。

四、疫苗与防治

尚无商品化疫苗和有效治疗药物。主要采取以下预防措施。

1. 要加强对种苗的健康检测，以便阻止带病毒种苗进入养殖环境。

2. 常年在饲料中添加含有大量参素、核甘素、氨基酸多肽类、酶类及配糖体的生物活性物质。刺激对虾免疫系统及激发体内巨噬细胞的吞噬功能，提高抵抗传染性疾病的能力。

3. 在对虾饵料中加入 5%~8%"抗病毒元"产品，放苗后投喂 20 天。

4. 在疾病流行季节，每半月泼洒一次生石灰或漂白粉，或每星期采用溴氯海因复合剂全池泼洒 1 次，调节水质。

5. 在整个养殖周期里，经常采用生物制剂如光合细菌、硝化细菌、放线菌、芽孢杆菌、CBS 活菌制剂、西菲利活菌制剂等有效调节水质。

第四节 传染性肌肉坏死病

传染性肌肉坏死是由传染性肌肉坏死病毒引起一种新发现的、主要感染南美白对虾的严重病毒病。由于目前我国的南美白对虾养殖中，苗种和亲本的大规模跨国际、跨区域移动现象十分普遍。因此，该病传入我国并扩散的风险较大，应引起广大对虾养殖业者的高度重视。

一、病原及流行病学

传染性肌肉坏死病毒颗粒是 20 面体结构，直径 40 纳米，为双链 RNA 病毒。

本病的易感种类是南美白对虾，主要感染 60~80 天的幼虾。本病毒能造成全身肌肉组织坏死，一般情况下，病理死亡发生缓慢，死亡率不高，但整个养殖过程都有死亡，累积死亡率达到 70%。本病发病温度通常在 30℃左右。目前，本病的传播途径不清，有报道称健康虾在残食发病虾时能被感染。传染性肌肉坏死病毒能使 6 克左右南美白对虾发生高达 50%的致死率，并且会在体表产生烤焦状的病征。本病已在南美流行，在亚洲已被证实传入印度尼西亚。

二、临床症状及病理变化

停食，反应迟钝，聚集在池塘的角落，体色发白；病虾腹节发红，尾部肌肉组织呈点状或扩散坏死，开始在腹节末梢和尾扇，移去腹节的表皮，感染处可见白色或不透明的白色组织。

三、诊断与疫情报告

当发现南美白对虾、特别是仔虾，在养殖过程长时间持续不断发病死亡，且难以有效防治时可以高度怀疑。

确诊方法可采用 PCR、核酸探针法技术等，检测传染性肌肉坏死病毒。

传染性肌肉坏死病列入我国二类动物疫病病种名录。发生疫情时，应立即向当地渔业主管部门上报，并逐级上报至国务院渔业行政主管部门。

四、疫苗与防治

本病是新发病害，目前尚无疫苗和有效的防治方法，主要措施以预防传入和提高对虾综合免疫能力为主。

1. 养殖者加强对苗种和亲本引进的管理，尤其是有从南美或东南亚引种经历的养殖场，要实施严格检疫措施。有条件的地方，可采用 PCR、核酸探针法技术等，开展传染性肌肉坏死病毒的隐性感染的检测，建立早期预警机制。

2. 要积极推广生态养殖虾的模式。采用生态调水技术、发展立体混养模式，通过混养和轮养等方法，减少传染性肌肉坏死病毒在养虾池中大量富积的可能性。

3. 一旦确诊发病,立即采取应急控制措施。

第五节　河蟹颤抖病

河蟹颤抖病又称环爪病、抖抖病,主要是由病毒感染引起河蟹的步足颤抖、环爪的疾病。蟹种和成蟹均易感,发病率和死亡率都很高,是当前危害河蟹最严重的一种疾病。

一、病原及流行病学特点

河蟹颤抖病又叫河蟹抖抖病、河蟹环爪病、中华绒螯蟹小核糖核酸病毒病等。主要是由小核糖核酸病毒感染引起。

河蟹颤抖病在全国养殖河蟹的地区均有发生,自 1997 年以来日趋严重。无论是池塘、稻田,还是网围、网拦养蟹,从 3 月至 11 月均有发生,尤其是夏、秋两季最为流行;从体重 3 克的蟹种至 300 多克重的成蟹均患病;发病率和死亡率都很高,有的地区发病率高达 90%,死亡率为 70%,发病严重的水体甚至绝产。

二、临床症状及病理变化

病蟹反应迟钝、行动迟缓,螯足的握力减弱,吃食减少以致不吃食,腮排列不整齐、呈浅棕色、少数甚至呈黑色,血淋巴液稀薄、凝固缓慢或不凝固,最典型的症状为步足颤抖、环爪、爪尖着地、腹部离开地面,甚至蟹体倒立。这是由于神经受病毒侵袭,神经元、神经胶质细胞及神经纤维发生变性、坏死以至解体的结果。在疾病后期常继发嗜水气单胞菌及拟态弧菌等感染,使病情恶化,肝胰腺变性、坏死呈淡黄色,最后呈灰白色,背甲内有大量腹水,步足的肌肉萎缩水肿,有时头胸甲(背甲)的内膜也坏死脱落,最后病蟹因神经紊乱、呼吸困难、心力衰竭而死。

三、诊断与疫情报告

根据症状及流行情况进行初步诊断。用酶联免疫吸附试验双抗体夹心法检测,为了增强检测的灵敏度和特异性,用一定量的河蟹正常组织吸收兔抗血清,结果较好。

本病列入我国三类动物疫病病种名录。发生疫情时,应立即向当地渔业主管部门上报,并逐级上报至国务院渔业行政主管部门。

四、疫苗与防治

目前尚无疫苗。

预防河蟹颤抖病,必须采取综合预防措施:

1. 彻底清塘。养蟹池要彻底清整和消毒,清除池底淤泥,尽量采用生物及化学、物理联合法彻底清塘,促进池底有机物氧化分解,改善池塘底质环境。

2. 加强苗种管理。坚决杜绝向发病地区购买扣蟹养殖。河蟹人工育苗单位也不要向发病地区购买亲蟹繁育蟹苗。

3. 注重水质管理。夏秋高温季节要加深池塘水位,保持水深 1~1.5 米。养蟹池要多换新水,防止水质恶化造成疾病发生。

4. 加强投喂饵料管理。投喂海鱼要必须采用液体二氧化氯浸泡消毒处理。养蟹池内还要栽种水草,面积占整个池塘的 25% 左右,每月投喂应在饲料内添加免疫多糖及生物酶 2 次,每次连续投喂 7 天为 1 个周期,免疫多糖及生物酶的添加量均为 2‰。

5. 加强病害流行季节的药物预防。每年的 4~10 月份,定期(每 7~10 天)用二溴海因 0.1~0.2ppm 或 0.3ppm 强克 202 进行水体消毒,并投喂虾蟹康 5‰或中鱼尼考 1‰等药物,一旦发生河蟹颤抖病,可首先全池泼洒强克 101(季胺盐活性碘)2 次,同时用中鱼尼考(每千克饲料中加 1.5~2.0 克)或板蓝根、甘草、金樱子(每千克饲料中加 25 克)内服 5~7 天即可。

第六节　斑节对虾杆状病毒病

斑节对虾杆状病毒病(国际通用名称为核多角体杆状病毒病),是由斑节对虾杆状病毒及对虾杆状病毒引起的多种对虾的传染病,以虾体变色、肠发炎、肝胰腺肿大及细胞核内出现金字塔状包涵体为特征。

一、病原及流行病学特点

斑节对虾杆状病毒(简写 MBV)属杆状病毒科。双股 DNA,病毒呈颗粒杆状,具有囊膜,且病毒可在对虾的肝胰腺和前中肠的上皮细胞核内形成球形酸性包涵体。

病虾和带毒虾是传染源。本病的传播途径为经口感染,通过消化道侵害肝胰腺和中肠上皮。本病主要危害斑节对虾,长毛对虾也感染本病。桃红虾、褐对虾、白对虾、万氏对虾、蓝对虾、长毛对虾、许氏对虾、缘沟对虾、加州对虾等十几种对虾均可被感染,尤以对桃红对虾、褐对虾、万氏对虾和缘沟对虾危害最大。

本病可危害对虾的幼体、仔虾和成虾,以幼体受害最严重,通常表现为急性死亡。随着日龄的增长,感染率和死亡率逐渐降低。

二、临床症状和病理变化

虾体色呈蓝灰色或蓝黑色,胃附近白浊化。病虾浮头、靠岸、厌食、昏睡。鳃上及体表易附着聚缩虫、丝状细菌、藻类及污物,容易并发褐斑病等细菌性疾病,病虾最终侧卧于池底死亡。

解剖后可发现肝胰腺肿大、软化、发炎或萎缩硬化,肠道发炎等。肝胰腺和中肠上皮细胞核内存在数量不等的金字塔状的包涵体。

三、诊断与疫情报告

根据流行病学、临床症状和病理变化可作出初步诊断,确诊需进一步做实验室诊断。

1. 取病虾鲜肝胰腺组织,加1滴含量为0.1%的孔雀绿水溶液,压成薄片,用显微镜检查。包涵体被染成绿色,颜色比肝胰腺中其他球形物,如核仁、脂肪滴的颜色深。

2. 按常规方法制备病虾肝胰腺组织切片,在显微镜下检查,发现上皮细胞核肥大,核内有一个或多个球形嗜酸性包涵体,核及细胞结构被破坏,坏死的细胞周围有多层细胞围绕。

3. 制备病虾中肠腺的超薄切片,用透射电镜检查,在包涵体和核质中可看到许多杆状病毒颗粒。

本病列入我国三类动物疫病病种名录。发生疫情时,应立即向当地渔业主管部门上报,并逐级上报至国务院渔业行政主管部门。

四、疫苗与防治

目前尚无疫苗和有效治疗药物。

加强检查,发现携带病毒的对虾,要及时销毁,池塘要彻底消毒。加强对幼体的监测,如发现对虾被病毒感染应立即消毒。同时,要改善水质,合理养殖密度,预防本病发生。

第十一章　贝类病（3种）

第一节　鲍脓疱病

鲍脓疱病是由河弧菌感染所致鲍鱼的一种传染病，患脓疱病的鲍鱼可见足肌上有多处微微隆起的白色脓疱。

一、病因及流行病学特点

本病由河弧菌感染所致。河弧菌为革兰氏阴性短杆菌、副溶血弧菌（又称嗜盐杆菌），兼性厌氧。此菌抵抗力较强，在抹布和面板上能存活30天以上，在冰箱中能存活76天以上，在最适宜的生长环境（温度37℃，含盐量为3%~3.5%）能大量繁殖，对酸及高温均敏感。

本菌主要感染3~5厘米的稚幼鲍，夏季连续高温季节发病频繁，持续时间长，死亡率高，造成的经济损失极其严重。稚鲍和成鲍均可感染脓疱病，稚鲍感染脓疱病不易发现，死亡率高。脓疱病病原菌的生长温度范围为15℃~42℃，30℃时生长速度接近最高水平，在15℃~30℃之间温度每升高5℃生长速度增加近一倍。

二、临床症状及病理变化

患脓疱病的鲍可见足肌上有多处微微隆起的白色脓疱，一般可维持一段时间不破裂。夏季持续高温时，病情加重，病程缩短，脓疱在较短时间内即行破裂。破裂的脓疱流出大量的白色脓汁，并留下2~5毫米不等的深孔，使足面肌肉呈现不同程度的溃烂。镜检发现脓汁里的杆形菌在运动。此时的鲍附着能力下降，食欲下降，直至从波纹板上脱落水中，饥饿而死。

三、诊断与疫情报告

镜检可见脓汁里的杆形菌在运动，结合流行情况及症状观察即可确诊。

本病列入我国三类动物疫病病种名录。发生疫情时,应立即向当地渔业主管部门上报,并逐级上报至国务院渔业行政主管部门。

四、疫苗与防治

为防止病原菌污染水体感染健康鲍,应将病鲍与健康鲍分开喂养。要严格选择健壮无病的亲鲍育苗。避免亲鲍携带病原菌,以减少鲍苗的染病机会。在保证鲍的生长速度的情况下,适当保持低温环境,特别是盛夏高温季节采取此措施,可在一定程度上控制病原菌的大量繁殖。为预防脓疱病在高温季节的暴发,可在高温季节来临前夕,有计划地合理使用药物预防。具体方法可采用:

1. 每立方米水中投放 3.12 克复方新诺明,药浴 3 小时,每天 1 次连续 3 天为 1 个周期,隔 3~5 天再进行下一个周期。

2. 在脓疱病暴发期间可采用每立方米水中投放 6.25 克复方新诺明,对病鲍进行药浴。一般可采用每天药浴 3 小时,连续 3 天为 1 个疗程,停药 3~5 天再进行下一个疗程。病情严重、死亡率居高不下时,每个疗程可持续 5 天。每天药浴 1 次,每次 3 小时。也可用 1.56 克/立方米的复方新诺明配合 6.25 克/立方米氟哌酸药浴。

第二节　鲍立克次氏体病

鲍立克次氏体病是由立克次体感染所致鲍的一种传染病。立克次氏体病在养殖海洋生物群体中的大面积传播对近海鲍养殖构成了严重威胁。

一、病因及流行病学特点

病原为由立克次体。立克次体是专性寄生于真核细胞内部的革兰氏阴性原核生物,其细胞壁外常有一层疏松的黏液层,一般有增殖型和静止型两种形态。

患病高峰期为每年的 4~8 月水温上升期,当水温超过 23℃,发病率明显增高,病鲍病情加重;而水温在 13℃~25℃范围外,则发病率较低。本病主要危害体长在 1.5 厘米左右的鲍稚贝,死亡率可达 50%,危害性较大。

二、临床症状及病理变化

稚鲍摄食量减少,附着力和移动性也减弱,履足肌肉中呈长椭圆形的异常细胞坏死,其外套膜等组织出现赤褐色化缺损。患病个体出现肌肉萎缩,在足部肌肉形成瘤状物,最终导致病鲍死亡。病鲍死后干瘪,无腐烂现象。经病理检查,可

见肠道、组织受损,消化腺肿大。

三、诊断与疫情报告

采血涂片在显微镜下检查,可见单核细胞及嗜中性粒细胞内含有立克次氏体即可确诊。

本病列入我国三类动物疫病病种名录。发生疫情时,应立即向当地渔业主管部门上报,并逐级上报至国务院渔业行政主管部门。

四、疫苗与防治

本病目前尚无疫苗和有效药物治疗,只能以预防为主。对亲鲍的选择应高度重视,早期防止亲鲍和稚鲍带入病原体;用清洁水进行受精卵的洗卵;在种苗生产中对设施、器具要尽量进行严格消毒、杀菌;采用紫外线照射后的杀菌海水作为饲育水源。发生病害后应及时采取隔离及预防措施,并迅速封锁疫区、消灭病原、全面消毒。

第三节　鲍病毒性死亡病

鲍病毒性死亡病是由球状病毒感染引起鲍暴发性死亡的一种病毒性疾病。主要危害杂色鲍的鲍苗、稚鲍、成鲍或新鲍,皱纹盘鲍也有感染。死亡率高达95%。

一、病原及流行病学特点

病原为球状病毒,有4种类型。本病毒具有双层囊膜,无包涵体,六角型或20面体结构的核壳体,大小为(50~80)纳米×(120~150)纳米。

本病已在我国的辽宁、山东、福建、海南、广东、南海等地区发现。本病流行具有明显的季节性,主要发生于冬、春季节,即每年的10~11月起至隔年的4~5月,流行水温低于24℃;感染对象多为杂色鲍的鲍苗、稚鲍、成鲍或新鲍,但皱纹盘鲍发病少;本病主要传染途径为水平传播,如水源或污染的人员、运输工具、饲料等传播;本病的潜伏期短,发病急,病程短,4~30天内死亡率高达95%以上,一旦受感染难以治疗。

二、临床症状和病理变化

本病毒在水温20℃以下时易引起鲍鱼的暴发性死亡,造成外套膜、足萎缩,个体活力减弱,摄食下降。发病初期,池水变浑浊,气泡增多,死鲍足肌收缩,贝壳向上,足肌贴于池底。后期,行动迟缓,食欲下降,足收缩,变黑变硬,死鲍的肝和肠肿大,附着在池底。感染本病毒后,肝组织出现病变和坏死,引起肝功能障碍,是鲍大量死亡的主要原因。

三、诊断与疫情报告

根据症状及流行情况进行初步诊断。确诊需通过病毒分离、动物回归实验、负染、超薄切片、电镜观察、病毒核酸提取及血凝实验。

本病列入我国三类动物疫病病种名录。发生疫情时,应立即向当地渔业主管部门上报,并逐级上报至国务院渔业行政主管部门。

四、疫苗与防治

鲍暴发性死亡病尚无疫苗和理想的药物治疗方法,其防治应采用"以防为主,综合防治"的原则:

1. 育苗中应选用健康强壮的亲鲍,以提高鲍苗的抗病能力;同时还应加强对进出养殖场的鲍苗或亲鲍的检疫。

2. 注意定期换清水,池水要保持充足溶解氧,病害高发期应尽量少进水或不进水,必要时可投放微生态制剂改善水质。此外,通过砂滤水养殖也有较好效果。

3. 饵料要新鲜,少喂勤喂,及时清理残饵,并定期投喂维生素等药饵增强鲍的体质。

4. 发展健康的养鲍模式。放养密度不宜偏高,水、气供应不充分时,还应减少养成密度。

5. 积极培育抗病鲍种,发展抗病疫苗以及特效药等。

6. 在发生病害后应及时采取隔离及预防措施,并迅速封锁疫区、消灭病原、全面消毒。

第十二章　两栖与爬行类病(2种)

第一节　鳖腮腺炎病

鳖腮腺炎病是由病毒引起,并继发细菌感染所致。

一、病原及流行病学特点

目前尚未见有关本病病原的正式报道。从本病发病急和死亡率高的特点来看,极有可能是病毒引起的。

鳃腺炎病在甲鱼病害中,是危害最大、传染最猛烈、死亡最快的一种传染病,一旦发病,死亡率极高,是一种可怕的灾害性疾病。本病主要发生在稚、幼鳖生长期。本病的流行季节为6~9月。水温在25℃~30℃之间发病最为严重。

二、临床症状与病理变化

发病早期,病鳖运动迟钝,常浮出水面沿着池壁缓缓独游,有时静卧于食台或晒背台上,颈部肿大不能自由伸缩,但体表光滑,有的则是腹甲上有出血斑。发病后期,全身浮肿,脏器出血,可见到口、鼻流血。解剖可见鳃组织发红、糜烂,胃部和肠道有大块暗红色瘀血。腹腔积有大量的血水,肝呈点状充血。

三、诊断与疫情报告

本病主要根据临床症状、病理变化及流行特点等进行诊断。

本病列入我国三类动物疫病病种名录。发生疫情时,应立即向当地渔业主管部门上报,并逐级上报至国务院渔业行政主管部门。

四、疫苗与防治

鳖腮腺炎病目前尚无疫苗和有效的治疗方法。

预防方法是隔离发病鳖,或将病鳖挑出后深埋或烧毁。养殖池可用50毫克/升~100毫克/升的福尔马林进行浸浴,2小时后换掉水，再用浓度为2毫克/升的漂白粉或1毫克/升的强氯精喷洒。

治疗措施:

1. 投喂"鳖病康"及"肝胃乐",连用3~5天。同时泼洒"甲鱼消毒王"或"精博溴氯海因""鱼菌净"和"消毒王"。

2. "渔用菌病消"每日用药剂量为3克/千克,可拌饵投喂。同时,可投喂中药"健鳃灵",按5%的剂量拌入饲料中,连喂7天,效果较好。

第二节　蛙脑膜炎败血金黄杆菌病

蛙脑膜炎败血金黄杆菌病是由脑膜炎败血金黄杆菌感染引起的一种病。

一、病原及流行病学特点

病原为脑膜炎败血金黄杆菌,为革兰氏阴性短杆菌,两端钝圆,通常单个排列;菌落呈圆形,边缘整齐,中间隆起,表面为淡黄色,基质无可溶性色素;氧化酶、过氧化氢酶阳性。

当水质恶化,水温度变化较大时易发此病,主要危害对象是100克以上的成蛙。病期集中在7~10月份,具有病期长、传染性强、死亡率高的特点,最高死亡率可达90%以上,危害极为严重。

二、临床症状及病理变化

病蛙眼球突出,双目失明,有时伴有腹水,肛门红肿,幼蛙有时会在水中打转,有类似神经症状出现。

蝌蚪后肢及腹部有出血点和血斑,部分蝌蚪腹部膨大,仰游。肝脏发黑肿大,脾脏缩小,脊柱两侧有出血点和血斑。蝌蚪肠道有明显的充血现象。

三、诊断与疫情报告

本病主要根据临床症状、病理变化及流行特点等进行初步诊断。确诊需进行病原分离鉴定。

本病列入我国三类动物疫病病种名录。发生疫情时,应立即向当地渔业主管部门上报,并逐级上报至国务院渔业行政主管部门。

四、疫苗与防治

目前尚无疫苗。

水是其主要传染途径,应定期对水进行消毒,一般用0.3微克三氯异氰尿酸全池泼洒;病蛙深埋或烧毁;在饵料中添加磺胺类药物预防。

　　先用生石灰将池水pH值调至7.5~8.2,再用土霉素(1.5克/立方米)全池泼洒;用麦迪霉素或氟哌酸等拌料投喂,用量为50毫克/千克,每日1次,连用5天;用磺胺嘧啶拌料投喂,用量为0.2克/千克,第2天起减半,喂5~7天;全池泼洒季铵盐类表面活性剂;对病体要做严格的毁灭处理。

参考文献

1. 费恩阁主编.动物传染病学.长春:吉林科学技术出版社,1995
2. 蔡宝祥等主编. 实用家畜传染病学.上海:上海科学技术出版社,1989
3. 张德生主编.动物疫病防治技术.北京:中国农业出版社,2001
4. 夏春著.水生动物疾病学.北京:中国农业出版社,2005
5. 杜桃柱等编.蜜蜂病敌害防治大全.北京:中国农业出版社,2003
6. 陈辉等主编.水生动物病害防治技术.北京:中国农业出版社,2004
7. 田牧群主编.动物疫病预防与控制.银川:宁夏人民出版社,2009
8. 张学军等主编.兽用生物制品使用手册.银川:宁夏人民出版社,2006
9.王进香等主编.实验室诊断技术.银川:宁夏人民出版社,2008